电力安全典型工作票范例

变电专业

国网江苏省电力有限公司　组编

中国电力出版社
CHINA ELECTRIC POWER PRESS

图书在版编目（CIP）数据

电力安全典型工作票范例. 变电专业 / 国网江苏省
电力有限公司组编. -- 北京：中国电力出版社，2025.
7. -- ISBN 978-7-5239-0072-7

Ⅰ. TM08

中国国家版本馆 CIP 数据核字第 20257V05K8 号

出版发行：中国电力出版社
地　　址：北京市东城区北京站西街 19 号（邮政编码 100005）
网　　址：http://www.cepp.sgcc.com.cn
责任编辑：薛　红
责任校对：黄　蓓　李　楠　郝军燕
装帧设计：赵丽媛
责任印制：石　雷

印　　刷：三河市万龙印装有限公司
版　　次：2025 年 7 月第一版
印　　次：2025 年 7 月北京第一次印刷
开　　本：880 毫米×1230 毫米　16 开本
印　　张：16.5
字　　数：510 千字
定　　价：98.00 元

编 委 会

主　编　肖　树　潘志新

副主编　王铭民　张　恒　许栋栋　吴志坚

参　编　朱天朋　高　建　周　宇　汪　超　李　军　周宝昇　刘　成

　　　　吴　江　庄圣斌　刘　勇　杭　峰　诸　铭　华德峰　段光辉

　　　　张钧介　徐　昊　肖为健　胡春江　林　琦　韦志远　马　超

　　　　陆　健　张　淼　郭成功　刘　昊　胡必伟　孙龙明　王　石

　　　　徐　健　刘　翌　周　杰　郭鹏宇　刘沪平　陈　曦　范志颖

前　言

工作票制度是确保在电气设备上工作安全的组织措施之一，正确填用工作票是贯彻执行工作票制度的基本条件。为满足服务基层一线工作票填用需求，加强作业现场安全管理，提升《国家电网有限公司电力安全工作规程》执行针对性，确保作业现场安全，实现"三杜绝、三防范"安全目标，国网江苏省电力有限公司组织编制了《电力安全典型工作票范例》（简称《范例》），《范例》共分 5 个分册，分别为输电专业、变电专业、配电专业、配电带电作业专业、营销专业。

本册为变电专业，全书的编写严格遵循《国家电网有限公司电力安全工作规程》要求，内容包括常规检修、保护校验、技改大修、日常运维、动火作业、换流站作业六个部分，共计 41 个具有广泛性和代表性的典型作业场景，其他相关工作可参考借鉴。典型工作票中所列的安全措施为"保证安全的技术措施"的基本要求，各单位在执行过程中可根据实际情况，在典型工作票的基础上对安全措施进行补充完善。

变电专业每个场景的典型工作票分为"作业场景情况"和"工作票样例"两个部分。"作业场景情况"部分主要用于说明工作场景、工作任务、停电范围、票种选择建议、人员分工及安排、场景接线图等内容，通过具体化的场景，指导工作票填写。"工作票样例"部分包含具体化场景下的工作票样票和针对票面每一栏的填用说明及注意事项。

本书在编制过程中得到国网江苏省电力有限公司各相关单位的大力支持和各级领导的悉心指导，凝聚了各位参与编著人员的心血，希望本书对读者有所帮助，给予借鉴和启示。

因本书涉及内容广，加之编写时间有限，难免存在不妥或疏漏之处，恳请各位读者批评指正，以便进一步完善。

编　者
2024 年 11 月

目　录

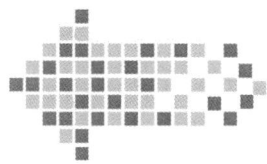

第1章 常 规 检 修

1.1 变电站内 500kV 单条母线停电检修涉及母线侧闸刀修理检修

一、作业场景情况

（一）工作场景

变电站内 500kV 单条母线停电检修涉及母线侧闸刀修理检修。

（二）工作任务

500kV 梅里变电站：500kV 港里线 50511 闸刀 C 相发热检查处理。

（三）停电范围

500kV Ⅰ段母线、500kV 惠梅线 5011 开关、500kV 惠里线 5021 开关、500kV 1 号主变压器（简称主变）5031 开关、500kV 利梅线 5041 开关、500kV 港里线 5051 开关、500kV 港里线/里月线 5052 开关、500kV 里木 5061 开关、500kV 梅木 5071 开关。

（四）票种选择建议

变电站第一种工作票。

（五）人员分工及安排

本次工作有 1 个作业地点：500kV 设备区。参与本次工作的共 5 人（含工作负责人），具体分工为：

浦×新（工作负责人）：负责工作的整体协调组织及作业现场安全监护。

陈×刚（工作班成员）：辅助工作负责人加强作业现场安全管理。

朱×强、陆×琛（工作班成员）：负责 500kV 港里线 50511 闸刀 C 相发热检查处理工作具体实施。

缪×剑（工作班成员）：负责规范使用斗臂车辆。

（六）场景接线图

500kV 梅里变电站 500kV 港里线 50511 闸刀检修作业场景接线图见图 1-1。

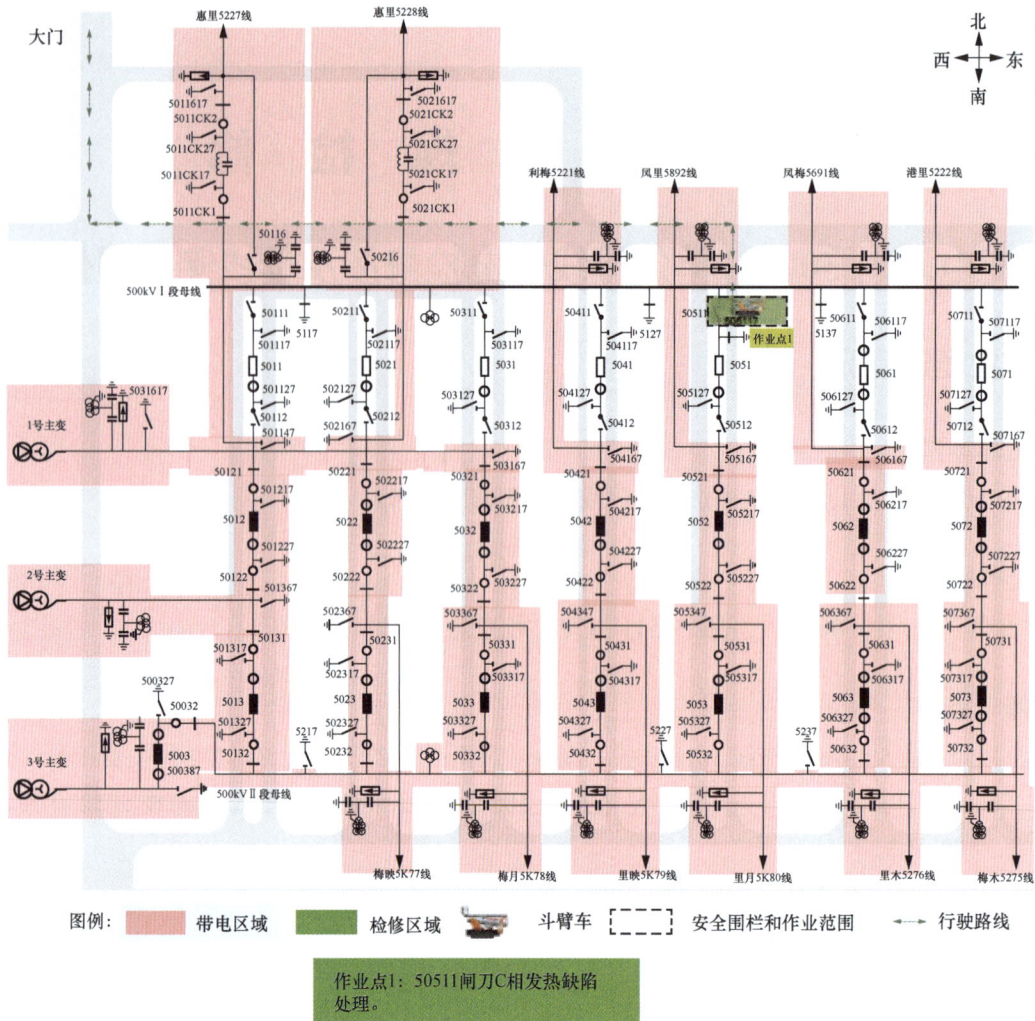

图1-1 500kV梅里变电站500kV港里线50511闸刀检修作业场景接线图

二、工作票样例

变电站第一种工作票

作业风险等级：III

单　　位：设备管理部500kV变电运检中心　　变电站：交流500kV梅里变

电站

编　　号：Ⅰ202403020

1. 工作负责人（监护人）浦×新　　　　班　组：变电修试一班

2. 工作班人员（不包括工作负责人）

变电修试一班：朱×强、陈×刚、陆×琛。

共 3 人

【票种选择】本次作业为变电站内停电工作，使用变电站第一种工作票。

1.【班组】对于包含工作负责人在内有两个及以上的班组人员共同进行的工作，应填写"综合班组"。

2.【工作班人员】人员应取得准入资质，安排的人员应进行承载力分析，确保人数适当、充足；如有特种作业应安排具备相应资质的特种作业人员；不同单位或班组需分行填写。
【共×人】不包括工作负责人。

3. 工作的变、配电站名称及设备双重名称

500kV 梅里变电站：500kV 港里线 50511 闸刀。

4. 工作任务

工作地点及设备双重名称	工作内容
500kV 设备区：500kV 港里线 50511 闸刀	闸刀 C 相发热缺陷处理

5. 计划工作时间

自 2024 年 03 月 23 日 08 时 00 分至 2024 年 03 月 24 日 18 时 00 分。

6. 安全措施（必要时可附页绘图说明，红色表示有电）

应拉断路器（开关）、隔离开关（刀闸）	已执行*
应拉开 5011、5021、5031、5041、5051、5052、5061、5071 开关	√
应分开 5011、5021、5031、5041、5051、5052、5061、5071 开关操作电源、储能电源空气开关	√
应将 5011、5021、5031、5041、5051、5052、5061、5071 开关"远方/就地"转换开关由"远方"位置切至"就地"位置	√
应拉开 50111、50112、50211、50212、50311、50312、50411、50412、50511、50512、50521、50522、50611、50612、50711、50712 闸刀	√
应分开 50111、50112、50211、50212、50311、50312、50411、50412、50511、50512、50521、50522、50611、50612、50711、50712 闸刀操作电源、电机电源空气开关	√
应分开 500kV I 段母线电压互感器二次空气开关	√
应装接地线、应合接地刀闸（注明确实地点、名称及接地线编号*）	**已执行***
应合上 500kV I 段母线 5117 接地闸刀	√
应合上 500kV I 段母线 5127 接地闸刀	√
应合上 500kV I 段母线 5137 接地闸刀	√
应合上 500kV 港里线 505117 接地闸刀	√
应合上 500kV 港里线 505167 接地闸刀	√
应设遮栏、应挂标示牌及防止二次回路误碰等措施	**已执行***
应在 5011、5021、5031、5041、5051、5052、5061、5071 开关和 50111、50112、50211、50212、50311、50312、50411、50412、50512、50521、50522、50611、50612、50711、50712 闸刀操作处、500kV I 段母线电压互感器二次空气开关处分别悬挂"禁止合闸，有人工作"标示牌	√

4.【工作任务】在同一区域内不同设备但工作内容相同的工作任务可以合并填写。同一设备的不同工作内容也可合并填写；工作内容应与工作地点对应；按照调度批准的停电申请内容填写。在原工作票的停电及安全措施范围内增加工作任务时，应由工作负责人征得工作票签发人和工作许可人同意，并在工作票上备注栏内填写增填工作项目。陪停设备不需要在工作任务栏及安全措施栏中反映，可在"工作地点保留带电部分或注意事项"中予以明确。如根据工作情况需要对陪停设备范围内采取接地、设置围栏、标示牌等措施，应在安全措施栏内明确应拉开的开关、闸刀以及接地、设置围栏、标示牌等安全措施。保护校验过程中需传动开关，但不触及开关设备具体工作时，无需将开关作为工作地点列入工作任务栏内。

5.【计划工作时间】填写计划检修起始时间和结束时间，该时间应在调度批准的检修时间段内。

6.【安全措施】运维人员完成工作票所列的安全措施后，与工作负责人进行确认，并分别在各自的票面"已执行"栏内打"√"；其中，接地线编号由工作许可人统一填写。填写内容应按类别分行填写，若出现跨行填写的，仅在末行的"已执行"栏打"√"即可。

【应拉断路器（开关）、隔离开关（刀闸）】
（1）应拉开的开关。
（2）应拉开的闸刀。
（3）应拉至试验或检修位置的开关手车。涉及开关柜修试的工作，工作票中可填写为将手车拉至试验位置。如现场条件允许，也可拉至检修位置。如工作票中填写将手车拉至试验位置，现场手车如要拉至检修位置，由检修人员在实际工作中执行。
（4）应分开的开关操作电源、储能电源。所有拉开的开关对应的操作电源、储能电源均应分开。
（5）应分开的闸刀控制电源、电机电源。所有拉开的闸刀如有对应的控制电源、电机电源均应分开。已分开控制电源、电机电源的闸刀遥控回路已断开，不必再将闸刀远方/就地切换开关由"远方"位置切至"就地"位置。
（6）应将拉开的开关远方/就地切换开关由"远方"位置切至"就地"位置。
（7）应分开与停电设备有关的电压互感器、变压器各侧回路。
（8）针对退出保护跳运行开关出口压板、保护失灵启动压板等安排，如在相应操作票或二次安措票中反应，可不在工作票安全措施栏填写。

【应装接地线、应合接地刀闸】
（1）接地闸刀应填写双重名称即名称、编号。
（2）带电刀的刀闸检修时，应当优先按照《江苏省电力公司关于印发规范带接地刀闸的隔离开关（刀闸）检修时安全措施补充规定的通知》苏电安〔2013〕1713 号文执行，工作票中应当明确采用装设接地线的方式实现"接地"安全措施。如有地市存在相关补充规定，并制定完善的预控措施，确保检修作业安全的前提下，也可采用合接地刀闸的方式实现"接地"安全措施。

【应设遮栏、应挂标示牌及防止二次回路误碰等措施】
（1）已拉开的开关、闸刀、开关手车如无工作，应在对应位置悬挂"禁止合闸，有人工作"标示牌。涉及有具体工作内容的开关、刀闸，可不用悬挂"禁止合闸，有人工作"标示牌。除电压互感器、站用变压器等二次侧回路断开处需设置"禁止合闸，有人工作"标示牌外，已拉开的开关、刀闸对应的电源可不用悬挂"禁止合闸，有人工作"标示牌。如工作票只包含站内设备

续表

应设遮栏、应挂标示牌及防止二次回路误碰等措施	已执行*
应在 50511 闸刀处悬挂"在此工作"标示牌	√
应在 50511 闸刀与相邻运行设备间设置临时围栏，在围栏上悬挂适量"止步，高压危险"标示牌，字朝向围栏里面，在围栏出入口处悬挂"在此工作""从此进出"标示牌	√

工作地点保留带电部分或注意事项（由工作票签发人填写）	补充工作地点保留带电部分和安全措施（由工作许可人填写）
【相邻带电设备】相邻 500kV 里月线 5053 间隔在运行中，500kV 利梅 5221 高跨线、500kV 惠梅线 50112 闸刀、500kV 惠里线 50212 闸刀、500kV 利梅线 50412 闸刀、500kV 港里线/里月线 50522 闸刀、500kV 里木 50612 闸刀、500kV 梅木 50712 闸刀线路侧桩头、500kV 1 号主变 50312 闸刀主变侧桩头有电，严禁误碰。 【安全距离】工作中与带电部位保持足够的安全距离：500kV 大于 5m。 【特种设备】工作中使用吊车、斗臂车等大型车辆时，应与带电部位保持足够的安全距离：500kV 应大于 8.5m。 【高处作业】高处作业正确使用安全工器具。 【陪停设备】500kV 港里 5222 出线因安全距离不足陪停	无

工作票签发人签名：陆×琛　　签发时间：2024 年 03 月 22 日 09 时 10 分

工作票会签人签名：卢×强　　会签时间：2024 年 03 月 22 日 16 时 11 分

7. 收到工作票时间：2024 年 03 月 22 日 18 时 10 分

运行值班人员签名：许×凯　　工作负责人签名：浦×新

8. 确认本工作票 1～6 项

工作负责人签名：浦×新　　工作许可人签名：许×凯

许可开始工作时间：2024 年 03 月 23 日 09 时 40 分

9. 现场交底，工作班成员确认工作负责人布置的工作任务、人员分工、安全措施和注意事项并签名

朱×强、陈×刚、陆×琛、缪×剑

10. 工作负责人变动情况

原工作负责人＿＿＿＿＿＿＿离去，变更＿＿＿＿＿＿为工作负责人。

工作，可不设置"禁止合闸，线路有人工作"标示牌。

（2）所有开关柜检修工作均应在相邻运行开关柜、现场设置的围栏上设置"止步，高压危险"标示牌。

（3）在工作人员上下铁架或梯子上，应悬挂"从此上下"标示牌。

（4）应悬挂"在此工作"标示牌的位置为第 4 项"工作任务"栏内填写的设备处，停电作业针对挂牌困难的可将"在此工作"标示牌设置在对应设备支柱、柜外等位置，现场需向工作负责人交代清楚。

（5）应将工作屏柜上联跳运行开关出口压板用红布幔遮盖或者用红色绝缘胶带绑扎。（也可依据实际情况采取拆除垫片等其他安全措施。）

（6）相邻带电设备在安全措施栏中可不具体填写，以相邻带电设备代替即可，但需在"工作地点保留带电部分或注意事项"栏中予以明确。

【工作地点保留带电部分或注意事项（由工作票签发人填写）】

【相邻带电设备】填写与检修设备距离邻近的带电部位或相邻第一个带电设备情况，以及保护工作地点相邻的其他保护（装置）运行情况，相关设备要明确名称编号，位置要准确。

【安全距离】工作地点包含一次设备区域时，需填写：与带电部位保持足够的安全距离：××kV 大于×m。

【特种设备】有吊车、斗臂车等大型车辆参与现场工作时，需填写：工作中使用吊车、斗臂车等大型车辆时，应与带电部位保持足够的安全距离：××kV 大于×m。由外包单位负责的工作还需增加：安排运检单位专人在场全过程旁站。

【高处作业】有高处作业时，需填写：高处作业正确使用安全工器具。

【陪停设备】因安全距离不足，导致相邻带电设备需要陪停的设备，需在此栏填写（如根据工作情况需要对陪停设备范围内采取接地、设置围栏、标示牌等措施，应在安全措施栏内明确应拉开的开关、闸刀以及接地、设置围栏、标示牌等安全措施）。

【手车检修】开关柜手车拉至检修位置时，应当在带电触头隔离挡板前设置"止步，高压危险"标示牌。

【容性设备】检修人员在接触电缆、电容器及支架和外壳前应逐相、逐个进行充分放电。

其余安全注意事项，各单位可依据工作内容予以补充完善。

【补充工作地点保留带电部分和安全措施（由工作许可人填写）】根据现场的实际情况，工作许可人对工作地点保留的带电部分予以补充，不得照抄工作票签发人填写内容，应注明所采取的安全措施或提醒检修人员必须注意的事项。若没有则填"无"，不得空白。

7.【收到工作票时间】第一种工作票签发和收到时间应为工作前一天（紧急抢修、消缺除外）。

运维人员收到工作票后，对工作票审核无误后，填写收票时间并签名。

8.【工作许可】

许可开始工作时间不得提前于计划工作开始时间。

9.【交底签名】

所有工作班成员在明确了工作负责人、专责监护人交代的工作任务、人员分工、安全措施和注意事项后，在工作负责人所持工作票上签名，不得代签。

10.【工作负责人变动情况】

经工作票签发人同意，在工作票上填写离去和变更的工作负责人姓名及变动时间，同时通知全体作业人员及工作许可人；如工作票签发人无法当面办理，应通过电话通知工作许可人，由工作许可人和原工作负责人在各自所持工作票上填写工作负责人变更情况，并代工作票签发人签名。

工作票签发人：＿＿＿＿＿　　签发时间：＿＿＿＿年＿＿月＿＿日＿＿时＿＿分

11. 工作人员变动情况（变动人员姓名，变动日期及时间）

2024 年 03 月 23 日 09 时 50 分缪×剑加入。＿＿＿＿＿＿＿＿＿＿＿

12. 工作票延期

有效期延长到＿＿＿＿年＿＿月＿＿日＿＿时＿＿分。

工作负责人签名：＿＿＿＿＿　　签名时间：＿＿＿＿年＿＿月＿＿日＿＿时＿＿分

工作许可人签名：＿＿＿＿＿　　签名时间：＿＿＿＿年＿＿月＿＿日＿＿时＿＿分

13. 每日开工和收工时间（使用一天的工作票不必填写）

收工时间				工作负责人	工作许可人	开工时间				工作许可人	工作负责人
月	日	时	分			月	日	时	分		

14. 工作终结

全部工作于 2024 年 03 月 23 日 18 时 15 分结束，设备及安全措施已恢复至开工前状态，工作人员已全部撤离，材料工具已清理完毕，工作已终结。

工作负责人签名：浦×新　　工作许可人签名：许×凯　　已执行

15. 工作票终结

临时遮栏、标示牌已拆除，常用遮栏已恢复。

已拆除的接地线编号 无 共 0 组；

已拉开接地刀闸（小车）编号 无 共 0 组（台）。

未拆除的接地线编号 无 共 0 组；

未拉开接地刀闸（小车）编号 5117、5127、5137、505117、505167共 5 组（台），已汇报调度值班员。

工作许可人签名：＿＿＿＿＿　　签名时间：＿＿＿＿年＿＿月＿＿日＿＿时＿＿分

工作负责人的变动必须是在该工作票许可之后，如在工作票许可之前需变更工作负责人，则应由工作票签发人重新签发工作票。

11.【工作人员变动情况】
工作人员变动后，工作负责人应及时在所持工作票上写明变动人员姓名、变动日期、时间，并签名。人员变动情况填写格式：××××年××月××日××时××分，××、××加入（离去）。班组人员每次发生变动，工作负责人要在工作票上即时注明变动情况并签名，不得最后一并签名。

12.【工作票延期】
工作需延期，应在工作计划结束时间前由工作负责人向工作许可人提出申请，办理延期手续。对于需经调度许可的工作，工作许可人还应得到调度许可后，方可与工作负责人办理工作票延期手续。工作票只能延期一次。

13.【每日开工和收工时间（使用一天的工作票不必填写）】
无人值班变电站，每日收工后，工作负责人应电话告知工作许可人，双方分别在各自所持工作票的相应栏内代为签署工作间断时间、姓名。次日复工前，工作负责人应检查安全措施是否完好，电话联系工作许可人申请开工，并做好录音，在得到许可后，双方分别在各自所持工作票相应栏内代为签署开工时间、姓名。工作负责人对安全措施有异议的或重要的、危险性较大的工作，工作许可人应到现场办理复工、收工手续。

14.【工作终结】
工作终结时间不应超出计划工作时间或经批准的延期时间。
工作终结后，工作许可人应在工作负责人所持工作票的"工作终结"栏中工作许可人签名右侧空白处加盖红色"已执行"专用章。

15.【工作票终结】
待工作票上安全措施均已拆除，汇报调度后，工作许可人方可进行"工作票终结"手续，并在所持工作票"工作票终结"栏工作许可人签名时间的右侧空白处盖红色"已执行"专用章。

16. 备注

（1）指定专责监护人陈×刚负责监护缪×剑操作斗臂车苏 BWF339，斗内工作人员朱×强，在 50511 闸刀 C 相处从事发热检查处理工作。（地点及具体工作。）

（2）其他事项：

2024 年 03 月 23 日 09 时 50 分，借用临时接地线一组（500kV-01 号）装设于 5051 开关与 50511 闸刀之间。工作负责人：浦×新，工作许可人：许×凯。

2024 年 03 月 23 日 17 时 30 分，临时接地线 500kV-01 号已归还。工作负责人：浦×新，工作许可人：许×凯。

2024 年 03 月 23 日 11 时 05 分增加工作内容：500kV 设备区：500kV 港里线 50511 闸刀 C 相机构箱内加热器不发热缺陷处理。工作票签发人陆×琛、工作负责人浦×新、许可人许×凯。

5117、5127、5137、505117、505167 接地闸刀为借×调度令内接地闸刀，故未拉开。

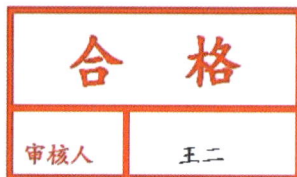

合　格	
审核人	王二

16.【备注】

指定专责监护人

（1）指定专责监护人，应填写被监护人姓名、工作地点及工作内容。

（2）有大型车辆参与现场工作时，应指定专责监护人。

（3）一张工作票上的工作涉及两个及以上开关柜（含前后隔仓）时，开关柜前、后隔仓必须设一名专责监护人。

（4）每一个作业现场开工时均在监护人的监护下进行工作，若一张工作票上涉及两个及以上作业现场，工作负责人无法同时全过程监护检修工作，则需增设专责监护人，或者各作业现场轮流开展工作。

其他事项

（1）有吊车参与现场工作时，应明确指挥人员。

（2）未拉开地刀、接地线应当注明原因，可不写明具体拆除时间。

（3）对于工作开始前，票中预安排的工作班成员，如未能在开工时参与现场安全交底的，整体作业开工时，需在备注栏对相关情况说明，如"工作班成员×××作业开工时，未到现场参与工作。"无需在工作票"工作人员变动情况"栏进行人员变动。相关预安排人员实际参与现场作业时，应在备注栏对相关情况说明，如"××××年××月××日××时××分，××、××已接受安全交底并签字，可参与现场工作"。

17.【检查与评价】

各班组每月应对已终结的工作票进行综合评议。经评议票面正确，评议人在工作票"16.备注（2）其他事项"横线右下方顶格加盖红色"合格"评议章并签名；评议为错票，在工作票"16.备注（2）其他事项"横线右下方顶格加盖红色"不合格"评议章并签名。

1.2　变电站内双母线接线方式下母线闸刀检修

一、作业场景情况

（一）工作场景

变电站内双母线接线方式下母线闸刀检修。

（二）工作任务

220kV 东亭变电站 110kV 亭世 7N52 闸刀修理。

（三）停电范围

110kV 副母线、110kV 亭世 7N5 开关。

（四）票种选择建议

变电站第一种工作票。

（五）人员分工及安排

本次工作有 1 个作业地点：110kV 高压区。参与本次工作的共 7 人（含工作负责人），具体分工为：

朱×清（工作负责人）：负责工作的整体协调组织及在 110kV 高压区对高×、金×月、陈×亮、王×勇、程×森、罗×坤进行监护。

高×、金×月、陈×亮、王×勇、程×森、罗×坤（工作班成员）：在 110kV 高压区开展 110kV 亭世 7N52 闸刀修理工作。

（六）场景接线图

220kV 东亭变电站 110kV 亭世 7N52 闸刀修理工作场景接线图见图 1-2。

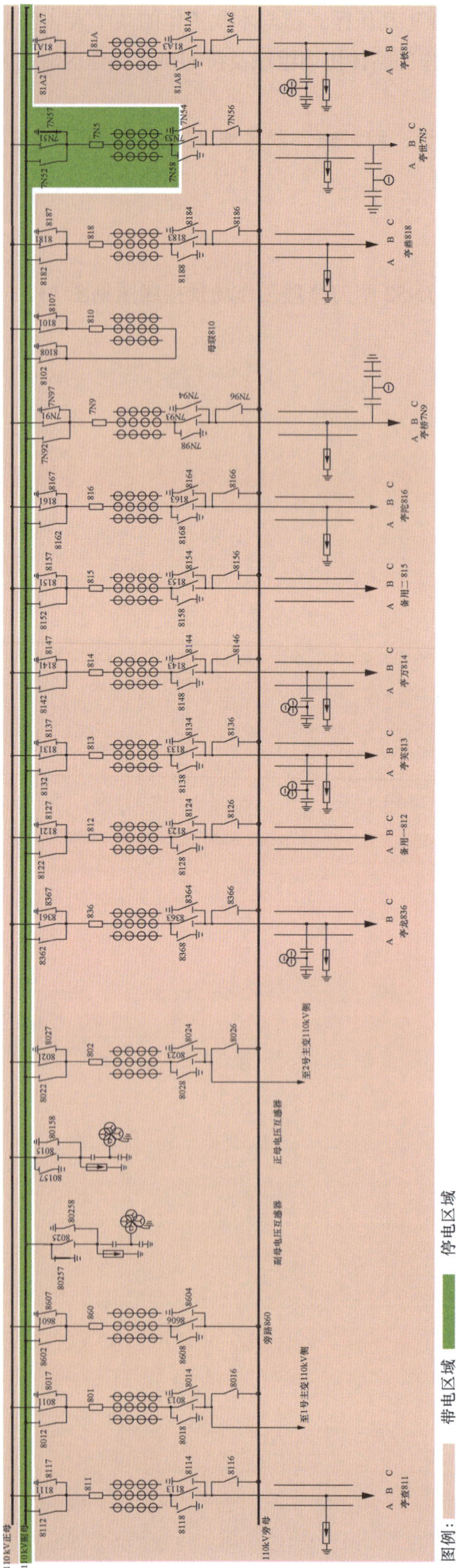

图1-2 220kV东亭变电站110kV亭世7N52闸刀修理工作场景接线图

图例： 带电区域 停电区域

二、工作票样例

变电站第一种工作票

作业风险等级：Ⅲ

单　　位：<u>设备管理部变电检修中心</u>　　变电站：<u>交流 220kV 东亭变电站</u>

编　　号：<u>Ⅰ202412020</u>

1. 工作负责人（监护人）<u>朱×清</u>　　班　　组：<u>综合班组</u>

2. 工作班人员（不包括工作负责人）

<u>变电修试五班：高×，共 1 人。</u>

<u>××××电气装备有限公司：金×月、陈×亮、王×勇、程×森、罗×</u>

<u>坤，共 5 人。</u>

共 <u>6</u> 人

3. 工作的变、配电站名称及设备双重名称

<u>交流 220kV 东亭变电站：110kV 亭世 7N52 闸刀。</u>

4. 工作任务

工作地点及设备双重名称	工作内容
110kV 高压区：110kV 亭世 7N52 闸刀	修理

5. 计划工作时间

自 <u>2024</u> 年 <u>12</u> 月 <u>18</u> 日 <u>08</u> 时 <u>00</u> 分至 <u>2024</u> 年 <u>12</u> 月 <u>24</u> 日 <u>18</u> 时 <u>00</u> 分。

6. 安全措施（必要时可附页绘图说明，红色表示有电）

应拉断路器（开关）、隔离开关（刀闸）	已执行*
应拉开 7N5、810 开关	√

【票种选择】本次作业为变电站内停电工作，使用变电站第一种工作票。

1.【班组】对于包含工作负责人在内有两个及以上的班组人员共同进行的工作，应填写"综合班组"。

2.【工作班人员】人员应取得准入资质，安排的人员应进行承载力分析，确保人数适当、充足；如有特种作业应安排具备相应资质的特种作业人员；不同单位或班组需分行填写。
【共×人】不包括工作负责人。

3.【工作的变、配电站名称及设备双重名称】设备双重名称与第 4 项"工作任务"栏内一致。

4.【工作任务】在同一区域内不同设备但工作内容相同的工作任务可以合并填写。同一设备的不同工作内容也可合并填写；工作内容应与工作地点对应；按照调度批准的停电申请内容填写。在原工作票的停电及安全措施范围内增加工作任务时，应由工作负责人征得工作票签发人和工作许可人同意，并在工作票上备注栏内填增工作项目。陪停设备不需要在工作任务栏及安全措施栏中反映，可在"工作地点保留带电部分或注意事项"中予以明确。如根据工作情况需要对陪停设备范围内采取接地、设置围栏、标示牌等措施，应在安全措施栏内明确应拉开的开关、闸刀以及接地、设置围栏、标示牌等安全措施。保护校验过程中需要传动开关，但不触及开关设备具体工作时，无需将开关作为工作地点列入工作任务栏内。

5.【计划工作时间】填写计划检修起始时间和结束时间，该时间应在调度批准的检修时间段内。

6.【安全措施】运维人员完成工作票所列的安全措施后，与工作负责人进行确认，并分别在各自的票面"已执行"栏内打"√"；其中，接地线编号由工作许可人统一填写。填写内容应按类别分行填写，若出现跨行填写的，仅在末行的"已执行"栏打"√"即可。
【应拉断路器（开关）、隔离开关（刀闸）】
（1）应拉开的开关。
（2）应拉开的闸刀。
（3）应拉至试验或检修位置的开关手车。涉及开关柜修试的工作，工作票中可填写为将手车拉至试验位置。如现场条件允许，也可拉至检修位置。如工作票中填写将手车拉至试验位置，现场

续表

应拉断路器（开关）、隔离开关（刀闸）	已执行*
应拉开 7N51、7N52、7N53、8101、8102、8112、8012、8602、8022、8362、8122、8132、8142、8152、8162、7N92、8182、81A2、8025 闸刀	√
应分开 7N5、810 开关操作电源、储能电源	√
应分开 7N51、7N52、7N53、8101、8102、8112、8012、8602、8022、8362、8122、8132、8142、8152、8162、7N92、8182、81A2、8025 闸刀控制电源、电机电源	√
应将 7N5、810 开关远方/就地切换开关由"远方"位置切至"就地"位置	√
应断开 110kV 副母电压互感器二次侧回路	√

应装接地线、应合接地刀闸（注明确实地点、名称及接地线编号*）	已执行*
应合上 110kV 副母 80257 接地闸刀	√
应合上 110kV 亭世 7N57 接地闸刀	√

应设遮栏、应挂标示牌及防止二次回路误碰等措施	已执行*
应在 7N5、810 开关操作把手处分别悬挂"禁止合闸，有人工作"标示牌	√
应在 7N51、7N53、8101、8102、8112、8012、8602、8022、8362、8122、8132、8142、8152、8162、7N92、8182、81A2、8025 闸刀操作处分别悬挂"禁止合闸，有人工作"标示牌	√
应在 110kV 副母电压互感器二次回路断开处悬挂"禁止合闸，有人工作"标示牌	√
应在 7N52 闸刀处悬挂"在此工作"标示牌	√
应在 7N52 闸刀与相邻非检修设备间设置临时围栏，在围栏上悬挂适量"止步，高压危险"标示牌，字朝向围栏内，在围栏出入口处悬挂"在此工作""从此进出"标示牌	√

工作地点保留带电部分或注意事项 （由工作票签发人填写）	补充工作地点保留带电部分和安全措施（由工作许可人填写）
【相邻带电设备】相邻 110kV 亭铁 81A、110kV 亭鼎 818 间隔、110kV 正母、110kV 旁母在运行中，严禁误碰	无
【安全距离】工作中与带电部位保持足够的安全距离：110kV 大于 1.5m	
【高处作业】高处作业正确使用安全工器具	

工作票签发人签名：曹×锋　　　签发时间：2024 年 12 月 16 日 13 时 48 分

工作票会签人签名：吴×华　　　会签时间：2024 年 12 月 16 日 15 时 12 分

手车如要拉至检修位置，由检修人员在实际工作中执行。

（4）应分开的开关操作电源、储能电源。所有拉开的开关对应的操作电源、储能电源应分开。

（5）应分开的闸刀控制电源、电机电源。所有拉开的闸刀如有对应的控制电源、电机电源均应分开。已分开控制电源、电机电源的闸刀遥控回路已断开，不必再填写将闸刀远方/就地切换开关由"远方"位置切至"就地"位置。

（6）应将拉开的开关远方/就地切换开关由"远方"位置切至"就地"位置。

（7）应分开与停电设备有关的电压互感器、变压器各侧回路。

（8）针对退出保护联跳运行开关出口压板、保护失灵启动压板等安排，如在相应操作票或二次安措票中反应，可不在工作票安全措施栏填写。

【应装接地线、应合接地刀闸】

（1）接地闸刀应填写双重名称即名称、编号。

（2）带地刀的刀闸检修时，应当优先按照《江苏省电力公司关于印发规范带接地刀闸的隔离开关（刀闸）检修时安全措施补充规定的通知》苏电安〔2013〕1713 号文执行，工作票应明确采用装设接地线的方式实现"接地"安全措施。如有地市存在相关补充规定，并制定完善的预控措施，确保检修作业安全的前提下，也可采用合接地刀闸的方式实现"接地"安全措施。

【应设遮栏、应挂标示牌及防止二次回路误碰等措施】

（1）已拉开的开关、闸刀、开关手车如无工作，应在对应位置悬挂"禁止合闸，有人工作"标示牌。涉及有具体工作内容的开关、刀闸，可不用悬挂"禁止合闸，有人工作"标示牌。除申压互感器、站用变压器等二次侧回路断开处需设置"禁止合闸，有人工作"标示牌外，已拉开的开关、刀闸对应的电源可不用悬挂"禁止合闸，有人工作"标示牌。如工作票不包含站内设备工作，可不设置"禁止合闸，线路有人工作"标示牌。

（2）所有开关柜检修工作均应在相邻运行开关柜、现场设置的围栏上设置"止步，高压危险"标示牌。

（3）在工作人员上下铁架或梯子上，应悬挂"从此上下"标示牌。

（4）应悬挂"在此工作"标示牌的位置为第 4 项"工作任务"栏内填写的设备处，停电作业针对挂牌困难的可将"在此工作"标示牌设置在对应设备支柱、柜外等位置，现场需向工作负责人交代清楚。

（5）应将工作屏柜上联跳运行开关出口压板用红布幔遮盖或用红色绝缘胶带绑扎。（也可依据实际情况采取拆除垫片等其他安全措施。）

（6）相邻带电设备在安全措施栏中可不具体填写，以相邻带电设备代替即可，但需在"工作地点保留带电部分或注意事项"栏中予以明确。

【工作地点保留带电部分或注意事项（由工作票签发人填写）】

【相邻带电设备】填写与检修设备距离邻近的带电部位或相邻第一个带电设备情况，以及保护工作地点相邻的其他保护（装置）运行情况，相关设备要明确名称编号，位置要准确。

【安全距离】工作地点包含一次设备区域时，需填写：与带电部位保持足够的安全距离：××kV 大于×m。

【特种设备】有吊车、斗臂车等大型车辆参与现场工作时，需填写：工作中使用吊车、斗臂车等大型车辆时，应与带电部位保持足够的安全距离：××kV 大于×m。由外包单位负责的工作还需增加：安排运检单位专人在场全过程旁站。

【高处作业】有高处作业时，需填写：高处作业正确使用安全工器具。

【陪停设备】因安全距离不足，导致相邻带电设备需要陪停的设备，需在此栏填写（如根据工作情况需要对陪停设备范围内采取接地、设置围栏、标示牌等措施，应在安全措施栏内明确应拉开的

7. 收到工作票时间： <u>2024</u> 年 <u>12</u> 月 <u>17</u> 日 <u>09</u> 时 <u>51</u> 分

运行值班人员签名：<u>浦×人</u>　　工作负责人签名：<u>朱×清</u>

8. 确认本工作票 1～6 项

工作负责人签名：<u>朱×清</u>　　工作许可人签名：<u>李×松</u>

许可开始工作时间：<u>2024</u> 年 <u>12</u> 月 <u>19</u> 日 <u>10</u> 时 <u>10</u> 分

9. 现场交底，工作班成员确认工作负责人布置的工作任务、人员分工、安全措施和注意事项并签名

　　<u>高×、金×月、陈×亮、王×勇、程×森、孙×俊、罗×坤</u>

10. 工作负责人变动情况

　　原工作负责人_____离去，变更_____为工作负责人。

工作票签发人：_____　　签发时间：_____年___月___日___时___分

11. 工作人员变动情况（变动人员姓名，变动日期及时间）

　　<u>2024 年 12 月 19 日 10 时 10 分孙×俊加入。（工作负责人签名：朱×清）</u>

　　<u>2024 年 12 月 19 日 12 时 10 分陈×亮离去。（工作负责人签名：朱×清）</u>

12. 工作票延期

　　有效期延长到_____年___月___日___时___分。

工作负责人签名：_____　　签名时间：_____年___月___日___时___分

工作许可人签名：_____　　签名时间：_____年___月___日___时___分

13. 每日开工和收工时间（使用一天的工作票不必填写）

收工时间			工作负责人	工作许可人	开工时间				工作许可人	工作负责人
月	日	时	分			月	日	时	分		
12	19	15	30	朱×清	李×松	12	20	09	10	王×	朱×清
12	20	12	30	朱×清	王×	12	23	09	10	吴×华	朱×清

开关、闸刀以及接地、设置围栏、标示牌等安全措施）。

【手车检修】开关柜手车拉至检修位置时，应当在带电触头隔离挡板前设置"止步，高压危险"标示牌。

【容性设备】检修人员在接触电缆、电容器及支架和外壳前应逐相、逐个进行充分放电。

其余安全注意事项，各单位可依据工作内容予以补充完善。

【补充工作地点保留带电部分和安全措施（由工作许可人填写）】根据现场的实际情况，工作许可人对工作地点保留的带电部分予以补充，不得照抄工作票签发人填写内容，应注明所采取的安全措施或提醒检修人员必须注意的事项。若没有则填"无"，不得空白。

7.【收到工作票时间】
第一种工作票签发和收到时间应为工作前一天（紧急抢修、消缺除外）。
运维人员收到工作票后，对工作票审核无误后，填写收票时间并签名。

8.【工作许可】
许可开始工作时间不得提前于计划工作开始时间。

9.【交底签名】
所有工作班成员在明确了工作负责人、专责监护人交代的工作任务、人员分工、安全措施和注意事项后，在工作负责人所持工作票上签名，不得代签。

10.【工作负责人变动情况】
经工作票签发人同意，在工作票上填写离去和变更的工作负责人姓名及变动时间，同时通知全体作业人员及工作许可人；如工作票签发人无法当面办理，应通过电话通知工作许可人，由工作许可人和原工作负责人在各自所持工作票上填写工作负责人变更情况，并代工作票签发人签名。
工作负责人的变动必须是在该工作票许可之后，如在工作票许可之前需变更工作负责人，则应由工作票签发人重新签发工作票。

11.【工作人员变动情况】
工作人员变动后，工作负责人应及时在所持工作票上写明变动人员姓名、变动日期、时间，并签名。人员变动情况填写格式：××××年××月××日××时××分，××、××加入（离去）。
班组人员每次发生变动，工作负责人要在工作票上即时注明变动情况并签名，不得最后一并签名。

12.【工作票延期】
工作需延期，应在工作计划结束时间前由工作负责人向工作许可人提出申请，办理延期手续。对于需经调度许可的工作，工作许可人还应得到调度许可后，方可与工作负责人办理工作票延期手续。工作票只能延期一次。

13.【每日开工和收工时间（使用一天的工作票不必填写）】
无人值班变电站，每日收工后，工作负责人应电话告知工作许可人，双方分别在各自所持工作票的相应栏内代为签署工作间断时间、姓名。次日复工前，工作负责人应检查安全措施是否完好，电话联系工作许可人申请开工，并做好录音，在得到许可后，双方分别在各自所持工作票相应栏内为签署开工时间、姓名。工作负责人对安全措施有异议的或重要的、危险性较大的工作，工作许可人应到现场办理复工、收工手续。

14. 工作终结

全部工作于 <u>2024 年 12 月 23 日 10 时 25 分</u>结束，设备及安全措施已恢复至开工前状态，工作人员已全部撤离，材料工具已清理完毕，工作已终结。

工作负责人签名：<u>朱×清</u>　　工作许可人签名：<u>吴×华</u>

已执行

15. 工作票终结

临时遮栏、标示牌已拆除，常用遮栏已恢复。

已拆除的接地线编号___共___组；

已拉开接地刀闸（小车）编号___共___组（台）。

未拆除的接地线编号___共___组；

未拉开接地刀闸（小车）编号___共___组（台）。

已汇报调度值班员。

工作许可人签名：_____　　签名时间：____年__月__日__时__分

16. 备注

（1）指定专责监护人_____负责监护_____

_____（地点及具体工作。）

（2）其他事项：

<u>工作班成员罗×坤作业开工时未到场参与工作。</u>

<u>2024 年 12 月 19 日 12 时 10 分罗×坤已接受安全交底并签字，可以参与</u>

<u>现场工作。</u>

合　格

审核人 | 王二

右侧注释栏：

14.【工作终结】
工作终结时间不应超出计划工作时间或经批准的延期时间。
工作终结后，工作许可人应在工作负责人所持工作票的"工作终结"栏中工作许可人签名右侧空白处加盖红色"已执行"专用章。

15.【工作票终结】
待工作票上安全措施均已拆除，汇报调度后，工作许可人方可进行"工作票终结"手续，并在所持工作票"工作票终结"栏工作许可人签名时间的右侧空白处盖红色"已执行"专用章。

16.【备注】
指定专责监护人
（1）指定专责监护人，应填写被监护人姓名、工作地点及工作内容。
（2）有大型车辆参与现场工作时，应指定专责监护人。
（3）一张工作票上的工作涉及两个及以上开关柜（含前后隔仓）时，开关柜前、后隔仓均必须设一名专责监护人。
（4）每一个作业现场开工均在监护人的监护下进行工作，若一张工作票上涉及到两个及以上作业现场，工作负责人无法同时全过程监护检修工作，则需增设专责监护人，或者各作业现场轮流开展工作。
其他事项
（1）有吊车参与现场工作时，应明确指挥人员。
（2）未拉开地刀、接地线应当注明原因，可不写明具体拆除时间。
（3）对于工作开始前，票中预安排的工作班成员，如未能在开工时参与现场安全交底的，整体作业开工时，需在备注栏对相关情况说明，如"工作班成员×××作业开工时，未到场参与工作。"无需在工作票"工作人员变动情况"栏进行人员变动。相关预安排人员实际参与现场作业时，应在备注栏对相关情况说明，如"××××年××月××日××时××分，××、××已接受安全交底并签字，可参与现场工作"。

17.【检查与评价】
各班组每月应对已终结的工作票进行综合评议。经评议票面正确，评议人在工作票"16.备注（2）其他事项"横线右下方顶格加盖红色"合格"评议章并签名；评议为错票，在工作票"16.备注（2）其他事项"横线右下方顶格加盖红色"不合格"评议章并签名。

1.3 变电站内双母线接线方式下线路闸刀检修

一、作业场景情况

（一）工作场景

变电站内双母线接线方式下线路闸刀检修。

（二）工作任务

220kV 东亭变电站 110kV 亭世 7N53 闸刀修理。

（三）停电范围

110kV 亭世 7N5 开关及线路。

（四）票种选择建议

变电站第一种工作票。

（五）人员分工及安排

本次工作有 1 个作业地点：110kV 高压区。参与本次工作的共 7 人（含工作负责人），具体分工为：

朱×清（工作负责人）：负责工作的整体协调组织及在 110kV 高压区对高×、金×月、陈×亮、王×勇、程×森、罗×坤进行监护。

高×、金×月、陈×亮、王×勇、程×森、罗×坤（工作班成员）：在 110kV 高压区开展 110kV 亭世 7N53 闸刀修理工作。

（六）场景接线图

220kV 东亭变电站 110kV 亭世 7N53 闸刀修理工作场景接线图见图 1-3。

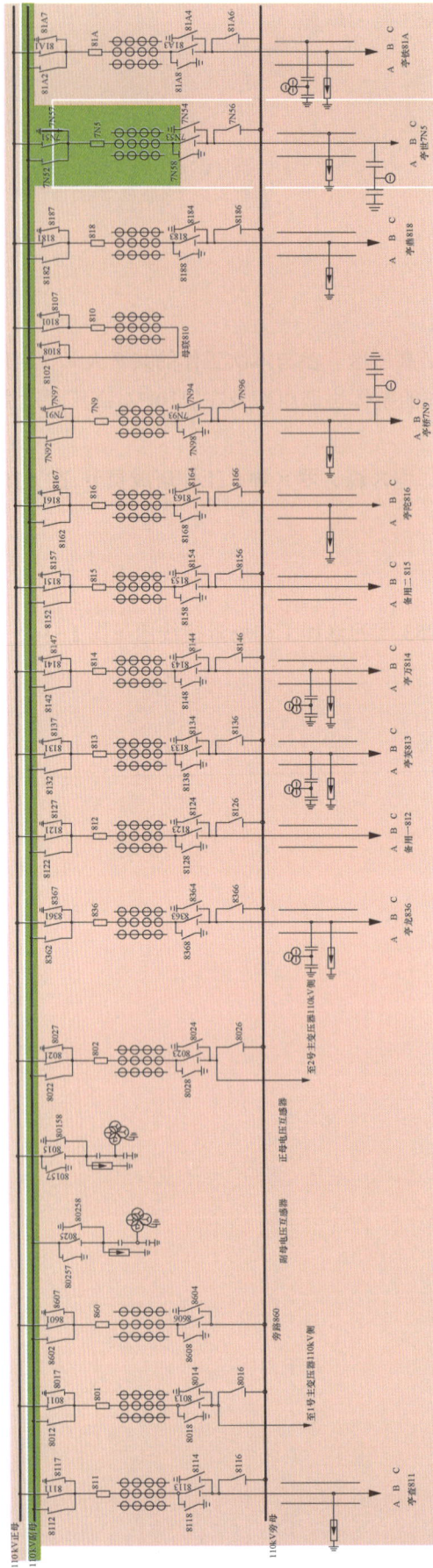

图1-3　220kV东亭变110kV亭世7N53间刀闸刀修理工作场景接线图

图例：　带电区域　　停电区域

二、工作票样例

变电站第一种工作票

作业风险等级：Ⅲ

单　位：<u>设备管理部变电检修中心</u>　　变电站：<u>交流 220kV 东亭变电站</u>

编　号：<u>Ⅰ 202412020</u>

1. 工作负责人（监护人）<u>朱×清</u>　　班　组：<u>综合班组</u>

2. 工作班人员（不包括工作负责人）

<u>变电修试五班：高×，共 1 人。</u>

<u>××××电气装备有限公司：金×月、陈×亮、王×勇、程×森、罗×</u>

<u>坤，共 5 人。</u>

共 <u>6</u> 人

3. 工作的变、配电站名称及设备双重名称

<u>交流 220kV 东亭变电站：110kV 亭世 7N53 闸刀。</u>

4. 工作任务

工作地点及设备双重名称	工作内容
110kV 高压区：110kV 亭世 7N53 闸刀	修理

5. 计划工作时间

自 <u>2024</u> 年 <u>12</u> 月 <u>18</u> 日 <u>08</u> 时 <u>00</u> 分至 <u>2024</u> 年 <u>12</u> 月 <u>24</u> 日 <u>18</u> 时 <u>00</u> 分。

6. 安全措施（必要时可附页绘图说明，红色表示有电）

应拉断路器（开关）、隔离开关（刀闸）	已执行*
应拉开 7N5 开关	√

【票种选择】本次作业为变电站内停电工作，使用变电站第一种工作票。

1.【班组】对于包含工作负责人在内有两个及以上的班组人员共同进行的工作，应填写"综合班组"。

2.【工作班人员】人员应取得准入资质，安排的人员应进行承载力分析，确保人数适当、充足；如有特种作业应安排具备相应资质的特种作业人员；不同单位或班组需分行填写。
【共×人】不包括工作负责人。

3.【工作的变、配电站名称及设备双重名称】设备双重名称与第 4 项"工作任务"栏内一致。

4.【工作任务】在同一区域内不同设备但工作内容相同的工作任务可以合并填写。同一设备的不同工作内容也可合并填写；工作内容应与工作地点对应；按照调度批准的停电申请内容填写。在原工作票的停电及安全措施范围内增加工作任务时，应由工作负责人征得工作票签发人和工作许可人同意，并在工作票上备注栏内增填工作项目。陪停设备不需要在工作任务栏及安全措施栏中反映，可在"工作地点保留带电部分或注意事项"中予以明确。如根据工作情况需要对陪停设备范围内采取接地、设置围栏、标示牌等措施，应在安全措施栏内明确应拉开的开关、闸刀以及接地、设置围栏、标示牌等安全措施。保护校验过程中需传动开关，但不触及开关设备具体工作时，无需将开关作为工作地点列入工作任务栏内。

5.【计划工作时间】填写计划检修起始时间和结束时间，该时间应在调度批准的检修时间段内。

6.【安全措施】运维人员完成工作票所列的安全措施后，与工作负责人进行确认，并分别在各自的票面"已执行"栏内打"√"；其中，接地线编号由工作许可人统一填写。填写内容应按类别分行填写，若出现跨行填写的，仅在末行的"已执行"栏内打"√"即可。
【应拉断路器（开关）、隔离开关（刀闸）】
（1）应拉开的开关。
（2）应拉开的闸刀。
（3）应拉至试验或检修位置的开关手车。涉及开关柜修试的工作，工作票中可填写为将手车拉至

续表

应拉断路器（开关）、隔离开关（刀闸）	已执行*
应拉开 7N51、7N52、7N53、7N56 闸刀	√
应分开 7N5 开关操作电源、储能电源	√
应分开 7N51、7N52、7N53、7N56 闸刀控制电源、电机电源	√
应将 7N5 开关远方/就地切换开关由"远方"位置切至"就地"位置	√
应装接地线、应合接地刀闸（注明确实地点、名称及接地线编号*）	**已执行***
应合上 110kV 亭世 7N54 线路接地闸刀	√
应合上 110kV 亭世 7N58 接地闸刀	√
应设遮栏、应挂标示牌及防止二次回路误碰等措施	**已执行***
应在 7N5 开关操作把手处悬挂"禁止合闸，有人工作"标示牌	√
应在 7N51、7N52、7N56 闸刀操作处分别悬挂"禁止合闸，有人工作"标示牌	√
应在 7N53 闸刀处悬挂"在此工作"标示牌	√
应在 7N53 闸刀与相邻运行设备间设置临时围栏，在围栏上悬挂适量"止步，高压危险"标示牌，字朝向围栏内，在围栏出入口处悬挂"在此工作"、"从此进出"标示牌	√

工作地点保留带电部分或注意事项（由工作票签发人填写）	补充工作地点保留带电部分和安全措施（由工作许可人填写）
【相邻带电设备】相邻 110kV 亭铁 81A、110kV 亭鼎 818 间隔、110kV 正母、110kV 副母、110kV 旁母均在运行中，严禁误碰	无
【安全距离】工作中与带电部位保持足够的安全距离：110kV 大于 1.5m	
【高处作业】高处作业正确使用安全工器具	

工作票签发人签名：曹×锋　　签发时间：2024 年 12 月 16 日 13 时 48 分

工作票会签人签名：吴×华　　会签时间：2024 年 12 月 16 日 15 时 12 分

7. 收到工作票时间： 2024 年 12 月 17 日 09 时 51 分

运行值班人员签名：浦×人　　工作负责人签名：朱×清

8. 确认本工作票 1～6 项

工作负责人签名：朱×清　　工作许可人签名：李×松

许可开始工作时间：2024 年 12 月 19 日 10 时 10 分

试验位置。如现场条件允许，也可拉至检修位置。如工作票中填写将手车拉至试验位置，现场手车如要拉至检修位置，由检修人员在实际工作中执行。

（4）应分开的开关操作电源、储能电源。所有拉开的开关对应的操作电源、储能电源均应分开。

（5）应分开的闸刀控制电源、电机电源。所有拉开的闸刀如有对应的控制电源、电机电源均应分开。已分开控制电源、电机电源的闸刀遥控回路已断开，不必再填写将闸刀远方/就地切换开关由"远方"位置切至"就地"位置。

（6）应将拉开的开关远方/就地切换开关由"远方"位置切至"就地"位置。

（7）应分开与停电设备有关的电压互感器、变压器各侧回路。

（8）针对退出保护联跳运行开关出口压板、保护失灵启动压板等安措，如在相应操作票或二次安措票中反应，可不在工作票安全措施栏填写。

【应装接地线、应合接地刀闸】

（1）接地闸刀应填写双重名称即名称、编号。

（2）带接地刀的刀闸检修时，应当优先按照《江苏省电力公司关于印发规范带接地刀闸的隔离开关（刀闸）检修时安全措施补充规定的通知》苏电安〔2013〕1713 号文执行，工作票中应当明确采用装设接地线的方式实现"接地"安全措施。如有地市存在相关补充规定，并制定完善的预控措施，确保检修作业安全的前提下，也可采用合接地刀闸的方式实现"接地"安全措施。

【应设遮栏、应挂标示牌及防止二次回路误碰等措施】

（1）已拉开的开关、闸刀、开关手车如无工作，应在对应位置悬挂"禁止合闸，有人工作"标示牌。涉及有具体工作内容的开关、刀闸，可不用悬挂"禁止合闸，有人工作"标示牌。除电压互感器、站用变压器等二次侧回路断开处需设置"禁止合闸，有人工作"标示牌外，已拉开的开关、刀闸对应的电源可不用悬挂"禁止合闸，有人工作"标示牌。如工作票只包含站内设备工作，可不设置"禁止合闸，线路有人工作"标示牌。

（2）所有开关柜检修工作均应在相邻运行开关柜、现场设置的围栏上设置"止步，高压危险"标示牌。

（3）在工作人员上下铁架或梯子上，应悬挂"从此上下"标示牌。

（4）应悬挂"在此工作"标示牌的位置为第 4 项"工作任务"栏内填写的设备处，停电作业针对挂牌困难的可将"在此工作"标示牌设置在对应设备支柱、柜外等位置，现场需向工作负责人交代清楚。

（5）将工作屏柜上联跳运行开关出口压板用红布幔遮盖或者用红色绝缘胶带绑扎。（也可依据实际情况采取拆除垫片等其他安全措施。）

（6）相邻带电设备在安全措施栏中可不具体填写，以相邻带电设备代替即可，但需在"工作地点保留带电部分或注意事项"栏中予以说明。

【工作地点保留带电部分或注意事项（由工作票签发人填写）】

【相邻带电设备】填写与检修设备距离邻近的带电部位或相邻第一个带电设备情况，以及保护工作地点相邻的其他保护（装置）运行情况，相关设备要明确名称编号，位置要准确。

【安全距离】工作地点包含一次设备区域时，需填写：与带电部位保持足够的安全距离：××kV 大于×m。

【特种设备】有吊车、斗臂车等大型车辆参与现场工作时，需填写：工作中使用吊车、斗臂车等大型车辆时，应与带电部位保持足够的安全距离：××kV 大于×m。由外包单位负责的工作还需增加：安排运检单位专人在场全过程旁站。

【高处作业】有高处作业时，需填写：高处作业正确使用安全工器具。

【陪停设备】因安全距离不足，导致相邻带电设备需要陪停的设备，需在此栏填写（如根据工作情况需要对陪停设备范围内采取接地、设置围栏、

9. 现场交底，工作班成员确认工作负责人布置的工作任务、人员分工、安全措施和注意事项并签名

　　高×、金×月、陈×亮、王×勇、程×森、孙×俊、罗×坤

10. 工作负责人变动情况

　　原工作负责人＿＿＿＿＿＿离去，变更＿＿＿＿＿＿为工作负责人。

　　工作票签发人：＿＿＿＿　　签发时间：＿＿＿年＿＿月＿＿日＿＿时＿＿分

11. 工作人员变动情况（变动人员姓名，变动日期及时间）

　　2024 年 12 月 19 日 10 时 10 分孙×俊加入（工作负责人签名：朱×清）

　　2024 年 12 月 19 日 12 时 10 分金×月离去（工作负责人签名：朱×清）

12. 工作票延期

　　有效期延长到＿＿＿＿年＿＿月＿＿日＿＿时＿＿分。

　　工作负责人签名：＿＿＿＿　　签名时间：＿＿＿年＿＿月＿＿日＿＿时＿＿分

　　工作许可人签名：＿＿＿＿　　签名时间：＿＿＿年＿＿月＿＿日＿＿时＿＿分

13. 每日开工和收工时间（使用一天的工作票不必填写）

收工时间				工作负责人	工作许可人	开工时间				工作许可人	工作负责人
月	日	时	分			月	日	时	分		
12	19	15	30	朱×清	李×松	12	20	09	10	王×	朱×清
12	20	12	30	朱×清	王×	12	23	09	10	吴×华	朱×清

14. 工作终结

　　全部工作于 2024 年 12 月 23 日 10 时 25 分结束，设备及安全措施已恢复至开工前状态，工作人员已全部撤离，材料工具已清理完毕，工作已终结。

　　工作负责人签名：朱×清　　工作许可人签名：吴×华　　　【已执行】

15. 工作票终结

　　临时遮栏、标示牌已拆除，常用遮栏已恢复。

　　已拆除的接地线编号＿＿＿共＿＿组；

标示牌等措施，应在安全措施栏内明确应拉开的开关、闸刀以及接地、设置围栏、标示牌等安全措施。）

【手车检修】开关柜手车拉至检修位置时，应当在带电触头隔离挡板前设置"止步，高压危险"标示牌。

【容性设备】检修人员在接触电缆、电容器及支架和外壳前应逐相、逐个进行充分放电。

其余安全注意事项，各单位可依据工作内容予以补充完善。

【补充工作地点保留带电部分和安全措施（由工作许可人填写）】根据现场的实际情况，工作许可人对工作地点保留的带电部分予以补充，不得照抄工作票签发人填写内容，应注明所采取的安全措施或提醒检修人员必须注意的事项。若没有则填"无"，不得空白。

7.【收到工作票时间】

第一种工作票签发和收到时间应为工作前一天（紧急抢修、消缺除外）。

运维人员收到工作票后，对工作票审核无误后，填写收票时间并签名。

8.【工作许可】

许可工作时间不得提前于计划工作开始时间。

9.【交底签名】

所有工作班成员在明确了工作负责人、专责监护人交代的工作任务、人员分工、安全措施和注意事项后，在工作负责人所持工作票上签名，不得代签。

10.【工作负责人变动情况】

经工作票签发人同意，在工作票上填写离去和变更的工作负责人姓名及变动时间，同时通知全体作业人员和工作许可人；如工作票签发人无法当面办理，应通过电话通知工作许可人，由工作许可人和原工作负责人在各自所持工作票上填写工作负责人变更情况，并代工作票签发人签名。

工作负责人的变动必须是在该工作票许可之后，如在工作许可之前需变更工作负责人，则应由工作票签发人重新签发工作票。

11.【工作人员变动情况】

工作人员变动后，工作负责人应及时在所持工作票上写明变动人员姓名、变动日期、时间，并签名。人员变动情况填写格式：×××年××月××日××时××分，××、××加入（离去）。班组人员每次发生变动，工作负责人要在工作票上即时注明变动情况并签名，不得最后一并签名。

12.【工作票延期】

工作需延期，应在工作计划结束时间前由工作负责人向工作许可人提出申请，办理延期手续。对于需经调度许可的工作，工作许可人还应得到调度许可后，方可与工作负责人办理工作票延期手续。工作票只能延期一次。

13.【每日开工和收工时间（使用一天的工作票不必填写）】

无人值班变电站，每日收工后，工作负责人应电话告知工作许可人，双方分别在各自所持工作票的相应栏内代为签署工作间断时间、姓名。次日复工前，工作负责人应检查安全措施是否完好，电话联系工作许可人申请开工，并做好录音，在得到许可后，双方分别在各自所持工作票相应栏内代为签署开工时间、姓名。工作负责人对安全措施有异议的或重要的、危险性较大的工作，工作负责人应到现场办理复工、收工手续。

14.【工作终结】

工作终结时间不应超出计划工作时间或经批准的延期时间。

工作终结后，工作许可人应在工作负责人所持工作票的"工作终结"栏中工作许可人签名右侧空白处加盖红色"已执行"专用章。

15.【工作票终结】

待工作票上安全措施均已拆除，汇报调度后，工作许可人方可进行"工作票终结"手续，并在所

已拉开接地刀闸（小车）编号___共___组（台）。

未拆除的接地线编号___共___组；

未拉开接地刀闸（小车）编号___共___组（台）。

已汇报调度值班员。

工作许可人签名：_____ 签名时间：_____年___月___日___时___分

16. 备注

（1）指定专责监护人_____负责监护_____

_____（地点及具体工作。）

（2）其他事项：

工作班成员罗×坤作业开工时未到场参与工作。

2024年12月19日12时10分罗×坤已接受安全交底并签字，可以参与现场工作。

<table>
<tr><td colspan="2">合　　格</td></tr>
<tr><td>审核人</td><td>王二</td></tr>
</table>

持工作票"工作票终结"栏工作许可人签名时间的右侧空白处盖红色"已执行"专用章。

16.【备注】

指定专责监护人

（1）指定专责监护人，应填写被监护人姓名、工作地点及工作内容。

（2）有大型车辆参与现场工作时，应指定专责监护人。

（3）一张工作票上的工作涉及两个及以上开关柜（含前后隔仓）时，开关柜前、后隔仓均必须设一名专责监护人。

（4）每一个作业现场开工时均在监护人的监护下进行工作，若一张工作票上涉及两个及以上作业现场，工作负责人无法同时全过程监护检修工作，则需增设专责监护人，或者各作业现场轮流开展工作。

其他事项

（1）有吊车参与现场工作时，应明确指挥人员。

（2）未拉开地刀、接地线应当注明原因，可不写明具体拆除时间。

（3）对于工作开始前，票中预安排的工作班成员，如未能在开工时参与现场安全交底的，整体作业开工时，需在备注栏对相关情况说明，如"工作班成员×××作业开工时，未到场参与工作。"无需在工作票"工作人员变动情况"栏进行人员变动。相关预安排人员实际参与现场作业时，应在备注栏对相关情况说明，如"××××年××月××日××时××分，××、××已接受安全交底并签字，可参与现场工作"。

17.【检查与评价】

各班组每月应对已终结的工作票进行综合评议。经评议票面正确，评议人在工作票"16.备注（2）其他事项"横线右下方顶格加盖红色"合格"评议章并签名；评议为错票，在工作票"16.备注（2）其他事项"横线右下方顶格加盖红色"不合格"评议章并签名。

1.4　变电站内500kV主变压器及三侧设备停电检修

一、作业场景情况

（一）工作场景

变电站内500kV主变及三侧设备停电检修。

（二）工作任务

500kV阳羡变电站：

（1）1号主变小修预试；1号主变500kV侧避雷器、220kV侧避雷器小修预试；1号主变500kV侧压变小修预试；5013、2501开关小修预试及三相不一致回路优化。

（2）510、517刀闸大修；Ⅰ母电压互感器及避雷器小修预试；1号主变中性点电阻、电抗器、避雷器、间隙电流互感器小修预试；310、311、312开关及电流互感器小修预试；1、2号电容器、电抗器及避雷器、放电电压互感器小修预试；1号站用变压器及避雷器、高压电缆小修预试；3111、3121、3101、3519刀闸大修；31127、31227刀闸大修。

（3）5012、5013开关分闸监视回路完善。

（4）310、311、312取油样及电流互感器膨胀器外罩更换。

（5）主变35kV低压回路搭接面直阻测量。

（三）停电范围

1 号主变，阳岷线/1 号主变 5012 开关，1 号主变 5013 开关，1 号主变 2501 开关，1 号主变 35kV 侧母线，1 号主变 1 号电容器，1 号主变 2 号电容器，1 号站用变压器及 310 开关。

（四）票种选择建议

变电站第一种工作票。

（五）人员分工及安排

本次工作有 1 个作业地点：1 号主变及其三侧设备间隔）。参与本次工作的共 11 人（含工作负责人），具体分工为：

李×兵（工作负责人）：负责工作的整体协调组织及作业现场安全监护。

庄×洁、陆×琛（工作班成员）：辅助工作负责人加强作业现场安全管理，庄×洁为斗臂车专责监护人。

缪×剑（工作班成员）：负责规范使用斗臂车。

顾×明、万×明、金×宇、王×勇、张×林、陈×飞、王×云（工作班成员）：负责 500kV 阳羡变电站 1 号主变及其三侧设备停电检修工作。

（六）场景接线图

500kV 阳羡变电站一次系统接线图见图 1-4。

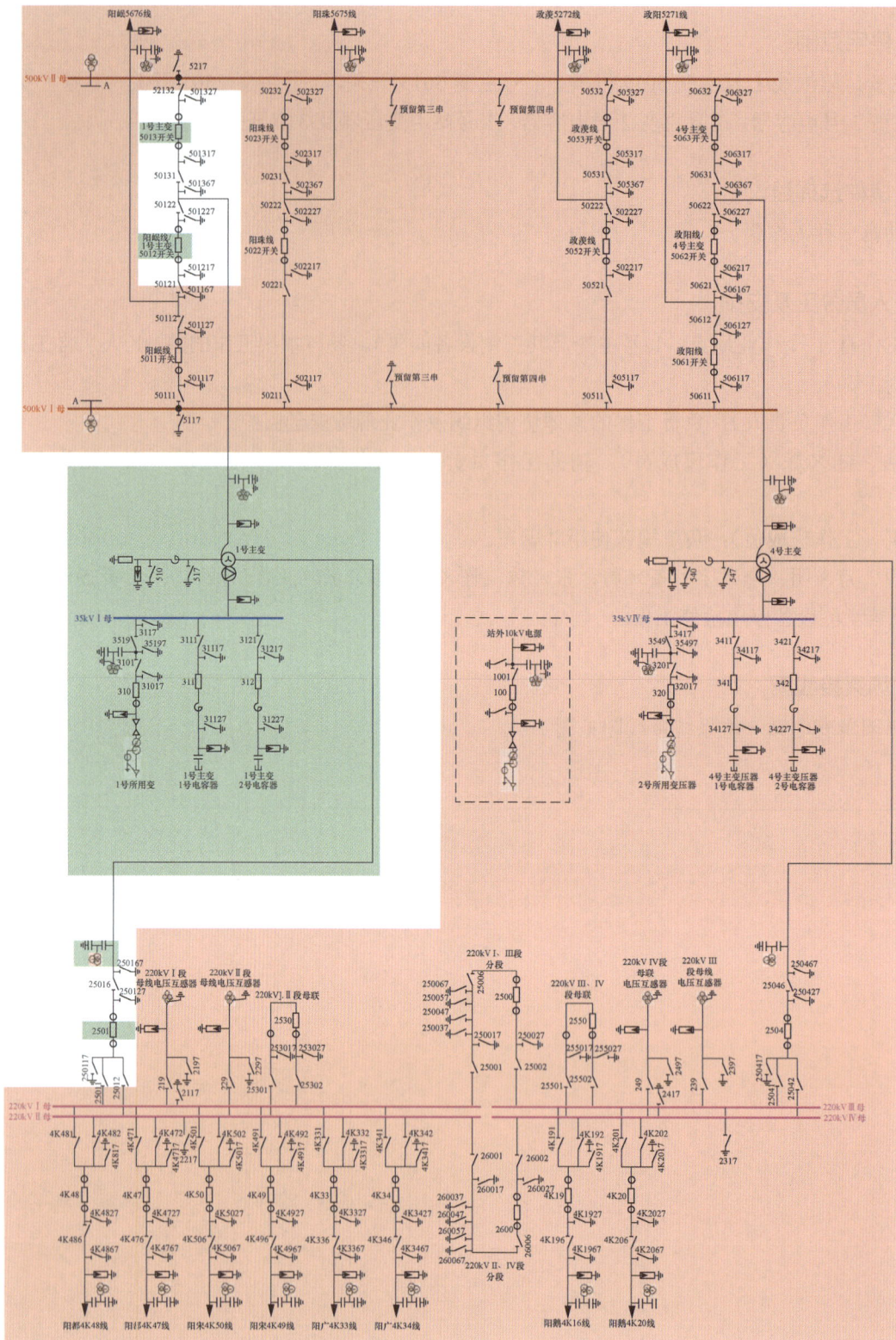

图 1-4　500kV 阳羡变电站一次系统接线图

二、工作票样例

变电站第一种工作票

作业风险等级：Ⅲ

单　　位：设备管理部变电检修中心　　　变电站：交流 500kV 阳羡变电站

编　　号：Ⅰ202401020

1. 工作负责人（监护人） 李×兵　　　班　　组：综合班组

1.【班组】对于包含工作负责人在内有两个及以上的班组人员共同进行的工作，应填写"综合班组"。

2. 工作班人员（不包括工作负责人）

变电修试一班：陆×琛，共 1 人。

变电修试二班：庄×洁、顾×明，共 2 人。

××电力建设有限公司：万×明、金×宇、王×勇、张×林，共 4 人。

共 7 人

2.【工作班人员】人员应取得准入资质，安排的人员应进行承载力分析，确保人数适当、充足；如有特种作业应安排具备相应资质的特种作业人员；不同单位或班组需分行填写。
【共×人】不包括工作负责人。

3. 工作的变、配电站名称及设备双重名称

500kV 阳羡变电站：500kV 1 号主变、1 号主变中性点 510 接地闸刀、1 号主变中性点 517 接地闸刀、1 号主变中性点放电间隙电流互感器、1 号主变中性点避雷器、1 号主变中性点电抗器、1 号主变中性点电阻、1 号主变 35kV 侧低压回路、500kV 阳岷线/1 号主变 5012 开关、500kV 1 号主变 5013 开关、1 号主变 500kV 侧避雷器、1 号主变 500kV 侧电压互感器、1 号主变 220kV 侧 2501 开关及汇控柜、1 号主变 220kV 侧避雷器、1 号主变 35kV Ⅰ段母线避雷器、1 号主变 35kV Ⅰ段母线电压互感器、1 号主变 1 号电容器、1 号主变 1 号电容器 311 开关、1 号主变 1 号电容器串联电抗器、1 号主变 1 号电容器避雷器、1 号主变 1 号电容器放电线圈、1 号主变 1 号电容器 311 开关电流互感器、1 号主变 1 号电容器 3111 闸刀、1 号主变 1 号电容器 31127 接地闸刀、1 号主变 2 号电容器、1 号主变 2 号电容器 312 开关、1 号主变 2 号电容器串联电抗器、1 号主变 2 号电容器避雷器、1 号主变 2 号电容器放电线圈、1 号主变 2 号电容器 312 开关电流互感器、1 号主变 2 号电容器 3121 闸刀、1 号主变 2 号电容器 31227 接地闸刀、35kV 1 号站用变压器、35kV 1 号站用变压器 310 开关、35kV 1 号站用变压器 310 开关电流互感器、35kV 1 号站用变压器 3101 闸刀、1 号主变 35kV Ⅰ段母线

3.【工作的变、配电站名称及设备双重名称】设备双重名称与第 4 项"工作任务"栏内一致。

电压互感器 3519 闸刀、35kV 1 号站用变压器避雷器、35kV 1 号站用变压器高压侧电缆。

4. 工作任务

工作地点及设备双重名称	工作内容
500kV 主变设备区：500kV 1 号主变、1 号主变中性点放电间隙电流互感器、1 号主变中性点避雷器、1 号主变中性点电抗器、1 号主变中性点电阻、1 号主变 500kV 侧电压互感器、1 号主变 500kV 侧避雷器	小修预试
500kV 主变设备区：1 号主变中性点 510 接地闸刀、1 号主变中性点 517 接地闸刀	大修
35kV 设备区：1 号主变 35kV 侧一次回路所有搭接面	直阻测量
500kV 设备区：500kV 阳岷线/1 号主变 5012 开关	分闸监视回路完善
500kV 设备区：500kV 1 号主变 5013 开关	小修预试、分闸监视回路完善
220kV 设备区：1 号主变 220kV 侧 2501 开关、1 号主变 220kV 侧避雷器	小修预试
220kV 设备区：1 号主变 220kV 侧 2501 开关及汇控柜	三相不一致回路优化
35kV 设备区：1 号主变 35kV Ⅰ 段母线电压互感器、1 号主变 35kV Ⅰ 段母线避雷器、1 号主变 1 号电容器、1 号主变 1 号电容器 311 开关、1 号主变 1 号电容器串联电抗器、1 号主变 1 号电容器避雷器、1 号主变 1 号电容器放电线圈、1 号主变 2 号电容器、1 号主变 2 号电容器 312 开关、1 号主变 2 号电容器串联电抗器、1 号主变 2 号电容器避雷器、1 号主变 2 号电容器放电线圈、35kV 1 号站用变压器、35kV 1 号站用变压器 310 开关、35kV 1 号站用变压器避雷器、35kV 1 号站用变压器高压侧电缆	小修预试
35kV 设备区：1 号主变 35kV Ⅰ 段母线电压互感器 3519 闸刀、1 号主变 1 号电容器 3111 闸刀、1 号主变 1 号电容器 31127 接地闸刀、1 号主变 2 号电容器 3121 闸刀、1 号主变 2 号电容器 31227 接地闸刀、35kV 1 号站用变压器 3101 闸刀	大修
35kV 设备区：1 号主变 1 号电容器 311 开关电流互感器	小修预试、取油样、膨胀器外罩维护
35kV 设备区：1 号主变 2 号电容器 312 开关电流互感器	小修预试、取油样、膨胀器外罩维护

4.【工作任务】在同一区域内不同设备但工作内容相同的工作任务可以合并填写。同一设备的不同工作内容也可合并填写；工作内容应与工作地点对应；按照调度批准的停电申请内容填写。在原工作票的停电及安全措施范围内增加工作任务时，应由工作负责人征得工作票签发人和工作许可人同意，并在工作票上备注栏内增填工作项目。陪停设备不需要在工作任务栏及安全措施栏中反映，可在"工作地点保留带电部分或注意事项"中予以明确。如根据工作情况需要对陪停设备范围内采取接地、设置围栏、标示牌等措施，应在安全措施栏内明确应拉开的开关、闸刀以及接地、设置围栏、标示牌等安全措施。保护校验过程中需传动开关，但不触及开关设备具体工作时，无需将开关作为工作地点列入工作任务栏内。

续表

工作地点及设备双重名称	工作内容
35kV 设备区：35kV1 号站用变压器 310 开关电流互感器	小修预试、取油样、膨胀器外罩维护

5. 计划工作时间

自 <u>2024</u> 年 <u>01</u> 月 <u>31</u> 日 <u>08</u> 时 <u>00</u> 分至 <u>2024</u> 年 <u>02</u> 月 <u>04</u> 日 <u>18</u> 时 <u>00</u> 分。

5.【计划工作时间】填写计划检修起始时间和结束时间，该时间应在调度批准的检修时间段内。

6. 安全措施（必要时可附页绘图说明，红色表示有电）

应拉断路器（开关）、隔离开关（刀闸）	已执行*
应拉开 5012、5013、2501、310、311、312 开关	√
应分开 5012、5013、2501、310、311、312 开关操作电源、储能电源空气开关	√
应将 5012、5013、2501、310、311、312 开关的"远方/就地"转换开关由"远方"位置切至"就地"位置	√
应拉开 50121、50122、50131、50132、25011、25012、25016、3519、3101、3111、3121 闸刀	√
应分开 50121、50122、50131、50132、25011、25012、25016、3519、3101、3111、3121 闸刀操作电源、电机电源空气开关	√
应分开 1 号主变 500kV 侧电压互感器二次侧空气开关、1 号主变 220kV 侧电压互感器二次侧空气开关、1 号主变 35kV I 段母线电压互感器二次侧空气开关、35kV 1 号站用变压器二次侧空气开关	√
应分开 1 号主变风冷电源空气开关	√
应装接地线、应合接地刀闸（注明确实地点、名称及接地线编号*）	已执行*
应合上 500kV 阳岷线/1 号主变 501217 接地闸刀	√
应合上 500kV 阳岷线/1 号主变 501227 接地闸刀	√
应合上 500kV 1 号主变 501317 接地闸刀	√
应合上 500kV 1 号主变 501327 接地闸刀	√
应合上 500kV 1 号主变 501367 接地闸刀	√
应合上 1 号主变 220kV 侧 250117 接地闸刀	√
应合上 1 号主变 220kV 侧 250127 接地闸刀	√
应合上 1 号主变 220kV 侧 250167 接地闸刀	√
应合上 1 号主变 35kV I 段母线 3117 接地闸刀	√
应合上 1 号主变 35kV I 段母线电压互感器 35197 接地闸刀	√
应合上 35kV 1 号站用变压器 31017 接地闸刀	√

6.【安全措施】运维人员完成工作票所列的安全措施后，与工作负责人进行确认，并分别在各自的票面"已执行"栏内打"√"；其中，接地线编号由工作许可人统一填写。填写内容应按类别分行填写，若出现跨行填写的，仅在末行的"已执行"栏打"√"即可。
【应拉断路器（开关）、隔离开关（刀闸）】
（1）应拉开的开关。
（2）应拉开的闸刀。
（3）应拉至试验或检修位置的开关手车。涉及开关柜检修的工作，工作票中可填写为将手车拉至试验位置。如现场条件允许，也可拉至检修位置。如工作票中填写将手车拉至试验位置，现场手车如要拉至检修位置，由检修人员在实际工作中执行。
（4）应分开的开关操作电源、储能电源。所有拉开的开关对应的操作电源、储能电源均应分开。
（5）应分开的闸刀控制电源、电机电源。所有拉开的闸刀如有对应的控制电源、电机电源均应分开。已分开控制电源、电机电源的闸刀遥控回路已断开，不必再填写将闸刀远方/就地切换开关由"远方"位置切至"就地"位置。
（6）应将拉开的开关远方/就地切换开关由"远方"位置切至"就地"位置。
（7）应分开与停电设备有关的电压互感器、变压器各侧回路。
（8）针对退出保护联跳运行开关出口压板、保护失灵启动压板等安措，如在相应操作票或二次安措中反应，可不在工作票安全措施栏填写。
【应装接地线、应合接地刀闸】
（1）接地闸刀应填写双重名称即名称、编号。
（2）带地刀的刀闸检修时，应当优先按照《江苏省电力公司关于印发规范带接地刀闸的隔离开关（刀闸）检修时安全措施补充规定的通知》苏电安〔2013〕1713 号文执行，工作票中应当明确采用装设接地线的方式实现"接地"安全措施。如有地市存在相关补充规定，并制定完善的预控措施，确保检修作业安全的前提下，也可采用合接地刀闸的方式实现"接地"安全措施。

续表

应装接地线、应合接地刀闸（注明确实地点、名称及接地线编号*）	已执行*
应合上 1 号主变 1 号电容器 31117 接地闸刀	√
应合上 1 号主变 1 号电容器 31127 接地闸刀	√
应合上 1 号主变 2 号电容器 31217 接地闸刀	√
应合上 1 号主变 2 号电容器 31227 接地闸刀	√
应在 35kV 1 号站用变压器与 35kV 1 号站用变压器高压侧电缆之间装设接地线一组（35kV-01）号	√
应在 1 号主变 35kV Ⅰ 段母线电压互感器与熔断器之间装设接地线一组（35kV-02 号）	√

应设遮栏、应挂标示牌及防止二次回路误碰等措施	已执行*
应在 50121、50122、50131、50132、25011、25012、25016 闸刀操作处，1 号主变 500kV 侧电压互感器二次侧空气开关处、1 号主变 220kV 侧电压互感器二次侧空气开关处、1 号主变 35kV Ⅰ 段母线电压互感器二次侧空气开关处、1 号站用变压器二次侧空气开关处分别悬挂"禁止合闸，有人工作"标示牌	√
应在 1 号主变、510 接地闸刀、517 接地闸刀、1 号主变中性点放电间隙电流互感器、1 号主变中性点避雷器、1 号主变中性点电抗器、1 号主变中性点电阻、1 号主变 35kV 侧低压回路、5012 开关、5013 开关、1 号主变 500kV 侧避雷器、1 号主变 500kV 侧电压互感器、2501 开关及汇控柜、1 号主变 220kV 侧避雷器、1 号主变 35kV Ⅰ 段母线避雷器、1 号主变 35kV Ⅰ 段母线电压互感器、1 号主变 1 号电容器、311 开关、1 号主变 1 号电容器串联电抗器、1 号主变 1 号电容器避雷器、1 号主变 1 号电容器放电线圈、311 开关电流互感器、3111 闸刀、31127 接地闸刀、1 号主变 2 号电容器、312 开关、1 号主变 2 号电容器串联电抗器、1 号主变 2 号电容器避雷器、1 号主变 2 号电容器放电线圈、312 开关电流互感器、3121 闸刀、31227 接地闸刀、1 号站用变压器、310 开关、310 开关电流互感器、3101 闸刀、3519 闸刀、1 号站用变压器避雷器、1 号站用变压器高压侧电缆处悬挂"在此工作"标示牌	√
应在 1 号主变、510 接地闸刀、517 接地闸刀、1 号主变中性点放电间隙电流互感器、1 号主变中性点避雷器、1 号主变中性点电抗器、1 号主变中性点电阻、1 号主变 35kV 侧低压回路、5012 开关、5013 开关、1 号主变 500kV 侧避雷器、1 号主变 500kV 侧电压互感器、2501 开关及汇控柜、1 号主变 220kV 侧避雷器、1 号主变 35kV Ⅰ 段母线避雷器、1 号主变 35kV Ⅰ 段母线电压互感器、1 号主变 1 号电容器、311 开关、1 号主变 1 号电容器串联电抗器、1 号主变 1 号电容器避雷器、1 号主变 1 号电容器放电线圈、311 开关电流互感器、3111 闸刀、31127 接地闸刀、1 号主变 2 号电容器、312 开关、1 号主变 2 号电容器串联电抗器、1 号主变 2 号电容器避雷器、1 号主变 2 号电容器放电线圈、312 开关电流互感器、3121 闸刀、31227 接地闸刀、1 号站用变压器、310 开关、310 开关电流互感器、3101 闸刀、3519 闸刀、1 号站用变压器避雷器、1 号站用变压器高压侧电缆与相邻运行设备间设置临时围栏，在临时围栏上悬挂适当数量的"止步，高压危险"标示牌，标示牌应朝向临时围栏里面，在围栏出入口处悬挂"在此工作""从此进出"标示牌	√
应在 1 号主变铁梯处悬挂"从此上下"标示牌	√

【应设遮栏、应挂标示牌及防止二次回路误碰等措施】
（1）已拉开的开关、闸刀、开关手车如无工作，应在对应位置悬挂"禁止合闸，有人工作"标示牌。涉及有具体工作内容的开关、刀闸，可不用悬挂"禁止合闸，有人工作"标示牌。除电压互感器、站用变压器等二次侧回路断开处设置"禁止合闸，有人工作"标示牌外，已拉开的开关、刀闸对应的电源可不用悬挂"禁止合闸，有人工作"标示牌。如工作票只包含站内设备工作，可不设置"禁止合闸，线路有人工作"标示牌。
（2）所有开关柜检修工作应在相邻运行开关柜、现场设置的围栏上设置"止步，高压危险"标示牌。
（3）在工作人员上下铁架或梯子上，应悬挂"从此上下"标示牌。
（4）应悬挂"在此工作"标示牌的位置为第 4 项"工作任务"栏内填写的设备处，停电作业针对挂牌困难的可将"在此工作"标示牌设置在对应设备支柱、柜外等位置，现场需向工作负责人交代清楚。
（5）应将工作屏柜上联跳运行开关出口压板用红布幔遮盖或者用红色绝缘胶带绑扎。（也可依据实际情况采取拆除垫片等其他安全措施。）
（6）相邻带电设备在安全措施栏中可不具体填写，以相邻带电设备代替即可，但需在"工作地点保留带电部分或注意事项"栏中予以明确。

工作地点保留带电部分或注意事项 （由工作票签发人填写）	补充工作地点保留带电部分和 安全措施（由工作许可人填写）
【相邻带电设备】相邻 500kV 阳珠线 5023 间隔、500kV 阳岷线 5011 间隔、10kV 0 号所用变间隔、220kV 阳都 4K47 间隔、220kV 阳都 4K48 间隔在运行中，相邻 500kV 1 号主变 50132 闸刀母线侧桩头、500kV 阳岷线/1 号主变 50121 闸刀线路侧桩头、1 号主变 220kV 侧 25011 闸刀、1 号主变 220kV 侧 25012 闸刀母线侧桩头有电、工作地点上方 220kV Ⅰ、Ⅲ段分段 2500 高跨线有电，严禁误碰	无
【安全距离】工作中与带电部位保持足够的安全距离：500kV 大于 5m、220kV 大于 3m、35kV 大于 1m	
【特种车辆】工作中使用吊车、斗臂车等大型车辆时，应与带电部位保持足够的安全距离：500kV 应大于 8.5m、220kV 应大于 6m、35kV 应大于 4m	
【高处作业】高处作业正确使用安全工器具	
【容性设备】检修人员在接触电缆、电容器及支架和外壳前应逐相、逐个进行充分放电	

工作票签发人签名：陆×琛　　签发时间：2024 年 01 月 28 日 09 时 00 分

工作票会签人签名：许×男　　会签时间：2024 年 01 月 30 日 10 时 00 分

7. 收到工作票时间：2024 年 01 月 30 日 16 时 00 分

运行值班人员签名：黄×庆　　工作负责人签名：李×兵

8. 确认本工作票 1～6 项

工作负责人签名：李×兵　　工作许可人签名：黄×庆

许可开始工作时间：2024 年 01 月 31 日 14 时 58 分

9. 现场交底，工作班成员确认工作负责人布置的工作任务、人员分工、安全措施和注意事项并签名

陆×琛、庄×洁、顾×明、万×明、金×宇、王×勇、张×林、缪×剑、陈×飞、王×云

10. 工作负责人变动情况

原工作负责人_____离去，变更_____为工作负责人。

工作票签发人：_____　　签发时间：_____ 年___月___日___时___分

【工作地点保留带电部分或注意事项（由工作票签发人填写）】

【相邻带电设备】填写与检修设备距离邻近的带电部位或相邻第一个带电设备情况，以及保护工作地点相邻的其他保护（装置）运行情况，相关设备要明确名称编号，位置要准确。

【安全距离】工作地点包含一次设备区域时，需填写：与带电部位保持足够的安全距离：××kV 大于×m。

【特种设备】有吊车、斗臂车等大型车辆参与现场工作时，需填写：工作中使用吊车、斗臂车等大型车辆时，应与带电部位保持足够的安全距离：××kV 大于×m。由外包单位负责的工作还需增加：安排运检单位专人在场全过程旁站。

【高处作业】有高处作业时，需填写：高处作业正确使用安全工器具。

【陪停设备】因安全距离不足，导致相邻带电设备需要陪停的设备，需在此栏填写（如根据工作情况需要对陪停设备范围内采取接地、设置围栏、标示牌等措施，应在安全措施栏内明确应拉开的开关、闸刀以及接地、设置围栏、标示牌等安全措施）。

【手车检修】开关柜手车拉至检修位置时，应当在带电触头隔离挡板前设置"止步，高压危险"标示牌。

【容性设备】检修人员在接触电缆、电容器及支架和外壳前应逐相、逐个进行充分放电。

其余安全注意事项，各单位可依据工作内容予以补充完善。

【补充工作地点保留带电部分和安全措施（由工作许可人填写）】根据现场的实际情况，工作许可人对工作地点保留的带电部分予以补充，不得照抄工作票签发人填写内容，应注明所采取的安全措施或提醒检修人员必须注意的事项。若没有则填"无"，不得空白。

7.【收到工作票时间】

第一种工作票签发和收到时间应为工作前一天（紧急抢修、消缺除外）。

运维人员收到工作票后，对工作票审核无误后，填写收票时间并签名。

8.【工作许可】

许可开始工作时间不得提前于计划工作开始时间。

9.【交底签名】

所有工作班成员在明确了工作负责人、专责监护人交代的工作任务、人员分工、安全措施和注意事项后，在工作负责人所持工作票上签名，不得代签。

10.【工作负责人变动情况】

经工作票签发人同意，在工作票上填写离去和变更的工作负责人姓名及变动时间，同时通知全体作业人员及工作许可人；如工作票签发人无法当面办理，应通过电话通知工作许可人，由工作许可人和原工作负责人在各自所持工作票上填写工作负责人变更情况，并代工作票签发人签名。

工作负责人的变动必须是在该工作票许可之后，如在工作票许可之前需变更工作负责人，则应由工作票签发人重新签发工作票。

11. 工作人员变动情况（变动人员姓名，变动日期及时间）

2024 年 01 月 31 日 15 时 43 分缪×剑加入（工作负责人签名：李×兵）。

2024 年 01 月 31 日 16 时 05 分陈×飞、王×云加入（工作负责人签名：

李×兵）。

12. 工作票延期

有效期延长到＿＿＿年＿＿月＿＿日＿＿时＿＿分。

工作负责人签名：＿＿＿＿＿　签名时间：＿＿＿年＿＿月＿＿日＿＿时＿＿分

工作许可人签名：＿＿＿＿＿　签名时间：＿＿＿年＿＿月＿＿日＿＿时＿＿分

13. 每日开工和收工时间（使用一天的工作票不必填写）

收工时间				工作负责人	工作许可人	开工时间				工作许可人	工作负责人
月	日	时	分			月	日	时	分		
01	31	17	30	李×兵	黄×庆	02	01	09	26	黄×庆	李×兵
02	01	14	53	李×兵	黄×庆	02	02	09	20	黄×庆	李×兵
02	02	15	40	李×兵	谈×宇	02	03	09	38	谈×宇	李×兵
02	03	14	48	李×兵	谈×宇	02	04	09	50	谈×宇	李×兵

14. 工作终结

全部工作于 2024 年 02 月 04 日 14 时 00 分结束，设备及安全措施已恢复至开工前状态，工作人员已全部撤离，材料工具已清理完毕，工作已终结。

工作负责人签名：李×兵　　工作许可人签名：谈×宇　　　已执行

15. 工作票终结

临时遮栏、标示牌已拆除，常用遮栏已恢复。

已拆除的接地线编号＿＿＿共＿＿组；

已拉开接地刀闸（小车）编号＿＿＿共＿＿组（台）。

未拆除的接地线编号＿＿＿共＿＿组；

未拉开接地刀闸（小车）编号＿＿＿共＿＿组（台）。

已汇报调度值班员。

工作许可人签名：＿＿＿＿＿　签名时间：＿＿＿年＿＿月＿＿日＿＿时＿＿分

11.【工作人员变动情况】

工作人员变动后，工作负责人应及时在所持工作票上写明变动人员姓名、变动日期、时间，并签名。人员变动情况填写格式：××××年××月××日××时××分，××、××加入（离去）。班组人员每次发生变动，工作负责人要在工作票上即时注明变动情况并签名，不得最后一并签名。

12.【工作票延期】

工作需延期，应在工作计划结束时间前由工作负责人向工作许可人提出申请，办理延期手续。对于需经调度许可的工作，工作许可人还应得到调度许可后，方可与工作负责人办理工作票延期手续。工作票只能延期一次。

13.【每日开工和收工时间（使用一天的工作票不必填写）】

无人值班变电站，每日收工后，工作负责人应电话告知工作许可人，双方分别在各自所持工作票的相应栏内代为签署工作间断时间、姓名。次日复工前，工作负责人应检查安全措施是否完好，电话联系工作许可人申请开工，并做好录音，在得到许可后，双方分别在各自所持工作票相应栏内代为签署开工时间、姓名。工作负责人对安全措施有异议的或重要的、危险性较大的工作，工作许可人应到现场办理复工、收工手续。

14.【工作终结】

工作终结时间不应超出计划工作时间或经批准的延期时间。

工作终结后，工作许可人应在工作负责人所持工作票的"工作终结"栏中工作许可人签名右侧空白处加盖红色"已执行"专用章。

15.【工作票终结】

待工作票上安全措施均已拆除，汇报调度后，工作许可人方可进行"工作票终结"手续，并在所持工作票"工作票终结"栏工作许可人签名时间的右侧空白处盖红色"已执行"专用章。

16. 备注

（1）指定专责监护人庄×洁负责监护缪×剑操作斗臂车苏 BWF339，斗内操作人员王×勇，在 1 号主变及其 500kV 侧电压互感器、避雷器、220kV 侧避雷器处进行小修预试配合工作（拆搭头、试验接线等）。（地点及具体工作。）

（2）其他事项：

2024 年 02 月 01 日 10 时 50 分，借用临时接地线一组（35kV-04 号），用于在因闸刀检修需打开 3117、35197、31017、31117、31127、31217、31227 地刀前临时装设于原地刀接地位置。工作负责人：李×兵，工作许可人：黄×庆。

2024 年 02 月 02 日 13 时 30 分，临时接地线 35kV-04 号已归还。工作负责人：李×兵，工作许可人：谈×宇。

合	格
审核人	王二

16.【备注】

指定专责监护人

（1）指定专责监护人，应填写被监护人姓名、工作地点及工作内容。

（2）有大型车辆参与现场工作时，应指定专责监护人。

（3）一张工作票上的工作涉及两个及以上开关柜（含前后隔仓）时，开关柜前、后隔仓均必须设一名专责监护人。

（4）每一个作业现场开工时均在监护人的监护下进行工作，若一张工作票上涉及两个及以上作业现场，工作负责人无法同时全过程监护检修工作，则需增设专责监护人，或者各作业现场轮流开展工作。

其他事项

（1）有吊车参与现场工作时，应明确指挥人员。

（2）未拉开地刀、接地线应当注明原因，可不写明具体拆除时间。

（3）对于工作开始前，票中预安排的工作班成员，如未能在开工时参与现场安全交底的，整体作业开工时，需在备注栏对相关情况说明，如"工作班成员×××作业开工时，未到场参与工作。"无需在工作票"工作人员变动情况"栏进行人员变动。相关预安排人员实际参与现场作业时，应在备注栏对相关情况说明，如"××××年××月××日××时××分，××、××已接受安全交底并签字，可参与现场工作"。

17.【检查与评价】

各班组每月应对已终结的工作票进行综合评议。经评议票面正确，评议人在工作票"16.备注（2）其他事项"横线右下方顶格加盖红色"合格"评议章并签名；评议为错票，在工作票"16.备注（2）其他事项"横线右下方顶格加盖红色"不合格"评议章并签名。

1.5　变电站内主变压器带各侧设备检修

一、作业场景情况

（一）工作场景

变电站内主变带各侧设备检修。

（二）工作任务

110kV 华庄变电站：1 号主变小修预试、1 号主变 110kV 侧 701 开关小修预试、1 号主变 110kV 侧 7013 闸刀检修、1 号主变 10kV 侧 101 开关及电流互感器小修预试。

（三）停电范围

110kV 华红 892 线路；1 号主变及 110kV 侧 701 开关、10kV 侧 101 开关。

（四）票种选择建议

变电站第一种工作票。

（五）人员分工及安排

本次工作有 2 个作业地点，可以采取设置专责监护人的方式开展工作，同一监护人涉及多点工作监护时，应采取轮流开展工作的方式进行，以确保每一个作业现场开工时均在监护人的监护下进行工作。参与本次工作的共 11 人（含工作负责人），具体分工为：

作业点 1：户外高压区。

陆×（工作负责人）：负责工作的整体协调组织及在户外高压区对成×伟、吴×锋、张×瑶、徐×为、朱×清、周×中进行监护。

成×伟、吴×锋、张×瑶、徐×为、朱×清、周×中（工作班成员）：在户外高压区轮流开展 1 号主变、1 号主变 110kV 侧 701 开关、7013 闸刀修试工作。

作业点 2：10kV 高压室。

黄×（专责监护人）：负责在 10kV 高压室对孙×、顾×科、尤×宝进行监护。

孙×、顾×科、尤×宝（工作班成员）：在 10kV 高压室轮流开展 1 号主变 10kV 侧 101 开关及电流互感器修试工作。

（六）场景接线图

110kV 华庄变电站 1 号主变回路修试工作场景接线图见图 1-5。

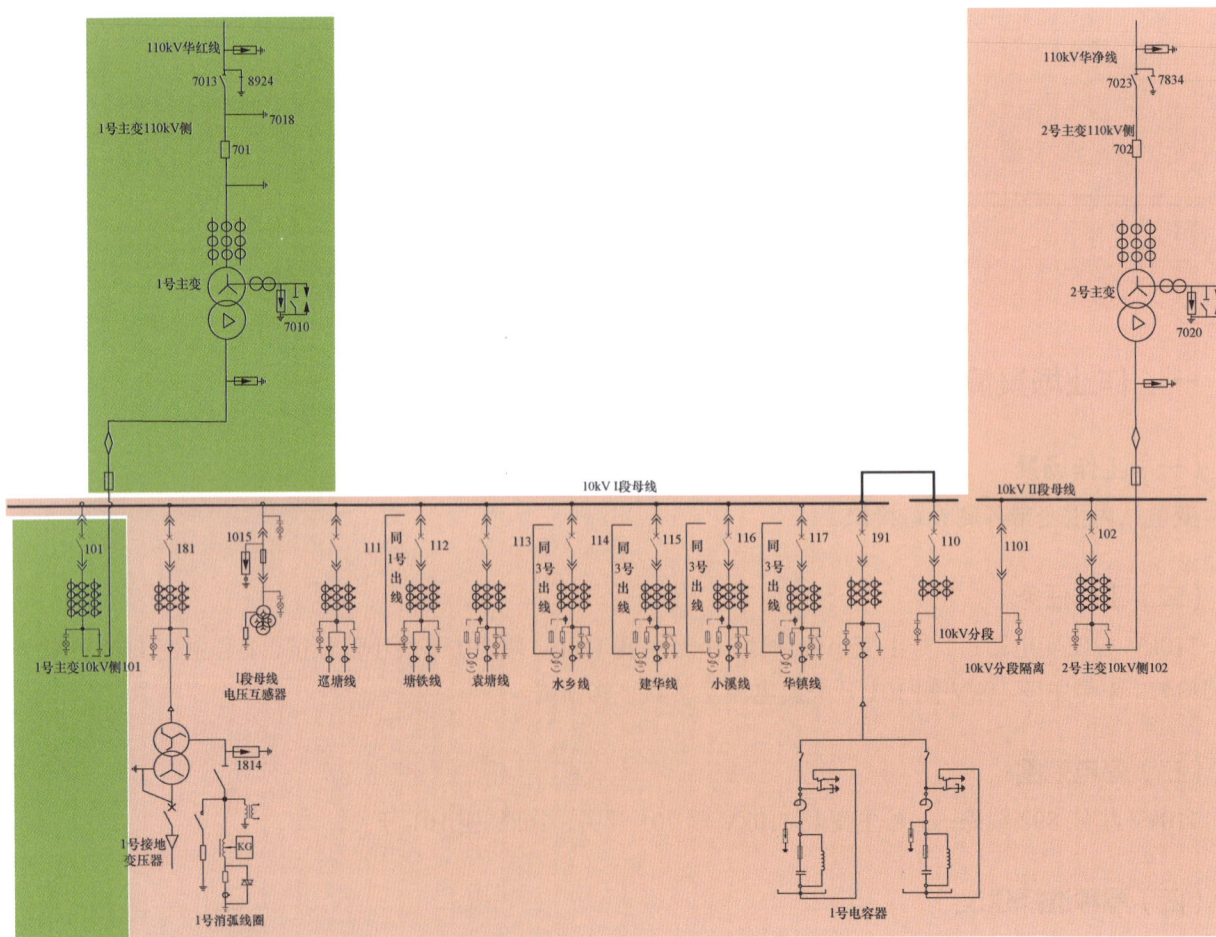

图 1-5　110kV 华庄变电站 1 号主变回路修试工作场景接线图

二、工作票样例

变电站第一种工作票

作业风险等级：Ⅳ

单　　位：<u>设备管理部变电检修中心</u>　　　变电站：<u>交流 110kV 华庄变电站</u>

编　　号：<u>Ⅰ202404003</u>

1. 工作负责人（监护人）<u>陆×</u>　　　班　　组：<u>综合班组</u>

2. 工作班人员（不包括工作负责人）

<u>变电修试二班：成×伟、吴×锋、孙×、张×瑶，共 4 人。</u>

<u>变电修试五班：朱×清、顾×科、徐×为、黄×，共 4 人。</u>

<u>××电力建设有限公司：周×中、尤×宝，共 2 人。</u>

共 <u>10</u> 人

3. 工作的变、配电站名称及设备双重名称

<u>交流 110kV 华庄变电站：1 号主变、1 号主变 110kV 侧 701 开关、1 号</u>
<u>主变 110kV 侧 7013 闸刀、1 号主变 10kV 侧 101 开关及电流互感器。</u>

4. 工作任务

工作地点及设备双重名称	工作内容
户外高压区：1 号主变	小修预试
户外高压区：1 号主变 110kV 侧 701 开关	小修预试
户外高压区：1 号主变 110kV 侧 7013 闸刀	大修
10kV 高压室：1 号主变 10kV 侧 101 开关及电流互感器	小修预试

5. 计划工作时间

<u>自 2024 年 04 月 18 日 08 时 00 分</u>至 <u>2024 年 04 月 18 日 18 时 00 分</u>。

【票种选择】本次作业为变电站内停电工作，使用变电站第一种工作票。

1.【班组】对于包含工作负责人在内有两个及以上的班组人员共同进行的工作，应填写"综合班组"。

2.【工作班人员】人员应取得准入资质，安排的人员应进行承载力分析，确保人数适当、充足；如有特种作业应安排具备相应资质的特种作业人员；不同单位或班组需分行填写。
【共×人】不包括工作负责人。

3.【工作的变、配电站名称及设备双重名称】设备双重名称与第 4 项"工作任务"栏内一致。

4.【工作任务】在同一区域内不同设备但工作内容相同的工作任务可以合并填写。同一设备的不同工作内容也可合并填写；工作内容应与工作地点对应；按照调度批准的停电申请内容填写。在原工作票的停电及安全措施范围内增加工作任务时，应由工作负责人征得工作票签发人和工作许可人同意，并在工作票备注栏内增填工作项目。陪停设备不需要在工作任务栏及安全措施栏中反映，可在"工作地点保留带电部分或注意事项"中予以明确。如根据工作情况需要对陪停设备范围内采取接地、设置围栏、标示牌等措施，应在安全措施栏内明确应拉开的开关、闸刀以及接地、设置围栏、标示牌等安全措施。保护校验过程中需传动开关，但不触及开关设备具体工作时，无需将开关作为工作地点列入工作任务栏内。

5.【计划工作时间】填写计划检修起始时间和结束时间，该时间应在调度批准的检修时间段内。

6. 安全措施（必要时可附页绘图说明，红色表示有电）

应拉断路器（开关）、隔离开关（刀闸）	已执行*
应拉开 701、101 开关	√
应拉开 7013 闸刀	√
应将 101 开关手车拉至试验位置	√
应分开 701、101 开关操作电源、储能电源	√
应分开 7013 闸刀控制电源、电机电源	√
应将 701、101 开关远方/就地切换开关由"远方"位置切至"就地"位置	√

应装接地线、应合接地刀闸（注明确实地点、名称及接地线编号*）	已执行*
应合上 110kV 华红 8924 线路接地闸刀	√
应合上 1 号主变 110kV 侧 7018 接地闸刀	√
应合上 1 号主变 10kV 侧 1014 接地闸刀	√
应在 1 号主变与 1 号主变 110kV 侧 701 开关之间装设接地线一组（110kV-1）号	√

应设遮栏、应挂标示牌及防止二次回路误碰等措施	已执行*
应在 101 开关手车操作处悬挂"禁止合闸，有人工作"标示牌	√
应打开 1 号主变爬梯门，并在爬梯上悬挂"从此上下"标示牌	√
应在 1 号主变、701 开关、7013 闸刀上以及 101 开关柜前后悬挂"在此工作"标示牌	√
应在 1 号主变、701 开关及 7013 闸刀、101 开关柜与相邻运行设备间设置临时围栏，在围栏上悬挂适量"止步，高压危险"标示牌，字朝向围栏内，在围栏出入口处悬挂"在此工作""从此进出"标示牌	√
应在与 101 开关柜相邻运行开关柜前后柜门上挂"止步，高压危险"标示牌	√

工作地点保留带电部分或注意事项（由工作票签发人填写）	补充工作地点保留带电部分和安全措施（由工作许可人填写）
【相邻带电设备】相邻 2 号主变、2 号主变 110kV 侧 702 开关、10kV 1 号接地变压器 181 开关柜、10kV I 段母线均在运行中，101 开关柜内母线侧带电，严禁误碰	无
【安全距离】工作中与带电部位保持足够的安全距离：110kV 大于 1.5m、10kV 大于 0.7m	
【高处作业】高处作业正确使用安全工器具	

6.【安全措施】 运维人员完成工作票所列的安全措施后，与工作负责人进行确认，并分别在各自的票面"已执行"栏内打"√"；其中，接地线编号由工作许可人统一填写，若出现跨行填写的，仅在末行的"已执行"栏打"√"即可。填写内容应按类别分行填写。

【应拉断路器（开关）、隔离开关（刀闸）】

（1）应拉开的开关。

（2）应拉开的闸刀。

（3）应拉至试验或检修位置的开关手车。涉及开关柜修试的工作，工作票中可填写为将手车拉至试验位置。如现场条件允许，也可拉至检修位置。如工作票中填写将手车拉至试验位置，现场手车如要拉至检修位置，由检修人员在实际工作中执行。

（4）应分开的开关操作电源、储能电源。所有拉开的开关对应的操作电源、储能电源均应分开。

（5）应分开的闸刀控制电源、电机电源。所有拉开的闸刀如有对应的控制电源、电机电源均应分开。已分开控制电源、电机电源的闸刀遥控回路已断开，不必再填写将闸刀远方/就地切换开关由"远方"位置切至"就地"位置。

（6）应将拉开的开关远方/就地切换开关由"远方"位置切至"就地"位置。

（7）应拉开与停电设备有关的电压互感器、变压器各侧回路。

（8）针对退出保护联跳运行开关出口压板、保护失灵启动压板等安措，如在相应操作票或二次安措票中反应，可不在工作票安全措施栏填写。

【应装接地线、应合接地刀闸】

（1）接地闸刀应填写双重名称即名称、编号。

（2）带地刀的刀闸检修时，应当优先按照《江苏省电力公司关于印发规范带接地刀闸的隔离开关（刀闸）检修时安全措施补充规定的通知》苏电安〔2013〕1713 号文执行，工作票中应当明确采用装设接地线的方式实现"接地"安全措施。如有地市存在相关补充规定，并制定完善的预控措施，确保检修作业安全的前提下，也可采用合接地刀闸的方式实现"接地"安全措施。

【应设遮栏、应挂标示牌及防止二次回路误碰等措施】

（1）已拉开的开关、闸刀、开关手车如无工作，应在对应位置悬挂"禁止合闸，有人工作"标示牌。涉及有具体工作内容的开关、刀闸，可不用悬挂"禁止合闸，有人工作"标示牌。除电压互感器、站用变压器等二次侧回路断开处需设置"禁止合闸，有人工作"标示牌外，已拉开的开关、刀闸对应的电源可不用悬挂"禁止合闸，有人工作"标示牌。如工作票只包含站内设备工作，可不设置"禁止合闸，线路有人工作"标示牌。

（2）所有开关柜检修工作均应在相邻运行开关柜、现场设置的围栏上设置"止步，高压危险"标示牌。

（3）在工作人员上下铁架或梯子上，应悬挂"从此上下"标示牌。

（4）应悬挂"在此工作"标示牌的位置为第 4 项"工作任务"栏内填写的设备处，停电作业时对挂牌困难的可将"在此工作"标示牌设置在对应设备支柱、柜外等位置，现场需向工作负责人交代清楚。

（5）应将工作屏柜上联跳运行开关出口压板用红布幔遮盖或者用红色绝缘胶布绑扎。（也可依据实际情况采取拆除垫片等其他安全措施。）

（6）相邻带电设备在安全措施栏中可不具体填写，以相邻带电设备代替即可，但需在"工作地点保留带电部分或注意事项"栏中予以明确。

工作地点保留带电部分或注意事项（由工作票签发人填写）

【相邻带电设备】 填写与检修设备距离邻近的带电部位或相邻第一个带电设备情况，以及保护工作地点相邻的其他保护（装置）运行情况，相关设备要明确名称编号，位置要准确。

工作地点保留带电部分或注意事项 （由工作票签发人填写）	补充工作地点保留带电部分和 安全措施（由工作许可人填写）
【手车检修】开关柜手车拉至检修位置时，应当在带电触头隔离挡板前设置"止步，高压危险"标示牌	

续表

工作票签发人签名：吴×锋　　　签发时间：2024 年 04 月 17 日 08 时 15 分

工作票会签人签名：张×涛　　　会签时间：2024 年 04 月 17 日 09 时 52 分

7. 收到工作票时间：2024 年 04 月 17 日 18 时 40 分

运行值班人员签名：杨×辉　　　工作负责人签名：陆×

8. 确认本工作票 1～6 项

工作负责人签名：陆×　　　工作许可人签名：杨×辉

许可开始工作时间：2024 年 04 月 18 日 10 时 20 分

9. 现场交底，工作班成员确认工作负责人布置的工作任务、人员分工、安全措施和注意事项并签名

成×伟、吴×锋、孙×、陈×、朱×清、顾×科、徐×为、黄×、周×中、尤×宝、张×瑶

10. 工作负责人变动情况

原工作负责人_____离去，变更_____为工作负责人。

工作票签发人：_____　　　签发时间：____年___月___日___时___分

11. 工作人员变动情况（变动人员姓名，变动日期及时间）

2024 年 04 月 18 日 10 时 20 分陈×加入（工作负责人签名：陆×）

2024 年 04 月 18 日 12 时 20 分周×中离去（工作负责人签名：陆×）

12. 工作票延期

有效期延长到____年___月___日___时___分。

工作负责人签名：_____　　　签名时间：____年___月___日___时___分

【安全距离】工作地点包含一次设备区域时，需填写：与带电部位保持足够的安全距离：××kV 大于×m。

【特种设备】有吊车、斗臂车等大型车辆参与现场工作时，需填写：工作中使用吊车、斗臂车等大型车辆时，应与带电部位保持足够的安全距离：××kV 大于×m。由外包单位负责的工作还需增加：安排运检单位专人在场全过程旁站。

【高处作业】有高处作业时，需填写：高处作业正确使用安全工器具。

【陪停设备】因安全距离不足，导致相邻带电设备需要陪停的设备，需在此栏填写（如根据工作情况需要对陪停设备范围内采取接地、设置围栏、标示牌等措施，应在安全措施栏内明确应拉开的开关、闸刀以及接地、设置围栏、标示牌等安全措施）。

【手车检修】开关柜手车拉至检修位置时，应当在带电触头隔离挡板前设置"止步，高压危险"标示牌。

【容性设备】检修人员在接触电缆、电容器及支架和外壳前应逐相、逐个进行充分放电。

其余安全注意事项，各单位可依据工作内容予以补充完善。

【补充工作地点保留带电部分和安全措施（由工作许可人填写）】根据现场的实际情况，工作许可人对工作地点保留的带电部分予以补充，不得照抄工作票签发人填写内容，应注明所采取的安全措施或提醒检修人员必须注意的事项。若没有则填"无"，不得空白。

7.【收到工作票时间】
第一种工作票签发和收到时间应为工作前一天（紧急抢修、消缺除外）。
运维人员收到工作票后，对工作票审核无误后，填写收票时间并签名。

8.【工作许可】
许可开始工作时间不得提前于计划工作开始时间。

9.【交底签名】
所有工作班成员在明确了工作负责人、专责监护人交代的工作任务、人员分工、安全措施和注意事项后，在工作负责人所持工作票上签名，不得代签。

10.【工作负责人变动情况】
经工作票签发人同意，在工作票上填写离去和变更的工作负责人姓名及变动时间，同时通知全体作业人员及工作许可人；如工作票签发人无法当面办理，应通过电话通知工作许可人，由工作许可人和原工作负责人在各自所持工作票上填写工作负责人变更情况，并代工作票签发人签名。
工作负责人的变动必须是在该工作许可之后，如在工作票许可之前需变更工作负责人，则应由工作票签发人重新签发工作票。

11.【工作人员变动情况】
工作人员变动后，工作负责人应在所持工作票上写明变动人员姓名、变动日期、时间，并签名。人员变动情况填写格式：××××年××月××日××时××分，××、××加入（离去）。班组人员每次发生变动，工作负责人要在工作票上即时注明变动情况并签名，不得最后一并签名。

12.【工作票延期】
工作需延期，应在工作计划结束时间前由工作负责人向工作许可人提出申请，办理延期手续。对于需经调度许可的工作，工作许可人还应征得调度许可后，方可与工作负责人办理工作票延期手续。工作票只能延期一次。

工作许可人签名：_____　　签名时间：_____年___月___日___时___分

13. 每日开工和收工时间（使用一天的工作票不必填写）

收工时间				工作负责人	工作许可人	开工时间				工作许可人	工作负责人
月	日	时	分			月	日	时	分		

13.【每日开工和收工时间（使用一天的工作票不必填写）】
无人值班变电站，每日收工后，工作负责人应电话告知工作许可人，双方分别在各自所持工作票的相应栏内代为签署工作间断时间、姓名。次日复工前，工作负责人应检查安全措施是否完好，电话联系工作许可人申请开工，并做好录音，在得到许可后，双方分别在各自所持工作票相应栏内代为签署开工时间、姓名。工作负责人对安全措施有异议的或重要的、危险性较大的工作，工作许可人应到现场办理复工、收工手续。

14. 工作终结

全部工作于 2024 年 04 月 18 日 14 时 50 分结束，设备及安全措施已恢复至开工前状态，工作人员已全部撤离，材料工具已清理完毕，工作已终结。

工作负责人签名：陆×　　工作许可人签名：钱×　　　　已执行

14.【工作终结】
工作终结时间不应超出计划工作时间或经批准的延期时间。
工作终结后，工作许可人应在工作负责人所持工作票的"工作终结"栏中工作许可人签名右侧空白处加盖红色"已执行"专用章。

15. 工作票终结

临时遮栏、标示牌已拆除，常用遮栏已恢复。

已拆除的接地线编号___共___组；

已拉开接地刀闸（小车）编号___共___组（台）。

未拆除的接地线编号___共___组；

未拉开接地刀闸（小车）编号___共___组（台）。

已汇报调度值班员。

工作许可人签名：_____　　签名时间：_____年___月___日___时___分

15.【工作票终结】
待工作票上安全措施均已拆除，汇报调度后，工作许可人方可进行"工作票终结"手续，并在所持工作票"工作票终结"栏工作许可人签名时间的右侧空白处盖红色"已执行"专用章。
16.【备注】
指定专责监护人
（1）指定专责监护人，应填写被监护人姓名、工作地点及工作内容。
（2）有大型车辆参与现场工作时，应指定专责监护人。
（3）一张工作票上的工作涉及两个及以上开关柜（含前后隔仓）时，开关柜前、后隔仓均必须设一名专责监护人。
（4）每一个作业现场开工时均在监护人的监护下进行工作，若一张工作票上涉及到两个及以上作业现场，工作负责人无法同时全过程监护检修工作，则需增设专责监护人，或者各作业现场轮流开展工作。
其他事项
（1）有吊车参与现场工作时，应明确指挥人员。
（2）未拉开地刀、接地线应当注明原因，可不写明具体拆除时间。
（3）对于工作开始前，票中预安排的工作班成员，如未能在开工时参与现场安全交底，整体作业开工时，需在备注栏对相关情况说明，如"工作班成员×××作业开工时，未到场参与工作。"无需在工作票"工作人员变动情况"栏进行人员变动。相关预安排人员实际参与现场作业时，应在备注栏对相关情况说明，如"××××年××月××日××时××分，××、××已接受安全交底并签字，可参与现场工作"。

16. 备注：

（1）指定专责监护人 黄× 负责监护 孙×、顾×科、尤×宝在 10kV 高压室 101 开关柜处开展 101 开关及电流互感器修试工作。（地点及具体工作。）

（2）其他事项：

工作班成员张×瑶作业开工时未到场参与工作。

2024 年 04 月 18 日 13 时 20 分张×瑶已接受安全交底并签字，可以参与现场工作。

合　格	
审核人	王二

17.【检查与评价】
各班组每月应对已终结的工作票进行综合评议。经评议票面正确，评议人在工作票"16.备注（2）其他事项"横线右下方顶格加盖红色"合格"评议章并签名；评议为错票，在工作票"16.备注（2）其他事项"横线右下方顶格加盖红色"不合格"评议章并签名。

1.6　变电站内主变压器单独检修

一、作业场景情况

（一）工作场景

变电站内主变单独检修。

（二）工作任务

220kV 石园变电站：1 号主变顶部漏油处理。

（三）停电范围

1 号主变。

（四）票种选择建议

变电站第一种工作票。

（五）人员分工及安排

本次工作有 1 个作业地点：1 号主变室。参与本次工作的共 5 人（含工作负责人），具体分工为：

田×（工作负责人）：负责工作的整体协调组织及在 1 号主变室对冯×媛、胡×刚、陆×晟、姜×泉进行监护。

冯×媛、胡×刚、陆×晟、姜×泉（工作班成员）：在 1 号主变室开展 1 号主变顶部漏油处理工作。

（六）场景接线图

220kV 石园变电站 1 号主变顶部漏油处理工作场景接线图见图 1-6。

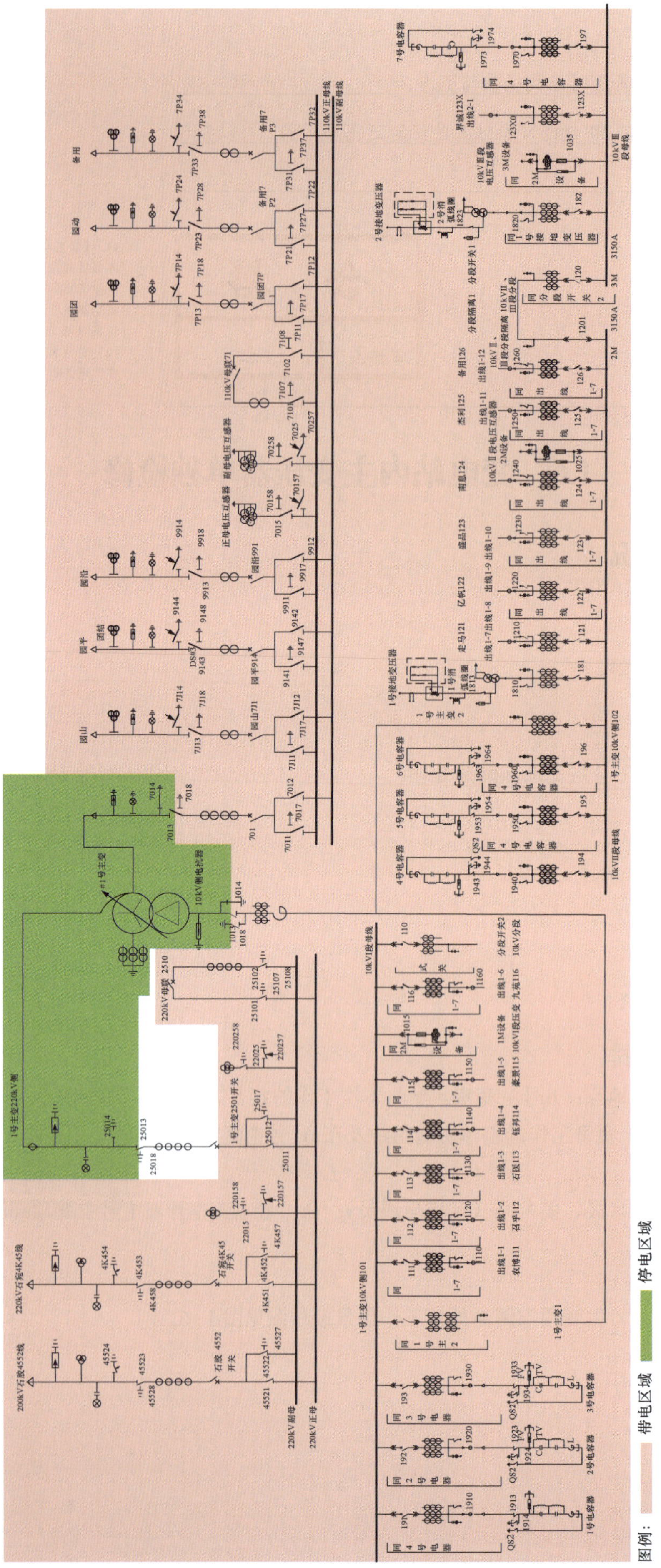

图1-6　220kV石园变1号主变顶部漏油处理工作场景接线图

图例：　带电区域　停电区域

二、工作票样例

变电站第一种工作票

作业风险等级：Ⅲ

单　　位：设备管理部变电检修中心　　　变电站：交流 220kV 石园变电站

编　　号：Ⅰ202403002

1. 工作负责人（监护人） 田× 　　　　**班　　组：** 综合班组

2. 工作班人员（不包括工作负责人）

变电修试三班：冯×媛、胡×刚、陆×晟，共 3 人。

××电力建设有限公司：姜×泉，共 1 人。

共 4 人

3. 工作的变、配电站名称及设备双重名称

交流 220kV 石园变电站：1 号主变。

4. 工作任务

工作地点及设备双重名称	工作内容
1 号主变室：1 号主变	顶部漏油处理

5. 计划工作时间

自 2024 年 03 月 02 日 08 时 00 分至 2024 年 03 月 03 日 18 时 00 分。

6. 安全措施（必要时可附页绘图说明，红色表示有电）

应拉断路器（开关）、隔离开关（刀闸）	已执行*
应拉开 2501、701、101、102 开关	√
应拉开 25011、25012、25013、7011、7012、7013、1013 闸刀	√
应将 101、102 开关手车拉至试验位置	√
应分开 2501、701、101、102 开关操作电源、储能电源	√

续表

应拉断路器（开关）、隔离开关（刀闸）	已执行*
应分开 25011、25012、25013、7011、7012、7013 闸刀控制电源、电机电源	√
应将 2501、701、101、102 开关远方/就地切换开关由"远方"位置切至"就地"位置	√
应装接地线、应合接地刀闸（注明确实地点、名称及接地线编号*）	**已执行***
应合上 1 号主变 220kV 侧 25014 接地闸刀	√
应合上 1 号主变 110kV 侧 7014 接地闸刀	√
应合上 1 号主变 10kV 侧 1014 接地闸刀	√
应设遮栏、应挂标示牌及防止二次回路误碰等措施	**已执行***
应在 2501、701、101、102 开关操作把手处分别悬挂"禁止合闸，有人工作"标示牌	√
应在 101、102 开关手车操作处悬挂"禁止合闸，有人工作"标示牌	√
应在 25011、25012、25013、7011、7012、7013、1013 闸刀操作处分别悬挂"禁止合闸，有人工作"标示牌	√
应打开 1 号主变爬梯门，并在爬梯上悬挂"从此上下"标示牌	√
应在 1 号主变处悬挂"在此工作"标示牌	√
应在 1 号主变室与相邻运行设备间设置临时围栏，在围栏上悬挂适量"止步，高压危险"标示牌，字朝向围栏内，在围栏出入口处悬挂"在此工作""从此进出"标示牌	√

工作地点保留带电部分或注意事项（由工作票签发人填写）	补充工作地点保留带电部分和安全措施（由工作许可人填写）
【相邻带电设备】 220kV 正母、220kV 副母、110kV 正母、110kV 副母、10kV Ⅰ 段、10kV Ⅱ 段、10kV Ⅲ 段母线均在运行中，严禁误碰	无
【安全距离】 工作中与带电部位保持足够的安全距离：220kV 大于 3.0m、110kV 大于 1.5m、10kV 大于 0.7m	
【高处作业】 高处作业正确使用安全工器具	

工作票签发人签名：陆×晟　　**签发时间**：2024 年 02 月 28 日 14 时 03 分

工作票会签人签名：王×　　**会签时间**：2024 年 03 月 01 日 15 时 28 分

7. 收到工作票时间：2024 年 03 月 01 日 15 时 29 分

运行值班人员签名：祝×慧　　**工作负责人签名**：田×

（4）应分开的开关操作电源、储能电源。所有拉开的开关对应的操作电源、储能电源均应分开。

（5）应分开的闸刀控制电源、电机电源。所有拉开的闸刀如有对应的控制电源、电机电源均应分开。已分开控制电源、电机电源的闸刀遥控回路已断开，不必再填写将闸刀远方/就地切换开关由"远方"位置切至"就地"位置。

（6）应将拉开的开关远方/就地切换开关由"远方"位置切至"就地"位置。

（7）应分开与停电设备有关的电压互感器、变压器各侧回路。

（8）针对退出保护联跳运行开关出口压板、保护失灵启动压板等安措，如在相应操作票或二次安措中反应，可不在工作票安全措施栏填写。

【应装接地线、应合接地刀闸】

（1）接地闸刀应填写双重名称即名称、编号。

（2）带地刀的刀闸检修时，应当优先按照《江苏省电力公司关于印发规范带接地刀闸的隔离开关（刀闸）检修时安全措施补充规定的通知》苏电安〔2013〕1713 号文执行，工作票中应当明确采用装设接地线的方式实现"接地"安全措施。如有地市存在相关补充规定，并制定完善的预控措施，确保检修作业安全的前提下，也可采用合接地刀闸的方式实现"接地"安全措施。

【应设遮栏、应挂标示牌及防止二次回路误碰等措施】

（1）已拉开的开关、闸刀、开关手车如无工作，应在对应位置悬挂"禁止合闸，有人工作"标示牌。涉及有具体工作内容的开关、刀闸，可不用悬挂"禁止合闸，有人工作"标示牌。除电压互感器、站用变压器等二次侧回路断开处需设置"禁止合闸，有人工作"标示牌外，已拉开的开关、刀闸对应的电源可不用悬挂"禁止合闸，有人工作"标示牌。如工作票只包含站内设备工作，可不设置"禁止合闸，线路有人工作"标示牌。

（2）所有开关柜检修工作均应在相邻运行开关柜、现场设置的围栏上设置"止步，高压危险"标示牌。

（3）在工作人员上下铁架或梯子上，应悬挂"从此上下"标示牌。

（4）应悬挂"在此工作"标示牌的位置为第 4 项"工作任务"栏内填写的设备处，停电作业针对挂牌困难的可将"在此工作"标示牌设置在对应设备支架、柜外等位置，现场需向工作负责人交代清楚。

（5）应将工作屏柜上联跳运行开关出口压板用红布幔慢遮盖或者用红色绝缘胶带绑扎。（也可依据实际情况采取拆除垫片等其他安全措施。）

（6）相邻带电设备在安全措施栏中可不具体填写，以相邻带电设备代替即可，但需在"工作地点保留带电部分或注意事项"栏中予以明确。

【工作地点保留带电部分或注意事项（由工作票签发人填写）】

【相邻带电设备】 填写与检修设备距离邻近的带电部位或相邻第一个带电设备情况，以及保护工作地点相邻的其他保护（装置）运行情况，相关设备要明确名称编号，位置要准确。

【安全距离】 工作地点包含一次设备区域时，需填写：与带电部位保持足够的安全距离：××kV 大于×m。

【特种设备】 有吊车、斗臂车等大型车辆参与现场工作时，需填写：工作中使用吊车、斗臂车等大型车辆时，应与带电部位保持足够的安全距离：××kV 大于×m。由外包单位负责的工作还需增加：安排运检单位专人在场全过程旁站。

【高处作业】 有高处作业时，需填写：高处作业正确使用安全工器具。

【陪停设备】 因安全距离不足，导致相邻带电设备需要陪停的设备，需在此栏填写（如根据工作情况需要对陪停设备范围内采取接地、设置围栏、标示牌等措施，应在安全措施栏内明确应拉开的开关、闸刀以及接地、设置围栏、标示牌等安全措施）。

8. 确认本工作票 1～6 项

工作负责人签名：<u>田×</u>　　　工作许可人签名：<u>胡×伟</u>

许可开始工作时间：<u>2024</u> 年 <u>03</u> 月 <u>02</u> 日 <u>10</u> 时 <u>10</u> 分

9. 现场交底，工作班成员确认工作负责人布置的工作任务、人员分工、安全措施和注意事项并签名

<u>钱×怡、胡×刚、陆×晟、姜×泉、冯×媛</u>

10. 工作负责人变动情况

原工作负责人＿＿＿＿＿＿离去，变更＿＿＿＿＿＿为工作负责人。

工作票签发人：＿＿＿＿　　　签发时间：＿＿＿＿年＿＿月＿＿日＿＿时＿＿分

11. 工作人员变动情况（变动人员姓名，变动日期及时间）

<u>2024</u> 年 <u>03</u> 月 <u>02</u> 日 <u>10</u> 时 <u>10</u> 分钱×怡加入（工作负责人签名：田×）

<u>2024</u> 年 <u>03</u> 月 <u>02</u> 日 <u>12</u> 时 <u>10</u> 分胡×刚离去（工作负责人签名：田×）

12. 工作票延期

有效期延长到＿＿＿＿＿年＿＿月＿＿日＿＿时＿＿分。

工作负责人签名：＿＿＿＿　　　签名时间：＿＿＿＿年＿＿月＿＿日＿＿时＿＿分

工作许可人签名：＿＿＿＿　　　签名时间：＿＿＿＿年＿＿月＿＿日＿＿时＿＿分

13. 每日开工和收工时间（使用一天的工作票不必填写）

收工时间				工作负责人	工作许可人	开工时间				工作许可人	工作负责人
月	日	时	分			月	日	时	分		

14. 工作终结

全部工作于 <u>2024</u> 年 <u>03</u> 月 <u>02</u> 日 <u>14</u> 时 <u>30</u> 分结束，设备及安全措施已恢复至开工前状态，工作人员已全部撤离，材料工具已清理完毕，工作已终结。

工作负责人签名：<u>田×</u>　　　工作许可人签名：<u>胡×伟</u>　　　已执行

【手车检修】开关柜手车拉至检修位置时，应当在带电触头隔离挡板前设置"止步，高压危险"标示牌。

【容性设备】检修人员在接触电缆、电容器及支架和外壳前应逐相、逐个进行充分放电。

其余安全注意事项，各单位可依据工作内容予以补充完善。

【补充工作地点保留带电部分和安全措施（由工作许可人填写）】根据现场的实际情况，工作许可人对工作地点保留的带电部分予以补充，不得照抄工作票签发人填写内容，应注明所采取的安全措施或提醒检修人员必须注意的事项。若没有则填"无"，不得空白。

7.【收到工作票时间】

第一种工作票签发和收到时间应为工作前一天（紧急抢修、消缺除外）。

运维人员收到工作票后，对工作票审核无误后，填写收票时间并签名。

8.【工作许可】

许可开始工作时间不得提前于计划工作开始时间。

9.【交底签名】

所有工作班成员在明确了工作负责人、专责监护人交代的工作任务、人员分工、安全措施和注意事项后，在工作负责人所持工作票上签名，不得代签。

10.【工作负责人变动情况】

经工作票签发人同意，在工作票上填写离去和变更的工作负责人姓名及变动时间，同时通知全体作业人员及工作许可人；如工作票签发人无法当面办理，应通过电话通知工作许可人，由工作许可人和原工作负责人在各自所持工作票上填写工作负责人变更情况，并代工作票签发人签名。

工作负责人的变动必须是在该工作票许可之后，如在工作票许可之前需变更工作负责人，则应由工作票签发人重新签发工作票。

11.【工作人员变动情况】

工作人员变动后，工作负责人应及时在所持工作票上写明变动人员姓名、变动日期、时间，并签名。人员变动情况填写格式：××××年××月××日××时××分，××、××加入（离去）。班组人员每次发生变动，工作负责人要在工作票上即时注明变动情况并签名，不得最后一并。

12.【工作票延期】

工作需延期，应在工作计划结束时间前由工作负责人向工作许可人提出申请，办理延期手续。对于需经调度许可的工作，工作许可人还应得到调度许可后，方可与工作负责人办理工作票延期手续。工作票只能延期一次。

13.【每日开工和收工时间（使用一天的工作票不必填写）】

无人值班变电站，每日收工后，工作负责人应电话告知工作许可人，双方分别在各自所持工作票的相应栏内代为签署工作间断时间、姓名。次日复工前，工作负责人应检查安全措施是否完好，电话联系工作许可人申请开工，并做好录音，在得到许可后，双方分别在各自所持工作票相应栏内代为签署开工时间、姓名。工作负责人对安全措施有异议的或重要的、危险性较大的工作，工作许可人应到现场办理复工、收工手续。

14.【工作终结】

工作终结时间不应超出计划工作时间或经批准的延期时间。

工作终结后，工作许可人应在工作负责人所持工作票的"工作终结"栏中工作许可人签名右侧空白处加盖红色"已执行"专用章。

15. 工作票终结

临时遮栏、标示牌已拆除，常用遮栏已恢复。

已拆除的接地线编号___共___组；

已拉开接地刀闸（小车）编号___共___组（台）。

未拆除的接地线编号___共___组；

未拉开接地刀闸（小车）编号___共___组（台）。

已汇报调度值班员。

工作许可人签名：_____　　签名时间：_____年___月___日___时___分

16. 备注

（1）指定专责监护人_____负责监护_____

_____（地点及具体工作。）

（2）其他事项：

工作班成员冯×媛作业开工时未到场参与工作。

2024年03月02日13时10分冯×媛已接受安全交底并签字，可以参与现场工作。

合　　格	
审核人	王二

15.【工作票终结】
待工作票上安全措施均已拆除，汇报调度后，工作许可人方可进行"工作票终结"手续，并在所持工作票"工作票终结"栏工作许可人签名时间的右侧空白处盖红色"已执行"专用章。

16.【备注】
指定专责监护人
（1）指定专责监护人，应填写被监护人姓名、工作地点及工作内容。
（2）有大型车辆参与现场工作时，应指定专责监护人。
（3）一张工作票上的工作涉及两个及以上开关柜（含前后隔仓）时，开关柜前、后隔仓均必须设一名专责监护人。
（4）每一个作业现场开工时均在监护人的监护下进行工作，若一张工作票涉及两个及以上作业现场，工作负责人无法同时全过程监护检修工作，则需增设专责监护人，或者各作业现场轮流开展工作。
其他事项
（1）有吊车参与现场工作时，应明确指挥人员。
（2）未拉开地刀、接地线应当注明原因，可不写明具体拆除时间。
（3）对于工作开始前，票中预安排的工作班成员，如未能在开工时参与现场安全交底的，整体作业开工时，需在备注栏对相关情况说明，如"工作班成员×××作业开工时，未到场参与工作。"无需在工作票"工作人员变动情况"栏进行人员变动。相关预安排人员实际参与现场作业时，应在备注栏对相关情况说明，如"××××年××月××日××时××分，××、××已接受安全交底并签字，可参与现场工作"。

17.【检查与评价】
各班组每月应对已终结的工作票进行综合评议。经评议票面正确，评议人在工作票"16.备注（2）其他事项"横线右下方顶格加盖红色"合格"评议章并签名；评议为错票，在工作票"16.备注（2）其他事项"横线右下方顶格加盖红色"不合格"评议章并签名。

1.7　变电站内500kV单出线间隔设备停电检修

一、作业场景情况

（一）工作场景

变电站内500kV开关、避雷器首检。

（二）工作任务

500kV斗山变电站500kV山桥线5023开关、500kV山桥5268避雷器首检。

（三）停电范围

500kV山桥5268线、500kV茅斗线/山桥线5022开关、500kV山桥线5023开关。

（四）票种选择建议

变电站第一种工作票。

（五）人员分工及安排

本次工作有 1 个作业地点：500kV 山桥线 5023 开关、500kV 山桥 5268 避雷器。参与本次工作的共 11 人（含工作负责人），具体分工为：

李×兵（工作负责人）：负责工作的整体协调组织及作业现场安全监护。

庄×洁、陆×琛（工作班成员）：辅助工作负责人加强作业现场安全管理，庄×洁为斗臂车专责监护人。

缪×剑（工作班成员）：负责规范使用斗臂车。

顾×明、万×明、金×宇、王×勇、张×林、陈×飞、王×云（工作班成员）：负责 500kV 山桥线 5023 开关、500kV 山桥 5268 避雷器首检。

（六）场景接线图

500kV 斗山变电站 500kV 山桥线 5023 开关、500kV 山桥 5268 避雷器首检作业场景接线图见图 1-7。停电范围：山桥 5628 线，保电设备：斗陆 5663 线、斗桥 5664 线。

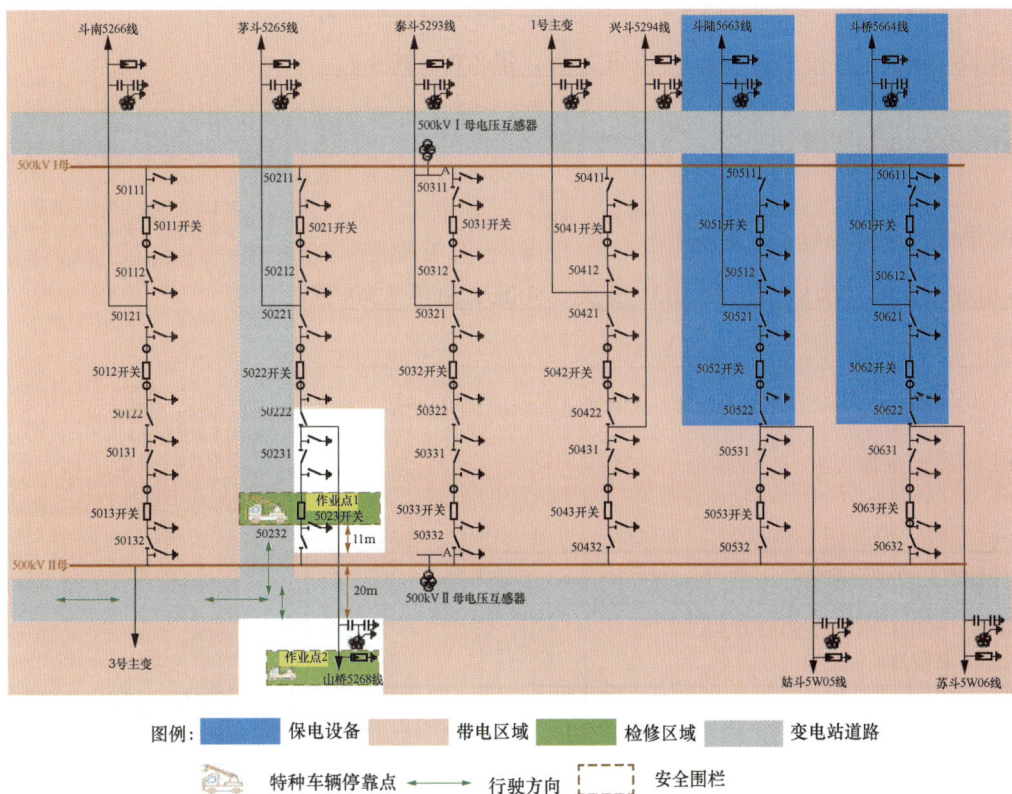

图 1-7　500kV 斗山变电站 500kV 山桥线 5023 开关、500kV 山桥 5268 避雷器首检作业场景接线图

二、工作票样例

变电站第一种工作票

作业风险等级：Ⅲ

单　位：设备管理部 500kV 变电运检中心　　变电站：交流 500kV 斗山变电站

编　号：Ⅰ202401020

1. 工作负责人（监护人）李×兵　　班　组：综合班组

2. 工作班人员（不包括工作负责人）

变电修试一班：陆×琛，共 1 人。

变电修试二班：庄×洁、顾×明，共 2 人。

××电力建设有限公司：万×明、金×宇、王×勇、张×林，共 4 人。

共 _7_ 人

3. 工作的变、配电站名称及设备双重名称

500kV 斗山变电站：500kV 山桥线 5023 开关、500kV 山桥 5268 避雷器。

4. 工作任务

工作地点及设备双重名称	工作内容
500kV 设备区：500kV 山桥线 5023 开关、500kV 山桥 5268 避雷器	首检

5. 计划工作时间

自 _2024_ 年 _01_ 月 _31_ 日 _08_ 时 _00_ 分至 _2024_ 年 _02_ 月 _04_ 日 _18_ 时 _00_ 分。

6. 安全措施（必要时可附页绘图说明，红色表示有电）

应拉断路器（开关）、隔离开关（刀闸）	已执行*
应拉开 5022、5023 开关	√

【票种选择】本次作业为变电站内停电工作，使用变电站第一种工作票。

1.【班组】对于包含工作负责人在内有两个及以上的班组人员共同进行的工作，应填写"综合班组"。

2.【工作班人员】人员应取得准入资质，安排的人员应进行承载力分析，确保人数适当、充足；如有特种作业应安排具备相应资质的特种作业人员；不同单位或班组需分行填写。

【共×人】不包括工作负责人。

3.【工作的变、配电站名称及设备双重名称】设备双重名称与第 4 项"工作任务"栏内一致。

4.【工作任务】在同一区域内不同设备但工作内容相同的工作任务可以合并填写。同一设备的不同工作内容也可合并填写；工作内容应与工作地点对应；按照调度批准的停电申请内容填写。在原工作票的停电及安全措施范围内增加工作任务时，应由工作负责人征得工作票签发人和工作许可人同意，并在工作票上备注栏内增填工作项目。陪停设备不需要在工作任务栏及安全措施栏中反映，可在"工作地点保留带电部分或注意事项"中予以明确。如根据工作情况需要对陪停设备范围内采取接地、设置围栏、标示牌等措施，应在安全措施栏内明确应拉开的开关、闸刀以及接地、设置围栏、标示牌等安全措施。保护校验过程中需传动开关，但不触及开关设备具体工作时，无需将开关作为工作地点列入工作任务栏内。

5.【计划工作时间】填写计划检修起始时间和结束时间，该时间应在调度批准的检修时间段内。

6.【安全措施】运维人员完成工作票所列的安全措施后，与工作负责人进行确认，并分别在各自的票面"已执行"栏内打"√"；其中，接地线编号由工作许可人统一填写。填写内容应按类别分行填写，若出现跨行填写的，仅在末行的"已执行"栏打"√"即可。

【应拉断路器（开关）、隔离开关（刀闸）】
（1）应拉开的开关。

续表

应拉断路器（开关）、隔离开关（刀闸）	已执行*
应分开 5022、5023 开关操作电源、储能电源空气开关	√
应将 5022、5023 开关"远方/就地"转换开关由"远方"位置切至"就地"位置	√
应拉开 50221、50222、50231、50232 闸刀	√
应分开 50221、50222、50231、50232 闸刀操作电源、电机电源空气开关	√
应分开 500kV 山桥 5268 线路电压互感器二次空气开关	√
应装接地线、应合接地刀闸（注明确实地点、名称及接地线编号*）	**已执行***
应在 500kV 山桥线 5268 避雷器引线上加装接地线一组（16）号	√
应合上 500kV 山桥线 502317 接地闸刀	√
应合上 500kV 山桥线 502327 接地闸刀	√
应合上 500kV 山桥线 502367 接地闸刀	√
应设遮栏、应挂标示牌及防止二次回路误碰等措施	**已执行***
应在 5022 开关和 50221、50222、50231、50232 闸刀操作处分别悬挂"禁止合闸，有人工作"标示牌	√
应在 5268 线路电压互感器二次空气开关处悬挂"禁止合闸，有人工作"标示牌	√
应在 5023 开关、5268 避雷器处悬挂"在此工作"标示牌	√
应在 5023 开关、5268 避雷器与相邻运行设备间设置临时围栏，在围栏上悬挂适量"止步，高压危险"标示牌，字朝向围栏里面，在围栏出入口处悬挂"在此工作""从此进出"标示牌	√

工作地点保留带电部分或注意事项（由工作票签发人填写）	补充工作地点保留带电部分和安全措施（由工作许可人填写）
【相邻带电设备】相邻 500kV2 号主变 5013 间隔、500kV 泰斗 5033 间隔及 500kV Ⅱ 段母线均在运行中，500kV 山桥线 50232 闸刀母线侧桩头有电，严禁误碰 【安全距离】工作中与带电部位保持足够的安全距离：500kV 大于 5m 【特种车辆】工作中使用吊车、斗臂车等大型车辆时，应与带电部位保持足够的安全距离：500kV 应大于 8.5m 【高处作业】高处作业正确使用安全工器具	无

工作票签发人签名：陆×琛　**签发时间：**2024 年 01 月 28 日 09 时 00 分

工作票会签人签名：许×丰　**会签时间：**2024 年 01 月 30 日 10 时 00 分

（2）应拉开的闸刀。

（3）应拉至试验或检修位置的开关手车。涉及开关柜检修的工作，工作票中可填写为将手车拉至试验位置。如现场条件允许，也可拉至检修位置。如工作票中填写将手车拉至试验位置，现场手车如要拉至检修位置，由检修人员在实际工作中执行。

（4）应分开的开关操作电源、储能电源。所有拉开的开关对应的操作电源、储能电源均应分开。

（5）应分开的闸刀控制电源、电机电源。所有拉开的闸刀如有对应的控制电源、电机电源均应分开。已分开控制电源、电机电源的闸刀遥控回路已断开，不必再将闸刀远方/就地切换开关由"远方"位置切至"就地"位置。

（6）应将拉开的开关远方/就地切换开关由"远方"位置切至"就地"位置。

（7）应分开与停电设备有关的电压互感器、变压器各侧回路。

（8）针对退出保护联跳运行开关出口压板、保护失灵启动压板等安措，如在相应操作票或二次安措票中反应，可不在工作票安全措施栏填写。

【应装接地线、应合接地刀闸】

（1）接地闸刀应填写双重名称即名称、编号。

（2）带地刀的刀闸检修时，应优先按照《江苏省电力公司关于印发规范带接地刀闸的隔离开关（刀闸）检修时安全措施补充规定的通知》苏电安〔2013〕1713 号文执行，工作票中应当明确采用装设接地线的方式实现"接地"安全措施。如有地市存在相关补充规定，并制定完善的预控措施，确保检修作业安全的前提下，也可采用合接地刀闸的方式实现"接地"安全措施。

【应设遮栏、应挂标示牌及防止二次回路误碰等措施】

（1）已拉开的开关、闸刀、开关手车如无工作，应在对应位置悬挂"禁止合闸，有人工作"标示牌。涉及有具体工作内容的开关、刀闸，可不用悬挂"禁止合闸，有人工作"标示牌。除电压互感器、站用变压器等二次侧回路断开处需设置"禁止合闸，有人工作"标示牌外，已拉开的开关、刀闸对应的电源可不用悬挂"禁止合闸，有人工作"标示牌。如工作票只包含站内设备工作，可不设置"禁止合闸，线路有人工作"标示牌。

（2）所有开关柜检修工作均应在相邻运行开关柜、现场设置的围栏上设置"止步，高压危险"标示牌。

（3）在工作人员上下铁架或梯子上，应悬挂"从此上下"标示牌。

（4）应悬挂"在此工作"标示牌的位置为第 4 项"工作任务"栏内填写的设备处，停电作业针对挂牌困难的可将"在此工作"标示牌设置在对应设备支柱、栅栏等位置，现场需向工作负责人交代清楚。

（5）应将工作屏柜上联跳运行开关出口压板用红布幔遮盖或者用红色绝缘胶带绑扎。（也可依据实际情况采取拆除垫片等其他安全措施）。

（6）相邻带电设备在安全措施栏中可不具体填写，以相邻带电设备代替即可，但需在"工作地点保留带电部分或注意事项"栏中予以明确。

【工作地点保留带电部分或注意事项（由工作票签发人填写）】

【相邻带电设备】填写与检修设备距离邻近的带电部位或相邻第一个带电设备情况，以及保护工作地点相邻的其他保护（装置）运行情况，相关设备要明确名称编号，位置要准确。

【安全距离】工作地点包含一次设备区域时，需填写：与带电部位保持足够的安全距离：××kV 大于×m。

【特种设备】有吊车、斗臂车等大型车辆参与现场工作时，需填写：工作中使用吊车、斗臂车等大型车辆时，应与带电部位保持足够的安全距离：××kV 大于×m。由外包单位负责的工作还需增加：安排运检单位专人在场全过程旁站。

【高处作业】有高处作业时，需填写：高处作业正确使用安全工器具。

7. 收到工作票时间：<u>2024</u> 年 <u>01</u> 月 <u>30</u> 日 <u>16</u> 时 <u>00</u> 分

运行值班人员签名：<u>吴×红</u>　　　工作负责人签名：<u>李×兵</u>

8. 确认本工作票 1～6 项

工作负责人签名：<u>李×兵</u>　　　工作许可人签名：<u>唐×栋</u>

许可开始工作时间：<u>2024</u> 年 <u>01</u> 月 <u>31</u> 日 <u>14</u> 时 <u>58</u> 分

9. 现场交底，工作班成员确认工作负责人布置的工作任务、人员分工、安全措施和注意事项并签名

<u>陆×琛、庄×洁、顾×明、万×明、金×宇、王×勇、张×林 、缪×剑 、陈×飞、王×云</u>

10. 工作负责人变动情况

原工作负责人＿＿＿＿＿离去，变更＿＿＿＿＿为工作负责人。

工作票签发人：＿＿＿＿　签发时间：＿＿＿年＿＿月＿＿日＿＿时＿＿分

11. 工作人员变动情况（变动人员姓名，变动日期及时间）

<u>2024 年 01 月 31 日 15 时 43 分缪×剑加入（工作负责人签名：李×兵）</u>

<u>2024 年 01 月 31 日 16 时 05 分陈×飞、王×云加入（工作负责人签名：李×兵）</u>

12. 工作票延期

有效期延长到＿＿＿＿年＿＿月＿＿日＿＿时＿＿分。

工作负责人签名：＿＿＿＿　签名时间：＿＿＿＿年＿＿月＿＿日＿＿时＿＿分

工作许可人签名：＿＿＿＿　签名时间：＿＿＿＿年＿＿月＿＿日＿＿时＿＿分

13. 每日开工和收工时间（使用一天的工作票不必填写）

收工时间				工作负责人	工作许可人	开工时间				工作许可人	工作负责人
月	日	时	分			月	日	时	分		
01	31	17	30	李×兵	唐×栋	02	01	09	26	唐×栋	李×兵

【陪停设备】因安全距离不足，导致相邻带电设备需要陪停的设备，需在此栏填写（如根据工作情况需要对陪停设备范围内采取接地、设置围栏、标示牌等措施，应在安全措施栏内明确应拉开的开关、闸刀以及接地、设置围栏、标示牌等安全措施）。

【手车检修】开关柜手车拉至检修位置时，应当在带电触头隔离挡板前设置"止步，高压危险"标示牌。

【容性设备】检修人员在接触电缆、电容器及支架和外壳前应逐相、逐个进行充分放电。

其余安全注意事项，各单位可依据工作内容予以补充完善。

【补充工作地点保留带电部分和安全措施（由工作许可人填写）】根据现场的实际情况，工作许可人对工作地点保留的带电部分予以补充，不得照抄工作票签发人填写内容，应注明所采取的安全措施或提醒检修人员必须注意的事项。若没有则填"无"，不得空白。

7.【收到工作票时间】
第一种工作票签发和收到时间应为工作前一天（紧急抢修、消缺除外）。
运维人员收到工作票后，对工作票审核无误后，填写收票时间并签名。

8.【工作许可】
许可开始工作时间不得提前于计划工作开始时间。

9.【交底签名】
所有工作班成员在明确了工作负责人、专责监护人交代的工作任务、人员分工、安全措施和注意事项后，在工作负责人所持工作票上签名，不得代签。

10.【工作负责人变动情况】
经工作票签发人同意，在工作票上填写离去和变更的工作负责人姓名及变动时间，同时通知全体作业人员及工作许可人；如工作票签发人无法当面办理，应通过电话通知工作许可人，由工作许可人和原工作负责人在各自所持工作票上填写工作负责人变更情况，并代工作票签发人签名。
工作负责人的变动必须是在该工作票许可之后，如在工作票许可之前需变更工作负责人，则应由工作票签发人重新签发工作票。

11.【工作人员变动情况】
工作人员变动后，工作负责人应及时在所持工作票上写明变动人员姓名、变动日期、时间，并签名。人员变动情况填写格式为：××××年××月××日××时××分，××、××加入（离去）。
班组人员每次发生变动，工作负责人要在工作票上即时注明变动情况并签名，不得最后一并签名。

12.【工作票延期】
工作需延期，应在工作计划结束时间前由工作负责人向工作许可人提出申请，办理延期手续。对于需经调度许可的工作，工作许可人还应得到调度许可后，方可与工作负责人办理工作票延期手续。工作票只能延期一次。

13.【每日开工和收工时间（使用一天的工作票不必填写）】
无人值班变电站，每日收工后，工作负责人应电话告知工作许可人，双方分别在各自所持工作票的相应栏内代为签署工作间断时间、姓名。次日复工前，工作负责人应检查安全措施是否完好，电话联系工作许可人申请开工，并做好录音，在得到许可后，双方分别在各自所持工作票相应栏内代为签署开工时间、姓名。工作负责人对安全

续表

收工时间				工作负责人	工作许可人	开工时间				工作许可人	工作负责人
月	日	时	分			月	日	时	分		
02	01	14	53	李×兵	唐×栋	02	02	09	20	朱×江	李×兵
02	02	15	40	李×兵	朱×江	02	03	09	38	朱×江	李×兵
02	03	14	48	李×兵	朱×江	02	04	09	50	华×春	李×兵

14. 工作终结

全部工作于 <u>2024</u> 年 <u>02</u> 月 <u>04</u> 日 <u>14</u> 时 <u>00</u> 分结束，设备及安全措施已恢复至开工前状态，工作人员已全部撤离，材料工具已清理完毕，工作已终结。

工作负责人签名： <u>李×兵</u>　　　　**工作许可人签名：** <u>华×春</u>　　　已执行

15. 工作票终结

临时遮栏、标示牌已拆除，常用遮栏已恢复。

已拆除的接地线编号＿＿＿共＿＿＿组；

已拉开接地刀闸（小车）编号＿＿＿共＿＿＿组（台）。

未拆除的接地线编号＿＿＿共＿＿＿组；

未拉开接地刀闸（小车）编号＿＿＿共＿＿＿组（台）。

已汇报调度值班员。

工作许可人签名： ＿＿＿＿　　**签名时间：** ＿＿＿年＿＿月＿＿日＿＿时＿＿分

16. 备注

（1）指定专责监护人 <u>庄×洁</u> 负责监护 <u>缪×剑</u> 操作斗臂车苏 BWF339，斗内操作人员 <u>王×勇</u>，进行 500kV 山桥线 5023 开关、500kV 山桥 5268 避雷器首检工作。（地点及具体工作。）

（2）其他事项：

_____

_____

合　格

审核人　王二

措施有异议的或重要的、危险性较大的工作，工作许可人应到现场办理复工、收工手续。

14.【工作终结】
工作终结时间不应超出计划工作时间或经批准的延期时间。
工作终结后，工作许可人应在工作负责人所持工作票"工作终结"栏中工作许可人签名右侧空白处加盖红色"已执行"专用章。

15.【工作票终结】
待工作票上安全措施均已拆除，汇报调度后，工作许可人方可进行"工作票终结"手续，并在所持工作票"工作票终结"栏工作许可人签名时间的右侧空白处盖红色"已执行"专用章。

16.【备注】
指定专责监护人
（1）指定专责监护人，应填写被监护人姓名、工作地点及工作内容。
（2）有大型车辆参与现场工作时，应指定专责监护人。
（3）一张工作票上的工作涉及两个及以上开关柜（含前后隔仓）时，开关柜前、后隔仓均须设一名专责监护人。
（4）每一个作业现场开工时均在监护人的监护下进行工作，若一张工作票上涉及两个及以上作业现场，工作负责人无法同时全过程监护检修工作，则需增设专责监护人，或者各作业现场轮流开展工作。
其他事项
（1）有吊车参与现场工作时，应明确指挥人员。
（2）未拉开地刀、接地线应当注明原因，可不写明具体拆除时间。
（3）对于工作开始前，票中预安排的工作班成员，如未能在开工时参与现场安全交底的，整体作业开工时，需在备注栏对相关情况说明，如"工作班成员×××作业开工时，未到场参与工作。"无需在工作票"工作人员变动情况"栏进行人员变动。相关预安排人员实际参与现场作业时，应在备注栏对相关情况说明，如"××××年××月××日××时××分，××已接受安全交底并签字，可参与现场工作"。

17.【检查与评价】
各班组每月应对已终结的工作票进行综合评议。经评议票面正确，评议人在工作票"16.备注（2）其他事项"横线右下方顶格加盖红色"合格"评议章并签名；评议为错票，在工作票"16.备注（2）其他事项"横线右下方顶格加盖红色"不合格"评议章并签名。

1.8　变电站内 220kV 母线电压互感器检修

一、作业场景情况

（一）工作场景

变电站内 220kV 母线电压互感器检修。

（二）工作任务

220kV 典巷变电站 220kV 正母电压互感器及避雷器小修预试。

（三）停电范围

220kV 正母电压互感器。

（四）票种选择建议

变电站第一种工作票。

（五）人员分工及安排

本次工作有 1 个作业地点：220kV 高压区。参与本次工作的共 5 人（含工作负责人），具体分工为：

吴×（工作负责人）：负责工作的整体协调组织及在 220kV 高压区对吴×锋、赵×、徐×为、周×中进行监护。

吴×锋、赵×、徐×为、周×中（工作班成员）：在 220kV 高压区开展 220kV 正母电压互感器及避雷器小修预试工作。

（六）场景接线图

220kV 典巷变电站 220kV 正母电压互感器及避雷器小修预试工作场景接线图见图 1-8。

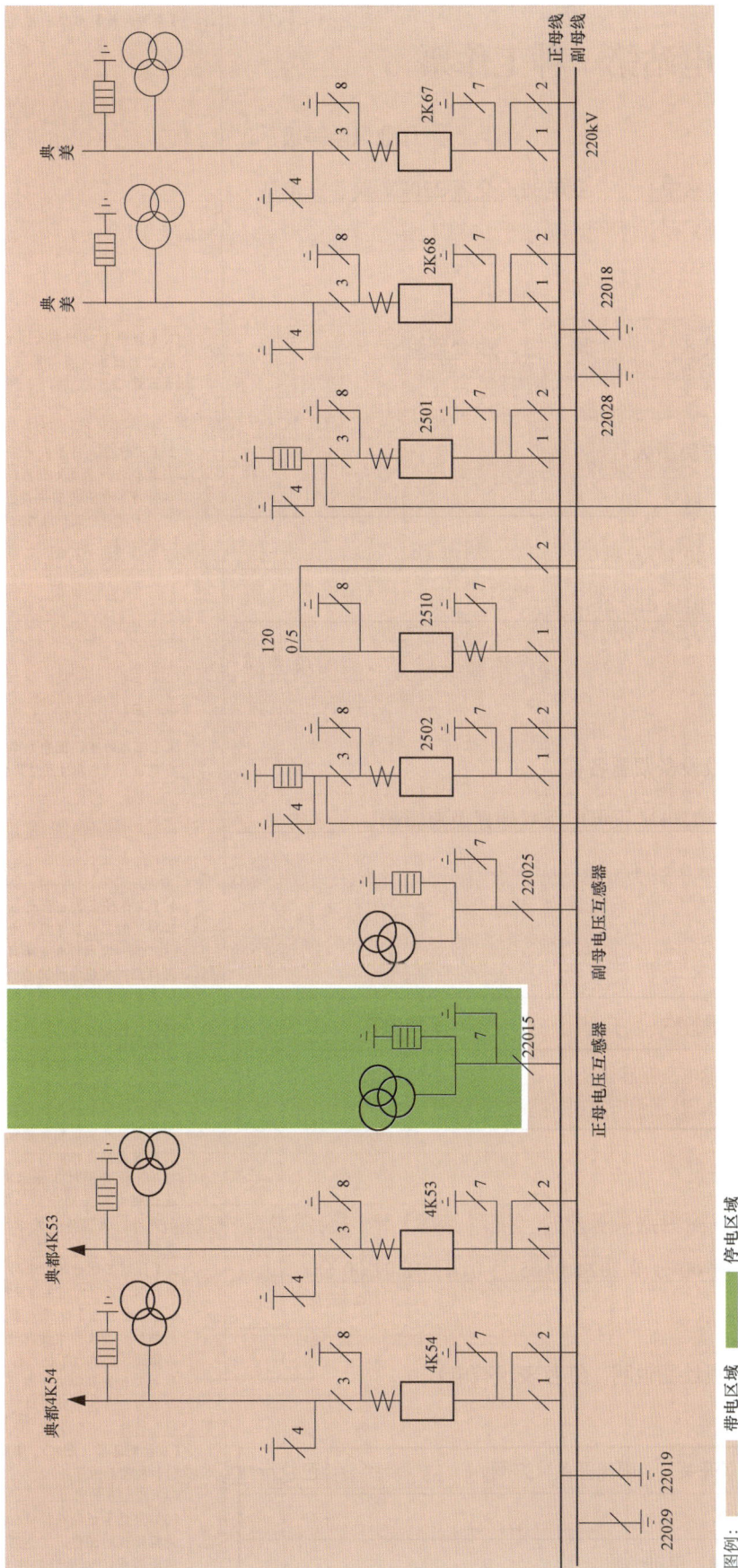

图1-8　220kV典巷变220kV正母电压感器及避雷器小修预试工作场景接线图

图例：　　　带电区域 ━━━━　　停电区域 ━━━━

二、工作票样例

变电站第一种工作票

作业风险等级：Ⅳ

单 位：<u>设备管理部变电检修中心</u> 变电站：<u>交流 220kV 典巷变电站</u>

编 号：<u>Ⅰ202412020</u>

1. 工作负责人（监护人）<u>吴×</u> 班 组：<u>综合班组</u>

2. 工作班人员（不包括工作负责人）

<u>变电修试二班：吴×锋、赵×，共 2 人。</u>

<u>变电修试五班：徐×为，共 1 人。</u>

<u>××电力建设有限公司：周×中，共 1 人。</u>

共 <u>4</u> 人

3. 工作的变、配电站名称及设备双重名称

<u>交流 220kV 典巷变电站：220kV 正母电压互感器及避雷器。</u>

4. 工作任务

工作地点及设备双重名称	工作内容
220kV 高压区：220kV 正母电压互感器及避雷器	小修预试

5. 计划工作时间

自 <u>2024</u> 年 <u>05</u> 月 <u>01</u> 日 <u>08</u> 时 <u>00</u> 分至 <u>2024</u> 年 <u>05</u> 月 <u>01</u> 日 <u>18</u> 时 <u>00</u> 分。

6. 安全措施（必要时可附页绘图说明，红色表示有电）

应拉断路器（开关）、隔离开关（刀闸）	已执行*
应拉开 22015 闸刀	√
应分开 22015 闸刀控制电源、电机电源	√
应断开 220kV 正母电压互感器二次侧回路	√

右侧批注：

【票种选择】本次作业为变电站内停电工作，使用变电站第一种工作票。

1.【班组】对于包含工作负责人在内有两个及以上的班组人员共同进行的工作，应填写"综合班组"。

2.【工作班人员】人员应取得准入资质，安排的人员应进行承载力分析，确保人数适当、充足；如有特种作业应安排具备相应资质的特种作业人员；不同单位或班组需分行填写。
【共×人】不包括工作负责人。

3.【工作的变、配电站名称及设备双重名称】设备双重名称与第 4 项"工作任务"栏内一致。

4.【工作任务】在同一区域内不同设备但工作内容相同的工作任务可以合并填写。同一设备的不同工作内容也可合并填写；工作内容应与工作地点对应；按照调度批准的停电申请内容填写。在原工作票的停电及安全措施范围内增加工作任务时，应由工作负责人征得工作票签发人和工作许可人同意，并在工作票上备注栏内填写工作项目。陪停设备不需要在工作任务栏及安全措施栏中反映，可在"工作地点保留带电部分或注意事项"中予以明确。如根据工作情况需要对陪停设备范围内采取接地、设置围栏、标示牌等措施，应在安全措施栏内明确应拉开的开关、闸刀以及接地、设置围栏、标示牌等安全措施。保护校验过程中需传动开关，但不触及开关设备具体工作时，无需将开关作为工作地点列入工作任务栏内。

5.【计划工作时间】填写计划检修起始时间和结束时间，该时间应在调度批准的检修时间段内。

6.【安全措施】运维人员完成工作票所列的安全措施后，与工作负责人进行确认，并分别在各自的票面"已执行"栏内打"√"；其中，接地线编号由工作许可人统一填写。填写内容应按类别分行填写，若出现跨行填写的，仅在末行的"已执行"栏打"√"即可。
【应拉断路器（开关）、隔离开关（刀闸）】
（1）应拉开的开关。
（2）应拉开的闸刀。
（3）应拉至试验或检修位置的开关手车。涉及开关柜检修的工作，工作票中可填写为将手车拉至试验位置。如现场条件允许，也可拉至检修位置。如工作票中填写将手车拉至试验位置，现场

应装接地线、应合接地刀闸（注明确实地点、名称及接地线编号*）	已执行*
应合上 220kV 正母电压互感器 22017 接地闸刀	√

应设遮栏、应挂标示牌及防止二次回路误碰等措施	已执行*
应在 22015 闸刀操作处悬挂"禁止合闸，有人工作"标示牌	√
应在 220kV 正母电压互感器二次侧回路断开处悬挂"禁止合闸，有人工作"标示牌	√
应在 220kV 正母电压互感器及避雷器处悬挂"在此工作"标示牌	√
应在 220kV 正母电压互感器及避雷器与相邻运行设备间设置临时围栏，在围栏上悬挂适量"止步，高压危险"标示牌，字朝向围栏内，在围栏出入口处悬挂"在此工作""从此进出"标示牌	√

工作地点保留带电部分或注意事项（由工作票签发人填写）	补充工作地点保留带电部分和安全措施（由工作许可人填写）
【相邻带电设备】相邻 220kV 典都 4K53、220kV 副母电压互感器间隔、220kV 正母均在运行中，严禁误碰	无
【安全距离】工作中与带电部位保持足够的安全距离：220kV 大于 3m	
【高处作业】高处作业正确使用安全工器具	

工作票签发人签名：顾×科　　签发时间：2024 年 04 月 28 日 14 时 17 分

工作票会签人签名：陈×亚　　会签时间：2024 年 04 月 30 日 10 时 00 分

7. 收到工作票时间： 2024 年 04 月 30 日 11 时 00 分

运行值班人员签名：陈×亚　　工作负责人签名：吴×

8. 确认本工作票 1～6 项

工作负责人签名：吴×　　工作许可人签名：陆×

许可开始工作时间：2024 年 05 月 01 日 12 时 30 分

9. 现场交底，工作班成员确认工作负责人布置的工作任务、人员分工、安全措施和注意事项并签名

吴×锋、赵×、徐×为、尤×宝、周×中

手车如要拉至检修位置，由检修人员在实际工作中执行。

（4）应分开的开关操作电源、储能电源。所有拉开的开关对应的操作电源、储能电源均应分开。

（5）应分开的闸刀控制电源、电机电源。所有拉开的闸刀如有对应的控制电源、电机电源均应分开。已分开控制电源、电机电源的闸刀遥控回路已断开，不必再填写将闸刀远方/就地切换开关由"远方"位置切至"就地"位置。

（6）应将拉开的开关远方/就地切换开关由"远方"位置切至"就地"位置。

（7）应分开与停电设备有关的电压互感器、变压器各侧回路。

（8）针对退出保护联跳运行开关出口压板、保护失灵启动压板等安措，如在相应操作票或二次安措票中反应，可不在工作票安全措施栏填写。

【应装接地线、应合接地刀闸】

（1）接地闸刀应填写双重名称即即名称、编号。

（2）带电刀的刀闸检修时，应当优先按照《江苏省电力公司关于印发规范带接地刀闸的隔离开关（刀闸）检修时安全措施补充规定的通知》苏电安〔2013〕1713 号文执行，工作票中应当明确采用装设接地线的方式实现"接地"安全措施。如有地市存在相关补充规定，并制定完善的预控措施，确保检修作业安全的前提下，也可采用合接地刀闸的方式实现"接地"安全措施。

【应设遮栏、应挂标示牌及防止二次回路误碰等措施】

（1）已拉开的开关、闸刀、开关手车如无工作，应在对应位置悬挂"禁止合闸，有人工作"标示牌。涉及有具体工作内容的开关、刀闸，可不用悬挂"禁止合闸，有人工作"标示牌。除电压互感器、站用变压器等二次侧回路断开处需设置"禁止合闸，有人工作"标示牌外，已拉开的开关、刀闸对应的电源可不用悬挂"禁止合闸，有人工作"标示牌。如工作只包含站内设备工作，可不设置"禁止合闸，线路有人工作"标示牌。

（2）所有开关柜检修工作均应在相邻运行开关柜、现场设置的围栏上设置"止步，高压危险"标示牌。

（3）在工作人员上下铁架或梯子上，应悬挂"从此上下"标示牌。

（4）应悬挂"在此工作"标示牌的位置为第 4 项"工作任务"栏内填写的设备处。针对作业人员对挂牌困难的可将"在此工作"标示牌设置在列应设备支柱、柜外等位置，现场需向工作负责人交代清楚。

（5）应将工作屏柜上联跳运行开关出口压板用红布幔遮盖或者用红色绝缘胶带绑扎。（也可依据实际情况采取拆除垫片等其他安全措施。）

（6）相邻带电设备在安全措施栏中可不具体填写，以相邻带电设备代替即可，但需在"工作地点保留带电部分或注意事项"栏中予以明确。

【工作地点保留带电部分或注意事项（由工作票签发人填写）】

【相邻带电设备】填写与检修设备距离邻近的带电部位或相邻第一个带电设备情况，以及保护工作地点相邻的其他保护（装置）运行情况，相关设备要明确名称编号，位置要准确。

【安全距离】工作地点包含一次设备区域时，需填写：与带电部位保持足够的安全距离：××kV 大于×m。

【特种设备】有吊车、斗臂车等大型车辆参与现场工作时，需填写：工作中使用吊车、斗臂车等大型车辆时，与带电部位保持足够的安全距离：××kV 大于×m。由外包单位负责的工作还需增加：安排运检单位专人在场全过程旁站。

【高处作业】有高处作业时，需填写：高处作业正确使用安全工器具。

【陪停设备】因安全距离不足，导致相邻带电设备需要陪停的设备，需在此栏填写（如根据工作情况需要对陪停设备范围内采取接地、设置围栏、标示牌等措施，应在安全措施栏内明确应拉开的

10. 工作负责人变动情况

原工作负责人_____离去，变更_____为工作负责人。

工作票签发人：_____ 签发时间：_____年__月__日__时__分

11. 工作人员变动情况（变动人员姓名，变动日期及时间）

2024 年 05 月 01 日 12 时 30 分尤×宝加入（工作负责人签名：吴×）

2024 年 05 月 01 日 13 时 30 分徐×为离去（工作负责人签名：吴×）

12. 工作票延期

有效期延长到_____年__月__日__时__分。

工作负责人签名：_____ 签名时间：_____年__月__日__时__分

工作许可人签名：_____ 签名时间：_____年__月__日__时__分

13. 每日开工和收工时间（使用一天的工作票不必填写）

收工时间				工作负责人	工作许可人	开工时间				工作许可人	工作负责人
月	日	时	分			月	日	时	分		

14. 工作终结

全部工作于 2024 年 05 月 01 日 15 时 20 分结束，设备及安全措施已恢复至开工前状态，工作人员已全部撤离，材料工具已清理完毕，工作已终结。

工作负责人签名：吴× 工作许可人签名：陆× 【已执行】

15. 工作票终结

临时遮栏、标示牌已拆除，常用遮栏已恢复。

已拆除的接地线编号___共___组；

已拉开接地刀闸（小车）编号___共___组（台）。

未拆除的接地线编号___共___组；

未拉开接地刀闸（小车）编号___共___组（台）。

开关、闸刀以及接地、设置围栏、标示牌等安全措施）。

【手车检修】开关柜手车拉至检修位置时，应当在带电触头隔离挡板前设置"止步，高压危险"标示牌。

【容性设备】检修人员在接触电缆、电容器及支架和外壳前应逐相、逐个进行充分放电。

其余安全注意事项，各单位可依据工作内容予以补充完善。

【补充工作地点保留带电部分和安全措施（由工作许可人填写）】根据现场的实际情况，工作许可人对工作地点保留的带电部分予以补充，不得照抄工作票签发人已填写内容，应注明所采取的安全措施或提醒检修人员必须注意的事项。若没有则填"无"，不得空白。

7.【收到工作票时间】

第一种工作票签发和收到时间应为工作前一天（紧急抢修、消缺除外）。

运维人员收到工作票后，对工作票审核无误后，填写收票时间并签名。

8.【工作许可】

许可开始工作时间不得提前于计划工作开始时间。

9.【交底签名】

所有工作班成员在明确了工作负责人、专责监护人交代的工作任务、人员分工、安全措施和注意事项后，在工作负责人所持工作票上签名，不得代签。

10.【工作负责人变动情况】

经工作票签发人同意，在工作票上填写离去和变更的工作负责人姓名及变动时间，同时通知全体作业人员及工作许可人；如工作票签发人无法当面办理，应通过电话通知工作许可人，由工作许可人和原工作负责人在各自所持工作票上填写工作负责人变更情况，并代工作票签发人签名。

工作负责人的变动必须是在该工作票许可之后，如在工作票许可之前需变更工作负责人，则应由工作票签发人重新签发工作票。

11.【工作人员变动情况】

工作人员变动后，工作负责人应及时在所持工作票上写明变动人员姓名、变动日期、时间，并签名。人员变动情况填写格式：××××年××月××日××时××分，××、××加入（离去）。班组人员每次发生变动，工作负责人要在工作票上即时注明变动情况并签名，不得最后一并签名。

12.【工作票延期】

工作需延期，应在工作计划结束时间前由工作负责人向工作许可人提出申请，办理延期手续。对于需经调度许可的工作，工作许可人还应得到调度许可后，方可与工作负责人办理工作票延期手续。工作票只能延期一次。

13.【每日开工和收工时间（使用一天的工作票不必填写）】

无人值班变电站，每日收工后，工作负责人应电话告知工作许可人，双方分别在各自所持工作票的相应栏内代为签署工作间断时间、姓名。次日复工前，工作负责人应检查安全措施是否完好，电话联系工作许可人申请开工，并做好录音，在得到许可后，双方分别在各自所持工作票相应栏内代为签署开工时间、姓名。工作负责人对安全措施有异议的或重要的、危险性较大的工作，工作许可人应到现场办理复工、收工手续。

14.【工作终结】

工作终结时间不应超出计划工作时间或经批准的延期时间。

工作终结后，工作许可人应在工作负责人所持工作票的"工作终结"栏中工作许可人签名右侧空白处加盖红色"已执行"专用章。

15.【工作票终结】

待工作票上安全措施均已拆除，汇报调度后，工作许可人方可进行"工作票终结"手续，并在所持工作票"工作票终结"栏工作许可人签名时间的右侧空白处盖红色"已执行"专用章。

已汇报调度值班员。

工作许可人签名：_____ **签名时间：**_____年___月___日___时___分

16. 备注

（1）指定专责监护人_____负责监护_____

_____（地点及具体工作。）

（2）其他事项：

工作班成员周×中作业开工时未到场参与工作。

2024 年 05 月 01 日 14 时 30 分 周×中已接受安全交底并签字，可以参与现场工作。

合 格	
审核人	王二

1.9 变电站内 110kV 开关检修

一、作业场景情况

（一）工作场景

变电站内 110kV 开关检修。

（二）工作任务

220kV 东亭变电站 110kV 亭世 7N5 开关小修预试。

（三）停电范围

110kV 亭世 7N5 开关。

（四）票种选择建议

变电站第一种工作票。

（五）人员分工及安排

本次工作有 1 个作业地点：110kV 高压区。参与本次工作的共 5 人（含工作负责人），具体分工为：

朱×清（工作负责人）：负责工作的整体协调组织及在 110kV 高压区对吴×锋、赵×、徐×为、周×中进行监护。

吴×锋、赵×、徐×为、周×中（工作班成员）：在110kV高压区开展110kV亭世7N5开关小修预试工作。

（六）场景接线图

220kV东亭变电站110kV亭世7N5开关小修预试工作场景接线图见图1-9。

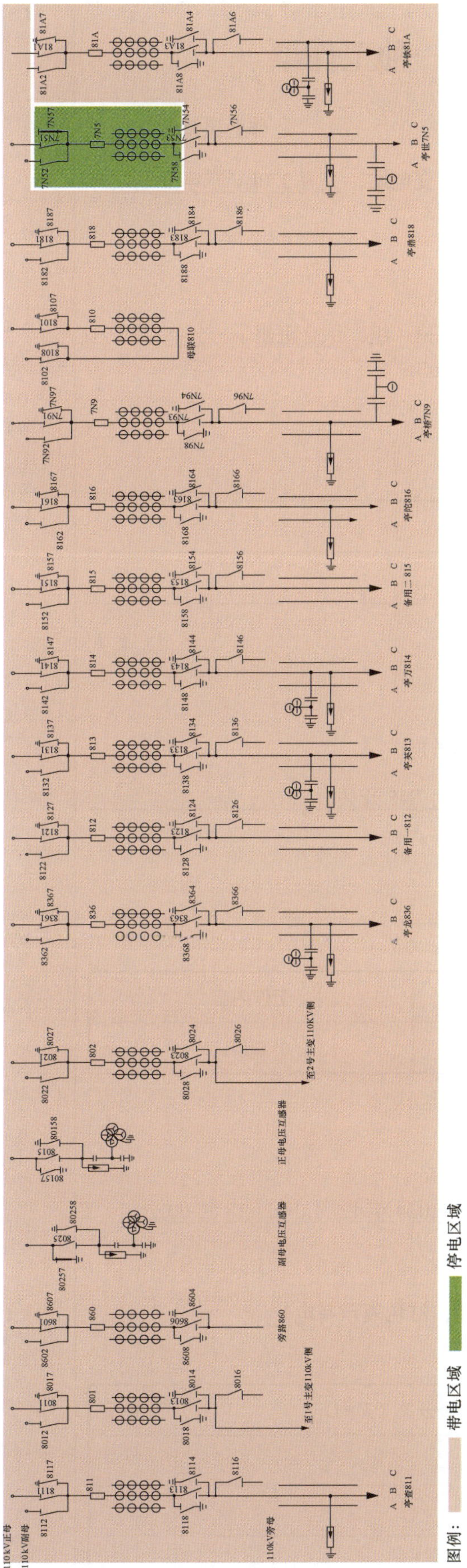

图1-9　220kV东亭变电站110kV亭世7N5开关小修预试工作场景接线图

图例：　■ 带电区域　■ 停电区域

二、工作票样例

变电站第一种工作票

作业风险等级：Ⅳ

单　　位：设备管理部变电检修中心　　变电站：交流 220kV 东亭变电站

编　　号：Ⅰ202412020

1. 工作负责人（监护人）朱×清　　**班　　组**：综合班组

2. 工作班人员（不包括工作负责人）

变电修试二班：吴×锋、赵×，共 2 人。

变电修试五班：徐×为，共 1 人。

××电力建设有限公司：周×中，共 1 人。

共 4 人

3. 工作的变、配电站名称及设备双重名称

交流 220kV 东亭变电站：110kV 亭世 7N5 开关。

4. 工作任务

工作地点及设备双重名称	工作内容
110kV 高压区：110kV 亭世 7N5 开关	小修预试

5. 计划工作时间

自 2024 年 12 月 18 日 08 时 00 分至 2024 年 12 月 24 日 18 时 00 分。

6. 安全措施（必要时可附页绘图说明，红色表示有电）

应拉断路器（开关）、隔离开关（刀闸）	已执行*
应拉开 7N5 开关	√
应拉开 7N51、7N52、7N53 闸刀	√
应分开 7N5 开关操作电源、储能电源	√

【票种选择】本次作业为变电站内停电工作，使用变电站第一种工作票。

1.【班组】对于包含工作负责人在内有两个及以上的班组人员共同进行的工作，应填写"综合班组"。

2.【工作班人员】人员应取得准入资质，安排的人员应进行承载力分析，确保人数适当、充足；如有特种作业应安排具备相应资质的特种作业人员；不同单位或班组需分行填写。
【共×人】不包括工作负责人。

3.【工作的变、配电站名称及设备双重名称】设备双重名称与第 4 项"工作任务"栏内一致。

4.【工作任务】在同一区域内不同设备但工作内容相同的工作任务可合并填写。同一设备的不同工作内容也可合并填写；工作内容应与工作地点对应；按照调度批准的停电申请内容填写。在原工作票的停电及安全措施范围内增加工作任务时，应由工作负责人征得工作票签发人和工作许可人同意，并在工作票上备注栏内增填工作项目。陪停设备不需要在工作任务栏及安全措施栏中反映，可在"工作地点保留带电部分或注意事项"中予以明确。如根据工作情况需要对陪停设备范围内采取接地、设置围栏、标示牌等措施，应在安全措施栏内明确应拉开的开关、闸刀以及接地、设置围栏、标示牌等安全措施。保护校验过程中需移动开关，但不触及开关设备具体工作时，无需将开关作为工作地点列入工作任务栏内。

5.【计划工作时间】填写计划检修起始时间和结束时间，该时间应在调度批准的检修时间段内。

6.【安全措施】运维人员完成工作票所列的安全措施后，与工作负责人进行确认，并分别在各自的票面"已执行"栏内打"√"；其中，接地线编号由工作许可人统一填写。填写内容应按类别分行填写，若出现跨行填写的，仅在末行的"已执行"栏打"√"即可。
【应拉断路器（开关）、隔离开关（刀闸）】
（1）应拉开的开关。
（2）应拉开的闸刀。
（3）应拉至试验或检修位置的开关手车。涉及开关柜修试的工作，工作票中可填写为将手车拉至试验位置。如现场条件允许，也可拉至检修位置。如工作票中填写将手车拉至试验位置，现场

续表

应拉断路器（开关）、隔离开关（刀闸）	已执行*
应分开 7N51、7N52、7N53 闸刀控制电源、电机电源	√
应将 7N5 开关远方/就地切换开关由"远方"位置切至"就地"位置	√
应装接地线、应合接地刀闸（注明确实地点、名称及接地线编号*）	**已执行***
应合上 110kV 亭世 7N57 接地闸刀	√
应合上 110kV 亭世 7N58 接地闸刀	√
应设遮栏、应挂标示牌及防止二次回路误碰等措施	**已执行***
应在 7N51、7N52、7N53 闸刀操作处分别悬挂"禁止合闸，有人工作"标示牌	√
应在 7N5 开关处悬挂"在此工作"标示牌	√
应在 7N5 开关与相邻运行设备间设置临时围栏，在围栏上悬挂适量"止步，高压危险"标示牌，字朝向围栏内，在围栏出入口处悬挂"在此工作"、"从此进出"标示牌	√

工作地点保留带电部分或注意事项 （由工作票签发人填写）	补充工作地点保留带电部分和 安全措施（由工作许可人填写）
【相邻带电设备】相邻 110kV 亭铁 81A、110kV 亭鼎 818 间隔、110kV 正母、110kV 副母、110kV 旁母均在运行中，严禁误碰	无
【安全距离】工作中与带电部位保持足够的安全距离：110kV 大于 1.5m	

工作票签发人签名： 曹×锋　　**签发时间：** 2024 年 12 月 16 日 13 时 48 分

工作票会签人签名： 吴×华　　**会签时间：** 2024 年 12 月 16 日 15 时 12 分

7. 收到工作票时间： 2024 年 12 月 17 日 09 时 51 分

运行值班人员签名： 浦×人　　**工作负责人签名：** 朱×清

8. 确认本工作票 1～6 项

工作负责人签名： 朱×清　　**工作许可人签名：** 李×松

许可开始工作时间： 2024 年 12 月 19 日 10 时 10 分

手车如要拉至检修位置，由检修人员在实际工作中执行。

（4）应分开的开关操作电源、储能电源。所有拉开的开关对应的操作电源、储能电源均应分开。

（5）应分开的闸刀控制电源、电机电源。所有拉开的闸刀如有对应的控制电源、电机电源应分开。已分开控制电源、电机电源的闸刀遥控回路已断开，不必再填写将闸刀远方/就地切换开关由"远方"位置切至"就地"位置。

（6）应将拉开的开关远方/就地切换开关由"远方"位置切至"就地"位置。

（7）应分开与停电设备有关的电压互感器、变压器各侧回路。

（8）针对退出保护联跳运行开关出口压板、保护失灵启动压板等安措，如在相应操作票或二次安措中反应，可不在工作票安全措施栏填写。

【应装接地线、应合接地刀闸】

（1）接地闸刀应填写双重名称即名称、编号。

（2）带地刀的刀闸检修时，应当优先按照《江苏省电力公司关于印发规范带接地刀闸的隔离开关（刀闸）检修时安全措施补充规定的通知》苏电安〔2013〕1713 号文执行，工作票中应明确采用装设接地线的方式实现"接地"安全措施。如有地市存在相关补充规定，并制定完善的预控措施，确保检修作业安全的前提下，也可采用合接地刀闸的方式实现"接地"安全措施。

【应设遮栏、应挂标示牌及防止二次回路误碰等措施】

（1）已拉开的开关、闸刀、开关手车如无工作，应在对应位置悬挂"禁止合闸，有人工作"标示牌。涉及有具体工作内容的开关、闸刀，可不用悬挂"禁止合闸，有人工作"标示牌。除电压互感器、站用变压器等二次侧回路断开处需设置"禁止合闸，有人工作"标示牌外，已拉开的开关、刀闸对应的电源可不用悬挂"禁止合闸，有人工作"标示牌。如工作票只包含站内设备工作，可不设置"禁止合闸，线路有人工作"标示牌。

（2）所有开关柜检修工作均应在相邻运行开关柜、现场设置的围栏上设置"止步，高压危险"标示牌。

（3）在工作人员上下铁架或梯子上，应悬挂"从此上下"标示牌。

（4）应悬挂"在此工作"标示牌的位置为第 4 项"工作任务"栏内填写的设备处，停电作业针对挂牌困难的可将"在此工作"标示牌设置在对应设备支柱、柜外等位置，现场需向工作负责人交代清楚。

（5）应将工作屏柜上联跳运行开关出口压板用红布幔遮蔽盖或者用红色绝缘胶带绑扎。（也可依据实际情况采取拆除垫片等其他安全措施。）

（6）相邻带电设备在安全措施栏中可不具体填写，以避免填写出错，但需在"工作地点保留带电部分或注意事项"栏中予以明确。

【工作地点保留带电部分或注意事项（由工作票签发人填写）】

【相邻带电设备】填写与检修设备距离邻近的带电部位或相邻第一个带电设备情况，以及保护工作地点相邻的其他保护（装置）运行情况，相关设备要明确名称编号，位置要准确。

【安全距离】工作地点包含一次设备区域时，需填写：与带电部位保持足够的安全距离：××kV 大于×m。

【特种设备】有吊车、斗臂车等大型车辆参与现场工作时，需填写：工作中使用吊车、斗臂车等大型车辆时，应与带电部位保持足够的安全距离：××kV 大于×m。由外包单位负责的工作还需增加：安排运检单位专人在场全过程旁站。

【高处作业】有高处作业时，需填写：高处作业正确使用安全工器具。

【陪停设备】因安全距离不足，导致相邻带电设备需要陪停的设备，需在此栏填写（如根据工作情况需要对陪停设备范围内采取接地、设置围栏、标示牌等措施，应在安全措施栏内明确应拉开的

9. 现场交底，工作班成员确认工作负责人布置的工作任务、人员分工、安全措施和注意事项并签名

　　吴×锋、赵×、徐×为、尤×宝、周×中

10. 工作负责人变动情况

　　原工作负责人_____离去，变更_____为工作负责人。

　　工作票签发人：_____　　签发时间：____年__月__日__时__分

11. 工作人员变动情况（变动人员姓名，变动日期及时间）

　　2024 年 12 月 19 日 10 时 10 分尤×宝加入（工作负责人签名：朱×清）

　　2024 年 12 月 19 日 11 时 10 分赵×离去（工作负责人签名：朱×清）

12. 工作票延期

　　有效期延长到____年__月__日__时__分。

　　工作负责人签名：_____　　签名时间：____年__月__日__时__分

　　工作许可人签名：_____　　签名时间：____年__月__日__时__分

13. 每日开工和收工时间（使用一天的工作票不必填写）

收工时间				工作负责人	工作许可人	开工时间				工作许可人	工作负责人
月	日	时	分			月	日	时	分		
12	19	15	30	朱×清	李×松	12	20	09	10	王×	朱×清
12	20	12	30	朱×清	王×	12	23	09	10	吴×华	朱×清

14. 工作终结

　　全部工作于 2024 年 12 月 23 日 10 时 25 分结束，设备及安全措施已恢复至开工前状态，工作人员已全部撤离，材料工具已清理完毕，工作已终结。

　　工作负责人签名：朱×清　　工作许可人签名：吴×华　　**已执行**

15. 工作票终结

　　临时遮栏、标示牌已拆除，常用遮栏已恢复。

开关、闸刀以及接地、设置围栏、标示牌等安全措施。

【手车检修】开关柜手车拉至检修位置时，应当在带电触头隔离挡板前设置"止步，高压危险"标示牌。

【容性设备】检修人员在接触电缆、电容器及支架和外壳前应逐相、逐个进行充放电。

其余安全注意事项，各单位可依据工作内容予以补充完善。

【补充工作地点保留带电部分和安全措施（由工作许可人填写）】 根据现场的实际情况，工作许可人对工作地点保留的带电部分予以补充，不得照抄工作票签发人填写内容，应注明所采取的安全措施或提醒检修人员必须注意的事项。若没有则填"无"，不得空白。

7.【收到工作票时间】

第一种工作票签发和收到时间应为工作前一天（紧急抢修、消缺除外）。

运维人员收到工作票后，对工作票审核无误后，填写收票时间并签名。

8.【工作许可】

许可开始工作时间不得提前于计划工作开始时间。

9.【交底签名】

所有工作班成员在明确了工作负责人、专责监护人交代的工作任务、人员分工、安全措施和注意事项后，在工作负责人所持工作票上签名，不得代签。

10.【工作负责人变动情况】

经工作票签发人同意，在工作票上填写离去和变更的工作负责人姓名及变动时间，同时通知全体作业人员及工作许可人；如工作票签发人无法当面办理，应通过电话通知工作许可人，由工作许可人和原工作负责人在各自所持工作票上填写工作负责人变更情况，并代工作票签发人签名。

工作负责人的变动必须是在该工作许可之后，如在工作许可之前需变更工作负责人，则应由工作票签发人重新签发工作票。

11.【工作人员变动情况】

工作人员变动后，工作负责人应及时在所持工作票上写明变动人员姓名、变动日期、时间，并签名。人员变动情况填写格式为：××××年××月××日××时××分，××、××加入（离去）。班组人员每次发生变动，工作负责人要在工作票上即时注明变动情况并签名，不得最后一并签名。

12.【工作票延期】

工作需延期，应在工作计划结束时间前由工作负责人向工作许可人提出申请，办理延期手续。对于需经调度许可的工作，工作许可人还应得到调度许可后，方可与工作负责人办理工作票延期手续。工作票只能延期一次。

13.【每日开工和收工时间（使用一天的工作票不必填写）】

无人值班变电站，每日收工后，工作负责人应电话告知工作许可人，双方分别在各自所持工作票的相应栏内代为签署工作间断时间、姓名。次日复工前，工作负责人应检查安全措施是否完好，电话联系工作许可人申请开工，并做好录音，在得到许可后，双方分别在各自所持工作票相应栏内代为签署开工时间、姓名。工作负责人对安全措施有异议或重要的、危险性较大的工作，工作许可人应到现场办理复工、收工手续。

14.【工作终结】

工作终结时间不应超出计划工作时间或经批准的延期时间。

工作终结后，工作许可人应在工作负责人所持工作票的"工作终结"栏中工作许可人签名右侧空白处加盖红色"已执行"专用章。

15.【工作票终结】

待工作票上安全措施均已拆除，汇报调度后，工作许可人方可进行"工作票终结"手续，并在所持工作票"工作票终结"栏工作许可人签名时间的右侧空白处盖红色"已执行"专用章。

已拆除的接地线编号___共___组；

已拉开接地刀闸（小车）编号___共___组（台）。

未拆除的接地线编号___共___组；

未拉开接地刀闸（小车）编号___共___组（台）。

已汇报调度值班员。

工作许可人签名：_____　　签名时间：_____年___月___日___时___分

16. 备注

（1）指定专责监护人_____负责监护_____

_____（地点及具体工作。）

（2）其他事项：

工作班成员周×中作业开工时未到场参与工作。

2024 年 12 月 19 日 13 时 10 分周×中已接受安全交底并签字，可以参与现场工作。

合　格	
审核人	王二

16.【备注】
指定专责监护人
（1）指定专责监护人，应填写被监护人姓名、工作地点及工作内容。
（2）有大型车辆参与现场工作时，应指定专责监护人。
（3）一张工作票上的工作涉及两个及以上开关柜（含前后隔仓时），开关柜前、后隔仓均必须设一名专责监护人。
（4）每一个作业现场开工时均在监护人的监护下进行工作，若一张工作票上涉及两个及以上作业现场，工作负责人无法同时全过程监护检修工作，则需增设专责监护人，或者各作业现场轮流开展工作。
其他事项
（1）有吊车参与现场工作时，应明确指挥人员。
（2）未拉开地刀、接地线应当注明原因，可不写明具体拆除时间。
（3）对于工作开始前，票中预安排的工作班成员，如未能在开工时参与现场安全交底的，整体作业开工时，需在备注栏对相关情况说明，如"工作班成员×××作业开工时，未到场参与工作。"无需在工作票"工作人员变动情况"栏进行人员变动。相关预安排人员实际参与现场作业时，应在备注栏对相关情况说明，如"××××年××月××日××时××分，××、××已接受安全交底并签字，可参与现场工作"。

17.【检查与评价】
各班组每月应对已终结的工作票进行综合评议。经评议票面正确，评议人在工作票"16.备注（2）其他事项"横线右下方顶格加盖红色"合格"评议章并签名；评议为错票，在工作票"16.备注（2）其他事项"横线右下方顶格加盖红色"不合格"评议章并签名。

1.10　变电站内开关及线路（敞开式）检修

一、作业场景情况

（一）工作场景

变电站内开关及线路（敞开式）检修。

（二）工作任务

35kV 厚桥变电站：10kV Ⅱ段母线及电压互感器、避雷器小修预试；10kV 五七线 121、厚德 122、蔡家 123 开关、电流互感器及避雷器小修预试；2 号站用变压器小修预试；1025、1211、1213、1221、1223、1231、1233、1251 闸刀大修。

（三）停电范围

35kV 厚桥变电站：10kV Ⅱ段母线及电压互感器；10kV 五七线 121、厚德 122、蔡家 123 开关及线路；10kV 2 号站用变压器。

（四）票种选择建议

变电站第一种工作票。

（五）人员分工及安排

本次工作有 1 个作业地点：10kV 高压室。参与本次工作的共 7 人（含工作负责人），具体分工为：

张×（工作负责人）：负责工作的整体协调组织及在 10kV 高压室对李×军、王×、刘×新、万×枫、周×中、武×海进行监护。

李×军、王×、刘×新、万×枫、周×中、武×海（工作班成员）：在 10kV 高压室轮流开展 10kV Ⅱ段母线及电压互感器、避雷器小修预试；10kV 五七线 121、厚德 122、蔡家 123 开关、电流互感器及避雷器小修预试；2 号站用变压器小修预试；1025、1211、1213、1221、1223、1231、1233、1251 闸刀大修工作。

（六）场景接线图

35kV 厚桥变电站 10kV Ⅱ段母线相关间隔检修工作场景接线图见图 1-10。

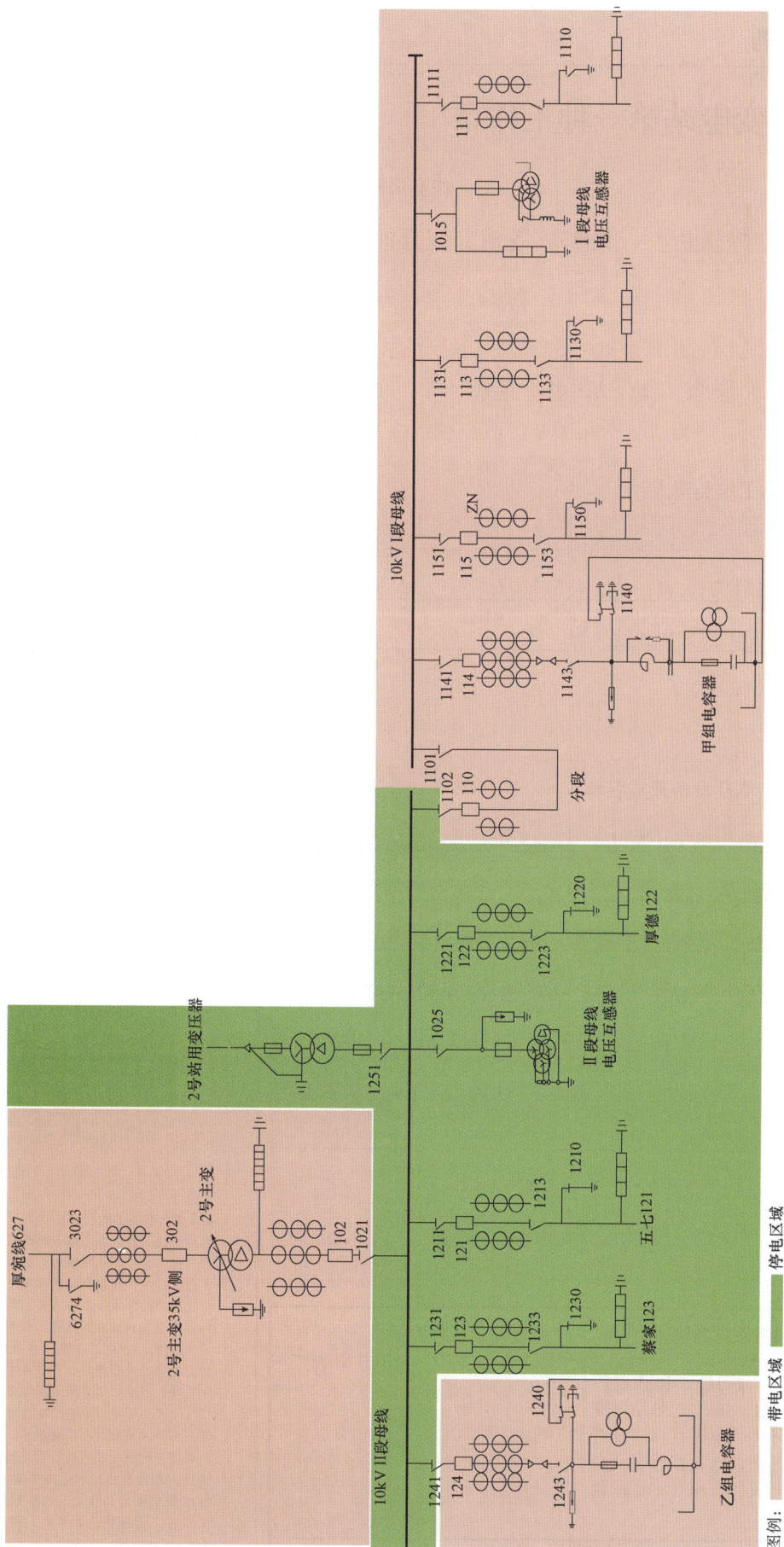

图1-10　35kV厚桥变电站10kV Ⅱ段母线相关间隔检修工作场景接线图

二、工作票样例

变电站第一种工作票

作业风险等级：Ⅳ

单　　位：设备管理部变电检修中心　　变电站：交流 35kV 厚桥变电站

编　　号：Ⅰ202404001

1. 工作负责人（监护人） 张×　　　**班　　组：** 综合班组

2. 工作班人员（不包括工作负责人）

变电修试一班：李×军、王×，共 2 人。

变电修试四班：刘×新、万×枫，共 2 人。

××电力建设有限公司：周×中、武×海，共 2 人。

共 __6__ 人

3. 工作的变、配电站名称及设备双重名称

交流 35kV 厚桥变电站：10kVⅡ段母线、10kVⅡ段母线电压互感器及避雷器、10kV 2 号站用变压器、10kV 五七 121 开关、电流互感器及避雷器、10kV 厚德 122 开关、电流互感器及避雷器、10kV 蔡家 123 开关、电流互感器及避雷器、10kVⅡ段母线电压互感器 1025 闸刀、10kV 2 号站用变压器 1251 闸刀、10kV 五七 1211 闸刀、10kV 五七 1213 闸刀、10kV 厚德 1221 闸刀、10kV 厚德 1223 闸刀、10kV 蔡家 1231 闸刀、10kV 蔡家 1233 闸刀。

4. 工作任务

工作地点及设备双重名称	工作内容
10kV 高压室：10kVⅡ段母线、10kVⅡ段母线电压互感器及避雷器、10kV 2 号站用变压器、10kV 五七 121 开关、电流互感器及避雷器、10kV 厚德 122 开关、电流互感器及避雷器、10kV 蔡家 123 开关、电流互感器及避雷器	小修预试

【票种选择】本次作业为变电站内停电工作，使用变电站第一种工作票。

1.【班组】对于包含工作负责人在内有两个及以上的班组人员共同进行的工作，应填写"综合班组"。

2.【工作班人员】人员应取得准入资质，安排的人员应进行承载力分析，确保人数适当、充足；如有特种作业应安排具备相应资质的特种作业人员；不同单位或班组需分行填写。
【共×人】不包括工作负责人。

3.【工作的变、配电站名称及设备双重名称】设备双重名称与第4项"工作任务"栏内一致。

4.【工作任务】在同一区域内不同设备但工作内容相同的工作任务可以合并填写。同一设备的不同工作内容也可合并填写；工作内容应与工作地点对应；按照调度批准的停电申请内容填写。在原工作票的停电及安全措施范围内增加工作任务时，应由工作负责人征得工作票签发人和工作许可人同意，并在工作票上备注栏内增填工作项目。陪停设备不需要在工作任务栏及安全措施栏中反映，可在"工作地点保留带电部分或注意事项"中予以明确。如根据工作情况需要对陪停设备范围内采取接地、设置围栏、标示牌等措施，应在安全措施栏内明确应拉开的开关、闸刀以及接地、设置围栏、标示牌等安全措施。保护校验过程中需传动开关，但不触及开关设备具体工作时，无需将开关作为工作地点列入工作任务栏内。

<table>
<tr><td colspan="2" align="right">续表</td></tr>
<tr><th>工作地点及设备双重名称</th><th>工作内容</th></tr>
<tr><td>10kV 高压室：10kVⅡ段母线电压互感器 1025 闸刀、10kV 2 号站用变压器 1251 闸刀、10kV 五七 1211 闸刀、10kV 五七 1213 闸刀、10kV 厚德 1221 闸刀、10kV 厚德 1223 闸刀、10kV 蔡家 1231 闸刀、10kV 蔡家 1233 闸刀</td><td>大修</td></tr>
</table>

5. 计划工作时间

自 <u>2024</u> 年 <u>04</u> 月 <u>06</u> 日 <u>08</u> 时 <u>00</u> 分至 <u>2024</u> 年 <u>04</u> 月 <u>06</u> 日 <u>18</u> 时 <u>00</u> 分。

6. 安全措施（必要时可附页绘图说明，红色表示有电）

应拉断路器（开关）、隔离开关（刀闸）	已执行*
应拉开 102、110、121、122、123、124 开关	√
应拉开 1021、1025、1251、1101、1102、1211、1213、1221、1223、1231、1233、1241 闸刀	√
应分开 102、110、121、122、123、124 开关操作电源、储能电源	√
应将 102、110、121、122、123、124 开关远方/就地切换开关由"远方"位置切至"就地"位置	√
应断开 10kVⅡ段母线电压互感器、10kV2 号站用变压器二次侧回路	√

应装接地线、应合接地刀闸（注明确实地点、名称及接地线编号*）	已执行*
应在 10kV 五七 121 开关与 10kV 五七 1211 闸刀间装设接地线一组（10kV-1）号	√
应在 10kV 五七 121 开关与 10kV 五七 1213 闸刀间装设接地线一组（10kV-2）号	√
应合上 10kV 五七 1210 线路接地闸刀	√
应在 10kV 厚德 122 开关与 10kV 厚德 1221 闸刀间装设接地线一组（10kV-3）号	√
应在 10kV 厚德 122 开关与 10kV 厚德 1223 闸刀间装设接地线一组（10kV-4）号	√
应合上 10kV 厚德 1220 线路接地闸刀	√
应在 10kV 蔡家 123 开关与 10kV 蔡家 1231 闸刀间装设接地线一组（10kV-5）号	√
应在 10kV 蔡家 123 开关与 10kV 蔡家 1233 闸刀间装设接地线一组（10kV-6）号	√

5.【计划工作时间】填写计划检修起始时间和结束时间，该时间应在调度批准的检修时间段内。

6.【安全措施】运维人员完成工作票所列的安全措施后，与工作负责人进行确认，并分别在各自的票面"已执行"栏内打"√"；其中，接地线编号由工作许可人统一填写。填写内容应按类别分行填写，若出现跨行填写的，仅在末行的"已执行"栏打"√"即可。

【应拉断路器（开关）、隔离开关（刀闸）】

（1）应拉开的开关。

（2）应拉开的闸刀。

（3）应拉至试验或检修位置的开关手车。涉及开关柜修试的工作，工作票中可填写为将手车拉至试验位置。如现场条件允许，也可拉至检修位置。如工作票中填写将手车拉至试验位置，现场手车如要拉至检修位置，由检修人员在实际工作中执行。

（4）应分开的开关操作电源、储能电源。所有拉开的开关对应的操作电源、储能电源均应分开。

（5）应分开的闸刀控制电源、电机电源。所有拉开的闸刀均有对应的控制电源、电机电源均应分开。已分开控制电源、电机电源的闸刀遥控回路已断开，不必再填写将闸刀远方/就地切换开关由"远方"位置切至"就地"位置。

（6）应将拉开的开关远方/就地切换开关由"远方"位置切至"就地"位置。

（7）应分开与停电设备有关的电压互感器、变压器各侧回路。

（8）针对退出保护联跳运行开关出口压板、保护失灵启动压板等措施，如在相应操作票或二次安措票中反映，可不在工作票安全措施栏填写。

【应装接地线、应合接地刀闸】

（1）接地闸刀应填写双重名称即名称、编号。

（2）带电刀的刀闸检修时，应当优先按照《江苏省电力公司关于印发规范带接地刀闸的隔离开关（刀闸）检修时安全措施补充规定的通知》苏电安安〔2013〕1713 号文执行，工作票中应当明确采用装设接地线的方式实现"接地"安全措施。如有地市存在相关补充规定，并制定完善的预控措施，确保检修作业安全的前提下，也可采用合接地刀闸的方式实现"接地"安全措施。

【应设遮栏、应挂标示牌及防止二次回路误碰等措施】

（1）已拉开的开关、闸刀、开关手车如无工作，应在对应位置悬挂"禁止合闸，有人工作"标示牌。涉及有具体工作内容的开关、刀闸，可不用悬挂"禁止合闸，有人工作"标示牌。除电压互感器、站用变压器等二次侧断开处需设置"禁止合闸，有人工作"标示牌外，已拉开的开关、刀闸对应的电源可不用悬挂"禁止合闸，有人工作"标示牌。如工作票不包含站内设备工作，可不设置"禁止合闸，线路有人工作"标示牌。

续表

应装接地线、应合接地刀闸（注明确实地点、名称及接地线编号*）	已执行*
应合上 10kV 蔡家 1230 线路接地闸刀	√
应在 10kVⅡ段母线专用接地点装设接地线一组（10kV-7）号	√
应在 10kVⅡ段母线电压互感器 1025 闸刀与 10kVⅡ段母线电压互感器间装设接地线一组（10kV-8）号	√
应在 10kV 2 号站用变压器 1251 闸刀与 10kV2 号站用变压器间装设接地线一组（10kV-9）号	√
应在 10kV 2 号站用变压器低压侧装设接地线一组（400V-1）号	√

应设遮栏、应挂标示牌及防止二次回路误碰等措施	已执行*
应在 102、110、124 开关操作把手处分别悬挂"禁止合闸，有人工作"标示牌	√
应在 1021、1102、1241 闸刀操作处悬挂"禁止合闸，有人工作"标示牌	√
应在 10kVⅡ段母线电压互感器、2 号站用变压器二次侧回路断开处悬挂"禁止合闸，有人工作"标示牌	√
应在 10kVⅡ段母线、Ⅱ段母线电压互感器及避雷器、2 号站用变压器、121、122、123 开关、电流互感器及避雷器、1025、1251、1211、1213、1221、1223、1231、1233 闸刀处悬挂"在此工作"标示牌	√
应在 10kVⅡ段母线电压互感器、2 号站用变压器间隔前、121、122、123 间隔前后与相邻运行设备间设置临时围栏，在围栏上悬挂适量"止步，高压危险"标示牌，字朝向围栏内，在围栏出入口处悬挂"在此工作""从此进出"标示牌	√
应在与 10kVⅡ段母线电压互感器、2 号站用变压器、121、122、123 间隔相邻运行间隔网门上挂"止步，高压危险"标示牌	√

工作地点保留带电部分或注意事项（由工作票签发人填写）	补充工作地点保留带电部分和安全措施（由工作许可人填写）
【相邻带电设备】相邻 2 号主变 10kV 侧 102 开关、10kV 乙组电容器 124 间隔、10kV 分段 110 间隔、10kVⅠ段母线均在运行中，严禁误碰	无
【安全距离】工作中与带电部位保持足够的安全距离：10kV 大于 0.7m	
【高处作业】高处作业正确使用安全工器具	

工作票签发人签名：<u>万×枫</u>　　签发时间：<u>2024</u>年<u>04</u>月<u>04</u>日<u>17</u>时<u>03</u>分

工作票会签人签名：<u>龚×林</u>　　会签时间：<u>2024</u>年<u>04</u>月<u>05</u>日<u>12</u>时<u>08</u>分

（2）所有开关柜检修工作均应在相邻运行开关柜、现场设置的围栏上设置"止步，高压危险"标示牌。

（3）在工作人员上下铁架或梯子上，应悬挂"从此上下"标示牌。

（4）应悬挂"在此工作"标示牌的位置为第 4 项"工作任务"栏内填写的设备处，停电作业针对挂牌困难的可将"在此工作"标示牌设置在对应设备支柱、柜外等位置，现场需向工作负责人交代清楚。

（5）应将工作屏柜上联跳运行开关出口压板用红布幔遮盖或者用红色绝缘胶带绑扎。（也可依据实际情况采取拆除垫片等其他安全措施。）

（6）相邻带电设备在安全措施栏中可不具体填写，以相邻带电设备代替即可，但需在"工作地点保留带电部分或注意事项"栏中予以明确。

【工作地点保留带电部分或注意事项（由工作票签发人填写）】

【相邻带电设备】填写与检修设备距离邻近的带电部位或相邻第一个带电设备情况，以及保护工作地点相邻的其他保护（装置）运行情况，相关设备要明确名称编号，位置要准确。

【安全距离】工作地点包含一次设备区域时，需填写：与带电部位保持足够的安全距离：××kV 大于×m。

【特种设备】有吊车、斗臂车等大型车辆参与现场工作时，需填写：工作中使用吊车、斗臂车等大型车辆时，应与带电部位保持足够的安全距离：××kV 大于×m。由外包单位负责的工作还需增加：安排运检单位专人在场全过程旁站。

【高处作业】有高处作业时，需填写：高处作业正确使用安全工器具。

【陪停设备】因安全距离不足，导致相邻带电设备需要陪停的设备，需在此栏填写（如根据工作情况需要对陪停设备范围内采取接地、设置围栏、标示牌等措施，应在安全措施栏内明确应拉开的开关、闸刀以及接地、设置围栏、标示牌等安全措施）。

【手车检修】开关柜手车拉至检修位置时，应当在带电触头隔离挡板前设置"止步，高压危险"标示牌。

【容性设备】检修人员在接触电缆、电容器及支架和外壳前应逐相、逐个进行充分放电。

其余安全注意事项，各单位可依据工作内容予以补充完善。

【补充工作地点保留带电部分和安全措施（由工作许可人填写）】根据现场的实际情况，工作许可人对工作地点保留的带电部分予以补充，不得照抄工作票签发人填写内容，应注明所采取的安全措施或提醒检修人员必须注意的事项。若没有则填"无"，不得空白。

7. 收到工作票时间： <u>2024</u> 年 <u>04</u> 月 <u>05</u> 日 <u>13</u> 时 <u>00</u> 分

运行值班人员签名：<u>谢×</u>　　工作负责人签名：<u>张×</u>

8. 确认本工作票 1～6 项

工作负责人签名：<u>张×</u>　　工作许可人签名：<u>朱×良</u>

许可开始工作时间：<u>2024</u> 年 <u>04</u> 月 <u>06</u> 日 <u>11</u> 时 <u>05</u> 分

9. 现场交底，工作班成员确认工作负责人布置的工作任务、人员分工、安全措施和注意事项并签名

　李×军、王×、刘×新、万×枫、尤×宝、武×海、周×中

10. 工作负责人变动情况

　原工作负责人_____离去，变更_____为工作负责人。

工作票签发人：_____　　签发时间：____年__月__日__时__分

11. 工作人员变动情况（变动人员姓名，变动日期及时间）

　<u>2024 年 04 月 06 日 11 时 05 分尤×宝加入（工作负责人签名：张×）</u>

　<u>2024 年 04 月 06 日 13 时 05 分刘×新离去（工作负责人签名：张×）</u>

12. 工作票延期

　有效期延长到____年__月__日__时__分。

工作负责人签名：_____　　签名时间：____年__月__日__时__分

工作许可人签名：_____　　签名时间：____年__月__日__时__分

13. 每日开工和收工时间（使用一天的工作票不必填写）

收工时间				工作负责人	工作许可人	开工时间				工作许可人	工作负责人
月	日	时	分			月	日	时	分		

14. 工作终结

全部工作于 <u>2024</u> 年 <u>04</u> 月 <u>06</u> 日 <u>15</u> 时 <u>35</u> 分结束，设备及安全措施已恢复至开工前状态，工作人员已全部撤离，材料工具已清理完毕，工作已终结。

工作负责人签名：<u>张×</u>　　　工作许可人签名：<u>朱×良</u>

<u>已执行</u>

15. 工作票终结

临时遮栏、标示牌已拆除，常用遮栏已恢复。

已拆除的接地线编号___共___组；

已拉开接地刀闸（小车）编号___共___组（台）。

未拆除的接地线编号___共___组；

未拉开接地刀闸（小车）编号___共___组（台）。

已汇报调度值班员。

工作许可人签名：_____　　签名时间：_____年___月___日___时___分

16. 备注

（1）指定专责监护人_____负责监护_____

_____（地点及具体工作。）

（2）其他事项：

<u>工作班成员周×中作业开工时未到场参与工作。</u>

<u>2024 年 04 月 06 日 13 时 05 分周×中已接受安全交底并签字，可以参与现场工作。</u>

<u>合　格</u>

<u>审核人</u>　　<u>王二</u>

1.11　变电站内开关及线路（开关柜）检修

一、作业场景情况

（一）工作场景

变电站内开关及线路（开关柜）检修。

（二）工作任务

110kV 尤岸变电站：10kV Ⅰ、Ⅱ 段分段 110、观庭 111、易初 112、范古 113、月星 114、珊瑚 115、安居 116、青峰 117、西前 118、靖海 119、周山浜 151、1 号接地变压器 155、甲组电容器 150、乙组电容器 160 开关、电流互感器小修预试；10kV Ⅰ 段母线及电压互感器、避雷器小修预试；10kV Ⅰ 段母线电压互感器 1015、避雷器 1014 闸刀手车大修。

（三）停电范围

10kV Ⅰ 段母线及电压互感器；10kV Ⅰ、Ⅱ 段分段 110 开关；10kV 观庭 111、易初 112、范古 113、月星 114、珊瑚 115、安居 116、青峰 117、西前 118、靖海 119、周山浜 151 开关及线路；10kV 1 号接地变压器及 155 开关、10kV 1 号消弧线圈；10kV 甲组电容器及 150、乙组电容器及 160 开关。

（四）票种选择建议

变电站第一种工作票。

（五）人员分工及安排

本次工作有 1 个作业地点：10kV 高压室。参与本次工作的共 5 人（含工作负责人），具体分工为：

张×（工作负责人）：负责工作的整体协调组织及在 10kV 高压室对李×军、王×、刘×新、周×中进行监护。

李×军、王×、刘×新、周×中（工作班成员）：在 10kV 高压室轮流开展 10kV Ⅰ、Ⅱ 段分段 110、观庭 111、易初 112、范古 113、月星 114、珊瑚 115、安居 116、青峰 117、西前 118、靖海 119、周山浜 151、1 号接地变压器 155、甲组电容器 150、乙组电容器 160 开关、电流互感器小修预试；10kV Ⅰ 段母线及电压互感器、避雷器小修预试；10kV Ⅰ 段母线电压互感器 1015、避雷器 1014 闸刀手车大修工作。

（六）场景接线图

110kV 尤岸变电站 10kV Ⅰ 段母线设备回路修试工作场景接线图见图 1-11。

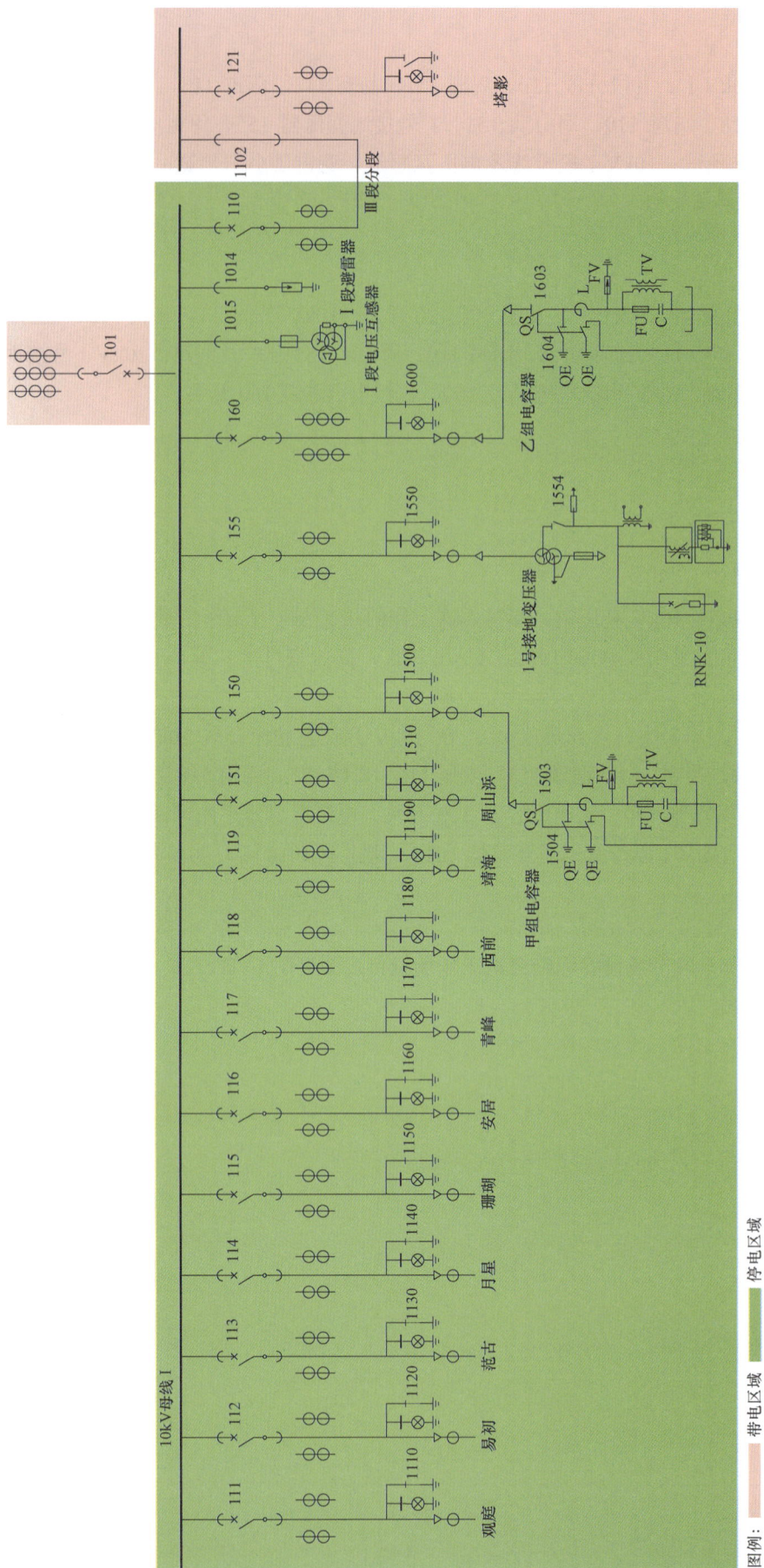

图1—11　110kV尤岸变电站10kV I 段母线设备回路修试工作场景接线图

二、工作票样例

变电站第一种工作票

作业风险等级：Ⅳ

单　位：设备管理部变电检修中心　　变电站：交流 110kV 尤岸变电站

编　号：Ⅰ202401009

【票种选择】本次作业为变电站内停电工作，使用变电站第一种工作票。

1. 工作负责人（监护人）张×　　**班　组：**综合班组

1.【班组】对于包含工作负责人在内有两个及以上的班组人员共同进行的工作，应填写"综合班组"。

2. 工作班人员（不包括工作负责人）

变电修试一班：李×军、王×，共 2 人。

变电修试四班：刘×新，共 1 人。

××电力建设有限公司：周×中，共 1 人。

共 4 人

2.【工作班人员】人员应取得准入资质，安排的人员应进行承载力分析，确保人数适当、充足；如有特种作业应安排具备相应资质的特种作业人员；不同单位或班组需分行填写。
【共×人】不包括工作负责人。

3. 工作的变、配电站名称及设备双重名称

交流 110kV 尤岸变电站：10kVⅠ、Ⅱ段分段 110 开关及电流互感器、10kV 观庭 111 开关及电流互感器、10kV 易初 112 开关及电流互感器、10kV 范古 113 开关及电流互感器、10kV 月星 114 开关及电流互感器、10kV 珊瑚 115 开关及电流互感器、10kV 安居 116 开关及电流互感器、10kV 青峰 117 开关及电流互感器、10kV 西前 118 开关及电流互感器、10kV 靖海 119 开关及电流互感器、10kV 周山浜 151 开关及电流互感器、10kV 1 号接地变 155 开关及电流互感器、10kV 甲组电容器 150 开关及电流互感器、10kV 乙组电容器 160 开关及电流互感器；10kVⅠ段母线及电压互感器、避雷器；10kVⅠ段母线电压互感器 1015 闸刀手车、10kVⅠ段母线避雷器 1014 闸刀手车。

3.【工作的变、配电站名称及设备双重名称】设备双重名称与第 4 项"工作任务"栏内一致。

4. 工作任务

工作地点及设备双重名称	工作内容
10kV 高压室：10kVⅠ、Ⅱ段分段 110 开关及电流互感器、10kV 观庭 111 开关及电	小修预试

4.【工作任务】在同一区域内不同设备但工作内容相同的工作任务可以合并填写。同一设备的不同工作内容也可合并填写；工作内容应与工作地点对应；按照调度批准的停电申请内容填写。在原工作票的停电及安全措施范围内增加工作任务时，应由工作负责人征得工作票签发人和工作许可人同意，并在工作票上备注栏内增填工作项目。陪停设备不需要在工作任务栏及安全措施栏中反映，可在"工作地点保留带电部分或注意事项"中予以明确。如根据工作情况需要对陪停设备范围内采取接地、设置围栏、标示牌等措施，

续表

工作地点及设备双重名称	工作内容
互感器、10kV 易初 112 开关及电流互感器、10kV 范古 113 开关及电流互感器、10kV 月星 114 开关及电流互感器、10kV 珊瑚 115 开关及电流互感器、10kV 安居 116 开关及电流互感器、10kV 青峰 117 开关及电流互感器、10kV 西前 118 开关及电流互感器、10kV 靖海 119 开关及电流互感器、10kV 周山浜 151 开关及电流互感器、10kV 1 号接地变压器 155 开关及电流互感器、10kV 甲组电容器 150 开关及电流互感器、10kV 乙组电容器 160 开关及电流互感器	
10kV 高压室：10kV Ⅰ 段母线及电压互感器、避雷器	小修预试
10kV 高压室：10kV Ⅰ 段母线电压互感器 1015 闸刀手车、10kV Ⅰ 段母线避雷器 1014 闸刀手车	大修

5. 计划工作时间

自 <u>2024</u> 年 <u>01</u> 月 <u>10</u> 日 <u>08</u> 时 <u>00</u> 分至 <u>2024</u> 年 <u>01</u> 月 <u>10</u> 日 <u>18</u> 时 <u>00</u> 分。

6. 安全措施（必要时可附页绘图说明，红色表示有电）

应拉断路器（开关）、隔离开关（刀闸）	已执行*
应拉开 101、110、111、112、113、114、115、116、117、118、119、151、155、150、160 开关	√
应拉开 1503、1603、1554 闸刀	√
应将 101、110、111、112、113、114、115、116、117、118、119、151、155、150、160 开关手车拉至试验位置	√
应将 1102、1014、1015 闸刀手车拉至试验位置	√
应分开 101、110、111、112、113、114、115、116、117、118、119、151、155、150、160 开关操作电源、储能电源	√
应将 101、110、111、112、113、114、115、116、117、118、119、151、155、150、160 开关远方/就地切换开关由"远方"位置切至"就地"位置	√
应断开 10kV Ⅰ 段母线电压互感器、1 号接地变压器二级侧回路	√
应装接地线、应合接地刀闸（注明确实地点、名称及接地线编号*）	已执行*
应合上 10kV 观庭 1110 线路接地闸刀	√
应合上 10kV 易初 1120 线路接地闸刀	√
应合上 10kV 范古 1130 线路接地闸刀	√

右栏（批注）：

应在安全措施栏内明确应拉开的开关、闸刀以及接地、设置围栏、标示牌等安全措施。保护校验过程中需传动开关，但不触及开关设备具体工作时，无需将开关作为工作地点列入工作任务栏内。

5.【计划工作时间】填写计划检修起始时间和结束时间，该时间应在调度批准的检修时间段内。

6.【安全措施】运维人员完成工作票所列的安全措施后，与工作负责人进行确认，并分别在各自的票面"已执行"栏内打"√"；其中，接地线编号由工作许可人统一填写。填写内容应按类别分行填写，若出现跨行填写的，仅在末行的"已执行"栏打"√"即可。
【应拉断路器（开关）、隔离开关（刀闸）】
（1）应拉开的开关。
（2）应拉开的闸刀。
（3）应拉至试验或检修位置的开关手车。涉及开关柜检修的工作，工作票中可填写为将手车拉至试验位置。如现场条件允许，也可拉至检修位置。如工作票中填写将手车拉至试验位置，现场手车如要拉至检修位置，由检修人员在实际工作中执行。
（4）应分开的开关操作电源、储能电源。所有拉开的开关对应的操作电源、储能电源均应分开。
（5）应分开的闸刀控制电源、电机电源。所有拉开的闸刀如有对应的控制电源、电机电源均应分开。已分开控制电源、电机电源的闸刀遥控回路已断开，不必再填写将闸刀远方/就地切换开关由"远方"位置切至"就地"位置。
（6）应将拉开的开关远方/就地切换开关由"远方"位置切至"就地"位置。
（7）应分开与停电设备有关的电压互感器、变压器各侧回路。
（8）针对退出保护联跳运行开关出口压板、保护失灵启动压板等安措，如在相应操作票或二次安措票中反应，可不在工作票安全措施栏填写。
【应装接地线、应合接地刀闸】
（1）接地闸刀应填写双重名称即名称、编号。
（2）带地刀的刀闸检修时，应当优先按照《江苏省电力公司关于印发规范带接地刀闸的隔离开关（刀闸）检修时安全措施补充规定的通知》苏电安〔2013〕1713 号文执行。工作票中应当明确采用装设接地线的方式实现"接地"安全措施。如有地市存在相关补充规定，并制定完善的预控措施，

应装接地线、应合接地刀闸（注明确实地点、名称及接地线编号*）	已执行*
应合上 10kV 月星 1140 线路接地闸刀	√
应合上 10kV 珊瑚 1150 线路接地闸刀	√
应合上 10kV 安居 1160 线路接地闸刀	√
应合上 10kV 青峰 1170 线路接地闸刀	√
应合上 10kV 西前 1180 线路接地闸刀	√
应合上 10kV 靖海 1190 线路接地闸刀	√
应合上 10kV 周山浜 1510 线路接地闸刀	√
应合上 10kV 甲组电容器 1500 接地闸刀	√
应合上 10kV 乙组电容器 1600 接地闸刀	√
应合上 10kV1 号接地变压器 1550 接地闸刀	√
应在 10kV1 号接地变压器低压侧装设接地线一组（400V-1）号	√
应在 10kV Ⅰ 段母线专用接地点装设接地线一组（10kV-1）号	√
应在 10kV Ⅰ、Ⅱ 段分段 110 电流互感器与 10kV Ⅰ、Ⅱ 段分段 1102 闸刀手车间装设接地线一组（10kV-2）号	√
应设遮栏、应挂标示牌及防止二次回路误碰等措施	**已执行***
应在 101 开关操作把手处悬挂"禁止合闸，有人工作"标示牌	√
应在 101、110、111、112、113、114、115、116、117、118、119、151、155、150、160 开关手车操作处悬挂"禁止合闸，有人工作"标示牌	√
应在 1503、1603、1554 闸刀操作处悬挂"禁止合闸，有人工作"标示牌	√
应在 1102 闸刀手车操作处悬挂"禁止合闸，有人工作"标示牌	√
应在 10kV Ⅰ 段母线电压互感器、1 号接地变压器二级侧回路断开处悬挂"禁止合闸，有人工作"标示牌	√
应在 110、111、112、113、114、115、116、117、118、119、151、155、150、160 开关柜、10kV Ⅰ 段母线电压互感器柜、10kV Ⅰ 段母线避雷器柜前后及 10kV Ⅰ 段母线上悬挂"在此工作"标示牌	√
应在 110、111、112、113、114、115、116、117、118、119、151、155、150、160 开关柜、10kV Ⅰ 段母线、10kV Ⅰ 段母线电压互感器柜与相邻运行设备间设置临时围栏，在围栏上悬挂适量"止步，高压危险"标示牌，字朝向围栏内，在围栏出入口处悬挂"在此工作""从此进出"标示牌	√
应在与 110、111、112、113、114、115、116、117、118、119、151、155、150、160 开关柜、10kV Ⅰ 段母线、10kV Ⅰ 段母线电压互感器柜相邻运行开关柜前后柜门上挂"止步，高压危险"标示牌	√

续表

确保检修作业安全的前提下，也可采用合接地刀闸的方式实现"接地"安全措施。

【应设遮栏、应挂标示牌及防止二次回路误碰等措施】

（1）已拉开的开关、闸刀、开关手车如无工作，应在对应位置悬挂"禁止合闸，有人工作"标示牌。涉及有具体工作内容的开关、刀闸，可不用悬挂"禁止合闸，有人工作"标示牌。除电压互感器、站用变压器等二次侧回路断开处需设置"禁止合闸，有人工作"标示牌外，已拉开的开关、刀闸对应的电源可不用悬挂"禁止合闸，有人工作"标示牌。如工作票只包含站内设备工作，可不设置"禁止合闸，线路有人工作"标示牌。

（2）所有开关柜检修工作均应在相邻运行开关柜、现场设置的围栏上设置"止步，高压危险"标示牌。

（3）在工作人员上下铁架或梯子上，应悬挂"从此上下"标示牌。

（4）应悬挂"在此工作"标示牌的位置为第 4 项"工作任务"栏内填写的设备处，停电作业针对挂牌困难的可将"在此工作"标示牌设置在对应设备支柱、柜外等位置，现场需向工作负责人交代清楚。

（5）应将工作屏柜上联跳运行开关出口压板用红布幔遮盖或者用红色绝缘胶带绑扎。（也可依据实际情况采取拆除垫片等其他安全措施。）

（6）相邻带电设备在安全措施栏中可不具体填写，以相邻带电设备代替即可，但需在"工作地点保留带电部分或注意事项"栏中予以明确。

【工作地点保留带电部分或注意事项（由工作票签发人填写）】

【相邻带电设备】 填写与检修设备距离邻近的带电部位或其他第一个带电设备名称，以及保护工作地点相邻的其他保护（装置）运行情况，相关设备要明确名称编号，位置要准确。

【安全距离】 工作地点包含一次设备区域时，需填写：与带电部位保持足够的安全距离：××kV 大于×m。

【特种设备】 有吊车、斗臂车等大型车辆参与现场工作时，需填写：工作中使用吊车、斗臂车等大型车辆时，应与带电部位保持足够的安全距离：××kV 大于×m。由外包单位负责的工作还需增加：安排运检单位专人在场全过程旁站。

【高处作业】 有高处作业时，需填写：高处作业正确使用安全工器具。

【陪停设备】 因安全距离不足，导致相邻带电设备需要陪停的设备，需在此栏填写（如根据工作情况需要对陪停设备范围内采取接地、设置围栏、标示牌等措施，应在安全措施栏内明确应拉开的开关、闸刀以及接地、设置围栏、标示牌等安全措施）。

【手车检修】 开关柜手车拉至检修位置时，应当在带电触头隔离挡板前设置"止步，高压危险"标示牌。

【容性设备】 检修人员在接触电缆、电容器及支架和外壳前应逐相、逐个进行充分放电。

其余安全注意事项，各单位可依据工作内容予以补充完善。

【补充工作地点保留带电部分和安全措施（由工作许可人填写）】 根据现场的实际情况，工作许可人对工作地点保留的带电部分予以补充，不得照抄工作票签发人填写内容，应注明所采取的安全措施或提醒检修人员必须注意的事项。若没有则填"无"，不得空白。

工作地点保留带电部分或注意事项 （由工作票签发人填写）	补充工作地点保留带电部分和 安全措施（由工作许可人填写）
【相邻带电设备】相邻 10kV Ⅰ、Ⅱ 段分段 1102 闸刀及 1 号主变压器 10kV 侧 101 开关、10kV 万庆 181 开关间隔、10kV Ⅱ 段母线均在运行中，严禁误碰	无
【安全距离】工作中与带电部位保持足够的安全距离：10kV 大于 0.7m	
【手车检修】开关柜手车拉至检修位置时，应当在带电触头隔离挡板前设置"止步，高压危险"标示牌	

工作票签发人签名：<u>顾×科</u>　　签发时间：<u>2024</u> 年 <u>01</u> 月 <u>09</u> 日 <u>15</u> 时 <u>30</u> 分

工作票会签人签名：<u>吴×华</u>　　会签时间：<u>2024</u> 年 <u>01</u> 月 <u>09</u> 日 <u>15</u> 时 <u>34</u> 分

7. 收到工作票时间：<u>2024</u> 年 <u>01</u> 月 <u>09</u> 日 <u>15</u> 时 <u>45</u> 分

运行值班人员签名：<u>吴×华</u>　　工作负责人签名：<u>张×</u>

8. 确认本工作票 1～6 项

工作负责人签名：<u>张×</u>　　工作许可人签名：<u>金×</u>

许可开始工作时间：<u>2024</u> 年 <u>01</u> 月 <u>10</u> 日 <u>10</u> 时 <u>10</u> 分

9. 现场交底，工作班成员确认工作负责人布置的工作任务、人员分工、安全措施和注意事项并签名

<u>李×军、王×、刘×新、尤×宝、周×中</u>

10. 工作负责人变动情况

原工作负责人_____离去，变更_____为工作负责人。

工作票签发人：_____　　签发时间：_____年___月___日___时___分

11. 工作人员变动情况（变动人员姓名，变动日期及时间）

<u>2024 年 01 月 10 日 10 时 10 分尤×宝加入（工作负责人签名：张×）</u>

<u>2024 年 01 月 10 日 11 时 10 分刘×新离去（工作负责人签名：张×）</u>

7.【收到工作票时间】
第一种工作票签发和收到时间应为工作前一天（紧急抢修、消缺除外）。
运维人员收到工作票后，对工作票审核无误后，填写收票时间并签名。

8.【工作许可】
许可开始工作时间不得提前于计划工作开始时间。

9.【交底签名】
所有工作班成员在明确了工作负责人、专责监护人交代的工作任务、人员分工、安全措施和注意事项后，在工作负责人所持工作票上签名，不得代签。

10.【工作负责人变动情况】
经工作票签发人同意，在工作票上填写离去和变更的工作负责人姓名及变动时间，同时通知全体作业人员及工作许可人；如工作票签发人无法当面办理，应通过电话通知工作许可人，由工作许可人和原工作负责人在各自所持工作票上填写工作负责人变更情况，并代工作票签发人签名。
工作负责人的变动必须是在该工作票许可之后，如在工作票许可之前需变更工作负责人，则应由工作票签发人重新签发工作票。

11.【工作人员变动情况】
工作人员变动后，工作负责人应及时在所持工作票上写明变动人员姓名、变动日期、时间，并签名。人员变动情况填写格式：××××年××月××日××时××分，××、××加入（离去）。
班组人员每次发生变动，工作负责人要在工作票上即时注明变动情况并签名，不得最后一并签名。

12. 工作票延期

有效期延长到＿＿＿年＿＿月＿＿日＿＿时＿＿分。

工作负责人签名：＿＿＿＿　签名时间：＿＿＿年＿＿月＿＿日＿＿时＿＿分

工作许可人签名：＿＿＿＿　签名时间：＿＿＿年＿＿月＿＿日＿＿时＿＿分

12.【工作票延期】
工作需延期，应在工作计划结束时间前由工作负责人向工作许可人提出申请，办理延期手续。对于需经调度许可的工作，工作许可人还应得到调度许可后，方可与工作负责人办理工作票延期手续。工作票只能延期一次。

13. 每日开工和收工时间（使用一天的工作票不必填写）

收工时间				工作负责人	工作许可人	开工时间				工作许可人	工作负责人
月	日	时	分			月	日	时	分		

13.【每日开工和收工时间（使用一天的工作票不必填写）】
无人值班变电站，每日收工后，工作负责人应电话告知工作许可人，双方分别在各自所持工作票的相应栏内代为签署工作间断时间、姓名。次日复工前，工作负责人应检查安全措施是否完好，电话联系工作许可人申请开工，并做好录音，在得到许可后，双方分别在各自所持工作票相应栏内代为签署开工时间、姓名。工作负责人对安全措施有异议的或重要的、危险性较大的工作，工作许可人应到现场办理复工、收工手续。

14. 工作终结

全部工作于 <u>2024</u> 年 <u>01</u> 月 <u>10</u> 日 <u>16</u> 时 <u>25</u> 分结束，设备及安全措施已恢复至开工前状态，工作人员已全部撤离，材料工具已清理完毕，工作已终结。

工作负责人签名：<u>张×</u>　工作许可人签名：<u>金×</u>　已执行

14.【工作终结】
工作终结时间不应超出计划工作时间或经批准的延期时间。
工作终结后，工作许可人应在工作负责人所持工作票的"工作终结"栏中工作许可人签名右侧空白处加盖红色"已执行"专用章。

15. 工作票终结

临时遮栏、标示牌已拆除，常用遮栏已恢复。

已拆除的接地线编号＿＿＿共＿＿组；

已拉开接地刀闸（小车）编号＿＿＿共＿＿组（台）。

未拆除的接地线编号＿＿＿共＿＿组；

未拉开接地刀闸（小车）编号＿＿＿共＿＿组（台）。

已汇报调度值班员。

工作许可人签名：＿＿＿＿　签名时间：＿＿＿年＿＿月＿＿日＿＿时＿＿分

15.【工作票终结】
待工作票上安全措施均已拆除，汇报调度后，工作许可人方可进行"工作票终结"手续，并在所持工作票"工作票终结"栏工作许可人签名时间的右侧空白处盖红色"已执行"专用章。
16.【备注】
指定专责监护人
（1）指定专责监护人，应填写被监护人姓名、工作地点及工作内容。
（2）有大型车辆参与现场工作时，应指定专责监护人。
（3）一张工作票上的工作涉及两个及以上开关柜（含前后隔仓）时，开关柜前、后隔仓均必须设一名专责监护人。
（4）每一个作业现场开工均在监护人的监护下进行工作，若一张工作票涉及两个及以上作业现场，工作负责人无法同时全过程监护检修工作，则需增设专责监护人，或者各作业现场轮流开展工作。
其他事项
（1）有吊车参与现场工作时，应明确指挥人员。
（2）未拉开地刀、接地线应当注明原因，可不写明具体拆除时间。
（3）于工作开始前，票中预安排的工作班成员，如未能在开工时参与现场安全交底的，整体作业开工时，需在备注栏对相关情况说明，如"工作班成员×××作业开工时，未到现场参与工作。"无需在工作票"工作人员变动情况"栏进行人员变动。相关预安排人员实际参与现场作业时，应在备注栏对相关情况说明，如"×××年××月××日××时××分，××、××已接受安全交底并签字，可参与现场工作"。

16. 备注

（1）指定专责监护人<u>李×军</u>负责监护<u>王×、刘×新、尤×宝</u>在 10kV 高压室 110、111、112、113、114、115、116、117、118、119、151、155、150、160 开关柜、10kV Ⅰ 段母线、10kV Ⅰ 段母线电压互感器柜处轮流开展 110、111、112、113、114、115、116、117、118、119、151、155、

150、160 开关及电流互感器、10kV Ⅰ 段母线及电压互感器、避雷器、1015 闸刀、1014 闸刀手车修试工作。（地点及具体工作）

（2）其他事项：

工作班成员周×中作业开工时未到场参与工作。

2024 年 01 月 10 日 13 时 25 分周×中已接受安全交底并签字，可以参与现场工作。

合　　格	
审核人	王二

17.【检查与评价】

各班组每月应对已终结的工作票进行综合评议。经评议票面正确，评议人在工作票"16.备注（2）其他事项"横线右下方顶格加盖红色"合格"评议章并签名；评议为错票，在工作票"16.备注（2）其他事项"横线右下方顶格加盖红色"不合格"评议章并签名。

1.12　变电站内电容器检修

一、作业场景情况

（一）工作场景

变电站内电容器检修。

（二）工作任务

10kV3 号电容器不平衡电流保护动作缺陷处理。

（三）停电范围

110kV 张泾变电站：10kV 3 号电容器；10kV 4 号电容器（同室陪停）。

（四）票种选择建议

变电站第一种工作票。

（五）人员分工及安排

本次工作有 1 个作业地点：10kV 3、4 号电容器室。参与本次工作的共 4 人（含工作负责人），具体分工为：

胡×重（工作负责人）：负责工作的整体协调组织及在 10kV 3、4 号电容器室对何×、孙×、周×中进行监护。

何×、孙×、周×中（工作班成员）：在 10kV 3、4 号电容器室开展 10kV3 号电容器不平衡电流保护动作缺陷处理工作。

（六）场景接线图

110kV 张泾变电站 10kV 3 号电容器不平衡电流保护动作缺陷处理工作场景接线图见图 1-12。

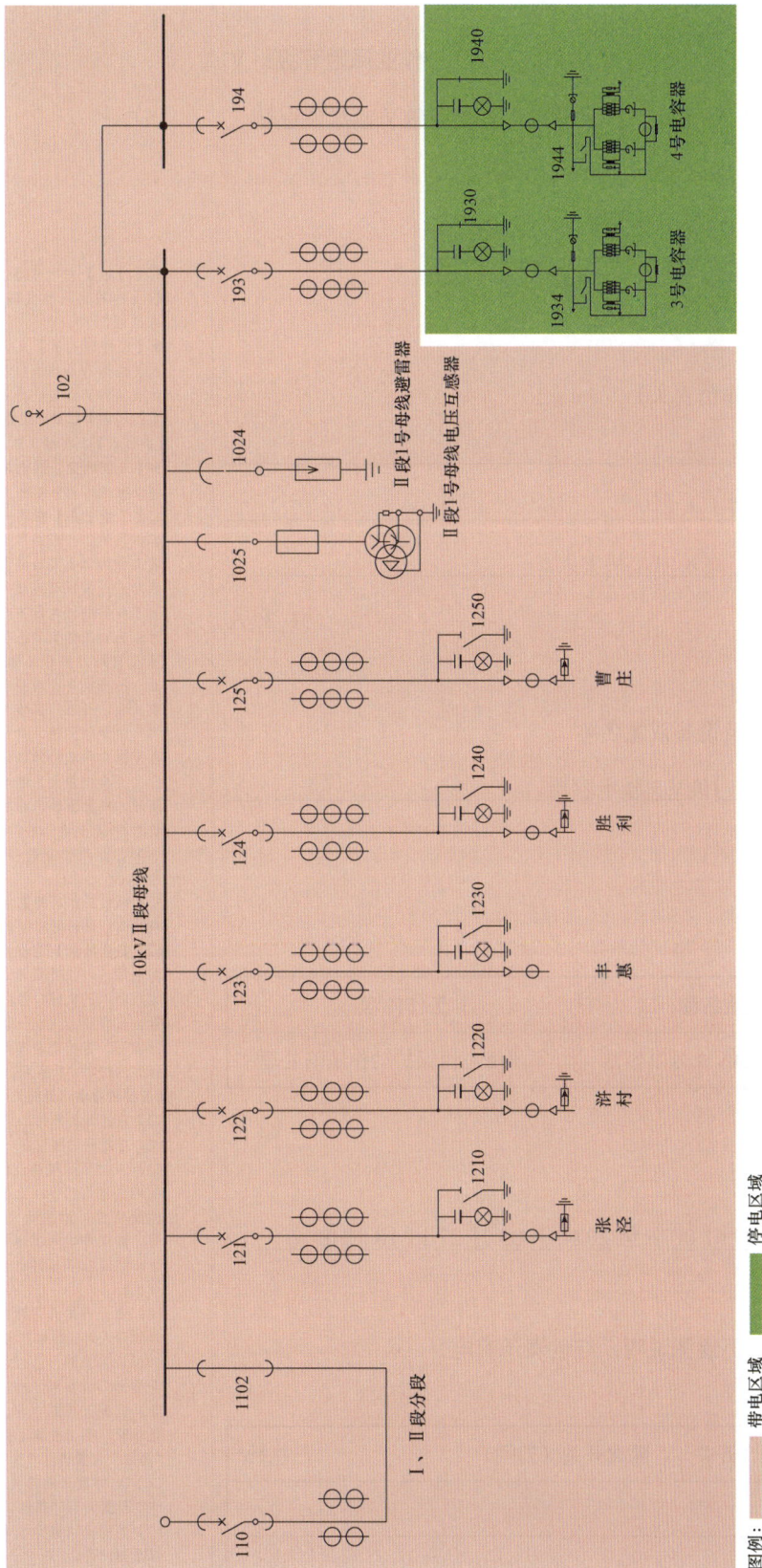

图1-12　110kV张泾变电站10kV 3号电容器不平衡电流保护动作缺陷处理工作场景接线图

二、工作票样例

变电站第一种工作票

作业风险等级：Ⅴ

单　　位：<u>设备管理部变电检修中心</u>　　变电站：<u>交流 110kV 张泾变电站</u>

编　　号：<u>Ⅰ 202405001</u>

1. 工作负责人（监护人）<u>胡×重</u>　　班　　组：<u>综合班组</u>

2. 工作班人员（不包括工作负责人）

<u>变电修试一班：何×，共 1 人。</u>

<u>变电修试四班：孙×，共 1 人。</u>

<u>××电力建设有限公司：周×中，共 1 人。</u>

共 <u>3</u> 人

3. 工作的变、配电站名称及设备双重名称

<u>交流 110kV 张泾变电站：10kV 3 号电容器。</u>

4. 工作任务

工作地点及设备双重名称	工作内容
10kV 3、4 号电容器室：10kV 3 号电容器	不平衡电流保护动作缺陷处理

5. 计划工作时间

自 <u>2024</u> 年 <u>05</u> 月 <u>22</u> 日 <u>09</u> 时 <u>00</u> 分至 <u>2024</u> 年 <u>05</u> 月 <u>22</u> 日 <u>18</u> 时 <u>00</u> 分。

6. 安全措施（必要时可附页绘图说明，红色表示有电）

应拉断路器（开关）、隔离开关（刀闸）	已执行*
应拉开 193 开关	√
应拉开 1934 闸刀	√
应将 193 开关手车拉至试验位置	√

应拉断路器（开关）、隔离开关（刀闸）	已执行*
应分开 193 开关操作电源、储能电源	√
应将 193 开关远方/就地切换开关由"远方"位置切至"就地"位置	√
应断开 3 号电容器放电电压互感器二次侧回路。（依据现场实际情况填写）	√

应装接地线、应合接地刀闸（注明确实地点、名称及接地线编号*）	已执行*
应合上 10kV 3 号电容器 1930 接地闸刀	√

应设遮栏、应挂标示牌及防止二次回路误碰等措施	已执行*
应在 193 开关操作把手处悬挂"禁止合闸，有人工作"标示牌	√
应在 193 开关手车操作处悬挂"禁止合闸，有人工作"标示牌	√
应在 1934 闸刀操作处悬挂"禁止合闸，有人工作"标示牌	√
应在 3 号电容器放电电压互感器二次侧回路断开处悬挂"禁止合闸，有人工作"标示牌	√
应在 3 号电容器处悬挂"在此工作"标示牌	√
应在 3 号电容器与相邻运行设备间设置临时围栏，在围栏上悬挂适量"止步，高压危险"标示牌，字朝向围栏内，在围栏出入口处悬挂"在此工作""从此进出"标示牌	√

工作地点保留带电部分或注意事项（由工作票签发人填写）	补充工作地点保留带电部分和安全措施（由工作许可人填写）
【安全距离】工作中与带电部位保持足够的安全距离：10kV 大于 0.7m	无
【陪停设备】相邻 10kV 4 号电容器同室陪停，严禁误碰	
【容性设备】检修人员在接触电缆、电容器及支架和外壳前应逐相、逐个进行充分放电	

工作票签发人签名：万×枫　　　签发时间：2024 年 05 月 22 日 08 时 06 分

工作票会签人签名：王×　　　会签时间：2024 年 05 月 22 日 08 时 31 分

【应装接地线、应合接地刀闸】

（1）接地闸刀应填写双重名称即名称、编号。

（2）带地刀的刀闸检修时，应当优先按照《江苏省电力公司关于印发规范带接地刀闸的隔离开关（刀闸）检修时安全措施补充规定的通知》苏电安〔2013〕1713 号文执行，工作票中应当明确采用装设接地线的方式实现"接地"安全措施。如有地市存在相关补充规定，并制定完善的预控措施，确保检修作业安全的前提下，也可采用合接地刀闸的方式实现"接地"安全措施。

【应设遮栏、应挂标示牌及防止二次回路误碰等措施】

（1）已拉开的开关、闸刀、开关手车如无工作，应在对应位置悬挂"禁止合闸，有人工作"标示牌。涉及有具体工作内容的开关、刀闸，可不用悬挂"禁止合闸，有人工作"标示牌。除电压互感器、站用变压器等二次侧回路断开处需设置"禁止合闸，有人工作"标示牌外，已拉开的开关、刀闸对应的电源可不用悬挂"禁止合闸，有人工作"标示牌。如工作票只包含站内设备工作，可不设置"禁止合闸，线路有人工作"标示牌。

（2）所有开关柜检修工作均应在相邻运行开关柜、现场设置的围栏上设置"止步，高压危险"标示牌。

（3）在工作人员上下铁架或梯子上，应悬挂"从此上下"标示牌。

（4）应悬挂"在此工作"标示牌的位置为第 4 项"工作任务"栏中填写的设备处，停电作业针对挂牌困难的可将"在此工作"标示牌设置在对应设备支柱、柜外等位置，现场需向工作负责人交代清楚。

（5）应将工作屏柜上联跳运行开关出口压板用红布慢遮盖或者用红色绝缘胶带绑扎。（也可依据实际情况采取拆除垫片等其他安全措施。）

（6）相邻带电设备在安全措施中可不具体填写，以相邻带电设备代替即可，但需在"工作地点保留带电部分或注意事项"栏中予以明确。

【工作地点保留带电部分或注意事项（由工作票签发人填写）】

【相邻带电设备】填写与检修设备距离邻近的带电部位或相邻第一个带电设备情况，以及保护工作地点相邻的其他保护（装置）运行情况，相关设备要明确名称编号，位置要准确。

【安全距离】工作地点包含一次设备区域时，需填写：与带电部位保持足够的安全距离：××kV 大于×m。

【特种设备】有吊车、斗臂车等大型车辆参与现场工作时，需填写：工作中使用吊车、斗臂车等大型车辆应，应与带电部位保持足够的安全距离：××kV 大于×m。由外包单位负责的工作还需增加：安排运检单位专人在场全过程旁站。

【高处作业】有高处作业时，需填写：高处作业正确使用安全工器具。

【陪停设备】因安全距离不足，导致相邻带电设备需要陪停的设备，需在此栏填写（如根据工作情况需要对陪停设备范围内采取接地、设置围栏、标示牌等措施，在安全措施栏内明确应拉开的开关、闸刀以及接地、设置围栏、标示牌等安全措施）。

【手车检修】开关柜手车拉至检修位置时，应当在带电触头隔离挡板前设置"止步，高压危险"标示牌。

【容性设备】检修人员在接触电缆、电容器及支架和外壳前应逐相、逐个进行充分放电。

其余安全注意事项，各单位可依据工作内容予以补充完善。

【补充工作地点保留带电部分和安全措施（由工作许可人填写）】根据现场的实际情况，工作许可人对工作地点保留的带电部予以补充，不得照抄工作票签发人填写内容，应注明所采取的安全措施或提醒检修人员必须注意的事项。若没有则填写"无"，不得空白。

7. 收到工作票时间：<u>2024</u> 年 <u>05</u> 月 <u>22</u> 日 <u>08</u> 时 <u>33</u> 分

运行值班人员签名：<u>王×</u>　　　工作负责人签名：<u>胡×重</u>

8. 确认本工作票 1～6 项

工作负责人签名：<u>胡×重</u>　　　工作许可人签名：<u>金×</u>

许可开始工作时间：<u>2024</u> 年 <u>05</u> 月 <u>22</u> 日 <u>10</u> 时 <u>20</u> 分

9. 现场交底，工作班成员确认工作负责人布置的工作任务、人员分工、安全措施和注意事项并签名

<u>何×、孙×、尤×宝、周×中</u>

10. 工作负责人变动情况

原工作负责人_____离去，变更_____为工作负责人。

工作票签发人：_____　　签发时间：_____ 年___月___日___时___分

11. 工作人员变动情况（变动人员姓名，变动日期及时间）

<u>2024 年 05 月 22 日 10 时 20 分尤×宝加入（工作负责人签名：胡×重）</u>

<u>2024 年 05 月 22 日 11 时 20 分孙×离去（工作负责人签名：胡×重）</u>

12. 工作票延期

有效期延长到_____ 年___月___日___时___分。

工作负责人签名：_____　　签名时间：_____ 年___月___日___时___分

工作许可人签名：_____　　签名时间：_____ 年___月___日___时___分

13. 每日开工和收工时间（使用一天的工作票不必填写）

收工时间				工作负责人	工作许可人	开工时间				工作许可人	工作负责人
月	日	时	分			月	日	时	分		

7.【收到工作票时间】

第一种工作票签发和收到时间应为工作前一天（紧急抢修、消缺除外）。

运维人员收到工作票后，对工作票审核无误后，填写收票时间并签名。

8.【工作许可】

许可开始工作时间不得提前于计划工作开始时间。

9.【交底签名】

所有工作班成员在明确了工作负责人、专责监护人交代的工作任务、人员分工、安全措施和注意事项后，在工作负责人所持工作票上签名，不得代签。

10.【工作负责人变动情况】

经工作票签发人同意，在工作票上填写离去和变更的工作负责人姓名及变动时间，同时通知全体作业人员及工作许可人；如工作票签发人无法当面办理，应通过电话通知工作许可人，由工作许可人和原工作负责人在各自所持工作票上填写工作负责人变更情况，并代工作票签发人签名。

工作负责人的变动必须是在该工作票许可之后，如在工作票许可之前需变更工作负责人，则应由工作票签发人重新签发工作票。

11.【工作人员变动情况】

工作人员变动后，工作负责人应及时在所持工作票上写明变动人员姓名、变动日期、时间，并签名。人员变动情况填写格式为：××××年××月××日××时××分，××、××加入（离去）。

班组人员每次发生变动，工作负责人要在工作票上即时注明变动情况并签名，不得最后一并签名。

12.【工作票延期】

工作需延期，应在工作计划结束时间前由工作负责人向工作许可人提出申请，办理延期手续。对于需经调度许可的工作，工作许可人还应得到调度许可后，方可与工作负责人办理工作票延期手续。工作票只能延期一次。

13.【每日开工和收工时间（使用一天的工作票不必填写）】

无人值班变电站，每日收工后，工作负责人应电话告知工作许可人，双方分别在各自所持工作票的相应栏内代为签署工作间断时间、姓名。次日复工前，工作负责人应检查安全措施是否完好，电话联系工作许可人申请开工，并做好录音，在得到许可后，双方分别在各自所持工作票相应栏内代为签署开工时间、姓名。工作负责人对安全措施有异议的或重要的、危险性较大的工作，工作许可人应到现场办理复工、收工手续。

14. 工作终结

全部工作于 <u>2024</u> 年 <u>05</u> 月 <u>22</u> 日 <u>12</u> 时 <u>15</u> 分结束，设备及安全措施已恢复至开工前状态，工作人员已全部撤离，材料工具已清理完毕，工作已终结。

工作负责人签名：<u>胡×重</u>　　　工作许可人签名：<u>金×</u>　　　已执行

15. 工作票终结

临时遮栏、标示牌已拆除，常用遮栏已恢复。

已拆除的接地线编号＿＿共＿＿组；

已拉开接地刀闸（小车）编号＿＿共＿＿组（台）。

未拆除的接地线编号＿＿共＿＿组；

未拉开接地刀闸（小车）编号＿＿共＿＿组（台）。

已汇报调度值班员。

工作许可人签名：＿＿＿＿　　签名时间：＿＿＿＿年＿＿月＿＿日＿＿时＿＿分

16. 备注

（1）指定专责监护人＿＿＿＿负责监护＿＿＿＿＿＿＿＿＿＿＿＿＿＿＿＿＿＿

＿＿＿＿＿＿＿＿＿＿＿＿＿＿＿＿＿＿＿＿＿＿＿＿＿（地点及具体工作。）

（2）其他事项：

<u>工作班成员周×中作业开工时未到场参与工作。</u>

<u>2024 年 05 月 22 日 11 时 00 分周×中已接受安全交底并签字，可以参与现场工作。</u>

合　格
审核人　王二

14.【工作终结】
工作终结时间不应超出计划工作时间或经批准的延期时间。
工作终结后，工作许可人应在工作负责人所持工作票的"工作终结"栏中工作许可人签名右侧空白处加盖红色"已执行"专用章。

15.【工作票终结】
待工作票上安全措施均已拆除，汇报调度后，工作许可人方可进行"工作票终结"手续，并在所持工作票"工作票终结"栏工作许可人签名时间的右侧空白处盖红色"已执行"专用章。

16.【备注】
指定专责监护人
（1）指定专责监护人，应填写被监护人姓名、工作地点及工作内容。
（2）有大型车辆参与现场工作时，应指定专责监护人。
（3）一张工作票上的工作涉及两个及以上开关柜（含前后隔仓）时，开关柜前、后隔仓均必须设一名专责监护人。
（4）每一个作业现场开工时均在监护人的监护下进行工作，若一张工作票上涉及两个及以上作业现场，工作负责人无法同时全过程监护检修工作，则需增设专责监护人，或者各作业现场轮流开展工作。

其他事项
（1）有吊车参与现场工作时，应明确指挥人员。
（2）未拉开地刀、接地线应当注明原因，可不写明具体拆除时间。
（3）对于工作开始前，票中预安排的工作班成员，如未能在开工时参与现场安全交底的，整体作业开工时，需在备注栏对相关情况说明，如"工作班成员×××作业开工时，未到场参与工作。"无需在工作票"工作人员变动情况"栏进行人员变动。相关预安排人员实际参与现场作业时，应在备注栏对相关情况说明，如"××××年××月××日××时××分，××、××已接受安全交底并签字，可参与现场工作"。

17.【检查与评价】
各班组每月应对已终结的工作票进行综合评议。
经评议票面正确，评议人在工作票"16.备注（2）其他事项"横线右下方顶格加盖红色"合格"评议章并签名；评议为错票，在工作票"16.备注（2）其他事项"横线右下方顶格加盖红色"不合格"评议章并签名。

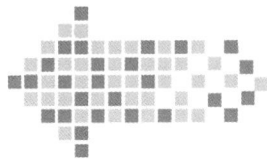

第2章 保护校验

2.1 变电站内 500kV 线路及开关保护校验

一、作业场景情况

（一）工作场景

变电站内 500kV 线路及开关保护校验。

（二）工作任务

500kV 岷珠变电站：500kV 廻岷 5264 线保护定校、1 号主变/廻岷线 5012、廻岷线 5013 开关保护定校。

（三）停电范围

500kV 廻岷 5264 线及 1 号主变/廻岷线 5012、廻岷线 5013 开关。

（四）票种选择建议

变电站第一种工作票。

（五）人员分工及安排

本次工作有 2 个作业地点。作业点 1：500kV 继电保护室（500kV 廻岷 5264 线第二套保护屏、500kV 廻岷 5264 线第一套保护屏、1 号主变/廻岷 5264 线设备单元继电器屏、1 号主变/廻岷 5264 线设备单元测控屏、1 号主变/廻岷线 5012 开关保护屏、500kV 廻岷线 5013 开关保护屏）；作业点 2：500kV 设备区（500kV 廻岷 5264 线电流互感器端子箱、500kV 廻岷 5264 线电压互感器端子箱、500kV 廻岷线 5013 开关端子箱、500kV 1 号主变/廻岷线 5012 开关）。

参与本次工作的共 3 人（含工作负责人），具体分工为：

娄×娇（工作负责人）：负责工作的整体协调组织及作业现场安全监护。

施×媛、孙×鸿（工作班成员）：辅助工作负责人 500kV 线路及开关保护校验工作具体实施。

（六）场景接线图

岷珠变电站 500kV 廻岷 5264 线路保护及 5012、5013 开关保护定校工作场景接线图见图 2-1。

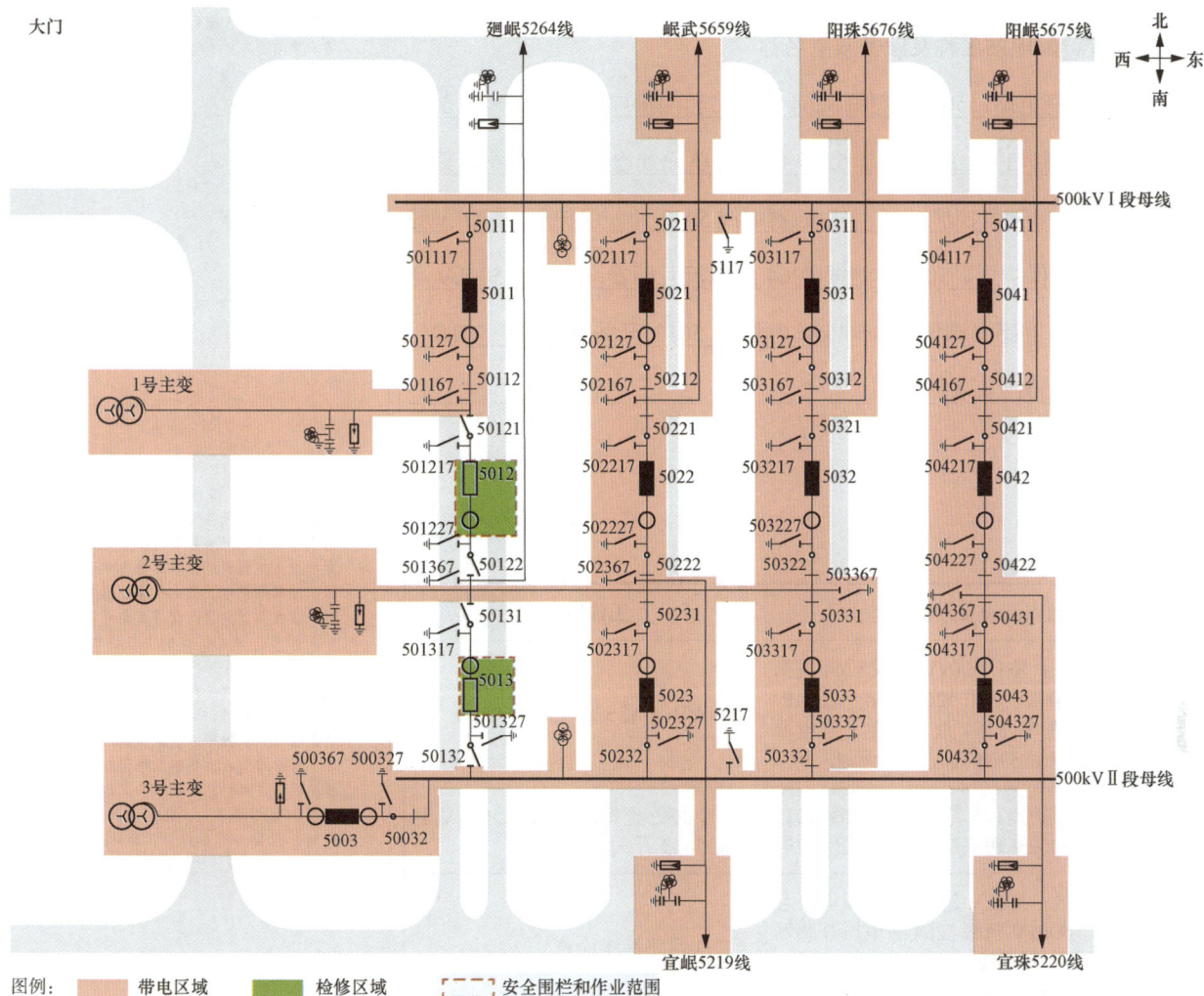

图 2-1　岷珠变电站 500kV 廻岷 5264 线路保护及 5012、5013 开关保护定校工作场景接线图

二、工作票样例

变电站第一种工作票

作业风险等级：Ⅳ

单　　位：设备管理部 500kV 变电运检中心　　变电站：交流 500kV 岷珠变电站

编　　号：Ⅰ202404001

1. 工作负责人（监护人） 娄×娇　　**班　组：** 变电二次运检班

2. 工作班人员（不包括工作负责人）

变电二次运检班：施×媛。

共　1　人

3. 工作的变、配电站名称及设备双重名称

  <u>500kV 岷珠变电站：500kV 廻岷 5264 线第二套保护屏、500kV 廻岷 5264 线第一套保护屏、1 号主变/廻岷 5264 线设备单元继电器屏、1 号主变/廻岷 5264 线设备单元测控屏、 1 号主变/廻岷线 5012 开关保护屏、500kV 廻岷线 5013 开关保护屏、500kV 廻岷 5264 线电流互感器端子箱、500kV 廻岷 5264 线电压互感器端子箱、500kV 廻岷线 5013 开关端子箱、500kV 1 号主变/廻岷线 5012 开关端子箱。</u>

3.【工作的变、配电站名称及设备双重名称】设备双重名称与第 4 项"工作任务"栏内一致。

4. 工作任务

工作地点及设备双重名称	工作内容
500kV 继电保护室：500kV 廻岷 5264 线第二套保护屏、500kV 廻岷 5264 线第一套保护屏、1 号主变/廻岷 5264 线设备单元继电器屏、1 号主变/廻岷 5264 线设备单元测控屏	500kV 廻岷 5264 线保护定校
500kV 继电保护室：1 号主变/廻岷线 5012 开关保护屏、500kV 廻岷线 5013 开关保护屏	1 号主变/廻岷线 5012、500kV 廻岷线 5013 开关保护定校
500kV 设备区：500kV 廻岷 5264 线电流互感器端子箱、500kV 廻岷 5264 线电压互感器端子箱、500kV 廻岷线 5013 开关端子箱、500kV 1 号主变/廻岷线 5012 开关端子箱	二次回路绝缘检查

4.【工作任务】在同一区域内不同设备但工作内容相同的工作任务可以合并填写。同一设备的不同工作内容也可合并填写；工作内容应与工作地点对应；按照调度批准的停电申请内容填写。在原工作票的停电及安全措施范围内增加工作任务时，应由工作负责人征得工作票签发人和工作许可人同意，并在工作票上备注栏内增填工作项目。陪停设备不需要在工作任务栏及安全措施栏中反映，可在"工作地点保留带电部分或注意事项"中予以明确。如根据工作情况需要对陪停设备范围内采取接地、设置围栏、标示牌等措施，应在安全措施栏内明确应拉开的开关、闸刀以及接地、设置围栏、标示牌等安全措施。保护校验过程中需传动开关，但不触及开关设备具体工作时，无需将开关作为工作地点列入工作任务栏内。

5. 计划工作时间

  自 <u>2024</u> 年 <u>04</u> 月 <u>02</u> 日 <u>08</u> 时 <u>00</u> 分至 <u>2024</u> 年 <u>04</u> 月 <u>19</u> 日 <u>18</u> 时 <u>00</u> 分。

5.【计划工作时间】填写计划检修起始时间和结束时间，该时间应在调度批准的检修时间段内。

6. 安全措施（必要时可附页绘图说明，红色表示有电）

应拉断路器（开关）、隔离开关（刀闸）	已执行*
应拉开 5012、5013 开关	√
应拉开 50121、50122、50131、50132 闸刀	√
应分开 5012、5013 开关操作电源、储能电源	√
应将 5012、5013 开关"远方/就地"切换开关由"远方"位置切至"就地"位置	√
应分开 50121、50122、50131、50132 闸刀控制电源、电机电源	√

6.【安全措施】运维人员完成工作票所列的安全措施后，与工作负责人进行确认，并分别在各自的票面"已执行"栏内打"√"；其中，接地线编号由工作许可人统一填写。填写内容应按类别分行填写，若出现跨行填写的，仅在末行的"已执行"栏打"√"即可。
【应拉断路器（开关）、隔离开关（刀闸）】
（1）应拉开的开关。
（2）应拉开的闸刀。
（3）应拉至试验或检修位置的开关手车。涉及开关柜试验的工作，工作票中可填写为将手车拉至试验位置。如现场条件允许，也可拉至检修位置。如工作票中填写将手车拉至试验位置，现场手车如要拉至检修位置，由检修人员在实际工作中执行。
（4）应分开的开关操作电源、储能电源。所有拉开的开关对应的操作电源、储能电源均应分开。
（5）应分开的闸刀控制电源、电机电源。所有拉开的闸刀如有对应的控制电源、电机电源均应分开。已分开控制电源、电机电源的闸刀遥控回路已断开，不必再填写将闸刀远方/就地切换开关由"远方"位置切至"就地"位置。

	续表
应拉断路器（开关）、隔离开关（刀闸）	已执行*
应分开 500kV 廻岷 5264 线线路电压互感器二次侧空气开关	√
应装接地线、应合接地刀闸（注明确实地点、名称及接地线编号*）	已执行*
不接地	√
应设遮栏、应挂标示牌及防止二次回路误碰等措施	已执行*
应在 50121、50122、50131、50132 闸刀操作处分别悬挂"禁止合闸，有人工作"标示牌	√
应在 500kV 廻岷 5264 线路电压互感器二次侧回路断开处悬挂"禁止合闸，有人工作"标示牌	√
应将与 500kV 廻岷 5264 线第二套保护屏、500kV 廻岷 5264 线第一套保护屏、1 号主变/廻岷 5264 线设备单元继电器屏、1 号主变/廻岷 5264 线设备单元测控屏、1 号主变/廻岷线 5012 开关保护屏、500kV 廻岷线 5013 开关保护屏相邻的非检修屏前后用红布幔遮设	√
应在 500kV 廻岷 5264 线第二套保护屏、500kV 廻岷 5264 线第一套保护屏、1 号主变/廻岷 5264 线设备单元继电器屏、1 号主变/廻岷 5264 线设备单元测控屏、1 号主变/廻岷线 5012 开关保护屏、500kV 廻岷线 5013 开关保护屏前后装设"在此工作"标示牌	√
应将 1 号主变/廻岷 5264 线设备单元继电器屏、1 号主变/廻岷 5264 线设备单元测控屏上非检修装置、端子排、压板、空气开关、切换开关用红布幔遮盖	√
应在 500kV 廻岷 5264 线电流互感器端子箱、500kV 廻岷 5264 线电压互感器端子箱、500kV 廻岷线 5013 开关端子箱、500kV 1 号主变/廻岷线 5012 开关端子箱处装设围栏，在围栏上悬挂"止步，高压危险"标示牌，标示牌应朝向围栏里面，应在工作地点及围栏入口处装设"在此工作""从此进出"标示牌	√

工作地点保留带电部分或注意事项 （由工作票签发人填写）	补充工作地点保留带电部分和 安全措施（由工作许可人填写）
（1）【相邻带电设备】相邻 1 号主变 5011 开关保护屏、500kV 岷武 5659 线/宜岷 5219 线设备单元测控屏、500kV Ⅰ母第一套母差保护屏、1 号主变保护屏Ⅲ均在运行中，防止误碰。 （2）【相邻带电设备】1 号主变/廻岷 5264 线设备单元测控屏内 1 号主变 5011 测控装置及 1 号主变 500kV 侧测控装置均在运行中，防止误碰。 （3）【相邻带电设备】500kV Ⅰ段母线及相邻 1 号主变、2 号主变、500kV 1 号主变 5011 开关间隔、500kV 3 号主变 5003 开关及高跨线、2 号主变 500kV 侧电压互感器及避雷器及高跨线、1 号主变 500kV 侧电压互感器及避雷器及高跨线、2 号主变 500kV 侧电压互感器端子箱、1 号主变 500kV 侧电压互感器端子箱、1 号	无

（6）应将拉开的开关远方/就地切换开关由"远方"位置切至"就地"位置。

（7）应分开与停电设备有关的电压互感器、变压器各侧回路。

（8）针对退出保护联跳运行开关出口压板、保护失灵启动压板等安措，如在相应操作票或二次安措票中反应，可不在工作票安全措施栏填写。

【应装接地线、应合接地刀闸】

（1）接地闸刀应填写双重名称即名称、编号。

（2）带地刀的刀闸检修时，应当优先按照《江苏省电力公司关于印发规范带接地刀闸的隔离开关（刀闸）检修时安全措施补充规定的通知》苏电安〔2013〕1713 号文执行，工作票中应当明确采用装设接地线的方式实现"接地"安全措施。如有地市存在相关补充规定，并制定完善的预控措施，确保检修作业安全的前提下，也可采用合接地刀闸的方式实现"接地"安全措施。

【应设遮栏、应挂标示牌及防止二次回路误碰等措施】

（1）已拉开的开关、闸刀、开关手车如无工作，应在对应位置悬挂"禁止合闸，有人工作"标示牌。涉及有具体工作内容的开关、刀闸，可不用悬挂"禁止合闸，有人工作"标示牌。除电压互感器、站用变压器等二次侧回路断开处需设置"禁止合闸，有人工作"标示牌，已拉开的开关、刀闸对应的电源不可用悬挂"禁止合闸，有人工作"标示牌。如工作票只包含站内设备工作，可不设置"禁止合闸，线路有人工作"标示牌。

（2）所有开关柜检修工作均应在相邻运行开关柜、现场设置的围栏上设置"止步，高压危险"标示牌。

（3）在工作人员上下铁架或梯子上，应悬挂"从此上下"标示牌。

（4）应悬挂"在此工作"标示牌的位置为第 4 项"工作任务"栏内填写的设备处，停电作业针对挂牌困难的可将"在此工作"标示牌设置在对应设备支柱、柜外等位置，现场需向工作负责人交代清楚。

（5）应将工作屏柜上联跳运行开关出口压板用红布幔遮盖或者用红色绝缘胶带绑扎。（也可依据实际情况采取拆除垫片等其他安全措施。）

（6）相邻带电设备在安全措施栏中可不具体填写，以相邻带电设备代替即可，但需在"工作地点保留带电部分或注意事项"栏中予以明确。

【工作地点保留带电部分或注意事项（由工作票签发人填写）】

【相邻带电设备】 填写与检修设备距离邻近的带电部位或相邻第一个带电设备情况，以及保护工作地点相邻的其他保护（装置）运行情况，相关设备要明确名称编号，位置要准确。

【安全距离】 工作地点包含一次设备区域时，需填写：与带电部位保持足够的安全距离：××kV 大于×m。

【特种设备】 有吊车、斗臂车等大型车辆参与现场工作时，需填写：工作中使用吊车、斗臂车等大型车辆时，应与带电部位保持足够的安全距离：××kV 大于×m。由外包单位负责的工作还需增加：安排运检单位专人在场全过程旁站。

【高处作业】 有高处作业时，需填写：高处作业正确使用安全工器具。

【陪停设备】 因安全距离不足，导致相邻带电设备需要陪停的设备，需在此栏填写（如根据工作情况需要对陪停设备范围内采取接地、设置围栏、标示牌等措施，应在安全措施栏内明确应拉开的开关、闸刀以及接地、设置围栏、标示牌等安全措施。）

续表

工作地点保留带电部分或注意事项 （由工作票签发人填写）	补充工作地点保留带电部分和 安全措施（由工作许可人填写）
主变 500kV 侧电流互感器端子箱、500kV 1 号主变 5011 开关端子箱、500kV 3 号主变 5003 开关汇控箱均在运行中，工作时严格保持与带电部位的安全距离：500kV 大于 5m。 （4）工作中认清检修二次设备，仔细核对并实施二次安全措施，做好失灵及远跳启动回路隔离措施，防止误启动运行中保护设备，防止误出口运行开关。 （5）保护联动试验确认无一次设备工作和人员后方可试验，防止传动过程中机械伤害，工作结束仔细核对保护定值及二次安全措施，防止误整定及漏恢复安全措施	无

工作票签发人签名：潘×　　签发时间：2024 年 02 月 26 日 08 时 58 分

工作票会签人签名：邵×敏　　会签时间：2024 年 03 月 30 日 08 时 31 分

7. 收到工作票时间：2024 年 04 月 01 日 17 时 00 分

运行值班人员签名：吴×峰　　工作负责人签名：娄×娇

8. 确认本工作票 1～6 项

工作负责人签名：娄×娇　　工作许可人签名：吴×峰

许可开始工作时间：2024 年 04 月 02 日 10 时 15 分

9. 现场交底，工作班成员确认工作负责人布置的工作任务、人员分工、安全措施和注意事项并签名

施×媛、孙×鸿

10. 工作负责人变动情况

原工作负责人_____离去，变更_____为工作负责人。

工作票签发人：_____　　签发时间：_____年___月___日___时___分

11. 工作人员变动情况（变动人员姓名，变动日期及时间）

2024 年 04 月 02 日 10 时 15 分孙×鸿加入工作

【手车检修】开关柜手车拉至检修位置时，应当在带电触头隔离挡板处设置"止步，高压危险"标示牌。

【容性设备】检修人员在接触电缆、电容器及支架和外壳前应逐相、逐个进行充分放电。

其余安全注意事项，各单位可依据工作内容予以补充完善。

【补充工作地点保留带电部分和安全措施（由工作许可人填写）】根据现场的实际情况，工作许可人对工作地点保留的带电部分予以补充，不得照抄工作票签发人填写内容，应注明所采取的安全措施或提醒检修人员必须注意的事项。若没有则填"无"，不得空白。

7.【收到工作票时间】
第一种工作票签发和收到时间应为工作前一天（紧急抢修、消缺除外）。
运维人员收到工作票后，对工作票审核无误后，填写收票时间并签名。

8.【工作许可】
许可开始工作时间不得提前于计划工作开始时间。

9.【交底签名】
所有工作班成员在明确了工作负责人、专责监护人交代的工作任务、人员分工、安全措施和注意事项后，在工作负责人所持工作票上签名，不得代签。

10.【工作负责人变动情况】
经工作票签发人同意，在工作票上填写离去和变更的工作负责人姓名及变动时间，同时通知全体作业人员及工作许可人；如工作票签发人无法当面办理，应通过电话通知工作许可人，由工作许可人和原工作负责人在各自所持工作票上填写工作负责人变更情况，并代工作票签发人签名。
工作负责人的变动必须是在该工作票许可之后，如在工作票许可之前需变更工作负责人，则应由工作票签发人重新签发工作票。

11.【工作人员变动情况】
工作人员变动后，工作负责人应及时在所持工作票上写明变动人员姓名、变动日期、时间，并签名。人员变动情况填写格式：××××年××月××日××时××分，××、××加入（离去）。
班组人员每次发生变动，工作负责人要在工作票上即时注明变动情况并签名，不得最后一并签名。

12. 工作票延期

有效期延长到_____年___月___日___时___分。

工作负责人签名：_____　签名时间：_____年___月___日___时___分

工作许可人签名：_____　签名时间：_____年___月___日___时___分

13. 每日开工和收工时间（使用一天的工作票不必填写）

收工时间			工作负责人	工作许可人	开工时间				工作许可人	工作负责人
月	日	时	分			月	日	时	分		
04	02	16	00	娄×娇	吴×峰	04	03	09	55	何×东	施×媛

14. 工作终结

全部工作于 2024 年 04 月 03 日 15 时 05 分结束，设备及安全措施已恢复至开工前状态，工作人员已全部撤离，材料工具已清理完毕，工作已终结。

工作负责人签名：娄×娇　　工作许可人签名：何×东　　已执行

15. 工作票终结

临时遮栏、标示牌已拆除，常用遮栏已恢复。

已拆除的接地线编号___共___组；

已拉开接地刀闸（小车）编号___共___组（台）。

未拆除的接地线编号___共___组；

未拉开接地刀闸（小车）编号___共___组（台）。

已汇报调度值班员。

工作许可人签名：_____　　签名时间：_____年___月___日___时___分

16. 备注

（1）指定专责监护人_____负责监护_____

_____（地点及具体工作。）

（2）其他事项：

无。

合　格

| 审核人 | 王二 |

17.【检查与评价】
各班组每月应对已终结的工作票进行综合评议。经评议票面正确，评议人在工作票"16.备注（2）其他事项"横线右下方顶格加盖红色"合格"评议章并签名；评议为错票，在工作票"16.备注（2）其他事项"横线右下方顶格加盖红色"不合格"评议章并签名。

2.2　变电站内主变压器保护校验

一、作业场景情况

（一）工作场景

变电站内主变保护校验。

（二）工作任务

110kV 华庄变电站：1 号主变保护校验。

（三）停电范围

1 号主变及 110kV 侧 701 开关、10kV 侧 101 开关。

（四）票种选择建议

变电站第一种工作票。

（五）人员分工及安排

本次工作有 2 个作业地点。作业点 1：主控室；作业点 2：户外高压区。同一监护人涉及多点工作监护时，应采取轮流开展工作的方式进行，以确保每一个作业现场开工时均在监护人的监护下进行工作。

参与本次工作的共 4 人（含工作负责人），具体分工为：

陈×（工作负责人）：负责工作的整体协调组织及在主控室、户外高压区对刘×岑、田×辉、夏×进行监护。

刘×岑、田×辉、夏×（工作班成员）：在主控室、户外高压区轮流开展 1 号主变保护校验工作。

（六）场景接线图

110kV 华庄变电站 1 号主变保护校验工作场景接线图见图 2-2。

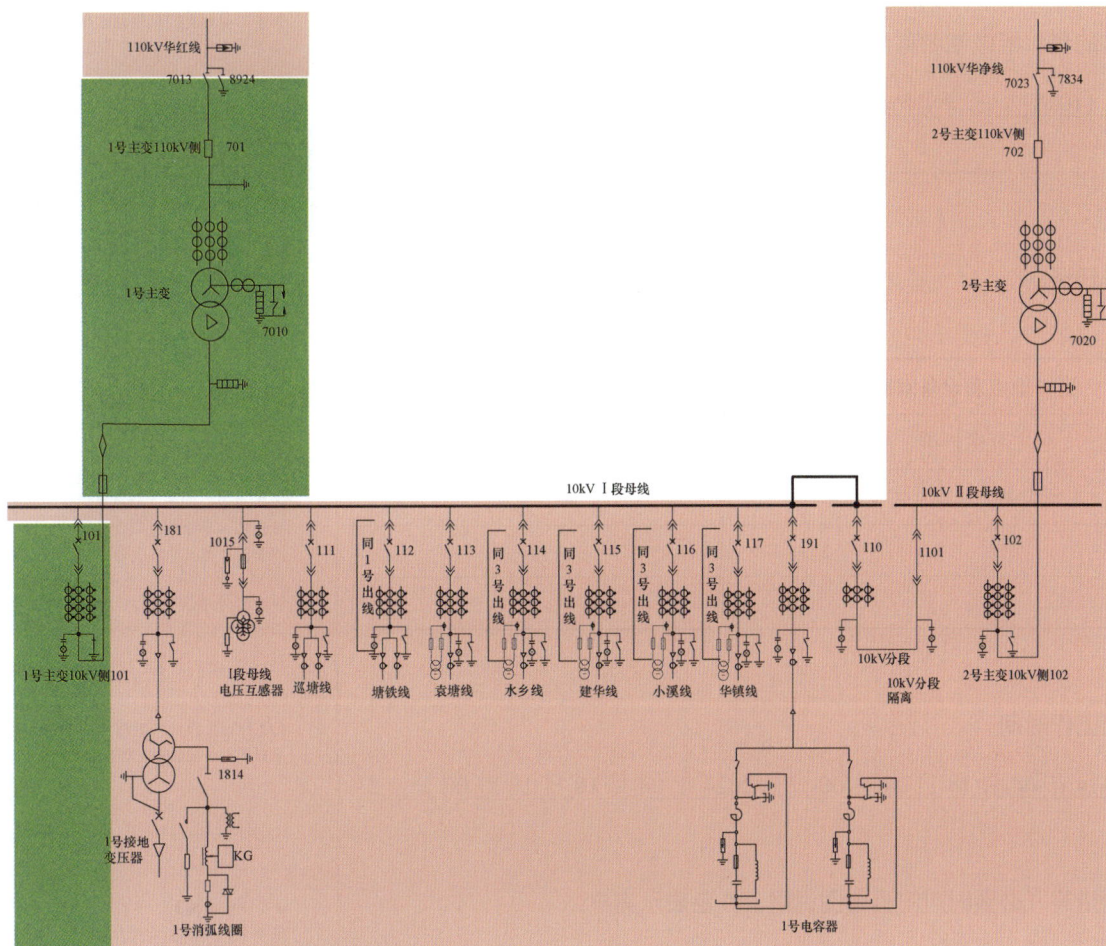

图例：　▢ 带电区域　　▢ 停电区域

图 2-2　110kV 华庄变电站 1 号主变保护校验工作场景接线图

二、工作票样例

变电站第一种工作票

作业风险等级：Ⅳ

单　位：设备管理部变电检修中心　　变电站：交流 110kV 华庄变电站

编　号：Ⅰ202404004

1. 工作负责人（监护人）陈×　　班　组：变电二次检修二班

2. 工作班人员（不包括工作负责人）

变电二次检修二班：刘×岑、田×辉、夏×。

共 3 人

【票种选择】本次作业为变电站内停电工作，使用变电站第一种工作票。

1.【班组】对于包含工作负责人在内有两个及以上的班组人员共同进行的工作，应填写"综合班组"。

2.【工作班人员】人员应取得准入资质，安排的人员应进行承载力分析，确保人数适当、充足；如有特种作业应安排具备相应资质的特种作业人员；不同单位或班组需分行填写。

【共×人】不包括工作负责人。

3. 工作的变、配电站名称及设备双重名称

交流 110kV 华庄变电站：1 号主变保护屏、1 号主变测控屏、1 号主变本体。

3.【工作的变、配电站名称及设备双重名称】设备双重名称与第 4 项"工作任务"栏内一致。

4. 工作任务

工作地点及设备双重名称	工作内容
主控室：1 号主变保护屏、1 号主变测控屏	保护校验
主变设备区：1 号主变本体	保护校验

4.【工作任务】在同一区域内不同设备但工作内容相同的工作任务可以合并填写。同一设备的不同工作内容也可合并填写；工作内容应与工作地点对应；按照调度批准的停电申请内容填写。在原工作票的停电及安全措施范围内增加工作任务时，应由工作负责人征得工作票签发人和工作许可人同意，并在工作票上备注栏内增填工作项目。陪停设备不需要在工作任务栏及安全措施栏中反映，可在"工作地点保留带电部分或注意事项"中予以明确。如根据工作情况需要对陪停设备范围内采取接地、设置围栏、标示牌等措施，应在安全措施栏内明确应拉开的开关、闸刀以及接地、设置围栏、标示牌等安全措施。保护校验过程中需传动开关，但不触及开关设备具体工作时，无需将开关作为工作地点列入工作任务栏内。

5. 计划工作时间

自 2024 年 04 月 18 日 08 时 00 分至 2024 年 04 月 18 日 18 时 00 分。

5.【计划工作时间】填写计划检修起始时间和结束时间，该时间应在调度批准的检修时间段内。

6. 安全措施（必要时可附页绘图说明，红色表示有电）

应拉断路器（开关）、隔离开关（刀闸）	已执行*
应拉开 701、101 开关	√
应拉开 7013 闸刀	√
应将 101 开关手车拉至试验位置	√
应分开 701、101 开关操作电源、储能电源	√
应分开 7013 闸刀控制电源、电机电源	√
应将 701、101 开关远方/就地切换开关由"远方"位置切至"就地"位置	√
应装接地线、应合接地刀闸（注明确实地点、名称及接地线编号*）	**已执行***
应在 1 号主变与 1 号主变 110kV 侧 701 开关装设接地线一组（110kV-1）号	√
应合上 1 号主变 10kV 侧 1014 接地闸刀	√
应设遮栏、应挂标示牌及防止二次回路误碰等措施	**已执行***
应在 101 开关手车操作处悬挂"禁止合闸，有人工作"标示牌	√

6.【安全措施】运维人员完成工作票所列的安全措施后，与工作负责人进行确认，并分别在各自的票面"已执行"栏内打"√"；其中，接地线编号由工作许可人统一填写。填写内容应按类别分行填写，若出现跨行填写的，仅在末行的"已执行"栏内打"√"即可。
【应拉断路器（开关）、隔离开关（刀闸）】
（1）应拉开的开关。
（2）应拉开的闸刀。
（3）应拉至试验或检修位置的开关手车。涉及开关柜修试的工作，工作票中可填写为将手车拉至试验位置。如现场条件允许，也可拉至检修位置。如工作票中填写将手车拉至试验位置，现场手车如要拉至检修位置，由检修人员在实际工作中执行。
（4）应分开的开关操作电源、储能电源。所有拉开的开关对应的操作电源、储能电源均应分开。
（5）应分开的闸刀控制电源、电机电源。所有拉开的闸刀如有对应的控制电源、电机电源均应分开。已分开控制电源、电机电源的闸刀遥控回路已断开，不必再填写将闸刀远方/就地切换开关由"远方"位置切至"就地"位置。
（6）应将拉开的开关远方/就地切换开关由"远方"位置切至"就地"位置。
（7）应分开与停电设备有关的电压互感器、变压器各侧回路。
（8）针对退出保护联跳运行开关出口压板、保护失灵启动压板等安措，如在相应操作票或二次安措单中反映，可不在工作票安全措施栏填写。
【应装接地线、应合接地刀闸】
（1）接地闸刀应填写双重名称即名称、编号。
（2）带地刀的刀闸检修时，应当优先按照《江苏省电力公司关于印发规范带接地刀闸的隔离开关（刀闸）检修时安全措施补充规定的通知》苏电安〔2013〕1713 号文执行，工作票中应当明确采用装设接地线的方式实现"接地"安全措施。如有地市存在相关补充规定，并制定完善的预控措施，确保检修作业安全的前提下，也可采用合接地刀闸的方式实现"接地"安全措施。

应设遮栏、应挂标示牌及防止二次回路误碰等措施	已执行*
应在 7013 闸刀操作处悬挂"禁止合闸，有人工作"标示牌	✓
应打开 1 号主变本体爬梯门，并在爬梯上悬挂"从此上下"标示牌	✓
应在 1 号主变保护屏、1 号主变测控屏前后、1 号主变本体放置"在此工作"标示牌	✓
应将与 1 号主变保护屏、1 号主变测控屏相邻的非检修屏前后用红布幔遮盖	✓
应将 1 号主变保护屏上联跳 110 开关出口压板用红色绝缘带绑扎	✓
应在 1 号主变与相邻运行设备间设置临时围栏，在围栏上悬挂适量"止步，高压危险"标示牌，字朝向围栏内，在围栏出入口处悬挂"在此工作""从此进出"标示牌	✓

工作地点保留带电部分或注意事项（由工作票签发人填写）	补充工作地点保留带电部分和安全措施（由工作许可人填写）
【相邻带电设备】相邻 2 号主变保护屏、2 号主变测控屏、2 号主变在运行中，严禁误碰	无
【安全距离】工作中与带电部位保持足够的安全距离：110kV 大于 1.5m、10kV 大于 0.7m	
【高处作业】高处作业正确使用安全工器具	

工作票签发人签名：<u>杨×宇</u>　　签发时间：<u>2024</u> 年 <u>04</u> 月 <u>13</u> 日 <u>10</u> 时 <u>19</u> 分

工作票会签人签名：<u>陈×宇</u>　　会签时间：<u>2024</u> 年 <u>04</u> 月 <u>17</u> 日 <u>13</u> 时 <u>39</u> 分

7. 收到工作票时间：<u>2024</u> 年 <u>04</u> 月 <u>17</u> 日 <u>18</u> 时 <u>45</u> 分

运行值班人员签名：<u>杨×辉</u>　　工作负责人签名：<u>陈×</u>

8. 确认本工作票 1～6 项

工作负责人签名：<u>陈×</u>　　工作许可人签名：<u>姚×根</u>

许可开始工作时间：<u>2024</u> 年 <u>04</u> 月 <u>18</u> 日 <u>10</u> 时 <u>55</u> 分

【应设遮栏、应挂标示牌及防止二次回路误碰等措施】

（1）已拉开的开关、闸刀、开关手车如无工作，应在对应位置悬挂"禁止合闸，有人工作"标示牌。涉及有具体工作内容的开关、刀闸，可不用悬挂"禁止合闸，有人工作"标示牌。除电压互感器、站用变压器等二次侧回路断开处需设置"禁止合闸，有人工作"标示牌外，已拉开的开关、刀闸对应的电源可不用悬挂"禁止合闸，有人工作"标示牌。如工作票只包含站内设备工作，可不设置"禁止合闸，线路有人工作"标示牌。

（2）所有开关柜检修工作均应在相邻运行开关柜、现场设置的围栏上设置"止步，高压危险"标示牌。

（3）在工作人员上下铁架及梯子上，应悬挂"从此上下"标示牌。

（4）应悬挂"在此工作"标示牌的位置为第 4 项"工作任务"栏内填写的设备处，停电作业针对挂牌困难的可将"在此工作"标示牌设置在对应设备支柱、柜栏等位置，现场需向工作负责人交代清楚。

（5）应将工作屏柜上联跳运行开关出口压板用红布幔遮盖或者用红色绝缘胶带绑扎。（也可依据实际情况采取拆除垫片等其他安全措施。）

（6）相邻带电设备在安全措施栏中可不具体填写，以相邻带电设备代替即可，但需在"工作地点保留带电部分或注意事项"栏中予以明确。

【工作地点保留带电部分或注意事项（由工作票签发人填写）】

【相邻带电设备】填写与检修设备距离邻近的带电部位或相邻的第一个带电设备情况，以及保护工作地点相邻的运行设备要明确名称编号，位置要准确。

【安全距离】工作地点包含一次设备区域时，需填写：与带电部位保持足够的安全距离：××kV 大于×m。

【特种设备】有吊车、斗臂车等大型车辆参与现场工作时，需填写：工作中使用吊车、斗臂车等大型车辆时，应与带电部位保持足够的安全距离：××kV 大于×m。由外包单位负责的工作还需增加：安排运检单位专人在场全过程旁站。

【高处作业】有高处作业时，需填写：高处作业正确使用安全工器具。

【陪停设备】因安全距离不足，导致相邻带电设备需要陪停的设备，需在此栏填写（如根据工作情况需要对陪停设备范围内采取接地、设置围栏、标示牌等措施，应在安全措施栏内明确应拉开的开关、闸刀以及接地、设置围栏、标示牌等安全措施）。

【手车检修】开关柜手车拉至检修位置时，应当在带电触头隔离挡板前设置"止步，高压危险"标示牌。

【容性设备】检修人员在接触电缆、电容器及支架和外壳前应逐相、逐个进行充分放电。

其余安全注意事项，各单位可依据工作内容予以补充完善。

【补充工作地点保留带电部分和安全措施（由工作许可人填写）】根据现场的实际情况，工作许可人对工作地点保留的带电部分予以补充，不得照抄工作票签发人填写内容，应注明所采取的安全措施或提醒检修人员必须注意的事项。若没有则填"无"，不得空白。

7.【收到工作票时间】
第一种工作票签发和收到时间应为工作前一天（紧急抢修、消缺除外）。

运维人员收到工作票后，对工作票审核无误后，填写收票时间并签名。

8.【工作许可】
许可开始工作时间不得提前于计划工作开始时间。

9. 现场交底，工作班成员确认工作负责人布置的工作任务、人员分工、安全措施和注意事项并签名

　　刘×岑、田×辉、章×杰、夏× _____

10. 工作负责人变动情况

　　原工作负责人_____离去，变更_____为工作负责人。

　　工作票签发人：_____　　　签发时间：_____年___月___日___时___分

11. 工作人员变动情况（变动人员姓名，变动日期及时间）

　　2024 年 04 月 18 日 10 时 55 分章×杰加入（工作负责人签名：陈× ）

　　2024 年 04 月 18 日 11 时 55 分田×辉离去（工作负责人签名：陈× ）

12. 工作票延期

　　有效期延长到_____年___月___日___时___分。

　　工作负责人签名：_____　　　签名时间：_____年___月___日___时___分

　　工作许可人签名：_____　　　签名时间：_____年___月___日___时___分

13. 每日开工和收工时间（使用一天的工作票不必填写）

收工时间				工作负责人	工作许可人	开工时间				工作许可人	工作负责人
月	日	时	分			月	日	时	分		

14. 工作终结

　　全部工作于 2024 年 04 月 18 日 15 时 00 分结束，设备及安全措施已恢复至开工前状态，工作人员已全部撤离，材料工具已清理完毕，工作已终结。

　　工作负责人签名：陈×　　　工作许可人签名：姚×根　　　　　已执行

15. 工作票终结

　　临时遮栏、标示牌已拆除，常用遮栏已恢复。

　　已拆除的接地线编号___共___组；

9.【交底签名】
所有工作班成员在明确了工作负责人、专责监护人交代的工作任务、人员分工、安全措施和注意事项后，在工作负责人所持工作票上签名，不得代签。

10.【工作负责人变动情况】
经工作票签发人同意，在工作票上填写离去和变更的工作负责人姓名及变动时间，同时通知全体作业人员及工作许可人；如工作票签发人无法当面办理，应通过电话通知工作许可人，由工作许可人和原工作负责人在各自所持工作票上填写工作负责人变更情况，并代工作票签发人签名。
工作负责人的变动必须是在该工作票许可之后，如在工作票许可之前需变更工作负责人，则应由工作票签发人重新签发工作票。

11.【工作人员变动情况】
工作人员变动后，工作负责人应及时在所持工作票上写明变动人员姓名、变动日期、时间，并签名。人员变动情况填写格式：××××年××月××日××时××分，××、××加入（离去）。班组人员每次发生变动，工作负责人要在工作票上即时注明变动情况并签名，不得最后一并签名。

12.【工作票延期】
工作需延期，应在工作计划结束时间前由工作负责人向工作许可人提出申请，办理延期手续。对于需经调度许可的工作，工作许可人还应得到调度许可后，方可与工作负责人办理工作票延期手续。工作票只能延期一次。

13.【每日开工和收工时间（使用一天的工作票不必填写）】
无人值班变电站，每日收工后，工作负责人应电话告知工作许可人，双方分别在各自所持工作票的相应栏内代为签署工作间断时间、姓名。次日复工前，工作负责人应检查安全措施是否完好，电话联系工作许可人申请开工，并做好录音，在得到许可后，双方分别在各自所持工作票相应栏内代为签署开工时间、姓名。工作负责人对安全措施有异议的或重要的、危险性较大的工作，工作许可人应到现场办理复工、收工手续。

14.【工作终结】
工作终结时间不应超出计划工作时间或经批准的延期时间。
工作终结后，工作许可人应在工作负责人所持工作票的"工作终结"栏中工作许可人签名右侧空白处加盖红色"已执行"专用章。

15.【工作票终结】
待工作票上安全措施均已拆除，汇报调度后，工作许可人方可进行"工作票终结"手续，并在所持工作票"工作票终结"栏工作许可人签名时间的右侧空白处盖红色"已执行"专用章。

已拉开接地刀闸（小车）编号＿＿＿共＿＿组（台）。

未拆除的接地线编号＿＿＿共＿＿组；

未拉开接地刀闸（小车）编号＿＿＿共＿＿组（台）。

已汇报调度值班员。

工作许可人签名：＿＿＿＿＿　签名时间：＿＿＿＿年＿＿月＿＿日＿＿时＿＿分

16. 备注

（1）指定专责监护人＿＿＿＿＿＿负责监护＿＿＿＿＿＿＿＿＿＿＿＿＿＿＿＿＿＿

＿＿＿＿＿＿＿＿＿＿＿＿＿＿＿＿＿＿＿＿＿＿＿（地点及具体工作。）

（2）其他事项：

工作班成员夏×作业开工时未到场参与工作。

2024 年 04月18日12时 55 分夏×已接受安全交底并签字，可以参与现场工作。

合　格	
审核人	王二

16.【备注】

指定专责监护人

（1）指定专责监护人，应填写被监护人姓名、工作地点及工作内容。

（2）有大型车辆参与现场工作时，应指定专责监护人。

（3）一张工作票上的工作涉及两个及以上开关柜（含前后隔仓）时，开关柜前、后隔仓均必须设一名专责监护人。

（4）每一个作业现场开工时均在监护人的监护下进行工作，若一张工作票上涉及两个及以上作业现场，工作负责人无法同时全过程监护检修工作，则需增设专责监护人，或者各作业现场轮流开展工作。

其他事项

（1）有吊车参与现场工作时，应明确指挥人员。

（2）未拉开地刀、接地线应当注明原因，可不写明具体拆除时间。

（3）对于工作开始前，票中预安排的工作班成员，如未能在开工时参与现场安全交底，整体作业开工时，需在备注栏对相关情况说明，如"工作班成员×××作业开工时，未到场参与工作。"无需在工作票"工作人员变动情况"栏进行人员变动。相关预安排人员实际参与现场作业时，应在备注栏对相关情况说明，如"××××年××月××日××时××分，××、××已接受安全交底并签字，可参与现场工作"。

17.【检查与评价】

各班组每月应对已终结的工作票进行综合评议。经评议票面正确，评议人在工作票"16.备注（2）其他事项"横线右下方顶格加盖红色"合格"评议章并签名；评议为错票，在工作票"16.备注（2）其他事项"横线右下方顶格加盖红色"不合格"评议章并签名。

2.3　变电站内 3/2 接线方式下 500kV 母差保护校验

一、作业场景情况

（一）工作场景

变电站内 3/2 接线方式下 500kV 母差保护校验，母线停电。

（二）工作任务

500kV 岷珠变电站：500kVⅠ母母差保护定校。

（三）停电范围

500kVⅠ段母线、5011 开关、5021 开关、5031 开关、5041 开关。

（四）票种选择建议

变电站第一种工作票。

（五）人员分工及安排

本次工作有 1 个作业地点：500kVⅠ母第一套母差保护屏、500kVⅠ母第二套母差保护屏。参与本次工作的共 3 人（含工作负责人），具体分工为：

施×媛（工作负责人）：负责工作的整体协调组织及作业现场安全监护。

潘×，刘×鹏（工作班成员）：辅助工作负责人 500kV Ⅰ 母母差保护校验工作具体实施。

（六）场景接线图

500kV 岷珠变电站 500kV Ⅰ 母母差保护校验工作场景接线图见图 2-3。停电范围：500kV 宜珠线 5043 开关；500kV 阳岷线/宜珠线 5042 开关；500kV 宜珠 52220 线。

施×媛（工作负责人）：负责工作的整体协调组织及作业现场安全监护。

潘×，刘×鹏（工作班成员）：辅助工作负责人 500kV Ⅰ 母母差保护校验工作具体实施。

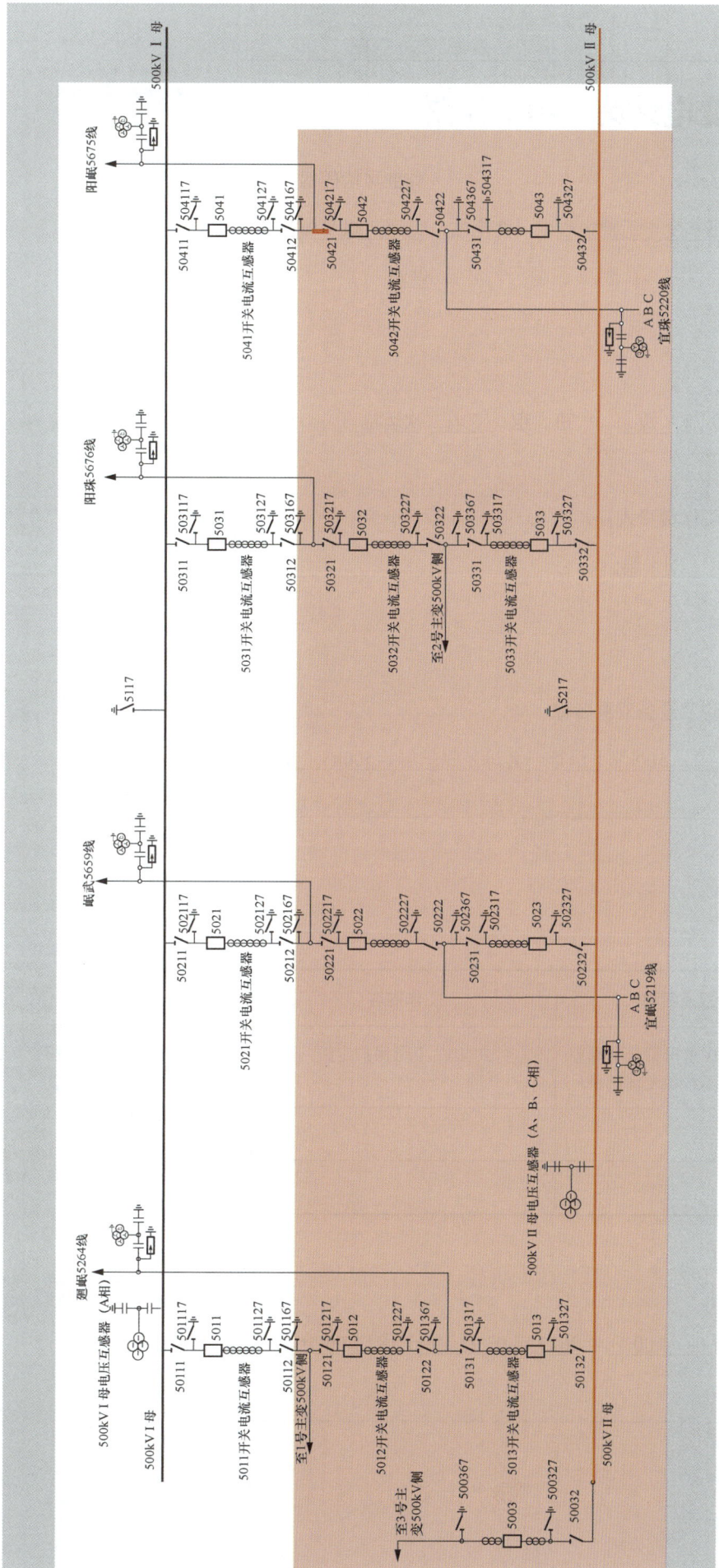

图2-3　500kV岷珠变电站500kV I 母母差保护校验工作场景接线图

图例：

—— 带电部位

带电区域

变电站道路

二、工作票样例

变电站第一种工作票

作业风险等级：Ⅳ

单　　位：设备管理部 500kV 变电运检中心　　变电站：交流 500kV 岷珠变电站

编　　号：Ⅰ202403003

1. 工作负责人（监护人）施×媛　　　**班　　组：**变电二次运检班

2. 工作班人员（不包括工作负责人）

变电二次运检班：潘×、刘×鹏。

共 2 人

3. 工作的变、配电站名称及设备双重名称

交流 500kV 岷珠变电站：500kVⅠ母第一套母差保护屏、500kVⅠ母第二套母差保护屏。

4. 工作任务

工作地点及设备双重名称	工作内容
500kV 继电保护室：500kVⅠ母第一套母差保护屏、500kVⅠ母第二套母差保护屏	500kV Ⅰ母保护定校

5. 计划工作时间

自 2021 年 03 月 08 日 08 时 00 分至 2021 年 03 月 10 日 18 时 00 分。

【票种选择】本次作业为变电站内停电工作，使用变电站第一种工作票。

1.【班组】对于包含工作负责人在内有两个及以上的班组人员共同进行的工作，应填写"综合班组"。

2.【工作班人员】人员应取得准入资质，安排的人员应进行承载力分析，确保人数适当、充足；如有特种作业应安排具备相应资质的特种作业人员；不同单位或班组需分行填写。

【共×人】不包括工作负责人。

3.【工作的变、配电站名称及设备双重名称】设备双重名称与第 4 项"工作任务"栏内一致。

4.【工作任务】在同一区域内不同设备但工作内容相同的工作任务可以合并填写。同一设备的不同工作内容也可合并填写；工作内容应与工作地点对应；按照调度批准的停电申请内容填写。在原工作票的停电及安全措施范围内增加工作任务时，应由工作负责人征得工作票签发人和工作许可人同意，并在工作票上备注栏内增填工作项目。陪停设备不需要在工作任务栏及安全措施栏中反映，可在"工作地点保留带电部分或注意事项"中予以明确。如根据工作情况需要对陪停设备范围内采取接地、设置围栏、标示牌等措施，应在安全措施栏内明确应拉开的开关、闸刀以及接地、设置围栏、标示牌等安全措施。保护校验过程中需传动开关，但不触及开关设备具体工作时，无需将开关作为工作地点列入工作任务栏内。

5.【计划工作时间】填写计划检修起始时间和结束时间，该时间应在调度批准的检修时间段内。

6. 安全措施（必要时可附页绘图说明，红色表示有电）

应拉断路器（开关）、隔离开关（刀闸）	已执行*
应拉开 5011、5021、5031、5041 开关	√
应将 5011、5021、5031、5041 开关远方/就地切换开关由"远方"位置切至"就地"位置	√
应拉开 50111、50112、50211、50212、50311、50312、50411、50412 闸刀	√
应分开 5011、5021、5031、5041 开关操作电源、储能电源空气开关	√
应分开 50111、50112、50211、50212、50311、50312、50411、50412 闸刀操作电源、电机电源空气开关	√
应装接地线、应合接地刀闸（注明确实地点、名称及接地线编号*）	已执行*
不接地	√
应设遮栏、应挂标示牌及防止二次回路误碰等措施	已执行*
应在 50111、50112、50211、50212、50311、50312、50411、50412 闸刀操作处分别悬挂"禁止合闸，有人工作"标示牌	√
应将与 500kV I 母第一套母差保护屏、500kV I 母第二套母差保护屏相邻的非检修屏前后用红布幔遮盖	√
应在 500kV I 母第一套母差保护屏、500kV I 母第二套母差保护屏前后悬挂"在此工作"标示牌	√

工作地点保留带电部分或注意事项 （由工作票签发人填写）	补充工作地点保留带电部分和安全措施（由工作许可人填写）
【相邻带电设备】相邻的 1 号主变/廻岷 5264 线设备单元测控屏在运行中，工作中加强监护，严禁误碰	无

工作票签发人签名：陈×强　　　签发时间：2021 年 03 月 03 日 08 时 48 分

工作票会签人签名：邵×敏　　　会签时间：2021 年 03 月 06 日 10 时 12 分

7. 收到工作票时间： 2021 年 03 月 07 日 07 时 21 分

运行值班人员签名：何×东　　　工作负责人签名：施×媛

8. 确认本工作票 1～6 项

工作负责人签名：施×媛　　　工作许可人签名：何×东

许可开始工作时间：2021 年 03 月 08 日 10 时 40 分

6.【安全措施】运维人员完成工作票所列的安全措施后，与工作负责人进行确认，并分别在各自的票面"已执行"栏内打"√"；其中，接地线编号由工作许可人统一填写。填写内容应按类别分行填写，若出现跨行填写的，仅在末行的"已执行"栏打"√"即可。

【应拉断路器（开关）、隔离开关（刀闸）】
（1）应拉开的开关。
（2）应拉开的闸刀。
（3）应拉至试验或检修位置的开关手车。涉及开关柜修试的工作，工作票中可填写为将手车拉至试验位置。如现场条件允许，也可拉至检修位置。如工作票中填写将手车拉至试验位置，现场手车如要拉至检修位置，由检修人员在实际工作中执行。
（4）应分开的开关操作电源、储能电源。所有拉开的开关对应的操作电源、储能电源均应分开。
（5）应分开的闸刀控制电源、电机电源。所有拉开的闸刀如有对应的控制电源、电机电源均应分开。已分开控制电源、电机电源的闸刀遥控回路已断开，不必再填写将闸刀远方/就地切换开关由"远方"位置切至"就地"位置。
（6）应将拉开的开关远方/就地切换开关由"远方"位置切至"就地"位置。
（7）应分开与停电设备有关的电压互感器、变压器各侧回路。
（8）针对退出保护联跳运行开关出口压板、保护失灵启动压板等安措，如在相应操作票或二次安措票中反应，可不在工作票安全措施栏填写。

【应装接地线、应合接地刀闸】
（1）接地闸刀应填写双重名称即名称、编号。
（2）带地刀的刀闸检修时，应当优先按照《江苏省电力公司关于印发规范带接地刀闸的隔离开关（刀闸）检修时安全措施补充规定的通知》苏电安〔2013〕1713 号文执行，工作票中应当明确采用装设接地线的方式实现"接地"安全措施。如有地市存在相关补充规定，并制定完善的预控措施，确保检修作业安全的前提下，也可采用合接地刀闸的方式实现"接地"安全措施。

【应设遮栏、应挂标示牌及防止二次回路误碰等措施】
（1）已拉开的开关、闸刀、开关手车如无工作，应在对应位置悬挂"禁止合闸，有人工作"标示牌。涉及有具体工作内容的开关、刀闸，可不用悬挂"禁止合闸，有人工作"标示牌。除电压互感器、站用变压器等二次侧回路断开处设置"禁止合闸，有人工作"标示牌外，已拉开的开关、刀闸对应的电源可不用悬挂"禁止合闸，有人工作"标示牌。如工作票只包含站内设备工作，可不设置"禁止合闸，线路有人工作"标示牌。
（2）所有开关柜检修工作均应在相邻运行开关柜、现场设置的围栏上设置"止步，高压危险"标示牌。
（3）在工作人员上下铁架或梯子上，应悬挂"从此上下"标示牌。
（4）应悬挂"在此工作"标示牌的位置为第 4 项"工作任务"栏内填写的设备处，停电作业针对挂牌困难的可将"在此工作"标示牌设置在对应设备支柱、柜外等位置，现场需由工作负责人交代清楚。
（5）应将工作屏柜上联跳运行开关出口压板用红布幔遮盖或者用红色绝缘胶带绑扎。（也可依据实际情况采取拆除垫片等其他安全措施。）
（6）相邻带电设备在安全措施栏中可不具体填写，以相邻带电设备代替即可，但需在"工作地点保留带电部分或注意事项"栏中予以明确。

【工作地点保留带电部分或注意事项（由工作票签发人填写）】
【相邻带电设备】填写与检修设备距离相邻近的带电部位或相邻第一个带电设备情况，以及保护工作地点相邻的其他保护（装置）运行情况，相关设备要明确名称编号，位置要准确。

9. 现场交底，工作班成员确认工作负责人布置的工作任务、人员分工、安全措施和注意事项并签名

潘×、刘×鹏

10. 工作负责人变动情况

原工作负责人_____离去，变更_____为工作负责人。

工作票签发人：_____　　签发时间：____年__月__日__时__分

11. 工作人员变动情况（变动人员姓名，变动日期及时间）

12. 工作票延期

有效期延长到____年__月__日__时__分。

工作负责人签名：_____　　签名时间：____年__月__日__时__分

工作许可人签名：_____　　签名时间：____年__月__日__时__分

13. 每日开工和收工时间（使用一天的工作票不必填写）

收工时间				工作负责人	工作许可人	开工时间				工作许可人	工作负责人
月	日	时	分			月	日	时	分		
03	08	15	20	施×媛	谢×	03	09	09	10	谢×	施×媛

14. 工作终结

全部工作于2021年03月09日15时15分结束，设备及安全措施已恢复至开工前状态，工作人员已全部撤离，材料工具已清理完毕，工作已终结。

工作负责人签名：施×媛　　工作许可人签名：何×东　　已执行

15. 工作票终结

临时遮栏、标示牌已拆除，常用遮栏已恢复。

已拆除的接地线编号___共__组；

【安全距离】工作地点包含一次设备区域时，需填写：与带电部位保持足够的安全距离：××kV 大于×m。

【特种设备】有吊车、斗臂车等大型车辆参与现场工作时，需填写：工作中使用吊车、斗臂车等大型车辆时，应与带电部位保持足够的安全距离：××kV 大于×m。由外包单位负责的工作还需增加：安排运检单位专人在场全过程旁站。

【高处作业】有高处作业时，需填写：高处作业正确使用安全工器具。

【陪停设备】因安全距离不足，导致相邻带电设备需要陪停的设备，需在此栏填写（如根据工作情况需要对陪停设备范围内采取接地、设置围栏、标示牌等措施，应在安全措施栏内明确应拉开的开关、闸刀以及接地、设置围栏、标示牌等安全措施）。

【手车检修】开关柜手车拉至检修位置时，应当在带电触头隔离挡板前设置"止步，高压危险"标示牌。

【容性设备】检修人员在接触电缆、电容器及支架和外壳前应逐相、逐个进行充分放电。

其余安全注意事项，各单位可依据工作内容予以补充完善。

补充工作地点保留带电部分和安全措施（由工作许可人填写）根据现场的实际情况，工作许可人对工作地点保留的带电部分予以补充，不得照抄工作票签发人填写内容，应注明所采取的安全措施或提醒检修人员必须注意的事项。若没有则填"无"，不得空白。

7.【收到工作票时间】
第一种工作票签发和收到时间应为工作前一天（紧急抢修、消缺除外）。
运维人员收到工作票后，对工作票审核无误后，填写收票时间并签名。

8.【工作许可】
许可开始工作时间不得提前于计划工作开始时间。

9.【交底签名】
所有工作班成员在明确了工作负责人、专责监护人交代的工作任务、人员分工、安全措施和注意事项后，在工作负责人所持工作票上签名，不得代签。

10.【工作负责人变动情况】
经工作票签发人同意，在工作票上填写离去和变更的工作负责人姓名及变动时间，同时通知全体作业人员及工作许可人；如工作票签发人无法当面办理，应通过电话通知工作许可人，由工作许可人和原工作负责人在各自所持工作票上填写工作负责人变更情况，并代工作票签发人签名。
工作负责人的变动必须是在该工作票许可之后，如在工作票许可之前需变更工作负责人，则应由工作票签发人重新签发工作票。

11.【工作人员变动情况】
工作人员变动后，工作负责人应及时在所持工作票上写明变动人员姓名、变动日期、时间，并签名。人员变动情况填写格式：××××年××月××日××时××分，××、××加入（离去）。
班组人员每次发生变动，工作负责人要在工作票上即时注明变动情况并签名，不得最后一并签名。

12.【工作票延期】
工作需延期，应在工作计划结束时间前由工作负责人向工作许可人提出申请，办理延期手续。对于需经调度许可的工作，工作许可人还应得到调度许可后，方可与工作负责人办理工作票延期手续。工作票只能延期一次。

13.【每日开工和收工时间（使用一天的工作票不必填写）】
无人值班变电站，每日收工后，工作负责人应电话告知工作许可人，双方分别在各自所持工作票的相应栏内代为签署工作间断时间、姓名。次日复工前，工作负责人应检查安全措施是否完好，电话联系工作许可人申请开工，并做好录音，在得到许可后，双方分别在各自所持工作票相应栏内代为签署开工时间、姓名。工作负责人对安全

已拉开接地刀闸（小车）编号___共___组（台）。

未拆除的接地线编号___共___组；

未拉开接地刀闸（小车）编号___共___组（台）。

已汇报调度值班员。

工作许可人签名：_____　　签名时间：____年___月___日___时___分

16. 备注

（1）指定专责监护人_____负责监护_____

_____（地点及具体工作。）

（2）其他事项：

无。_____

合 格	
审核人	王二

措施有异议的或重要的、危险性较大的工作，工作许可人应到现场办理复工、收工手续。

14.【工作终结】

工作终结时间不应超出计划工作时间或经批准的延期时间。

工作终结后，工作许可人应在工作负责人所持工作票的"工作终结"栏中工作许可人签名右侧空白处加盖红色"已执行"专用章。

15.【工作票终结】

待工作票上安全措施均已拆除，汇报调度后，工作许可人方可进行"工作票终结"手续，并在所持工作票"工作票终结"栏工作许可人签名时间的右侧空白处盖红色"已执行"专用章。

16.【备注】

指定专责监护人

（1）指定专责监护人，应填写被监护人姓名、工作地点及工作内容。

（2）有大型车辆参与现场工作时，应指定专责监护人。

（3）一张工作票上的工作涉及两个及以上开关柜（含前后隔仓）时，开关柜前、后隔仓必须设一名专责监护人。

（4）每一个作业现场开工时均在监护人的监护下进行工作，若一张工作票涉及两个及以上作业现场，工作负责人无法同时全过程监护检修工作，则需增设专责监护人，或者各作业现场轮流开展工作。

其他事项

（1）有吊车参与现场工作时，应明确指挥人员。

（2）未拉开地刀、接地线应当注明原因，可不写明具体拆除时间。

（3）对于工作开始前，票中预安排的工作班成员，如未能在开工时参与现场安全交底的，整体作业开工时，需在备注栏对相关情况说明，如"工作班成员×××作业开工时，未到现场参与工作。"无需在工作票"工作人员变动情况"栏进行人员变动。相关预安排人员实际参与现场作业时，应在备注栏对相关情况说明，如"××××年××月××日××时××分，××、××已接受安全交底并签字，可参与现场工作"。

17.【检查与评价】

各班组每月应对已终结的工作票进行综合评议。经评议票面正确，评议人在工作票"16.备注（2）其他事项"横线右下方顶格加盖红色"合格"评议章并签名；评议为错票，在工作票"16.备注（2）其他事项"横线右下方顶格加盖红色"不合格"评议章并签名。

2.4　变电站内 3/2 接线方式下 500kV 线路保护改定值

一、作业场景情况

（一）工作场景

变电站内 3/2 接线方式下线路保护改定值，线路不停电、保护轮停。

（二）工作任务

500kV 斗山变电站：500kV 斗南 5266 线第一套线路保护改定值。

（三）停电范围

500kV 斗南 5266 线第一套线路保护。

（四）票种选择建议

变电站第二种工作票。

（五）人员分工及安排

本次工作有 1 个作业地点：500kV 斗南 5266 线第一套线路保护屏。参与本次工作的共 2 人（含工作负责人），具体分工为：

娄×（工作负责人）：负责工作的整体协调组织及作业现场安全监护。

朱×（工作班成员）：辅助工作负责人 500kV 斗南 5266 线第一套线路保护改定值工作具体实施。

（六）场景接线图

500kV 斗山变电站一次系统接线图见图 2-4。

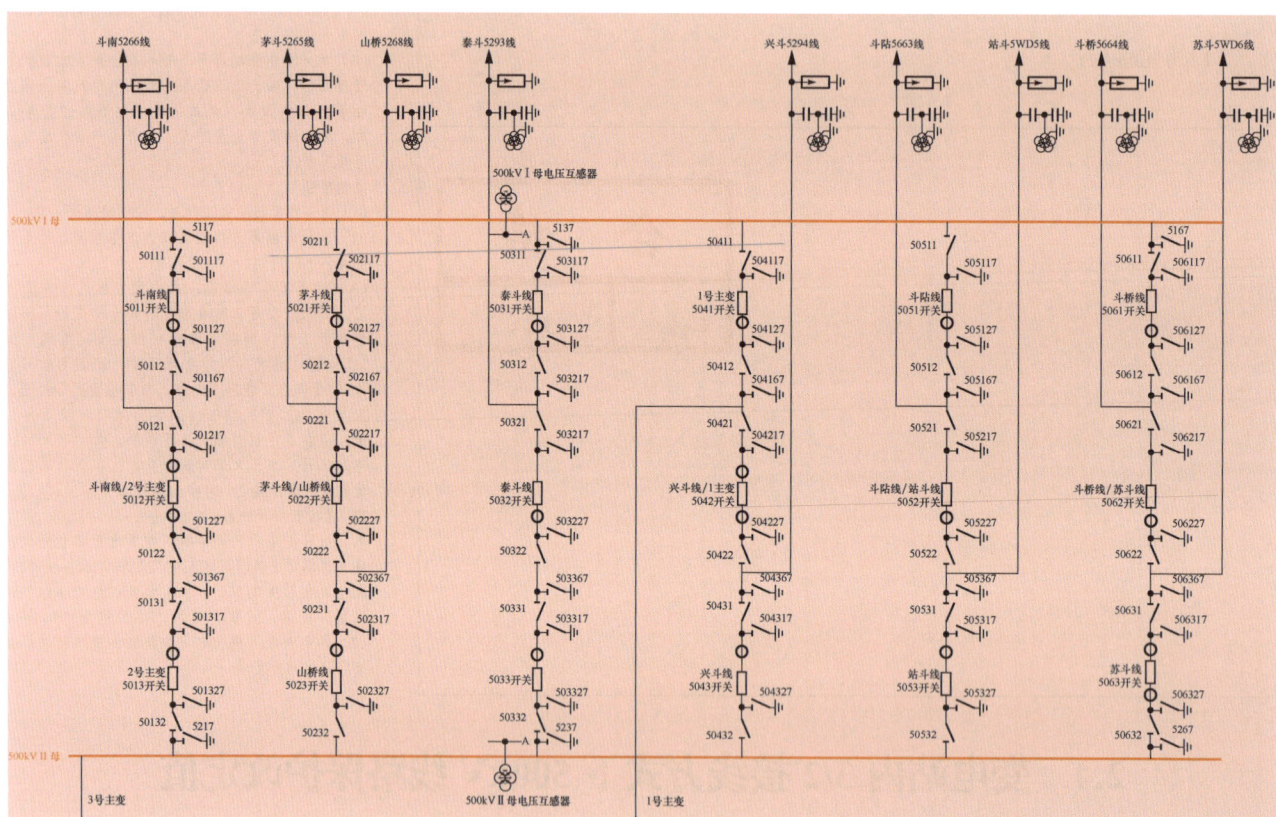

图 2-4　500kV 斗山变电站一次系统接线图

二、工作票样例

变电站第二种工作票

作业风险等级：Ⅴ

单　位：设备管理部 500kV 变电运检中心　　变电站：交流 500kV 斗山变电站

编　号：Ⅱ 202405041

1. 工作负责人（监护人）娄×　　　　班　组：变电二次运检班

2. 工作班人员（不包括工作负责人）

变电二次运检班：朱×。

共　1　人

3. 工作的变、配电站名称及设备双重名称

交流 500kV 斗山变电站：500kV 斗南 5266 线第一套线路保护屏。

4. 工作任务

工作地点及设备双重名称	工作内容
500kV 继电保护室：500kV 斗南 5266 线第一套线路保护屏	保护改定值

5. 计划工作时间

自 2024 年 05 月 29 日 08 时 00 分至 2024 年 05 月 29 日 18 时 00 分。

6. 工作条件（停电或不停电，或邻近及保留带电设备名称）

不停电。

7. 注意事项（安全措施）

（1）申请停用 500kV 斗南 5266 线第一套线路保护。

【票种选择】本次作业为变电站内不停电工作，使用变电站第二种工作票。

1.【班组】对于包含工作负责人在内有两个及以上的班组人员共同进行的工作，应填写"综合班组"。

2.【工作班人员】人员应取得准入资质，安排的人员应进行承载力分析，确保人数适当、充足；如有特种作业应安排具备相应资质的特种作业人员；不同单位或班组需分行填写。
【共×人】不包括工作负责人。

3.【工作的变、配电站名称及设备双重名称】设备双重名称与第 4 项"工作任务"栏内一致。

4.【工作任务】在同一区域内不同设备但工作内容相同的工作任务可以合并填写。同一设备的不同工作内容也可合并填写，第二种工作票整个区域内所有同类型设备均有工作时，允许使用"全部"字样，如"220kV 高压设备区：全部 220kV 设备"。

5.【计划工作时间】填写计划工作开始时间和结束时间，如涉及跟调度申请的保护停用工作，该时间应在调度批准的时间段内。

6.【工作条件】变电站第二种工作票对应"不停电"。

7.【注意事项（安全措施）】
（1）针对挂牌困难的可将"在此工作"标示牌设置在对应设备支柱、柜外等位置，现场需向工作负责人交代清楚。针对部分不停电无法挂牌的作业建议可以不设置"在此工作"标示牌。
可能涉及的工作类型：

（2）工作中加强监护，认清设备位置，仔细核对二次设备状态，仔细核对保护定值，防止误整定。

（3）应在 500kV 斗南 5266 线第一套线路保护屏前后悬挂"在此工作"标示牌。

（4）应将与 500kV 斗南 5266 线第一套线路保护屏相邻的非检修屏用红布幔遮盖。

工作票签发人签名：<u>施×媛</u>　　签发时间：<u>2024</u> 年 <u>05</u> 月 <u>28</u> 日 <u>12</u> 时 <u>00</u> 分

工作票会签人签名：_____　　会签时间：_____ 年___月___日___时___分

8. 补充安全措施（工作许可人填写）

　　<u>无。</u>

9. 确认本工作票 1～8 项

许可工作时间：<u>2024</u> 年 <u>05</u> 月 <u>29</u> 日 <u>14</u> 时 <u>23</u> 分

工作负责人签名：<u>娄×</u>　　工作许可人签名：<u>唐×栋</u>

10. 现场交底，工作班成员确认工作负责人布置的工作任务、人员分工、安全措施和注意事项并签名

　　<u>朱×</u>

11. 工作票延期

　　有效期延长到_____年___月___日___时___分。

工作负责人签名：_____　　签名时间：_____ 年___月___日___时___分

工作许可人签名：_____　　签名时间：_____ 年___月___日___时___分

12. 工作负责人变动情况

　　原工作负责人_____离去，变更_____为工作负责人。

工作票签发人：_____　　签发时间：_____ 年___月___日___时___分

1）标示牌悬挂困难的：可将标示牌挂于对应设备支柱、开关柜外等位置。例如：
a.龙门架鸟窝处理；
b.涉及高处设备；
c.开关柜内具体设备等。
2）不停电工作：涉及单一、具体设备且工作地点固定时，可设置"在此工作"标示牌、二次工作在相邻非检修柜设置红幔。例如：
a.SF₆ 设备单一气室气压低缺陷处理；
b.主变取油样；
c.避雷器泄漏电流表损坏更换；
d.母差保护校验等。
3）涉及同类型设备、全站设备、同一电压等级或区域内所有设备（某一高压区、高压室、继保室等）的同类型工作，以及具体工作设备不明确的工作，可不设置"在此工作"标示牌。
a.站内巡视或检查；
b.站内红外测温；
c.站内局放检测；
d.站内接地网导通试验；
e.站内避雷器带电测量；
f.全站 SF₆ 设备密封性检查、测试及补气；
g.同类型所有保护改定值或二次安措执行、恢复；
h.直流接地检查；
i.站内保洁、除草等变电站文明生产工作；
j.全站封堵检查、全站消防维护、门禁系统、电子围栏、防汛系统、视频维护、空调维护、风机维护等辅助设施维护类工作；
k.场地修理、房屋修理等土建类工作；
l.独立微机五防维护、标示张贴等。
（2）不停电作业非必要可不设置安全围栏，如涉及检修工作中如需将井、坑、孔、洞或沟道等盖板取下、带电设备区域内使用特种作业车辆等情况，应当设置临时围栏。
8.【补充安全措施】不得照抄工作票签发人填写内容，应注明所采取的安全措施或提醒检修人员必须注意的事项。若没有则填"无"，不得空白。
9.【确认本工作票 1～8 项】许可开始工作时间不得提前于计划工作开始时间。
10.【交底签名】所有工作班成员在明确了工作负责人、专责监护人交代的工作任务、人员分工、安全措施和注意事项后，在工作负责人所持工作票上签名，不得代签。

11.【工作票延期】工作需延期，应在工作计划结束时间前由工作负责人向工作许可人提出申请，办理延期手续。对于需经调度许可的工作，工作许可人还应得到调度许可后，方可与工作负责人办理工作票延期手续。工作票只能延期一次。

12.【工作负责人变动情况】经工作票签发人同意，在工作票上填写离去和变更的工作负责人姓名及变动时间，同时通知全体作业人员及工作许可人；如工作票签发人无法当面办理，应通过电话通知工作许可人，由工作许可人和原工作负责人在各自所持工作票上填写工作负责人变更情况，并代工作票签发人签名。
工作负责人的变动必须是在该工作票许可之后，如在工作票许可之前需变更工作负责人，则应由工作票签发人重新签发工作票。

13. 工作人员变动情况（变动人员姓名，变动日期及时间）

_____

14. 每日开工和收工时间（使用一天的工作票不必填写）

收工时间	工作负责人	工作许可人	开工时间	工作许可人	工作负责人

15. 工作终结

　　全部工作于 <u>2024</u> 年 <u>05</u> 月 <u>29</u> 日 <u>15</u> 时 <u>39</u> 分结束，设备及安全措施已恢复至开工前状态，工作人员已全部撤离，材料工具已清理完毕，工作已终结。

工作负责人签名：娄×　　　**工作许可人签名：**唐×栋　　　已执行

16. 备注

无。

合　格

| 审核人 | 王二 |

2.5　变电站内 220kV 母差保护校验

一、作业场景情况

（一）工作场景

变电站内 220kV 母差保护校验。

（二）工作任务

220kV 芙蓉变电站：220kV 母差保护校验。

（三）停电范围

无。

（四）票种选择建议

变电站第二种工作票。

（五）人员分工及安排

本次工作有 1 个作业地点：主控室。参与本次工作的共 3 人（含工作负责人），具体分工为：

陈×（工作负责人）：负责工作的整体协调组织及在主控室对章×杰、朱×进行监护。

章×杰、朱×（工作班成员）：在主控室开展 220kV 母差保护校验工作。

（六）场景接线图

无。

二、工作票样例

变电站第二种工作票

作业风险等级：Ⅴ

单　　位：设备管理部变电检修中心　　　变电站：交流 220kV 芙蓉变电站

编　　号：Ⅱ202412007

1. 工作负责人（监护人）陈×　　　班　　组：变电二次检修二班

2. 工作班人员（不包括工作负责人）

变电二次检修二班：章×杰、朱×。

共 __2__ 人

3. 工作的变、配电站名称及设备双重名称

交流 220kV 芙蓉变：220kV 母差保护屏。

4. 工作任务

工作地点及设备双重名称	工作内容
主控室：220kV 母差保护屏	220kV 母差保护校验

5. 计划工作时间

自 2024 年 12 月 14 日 12 时 00 分至 2024 年 12 月 14 日 16 时 30 分。

【票种选择】本次作业为变电站内不停电工作，使用变电站第二种工作票。

1.【班组】对于包含工作负责人在内有两个及以上的班组人员共同进行的工作，应填写"综合班组"。

2.【工作班人员】人员应取得准入资质，安排的人员应进行承载力分析，确保人数适当、充足；如有特种作业应安排具备相应资质的特种作业人员；不同单位或班组需分行填写。
【共×人】不包括工作负责人。

3.【工作的变、配电站名称及设备双重名称】设备双重名称与第 4 项"工作任务"栏内一致。

4.【工作任务】在同一区域内不同设备但工作内容相同的工作任务可以合并填写。同一设备的不同工作内容也可合并填写，第二种工作票整个区域内所有有同类设备均有工作时，允许使用"全部"字样，如"220kV 高压设备区：全部 220kV 设备"。

5.【计划工作时间】填写计划工作开始时间和结束时间，如涉及跟调度申请的保护停用工作，该时间应在调度批准的时间段内。

6. 工作条件（停电或不停电，或邻近及保留带电设备名称）：

不停电。

7. 注意事项（安全措施）

（1）应停用 220kV 母差保护。

（2）应在 220kV 母差保护屏前后放置"在此工作"标示牌。

（3）应将与 220kV 母差保护屏相邻的非检修屏前后用红布幔遮盖。

（4）工作中加强监护，做好相关二次安措，电压互感器二次回路不得短路或接地，电流互感器二次回路不得开路。

工作票签发人签名：杨×宇　　签发时间：2024 年 12 月 13 日 12 时 00 分

工作票会签人签名：马×敏　　会签时间：2024 年 12 月 13 日 12 时 44 分

8. 补充安全措施（工作许可人填写）：

无。

9. 确认本工作票 1～8 项

许可工作时间：2024 年 12 月 14 日 14 时 23 分

工作负责人签名：陈×　　工作许可人签名：王×怡

10. 现场交底，工作班成员确认工作负责人布置的工作任务、人员分工、安全措施和注意事项并签名

章×杰、周×军

11. 工作票延期

有效期延长到＿＿年＿月＿日＿时＿分。

工作负责人签名：＿＿＿　　签名时间：＿＿年＿月＿日＿时＿分

工作许可人签名：＿＿＿　　签名时间：＿＿年＿月＿日＿时＿分

6.【工作条件】变电站第二种工作票对应"不停电"。

7.【注意事项（安全措施）】
（1）针对挂牌困难的可将"在此工作"标示牌设置在对应设备支柱、柜外等位置，现场需向工作负责人交代清楚。针对部分不停电无法挂牌的作业建议可以不设置"在此工作"标示牌。
可能涉及的工作类型：
1）标示牌悬挂困难的：可将标示牌悬挂于对应设备支柱、开关柜外等位置。例如：
a.龙门架鸟窝处理；
b.涉及高处设备；
c.开关柜内具体设备等。
2）不停电工作：涉及单一、具体设备且工作地点固定时，可设置"在此工作"标示牌、二次工作在相邻非检修屏柜设置红布幔。例如：
a.SF6设备单一气室气压低缺陷处理；
b.主变取油样；
c.避雷器泄漏电流表损坏更换；
d.母差保护校验等。
3）涉及同类型设备、全站设备、同一电压等级或区域内所有设备（某一高压区、高压室、继保室等）的同类型工作，以及具体工作设备不明确的工作，可不设置"在此工作"标示牌。
a.站内巡视或检查；
b.站内红外测温；
c.站内局放检测；
d.站内接地网导通试验；
e.站内避雷器带电测量；
f.全站SF6设备密封性检查、测试及补气；
g.同类型所有保护改定值或二次安措执行、恢复；
h.直流接地检查；
i.站内保洁、除草等变电站文明生产工作；
j.全站封堵检查、全站消防维护、门禁系统、电子围栏、防汛系统、视频维护、空调维护、风机维护等辅助设施维护类工作；
k.场地修理、房屋修理等土建类工作；
l.独立微机五防维护、标示张贴等。
（2）不停电作业非必要可不设置安全围栏，如涉及检修工作中如需将井、坑、孔、洞或沟道等盖板取下、带电设备区域内使用特种作业车辆等情况，应当设置临时围栏。
8.【补充安全措施】不得照抄工作票签发人填写内容，应注明所采取的安全措施或提醒检修人员必须注意的事项。若没有则填"无"，不得空白。
9.【确认本工作票 1～8 项】许可开始工作时间不得提前于计划工作开始时间。
10.【交底签名】所有工作班成员在明确了工作负责人、专责监护人交代的工作任务、人员分工、安全措施和注意事项后，在工作负责人所持工作票上签名，不得代签。
11.【工作票延期】工作需延期，应在工作计划结束时间前由工作负责人向工作许可人提出申请，办理延期手续。对于需经调度许可的工作，工作许可人还应得到调度许可后，方可与工作负责人办理工作票延期手续。工作票只能延期一次。

12. 工作负责人变动情况

原工作负责人_____离去，变更_____为工作负责人。

工作票签发人：_____　　**签发时间：**_____年___月___日___时___分

13. 工作人员变动情况（变动人员姓名，变动日期及时间）

<u>2024 年 12 月 14 日 14 时 23 分周×军加入（工作负责人签名：陈×）</u>

14. 每日开工和收工时间（使用一天的工作票不必填写）

收工时间				工作负责人	工作许可人	开工时间				工作许可人	工作负责人
月	日	时	分			月	日	时	分		

15. 工作终结

全部工作于 <u>2024</u> 年 <u>12</u> 月 <u>14</u> 日 <u>15</u> 时 <u>39</u> 分结束，设备及安全措施已恢复至开工前状态，工作人员已全部撤离，材料工具已清理完毕，工作已终结。

工作负责人签名：陈×　　**工作许可人签名：**王×怡　　[已执行]

16. 备注

<u>工作班成员朱×作业开工时未到场参与工作。</u>

合　格	
审核人	王二

右栏注释：

12.【工作负责人变动情况】经工作票签发人同意，在工作票上填写离去和变更的工作负责人姓名及变动时间，同时通知全体作业人员及工作许可人；如工作票签发人无法当面办理，应通过电话通知工作许可人，由工作许可人和原工作负责人在各自所持工作票上填写工作负责人变更情况，并代工作票签发人签名。

工作负责人的变动必须是在该工作票许可之后，如在工作票许可之前需变更工作负责人，则应由工作票签发人重新签发工作票。

13.【工作人员变动情况】工作人员变动后，工作负责人应及时在所持工作票上写明变动人员姓名、变动日期、时间，并签名。人员变动情况填写格式：××××年××月××日××时××分，××、××加入（离去）。

班组人员每次发生变动，工作负责人要在工作票上即时注明变动情况并签名，不得最后一并签名。

14.【每日开工和收工时间（使用一天的工作票不必填写）】无人值班变电站，每日收工后，工作负责人应电话告知工作许可人，双方分别在各自所持工作票的相应栏内代为签署工作间断时间、姓名。次日复工前，工作负责人应检查安全措施是否完好，电话联系工作许可人申请开工，并做好录音，在得到许可后，双方分别在各自所持工作票相应栏内代为签署开工时间、姓名。工作负责人对安全措施有异议的或重要的、危险性较大的工作，工作许可人应到现场办理复工、收工手续。

15.【工作终结】工作终结时间不应超出计划工作时间或经批准的延期时间。

工作终结后，工作许可人应在工作负责人所持工作票的"工作终结"栏中工作许可人签名右侧空白处加盖红色"已执行"专用章。

16.【备注】

（1）可填写专责监护等票面前面未填写的信息。若一张工作票涉及两个及以上作业现场，工作负责人无法同时全过程监护检修工作，则需要在各个作业现场设置一名专责监护人，或者各作业现场轮流开展工作，以确保每一个作业现场开工时均为在监护人的监护下进行工作。填写时，应填写被监护人姓名、工作地点及工作内容。

（2）对于工作开始前，票中预安排的工作班成员，如未能在开工时参与现场安全交底的，整体作业开工时，需在备注栏对相关情况说明，如"工作班成员×××作业开工时，未到场参与工作。"无需在工作票"工作人员变动情况"栏进行人员变动。相关预安排人员实际参与现场作业时，应在备注栏对相关情况说明，如"××××年××月××日××时××分，××、××已接受安全交底并签字，可参与现场工作"。

17.【检查与评价】

各班组每月应对已终结的工作票进行综合评议。经评议票面正确，评议人在工作票"备注"横线右下方顶格加盖红色"合格"评议章并签名；评议为错票，在工作票"备注"横线右下方顶格加盖红色"不合格"评议章并签名。

2.6　变电站内 220kV 线路保护校验（主控室内）

一、作业场景情况

（一）工作场景

变电站内 220kV 线路保护校验（主控室内）。

（二）工作任务

220kV 璜南变电站 220kV 璜戴 2959 线路保护校验。

（三）停电范围

220kV 璜戴 2959 开关及线路。

（四）票种选择建议

变电站第一种工作票。

（五）人员分工及安排

本次工作有 1 个作业地点：主控室。参与本次工作的共 3 人（含工作负责人），具体分工为：

周×军（工作负责人）：负责工作的整体协调组织及在主控室对陈×、夏×进行监护。

陈×、夏×（工作班成员）：在主控室开展 220kV 璜戴 2959 线路保护校验工作。

（六）场景接线图

220kV 璜南变电站 220kV 璜戴 2959 线路保护校验工作场景接线图见图 2-5。

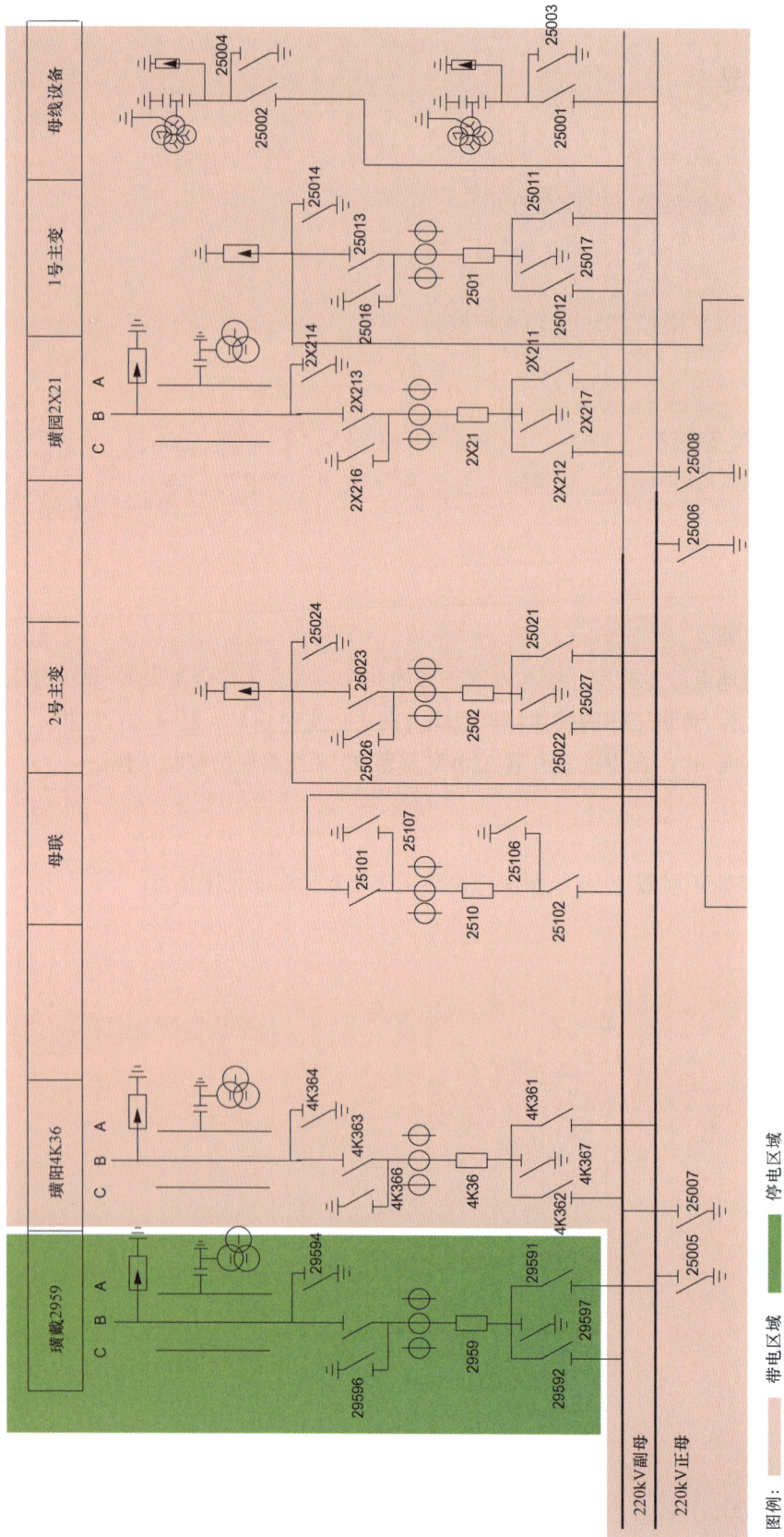

图2-5　220kV璜南变电站220kV璜戴2959线路保护校验工作场景接线图

图例：　■带电区域　■停电区域

二、工作票样例

变电站第一种工作票

作业风险等级：Ⅳ

单　位：设备管理部变电检修中心　　变电站：交流 220kV 璜南变电站

编　号：Ⅰ202412004

1. 工作负责人（监护人）周×军　　班　组：变电二次检修二班

2. 工作班人员（不包括工作负责人）

变电二次检修二班：陈×、夏×。

共 2 人

3. 工作的变、配电站名称及设备双重名称

交流 220kV 璜南变电站：220kV 璜戴 2959 开关 303 保护屏：220kV 璜戴 2959 开关 303 保护装置、220kV 璜戴 2959 开关 931 保护屏：220kV 璜戴 2959 开关 931 保护装置、220kV 璜阳 4K36/璜戴 2959 线测控屏：220kV 璜戴 2959 开关测控装置。

4. 工作任务

工作地点及设备双重名称	工作内容
主控室：220kV 璜戴 2959 开关 303 保护屏：220kV 璜戴 2959 开关 303 保护装置、220kV 璜戴 2959 开关 931 保护屏：220kV 璜戴 2959 开关 931 保护装置	保护校验
主控室：220kV 璜阳 4K36/璜戴 2959 线测控屏：220kV 璜戴 2959 开关测控装置	保护校验

5. 计划工作时间

自 2024 年 12 月 18 日 08 时 00 分至 2024 年 12 月 30 日 18 时 00 分。

【票种选择】本次作业为变电站内停电工作，使用变电站第一种工作票。

1.【班组】对于包含工作负责人在内有两个及以上的班组人员共同进行的工作，应填写"综合班组"。

2.【工作班人员】人员应取得准入资质，安排的人员应进行承载力分析，确保人数适当、充足；如有特种作业应安排具备相应资质的特种作业人员；不同单位或班组需分行填写。
【共×人】不包括工作负责人。

3.【工作的变、配电站名称及设备双重名称】设备双重名称与第 4 项"工作任务"栏内一致。

4.【工作任务】在同一区域内不同设备但工作内容相同的工作任务可合并填写；同一设备的不同工作内容也可合并填写；工作内容应与工作地点对应；按照调度批准的停电申请内容填写。在原工作票的停电及安全措施范围内增加工作任务时，应由工作负责人征得工作票签发人和工作许可人同意，并在工作票上备注栏内增填工作项目。陪停设备不需要在工作任务栏及安全措施栏中反映，可在"工作地点保留带电部分或注意事项"中予以明确。如根据工作情况需要对陪停设备范围内采取接地、设置围栏、标示牌等措施，应在安全措施栏内明确应拉开的开关、闸刀以及接地、设置围栏、标示牌等安全措施。保护校验过程中需传动开关，但不触及开关设备具体工作时，无需将开关作为工作地点列入工作任务栏内。

5.【计划工作时间】填写计划检修起始时间和结束时间，该时间应在调度批准的检修时间段内。

6. 安全措施（必要时可附页绘图说明，红色表示有电）

应拉断路器（开关）、隔离开关（刀闸）	已执行*
应拉开 2959 开关	√
应拉开 29591、29592、29593 闸刀	√
应分开 2959 开关操作电源、储能电源	√
应分开 29591、29592、29593 闸刀控制电源、电机电源	√
应将 2959 开关远方/就地切换开关由"远方"位置切至"就地"位置	√
应断开 2959 线路电压互感器二次侧回路	√
应装接地线、应合接地刀闸（注明确实地点、名称及接地线编号*）	**已执行***
不接地	√
应设遮栏、应挂标示牌及防止二次回路误碰等措施	**已执行***
应在 29591、29592、29593 闸刀操作处分别悬挂"禁止合闸，有人工作"标示牌	√
应在 2959 线路电压互感器二次侧回路断开处悬挂"禁止合闸，有人工作"标示牌	√
应在 220kV 璜戴 2959 开关 303 保护屏、220kV 璜戴 2959 开关 931 保护屏、220kV 璜阳 4K36/璜戴 2959 线测控屏前后放置"在此工作"标示牌	√
应将与 220kV 璜戴 2959 开关 303 保护屏、220kV 璜戴 2959 开关 931 保护屏、220kV 璜阳 4K36/璜戴 2959 线测控屏相邻的非检修屏前后用红布幔遮盖	√
应将 220kV 璜阳 4K36/璜戴 2959 线测控屏上非检修装置、端子排、压板、空气开关、切换开关用红布幔遮盖	√

工作地点保留带电部分或注意事项（由工作票签发人填写）	补充工作地点保留带电部分和安全措施（由工作许可人填写）
【相邻带电设备】相邻 220kV 璜阳 4K36 开关 603 保护屏、220kV 母差保护屏、2 号主变测控屏、220kV 璜园 2X21/母联 2510 线测控屏在运行中，220kV 璜阳 4K36/璜戴 2959 线测控屏内 220kV 璜阳 4K36 开关测控装置在运行中，工作中加强监护，严禁误碰	无

工作票签发人签名：杨×宇　　签发时间：2024 年 12 月 15 日 13 时 53 分

工作票会签人签名：马×敏　　会签时间：2024 年 12 月 17 日 19 时 06 分

6.【安全措施】运维人员完成工作票所列的安全措施后，与工作负责人进行确认，并分别在各自的票面"已执行"栏内打"√"；其中，接地线编号由工作许可人统一填写。填写内容应按类别分行填写，若出现跨行填写的，仅在末行的"已执行"栏打"√"即可。

【应拉断路器（开关）、隔离开关（刀闸）】
（1）应拉开的开关。
（2）应拉开的闸刀。
（3）应拉至试验或检修位置的开关手车。涉及开关柜修试的工作，工作票中可填写为将手车拉至试验位置。如现场条件允许，也可拉至检修位置。如工作票中填写将手车拉至试验位置，现场手车如要拉至检修位置，由检修人员在实际工作中执行。
（4）应分开的开关操作电源、储能电源。所有拉开的开关对应的操作电源、储能电源均应分开。
（5）应分开的闸刀控制电源、电机电源。所有拉开的闸刀如有对应的控制电源、电机电源均应分开。已分开控制电源、电机电源的闸刀遥控回路已断开，不必再填写将闸刀远方/就地切换开关由"远方"位置切至"就地"位置。
（6）应将拉开的开关远方/就地切换开关由"远方"位置切至"就地"位置。
（7）应分开与停电设备有关的电压互感器、变压器各侧回路。
（8）针对退出保护联跳运行开关出口压板、保护失灵启动压板等安措，如在相应操作票或二次安措中反应，可不在工作票安全措施栏填写。

【应装接地线、应合接地刀闸】
（1）接地刀闸应填写双重名称即名称、编号。
（2）带地刀的刀闸检修时，应当优先按照《江苏省电力公司关于印发规范带接地刀闸的隔离开关（刀闸）检修时安全措施补充规定的通知》苏电安运〔2013〕1713 号文执行，工作票中应当明确采用装设接地线的方式实现"接地"安全措施。如有地市存在相关补充规定，并制定完善的预控措施，确保检修作业安全的前提下，也可采用合接地刀闸的方式实现"接地"安全措施。

【应设遮栏、应挂标示牌及防止二次回路误碰等措施】
（1）已拉开的开关、闸刀、开关手车如无工作，应在对应位置悬挂"禁止合闸，有人工作"标示牌。涉及有具体工作内容的开关、刀闸，可不用悬挂"禁止合闸，有人工作"标示牌。除电压互感器、站用变压器二次回路断开处需设置"禁止合闸，有人工作"标示牌外，已拉开的开关、刀闸对应的电源可不用悬挂"禁止合闸，有人工作"标示牌。如工作票只包含站内设备工作，可不设置"禁止合闸，线路有人工作"标示牌。
（2）所有开关柜检修工作均应在相邻运行开关柜、现场设置的围栏上设置"止步，高压危险"标示牌。
（3）在工作人员上下铁架或梯子上，应悬挂"从此上下"标示牌。
（4）应悬挂"在此工作"标示牌的位置为第 4 项"工作任务"栏内填写的设备处，停电作业针对挂牌困难的可将"在此工作"标示牌设置在对应设备支柱、柜外等位置，现场需向工作负责人交代清楚。
（5）应将工作屏柜上联跳运行开关出口压板用红布幔遮盖或者用红色绝缘胶带绑扎。（也可依据实际情况采取拆除垫片等其他安全措施。）
（6）相邻带电设备在安全措施栏中可不具体填写，以相邻带电设备代替即可，但需在"工作地点保留带电部分或注意事项"栏中予以明确。

【工作地点保留带电部分或注意事项（由工作票签发人填写）】
【相邻带电设备】填写与检修设备距离邻近的带电部位或相邻第一个带电设备情况，以及保护工作地点相邻的其他保护（装置）运行情况，相关设备要明确名称编号，位置要准确。

7. 收到工作票时间：<u>2024</u> 年 <u>12</u> 月 <u>17</u> 日 <u>22</u> 时 <u>16</u> 分

运行值班人员签名：<u>陈×</u>　　工作负责人签名：<u>周×军</u>

8. 确认本工作票 1～6 项

工作负责人签名：<u>周×军</u>　　工作许可人签名：<u>陈×</u>

许可开始工作时间：<u>2024</u> 年 <u>12</u> 月 <u>22</u> 日 <u>09</u> 时 <u>50</u> 分

9. 现场交底，工作班成员确认工作负责人布置的工作任务、人员分工、安全措施和注意事项并签名：

　<u>夏×、刘×岺、陈×</u>

10. 工作负责人变动情况

　原工作负责人_____离去，变更_____为工作负责人。

工作票签发人：_____　　签发时间：_____年___月___日___时___分

11. 工作人员变动情况（变动人员姓名，变动日期及时间）

<u>2024 年 12 月 22 日 09 时 50 分刘×岺加入（工作负责人签名：周×军）</u>

<u>2024 年 12 月 22 日 11 时 50 分夏×离去（工作负责人签名：周×军）</u>

12. 工作票延期

　有效期延长到_____年___月___日___时___分。

工作负责人签名：_____　　签名时间：_____年___月___日___时___分

工作许可人签名：_____　　签名时间：_____年___月___日___时___分

13. 每日开工和收工时间（使用一天的工作票不必填写）

收工时间				工作负责人	工作许可人	开工时间				工作许可人	工作负责人
月	日	时	分			月	日	时	分		

【安全距离】工作地点包含一次设备区域时，需填写：与带电部位保持足够的安全距离：××kV 大于×m。

【特种设备】有吊车、斗臂车等大型车辆参与现场工作时，需填写：工作中使用吊车、斗臂车等大型车辆时，应与带电部位保持足够的安全距离：××kV 大于×m。由外包单位负责的工作还需增加：安排运检单位专人在场全过程旁站。

【高处作业】有高处作业时，需填写：高处作业正确使用安全工器具。

【陪停设备】因安全距离不足，导致相邻带电设备需要陪停的设备，需在此栏填写（如根据工作情况需要对陪停设备范围内采取接地、设置围栏、标示牌等措施，应在安全措施栏内明确应拉开的开关、闸刀以及接地、设置围栏、标示牌等安全措施）。

【手车检修】开关柜手车拉至检修位置时，应当在带电触头隔离挡板前设置"止步，高压危险"标示牌。

【容性设备】检修人员在接触电缆、电容器及支架和外壳前应逐相、逐个进行充分放电。

其余安全注意事项，各单位可依据工作内容予以补充完善。

【补充工作地点保留带电部分和安全措施（由工作许可人填写）】根据现场的实际情况，工作许可人对工作地点保留的带电部分予以补充，不得照抄工作票签发人填写内容，应注明所采取的安全措施或提醒检修人员必须注意的事项。若没有则填"无"，不得空白。

7.【收到工作票时间】

第一种工作票签发和收到时间应为工作前一天（紧急抢修、消缺除外）。

运维人员收到工作票后，对工作票审核无误后，填写收票时间并签名。

8.【工作许可】

许可开始工作时间不得提前于计划工作开始时间。

9.【交底签名】

所有工作班成员在明确了工作负责人、专责监护人交代的工作任务、人员分工、安全措施和注意事项后，在工作负责人所持工作票上签名，不得代签。

10.【工作负责人变动情况】

经工作票签发人同意，在工作票上填写离去和变更的工作负责人姓名及变动时间，同时通知全体作业人员及工作许可人；如工作票签发人无法当面办理，应通过电话通知工作许可人，由工作许可人和原工作负责人在各自所持工作票上填写工作负责人变更情况，并代工作票签发人签名。

工作负责人的变动必须是在该工作许可之后，如在工作许可之前需变更工作负责人，则应由工作票签发人重新签发工作票。

11.【工作人员变动情况】

工作人员变动后，工作负责人应及时在所持工作票上写明变动人员姓名、变动日期、时间，并签名。人员变动情况填写格式：××××年××月××日××时××分，××、××加入（离去）。班组人员每次发生变动，工作负责人要在工作票上即时注明变动情况并签名，不得最后一并签名。

12.【工作票延期】

工作需延期，应在工作计划结束时间前由工作负责人向工作许可人提出申请，办理延期手续。对于需经调度许可的工作，工作许可人还应得到调度许可后，方可与工作负责人办理工作票延期手续。工作票只能延期一次。

13.【每日开工和收工时间（使用一天的工作票不必填写）】

无人值班变电站，每日收工后，工作负责人应电话告知工作许可人，双方分别在各自所持工作票的相应栏内代为签署工作间断时间、姓名。次日复工，工作负责人应检查安全措施是否完好，电话联系工作许可人申请开工，并做好录音，在得到许可后，双方分别在各自所持工作票相应栏

14. 工作终结

全部工作于 <u>2024</u> 年 <u>12</u> 月 <u>22</u> 日 <u>12</u> 时 <u>30</u> 分结束，设备及安全措施已恢复至开工前状态，工作人员已全部撤离，材料工具已清理完毕，工作已终结。

工作负责人签名：<u>周×军</u>　　工作许可人签名：<u>陈×</u>

【已执行】

15. 工作票终结

临时遮栏、标示牌已拆除，常用遮栏已恢复。

已拆除的接地线编号___共___组；

已拉开接地刀闸（小车）编号___共___组（台）。

未拆除的接地线编号___共___组；

未拉开接地刀闸（小车）编号___共___组（台）。

已汇报调度值班员。

工作许可人签名：_____　　签名时间：____年__月__日__时__分

16. 备注

（1）指定专责监护人_____负责监护_____

_____（地点及具体工作。）

（2）其他事项：

<u>工作班成员陈×作业开工时未到场参与工作。</u>

<u>2024 年 12 月 22 日 10 时 50 分陈×已接受安全交底并签字，可以参与</u>

<u>现场工作。</u>

合 格	
审核人	王二

（右栏旁注）

内代为签署开工时间、姓名。工作负责人对安全措施有异议的或重要的、危险性较大的工作，工作许可人应到现场办理复工、收工手续。

14.【工作终结】
工作终结时间不应超出计划工作时间或经批准的延期时间。
工作终结后，工作许可人应在工作负责人所持工作票的"工作终结"栏中工作许可人签名右侧空白处加盖红色"已执行"专用章。

15.【工作票终结】
待工作票上安全措施均已拆除，汇报调度后，工作许可人方可进行"工作票终结"手续，并在所持工作票"工作票终结"栏工作许可人签名时间的右侧空白处盖红色"已执行"专用章。

16.【备注】
指定专责监护人
（1）指定专责监护人，应填写被监护人姓名、工作地点及工作内容。
（2）有大型车辆参与现场工作时，应指定专责监护人。
（3）一张工作票上的工作涉及两个及以上开关柜（含前后隔仓）时，开关柜前、后隔仓均必须设一名专责监护人。
（4）每一个作业现场开工均在监护人的监护下进行工作，若一张工作票涉及两个及以上作业现场，工作负责人无法同时全过程监护检修工作，则需增设专责监护人，或者各作业现场轮流开展工作。
其他事项
（1）有吊车参与现场工作时，应明确指挥人员。
（2）未拉开地刀、接地线应当注明原因，可不写明具体拆除时间。
（3）对于工作开始前，票中预安排的工作班成员，如未能在开工时参与现场安全交底的，整体作业开工时，需在备注栏对相关情况说明，如"工作班成员×××作业开工时，未到场参与工作。"无需在工作票"工作人员变动情况"栏进行人员变动。相关预安排人员实际参与现场作业时，应在备注栏对相关情况说明，如"××××年××月××日××时××分，××、××已接受安全交底并签字，可参与现场工作"。

17.【检查与评价】
各班组每月应对已终结的工作票进行综合评议。经评议票面正确，评议人在工作票"16.备注（2）其他事项"横线右下方顶格加盖红色"合格"评议章并签名；评议为错票，在工作票"16.备注（2）其他事项"横线右下方顶格加盖红色"不合格"评议章并签名。

2.7　变电站内备自投（开关柜上）校验

一、作业场景情况

（一）工作场景
变电站内备自投（开关柜上）校验。

（二）工作任务
110kV 凤翔变电站：10kVⅠ、Ⅱ分段 110 备自投保护校验。

（三）停电范围
10kVⅠ、Ⅱ分段 110 开关。

（四）票种选择建议
变电站第一种工作票。

（五）人员分工及安排
本次工作有 1 个作业地点：10kV 高压室。参与本次工作的共 3 人（含工作负责人），具体分工为：

林×杰（工作负责人）：负责工作的整体协调组织及在 10kV 高压室对徐×奇、汪×烨进行监护。

徐×奇、汪×烨（工作班成员）：在 10kV 高压室开展 10kVⅠ、Ⅱ分段 110 备自投保护校验工作。

（六）场景接线图
110kV 凤翔变电站 10kVⅠ、Ⅱ分段 110 备自投保护校验工作场景接线图见图 2-6。

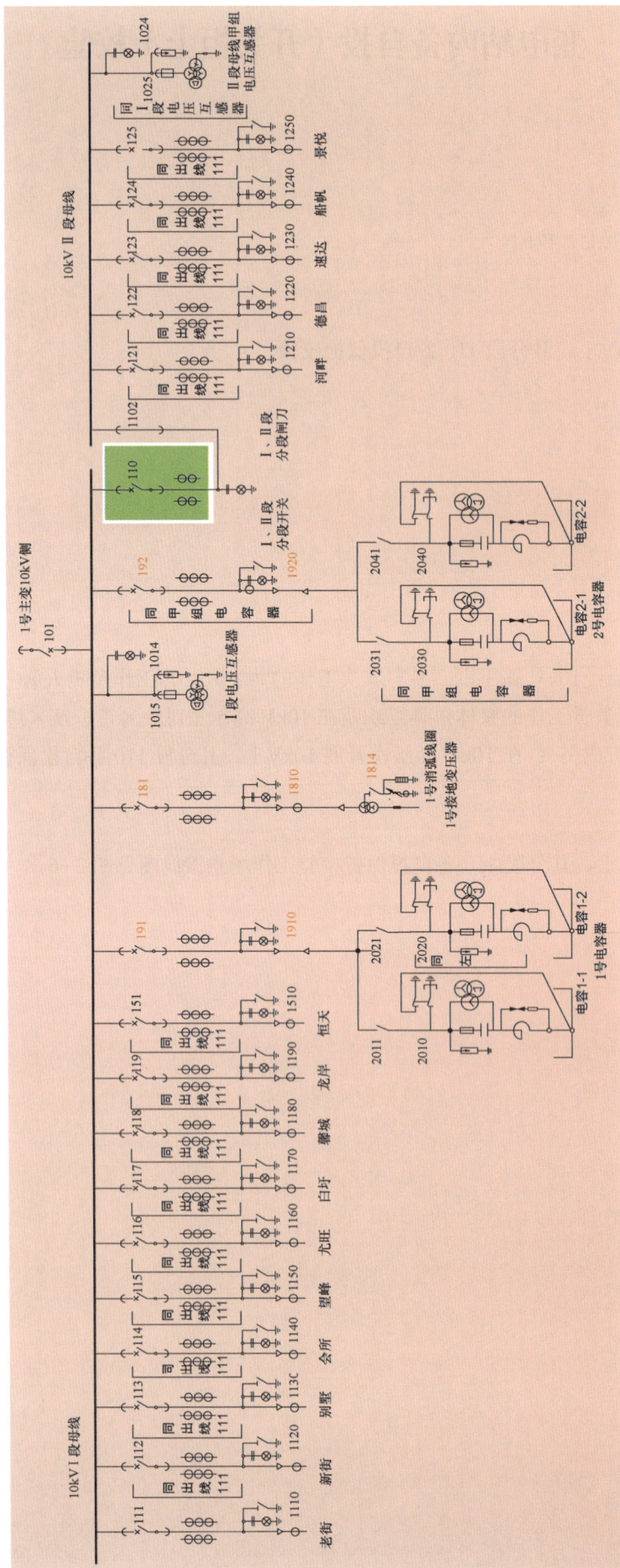

图2-6　110kV凤翔变10kV I、II分段110备自投保护校验工作场景接线图

图例：

常电区域

停电区域

二、工作票样例

变电站第一种工作票

作业风险等级：Ⅳ

单　　位：<u>设备管理部变电检修中心</u>　　变电站：<u>交流 110kV 凤翔变电站</u>

编　　号：<u>Ⅰ 202412001</u>

1. 工作负责人（监护人）<u>林×杰</u>　　班　　组：<u>变电二次检修三班</u>

2. 工作班人员（不包括工作负责人）

<u>变电二次检修三班：徐×奇、汪×烨。</u>

共 <u>2</u> 人

3. 工作的变、配电站名称及设备双重名称

<u>交流 110kV 凤翔变电站：10kVⅠ、Ⅱ分段 110 备自投保护装置、10kV</u>
<u>Ⅰ、Ⅱ分段 110 开关测控装置。</u>

4. 工作任务

工作地点及设备双重名称	工作内容
10kV 高压室：10kVⅠ、Ⅱ分段 110 备自投保护装置、10kVⅠ、Ⅱ分段 110 开关测控装置	备自投保护校验

5. 计划工作时间

自 <u>2024</u> 年 <u>12</u> 月 <u>02</u> 日 <u>09</u> 时 <u>30</u> 分 至 <u>2024</u> 年 <u>12</u> 月 <u>02</u> 日 <u>21</u> 时 <u>00</u> 分。

6. 安全措施（必要时可附页绘图说明，红色表示有电）

应拉断路器（开关）、隔离开关（刀闸）	已执行*
应拉开 110 开关	√

【票种选择】本次作业为变电站内停电工作，使用变电站第一种工作票。

1.【班组】对于包含工作负责人在内有两个及以上的班组人员共同进行的工作，应填写"综合班组"。

2.【工作班人员】人员应取得准入资质，安排的人员应进行承载力分析，确保人数适当、充足；如有特种作业应安排具备相应资质的特种作业人员；不同单位或班组需分行填写。
【共×人】不包括工作负责人。

3.【工作的变、配电站名称及设备双重名称】设备双重名称与第 4 项"工作任务"栏内一致。

4.【工作任务】在同一区域内不同设备但工作内容相同的工作任务可以合并填写。同一设备的不同工作内容也可合并填写；工作内容应与工作地点对应；按照调度批准的停电申请内容填写。在原工作票的停电及安全措施范围内增加工作任务时，应由工作负责人征得工作票签发人和工作许可人同意，并在工作票上备注栏内增填工作项目。陪停设备不需要在工作任务栏及安全措施栏中反映，可在"工作地点保留带电部分或注意事项"中予以明确。如根据工作情况需要对陪停设备范围内采取接地、设置围栏、标示牌等措施，应在安全措施栏内明确应拉开的开关、闸刀以及接地、设置围栏、标示牌等安全措施。保护校验过程中需传动开关，但不触及开关设备具体工作时，无需将开关作为工作地点列入工作任务栏内。

5.【计划工作时间】填写计划检修起始时间和结束时间，该时间应在调度批准的检修时间段内。

6.【安全措施】运维人员完成工作票所列的安全措施后，与工作负责人进行确认，并分别在各自的票面"已执行"栏内打"√"；其中，接地线编号由工作许可人统一填写。填写内容应按类别分行填写，若出现跨行填写的，仅在末行的"已执行"栏打"√"即可。
【应拉断路器（开关）、隔离开关（刀闸）】
（1）应拉开的开关。
（2）应拉开的闸刀。

续表

应拉断路器（开关）、隔离开关（刀闸）	已执行*
应将110开关手车拉至试验位置	√
应分开110开关操作电源、储能电源	√
应将110开关远方/就地切换开关由"远方"位置切至"就地"位置	√
应装接地线、应合接地刀闸（注明确实地点、名称及接地线编号*）	**已执行***
不接地	√
应设遮栏、应挂标示牌及防止二次回路误碰等措施	**已执行***
应在110开关手车操作处悬挂"禁止合闸，有人工作"标示牌	√
应在110备自投保护装置、测控装置处悬挂"在此工作"标示牌	√
应将与110开关柜相邻的非检修柜前用红布幔遮盖	√
应在110开关柜上、相邻两侧和对面间隔上悬挂"止步，高压危险"标示牌	√
应将110开关柜上联跳101、102开关出口压板用红色绝缘胶带绑扎	√

工作地点保留带电部分或注意事项（由工作票签发人填写）	补充工作地点保留带电部分和安全措施（由工作许可人填写）
【相邻带电设备】相邻10kV 2号电容器192开关柜、10kV Ⅰ、Ⅱ分段1102闸刀柜在运行中，工作中加强监护，严禁误碰	无
【安全距离】工作中与带电部位保持足够的安全距离：10kV大于0.7m	

工作票签发人签名：徐×奇　　签发时间：2024年11月30日15时04分

工作票会签人签名：杨×　　会签时间：2024年12月01日14时28分

7. 收到工作票时间： 2024年12月01日18时08分

运行值班人员签名：杨×　　工作负责人签名：林×杰

8. 确认本工作票1～6项

工作负责人签名：林×杰　　工作许可人签名：袁×

许可开始工作时间：2024年12月02日09时57分

（3）应拉至试验或检修位置的开关手车。涉及开关柜修试的工作，工作票中可填写为将手车拉至试验位置。如现场条件允许，也可拉至检修位置。如工作票中填写将手车拉至试验位置，现场手车如要拉至检修位置，由检修人员在实际工作中执行。

（4）应分开的开关操作电源、储能电源。所有拉开的开关对应的操作电源、储能电源均应分开。

（5）应分开的闸刀控制电源、电机电源。所有拉开的闸刀如有对应的控制电源、电机电源均应分开。已分开控制电源、电机电源的闸刀遥控回路已断开，不必再填写将闸刀远方/就地切换开关由"远方"位置切至"就地"位置。

（6）应将拉开的开关远方/就地切换开关由"远方"位置切至"就地"位置。

（7）应分开与停电设备有关的电压互感器、变压器各侧回路。

（8）针对退出保护联跳运行开关出口压板、保护失灵启动压板等措施，如在相应操作票或二次安措票中反应，可不在工作票安全措施栏书写。

【应装接地线、应合接地刀闸】

（1）接地闸刀应填写双重名称即名称、编号。

（2）带刀的刀闸检修时，应当优先按照《江苏省电力公司关于印发规范带接地刀闸的隔离开关（刀闸）检修时安全措施补充规定的通知》苏电安〔2013〕1713号文执行，工作票中应当明确采用装设接地线的方式实现"接地"安全措施。如有地市存在相关补充规定，并制定完善的预控措施，确保检修作业安全的前提下，也可采用合接地刀闸的方式实现"接地"安全措施。

【应设遮栏、应挂标示牌及防止二次回路误碰等措施】

（1）已拉开的开关、闸刀、开关手车如无工作，应在对应位置悬挂"禁止合闸，有人工作"标示牌。涉及有具体工作内容的开关、刀闸，可不用悬挂"禁止合闸，有人工作"标示牌。除电压互感器、站用变压器等二次侧回路断开处需设置"禁止合闸，有人工作"标示牌外，已拉开的开关、刀闸对应的电源可不用悬挂"禁止合闸，有人工作"标示牌。如工作票只包含站内设备工作，可不设置"禁止合闸，线路有人工作"标示牌。

（2）所有开关柜检修工作均应在相邻运行开关柜、现场设置的围栏上设置"止步，高压危险"标示牌。

（3）在工作人员上下铁架或梯子上，应悬挂"从此上下"标示牌。

（4）应悬挂"在此工作"标示牌的位置为第4项"工作任务"栏内填写的设备处，停电作业针对挂牌困难的可将"在此工作"标示牌设置在对应设备支柱、柜外等位置，现场需向工作负责人交代清楚。

（5）应将工作屏柜上联跳运行开关出口压板用红布幔遮盖或者用红色绝缘胶带绑扎。（也可依据实际情况采取拆除垫片等其他安全措施。）

（6）相邻带电设备在安全措施栏中可不具体填写，以相邻带电设备代替即可，但需在"工作地点保留带电部分或注意事项"栏中予以明确。

【工作地点保留带电部分或注意事项（由工作票签发人填写）】

【相邻带电设备】 填写与检修设备距离邻近的带电部位或相邻第一个带电设备情况，以及保护工作地点相邻的其他保护（装置）运行情况，相关设备要明确名称编号，位置要准确。

【安全距离】 工作地点包含一次设备区域时，需填写：与带电部位保持足够的安全距离：××kV大于×m。

【特种设备】 有吊车、斗臂车等大型车辆参与现场工作时，需填写：工作中使用吊车、斗臂车等大型车辆时，应与带电部位保持足够的安全距离：××kV大于×m。由外包单位负责的工作还需增加：安排运检单位专人在场全过程旁站。

【高处作业】 有高处作业时，需填写：高处作业正确使用安全工器具。

9. 现场交底，工作班成员确认工作负责人布置的工作任务、人员分工、安全措施和注意事项并签名

　　徐×奇、孙×杰、汪×烨

10. 工作负责人变动情况

　　原工作负责人_____离去，变更_____为工作负责人。

工作票签发人：_____　　签发时间：_____年___月___日___时___分

11. 工作人员变动情况（变动人员姓名，变动日期及时间）

　　2024 年 12 月 02 日 09 时 57 分孙×杰加入（工作负责人签名：林×杰）

　　2024 年 12 月 02 日 10 时 57 分徐×奇离去（工作负责人签名：林×杰）

12. 工作票延期

　　有效期延长到_____年___月___日___时___分。

工作负责人签名：_____　　签名时间：_____年___月___日___时___分

工作许可人签名：_____　　签名时间：_____年___月___日___时___分

13. 每日开工和收工时间（使用一天的工作票不必填写）

收工时间				工作负责人	工作许可人	开工时间				工作许可人	工作负责人
月	日	时	分			月	日	时	分		

14. 工作终结

　　全部工作于 2024 年 12 月 02 日 16 时 10 分结束，设备及安全措施已恢复至开工前状态，工作人员已全部撤离，材料工具已清理完毕，工作已终结。

工作负责人签名：林×杰　　工作许可人签名：袁×　　　已执行

15. 工作票终结

　　临时遮栏、标示牌已拆除，常用遮栏已恢复。

【陪停设备】因安全距离不足，导致相邻带电设备需要陪停的设备，需在此栏填写（如根据工作情况需要对陪停设备范围内采取接地、设置围栏、标示牌等措施，应在安全措施栏内明确应拉开的开关、闸刀以及接地、设置围栏、标示牌等安全措施）。

【手车检修】开关柜手车拉至检修位置时，应当在带电触头隔离挡板前设置"止步，高压危险"标示牌。

【容性设备】检修人员在接触电缆、电容器及支架和外壳前应逐相、逐个进行充分放电。

其余安全注意事项，各单位可依据工作内容予以补充完善。

【补充工作地点保留带电部分和安全措施（由工作许可人填写）】根据现场的实际情况，工作许可人对工作地点保留的带电部分予以补充，不得照抄工作票签发人填写内容，应注明所采取的安全措施或提醒检修人员必须注意的事项。若没有则填"无"，不得空白。

7.【收到工作票时间】

第一种工作票签发和收到时间应为工作前一天（紧急抢修、消缺除外）。

运维人员收到工作票后，对工作票审核无误后，填写收票时间并签名。

8.【工作许可】

许可开始工作时间不得提前于计划工作开始时间。

9.【交底签名】

所有工作班成员在明确了工作负责人、专责监护人交代的工作任务、人员分工、安全措施和注意事项后，在工作负责人所持工作票上签名，不得代签。

10.【工作负责人变动情况】

经工作票签发人同意，在工作票上填写离去和变更的工作负责人姓名及变动时间，同时通知全体作业人员及工作许可人；如工作票签发人无法当面办理，应通过电话通知工作许可人，由工作许可人和原工作负责人在各自所持工作票上填写工作负责人变更情况，并代工作票签发人签名。

工作负责人的变动必须是在该工作票许可之后，如在工作票许可之前需变更工作负责人，则应由工作票签发人重新签发工作票。

11.【工作人员变动情况】

工作人员变动后，工作负责人应及时在所持工作票上写明变动人员姓名、变动日期、时间，并签名。人员变动情况填写格式：××××年××月××日××时××分，××、××加入（离去）。

班组人员每次发生变动，工作负责人要在工作票上即时注明变动情况并签名，不得最后一并签名。

12.【工作票延期】

工作需延期，应在工作计划结束时间前由工作负责人向工作许可人提出申请，办理延期手续。对于需经调度许可的工作，工作许可人还应得到调度许可后，方可与工作负责人办理工作票延期手续。工作票只能延期一次。

13.【每日开工和收工时间（使用一天的工作票不必填写）】

无人值班变电站，每日收工后，工作负责人应电话告知工作许可人，双方分别在各自所持工作票的相应栏内代为签署工作间断时间、姓名。次日复工前，工作负责人应检查安全措施是否完好，电话联系工作许可人申请开工，并做好录音，在得到许可后，双方分别在各自所持工作票相应栏内代为签署开工时间、姓名。工作负责人对安全措施有异议的或重要的、危险性较大的工作，工作许可人应到现场办理复工、收工手续。

14.【工作终结】

工作终结时间不应超出计划工作时间或经批准的延期时间。

工作终结后，工作许可人应在工作负责人所持工作票的"工作终结"栏中工作许可人签名右侧空白处加盖红色"已执行"专用章。

已拆除的接地线编号___共___组；

已拉开接地刀闸（小车）编号___共___组（台）。

未拆除的接地线编号___共___组；

未拉开接地刀闸（小车）编号___共___组（台）。

已汇报调度值班员。

工作许可人签名：_____ 签名时间：____年__月__日__时__分

16. 备注

（1）指定专责监护人_____负责监护_____

_____（地点及具体工作。）

（2）其他事项：

工作班成员汪×烨作业开工时未到场参与工作。

2024 年 12 月 02 日 10 时 57 分汪×烨已接受安全交底并签字，可以参与现场工作。

> 合 格
>
> 审核人 王二

15.【工作票终结】

待工作票上安全措施均已拆除，汇报调度后，工作许可人方可进行"工作票终结"手续，并在所持工作票"工作票终结"栏工作许可人签名时间的右侧空白处盖红色"已执行"专用章。

16.【备注】

指定专责监护人

（1）指定专责监护人，应填写被监护人姓名、工作地点及工作内容。

（2）有大型车辆参与现场工作时，应指定专责监护人。

（3）一张工作票上的工作涉及两个及以上开关柜（含前后隔仓）时，开关柜前、后隔仓均须设一名专责监护人。

（4）每一个作业现场开工均在监护人的监护下进行工作，若一张工作票上涉及两个及以上作业现场，工作负责人无法同时全过程监护检修工作，则需增设专责监护人，或者各作业现场轮流开展工作。

其他事项

（1）有吊车参与现场工作时，应明确指挥人员。

（2）未拉开地刀、接地线应当注明原因，可不写明具体拆除时间。

（3）对于工作开始前，票中预安排的工作班成员，如未能在开工时参与现场安全交底的，整体作业开工时，需在备注栏对相关情况说明，如"工作班成员×××作业开工时，未到场参与工作。"无需在工作票"工作人员变动情况"栏进行人员变动。相关预安排人员实际参与现场作业时，应在备注栏对相关情况说明，如"××××年××月××日××时××分，××、××已接受安全交底并签字，可参与现场工作"。

17.【检查与评价】

各班组每月应对已终结的工作票进行综合评议。经评议票面正确，评议人在工作票"16.备注（2）其他事项"横线右下方顶格加盖红色"合格"评议章并签名；评议为错票，在工作票"16.备注（2）其他事项"横线右下方顶格加盖红色"不合格"评议章并签名。

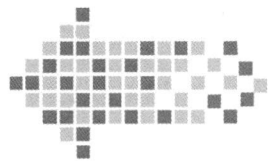

第3章 技 改 大 修

3.1 变电站内 3/2 接线方式下 500kV 线路综合自动化改造

一、作业场景情况

（一）工作场景

变电站内 3/2 接线方式下 500kV 线路综合自动化改造。

（二）工作任务

500kV 岷珠变电站：500kV 廻岷 5264 线及 5012、5013 开关间隔综合自动化改造。

（三）停电范围

500kV 廻岷 5264 线及 5012 开关、5013 开关。

（四）票种选择建议

变电站第一种工作票。

（五）人员分工及安排

本次工作有 3 个作业地点：500kV 设备区、500kV 继电保护室、通信室Ⅰ。参与本次工作的共 10 人（含工作负责人），具体分工为：

尤×建（工作负责人）：负责工作的整体协调组织及作业现场安全监护。

孔×亮、曹×新、张×安、赵×飞、龚×牵、祝×猛、魏×元、程×进、胡×波（工作班成员）：辅助工作负责人 500kV 线路保护综合自动化改造工作具体实施。

（六）场景接线图

500kV 廻岷 5264 线及 5012、5013 开关保护综合自动化改造工作场景接线图见图 3-1。

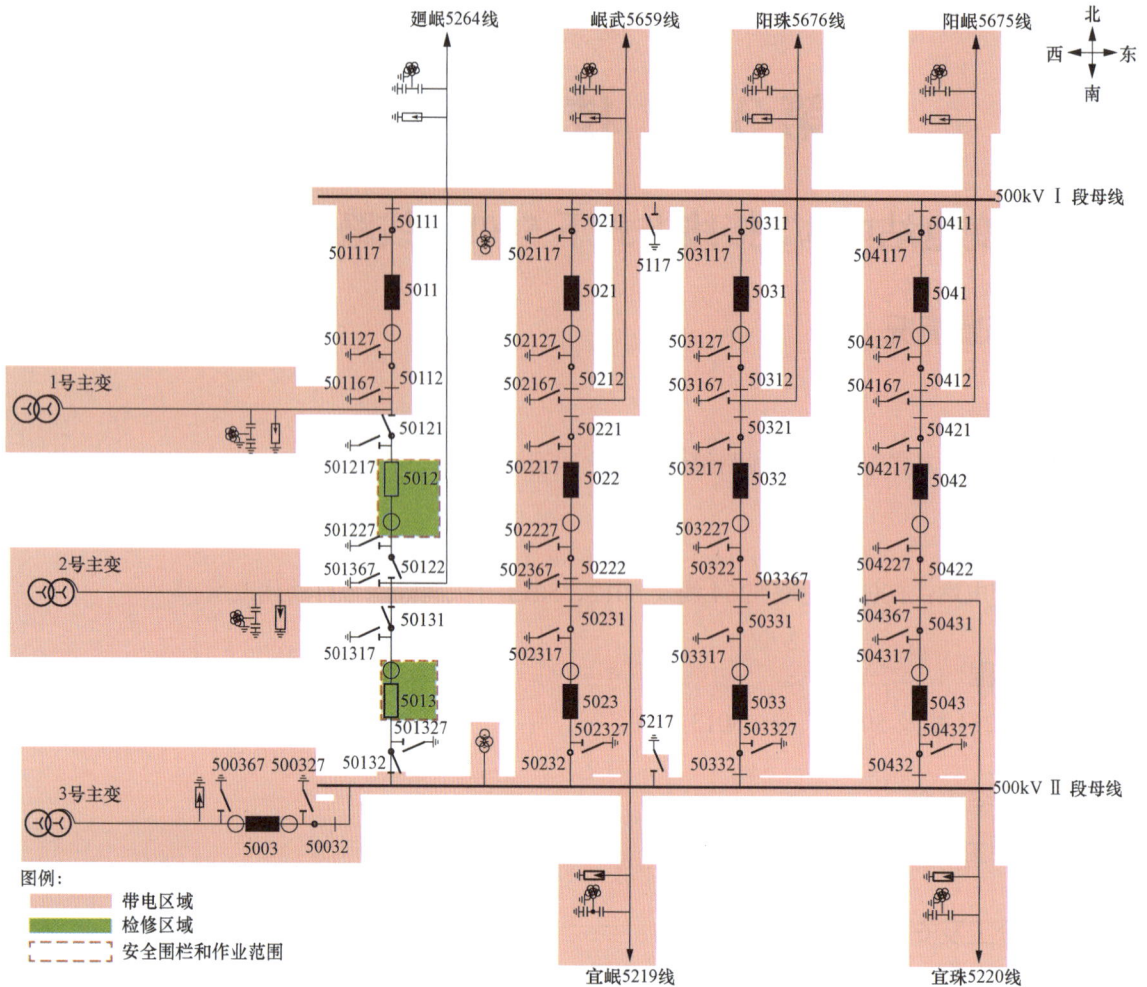

图 3-1 500kV 廻岷 5264 线及 5012、5013 开关保护综合自动化改造工作场景接线图

二、工作票样例

变电站第一种工作票

作业风险等级：IV

单　位：××××工程有限公司　　变电站：交流 500kV 岷珠变电站

编　号：Ⅰ202404002

1. 工作负责人（监护人）尤×建　　**班　组：**变电一班

2. 工作班人员（不包括工作负责人）

××××工程有限公司：孔×亮、曹×新、张×安、赵×飞、龚×牵、

祝×猛、魏×元、程×进、胡×波。

共 9 人

【票种选择】本次作业为变电站内停电工作，使用变电站第一种工作票。

1.【班组】对于包含工作负责人在内有两个及以上的班组人员共同进行的工作，应填写"综合班组"。

2.【工作班人员】人员应取得准入资质，安排的人员应进行承载力分析，确保人数适当、充足；如有特种作业应安排具备相应资质的特种作业人员；不同单位或班组需分行填写。
【共×人】不包括工作负责人。

3. 工作的变、配电站名称及设备双重名称

3.【工作的变、配电站名称及设备双重名称】设备双重名称与第 4 项"工作任务"栏内一致。

交流 500kV 岷珠变电站：500kV 廻岷 5264 线电流互感器端子箱、500kV 1 号主变/廻岷线 5012 开关汇控箱、500kV 廻岷线 5013 开关汇控箱、500kV 廻岷 5264 线电压互感器端子箱、500kV 1 号主变/廻岷线 5012 开关、500kV 廻岷线 5013 开关、500kV 1 号主变/廻岷线 5012 开关端子箱、500kV 廻岷线 5013 开关端子箱、1 号主变/廻岷 5264 线设备单元继电器屏、500kV 廻岷线 5013 开关保护屏、1 号主变/廻岷线 5012 开关保护屏、廻岷 5264 线第一套保护屏、廻岷 5264 线第二套保护屏、1 号主变/廻岷 5264 线设备单元测控屏、机位 18/廻岷 5264 线、岷武 5659 线通信接口屏。

4. 工作任务

4.【工作任务】在同一区域内不同设备但工作内容相同的工作任务可以合并填写。同一设备的不同工作内容也可合并填写；工作内容应与工作地点对应；按照调度批准的停电申请内容填写。在原工作票的停电及安全措施范围内增加工作任务时，应由工作负责人征得工作票签发人和工作许可人同意，并在工作票上备注栏内增填工作项目。陪停设备不需要在工作任务栏及安全措施栏中反映，可在"工作地点保留带电部分或注意事项"中予以明确。如根据工作情况需要对陪停设备范围内采取接地、设置围栏、标示牌等措施，应在安全措施栏内明确应拉开的开关、闸刀以及接地、设置围栏、标示牌等安全措施。保护校验过程中需传动开关，但不触及开关设备具体工作时，无需将开关作为工作地点列入工作任务栏内。

工作地点及设备双重名称	工作内容
500kV 设备区：500kV 廻岷 5264 线电流互感器端子箱、500kV 1 号主变/廻岷线 5012 开关汇控箱、500kV 廻岷线 5013 开关汇控箱、500kV 廻岷 5264 线电压互感器端子箱	配合综自改造电缆敷设、二次接线、回路检查、调试试验、防火封堵施工
500kV 设备区：500kV 1 号主变/廻岷线 5012 开关、500kV 廻岷线 5013 开关	信号核对
500kV 设备区：500kV 1 号主变/廻岷线 5012 开关端子箱、500kV 廻岷线 5013 开关端子箱	配合综自改造电缆敷设、二次接线、回路检查、调试试验、防火封堵施工
500kV 继保室：1 号主变/廻岷 5264 线设备单元继电器屏、500kV 廻岷线 5013 开关保护屏、1 号主变/廻岷线 5012 开关保护屏、廻岷 5264 线第一套保护屏、廻岷 5264 线第二套保护屏	配合综自改造电缆敷设、二次接线、回路检查、调试试验、防火封堵施工
500kV 继保室：1 号主变/廻岷 5264 线设备单元测控屏	屏柜拆除、新屏组立、电缆敷设、二次接线、回路检查、调试试验、防火封堵施工
通信室Ⅰ：机位 18/廻岷 5264 线通信接口屏	电缆敷设及接线，防火封堵施工

5. 计划工作时间

5.【计划工作时间】填写计划检修起始时间和结束时间，该时间应在调度批准的检修时间段内。

自 2024 年 04 月 02 日 08 时 00 分至 2024 年 04 月 05 日 18 时 00 分。

6. 安全措施（必要时可附页绘图说明，红色表示有电）

应拉断路器（开关）、隔离开关（刀闸）	已执行*
应拉开 5012、5013 开关	√
应拉开 50121、50122、50131、50132 闸刀	√
应将 5012、5013 开关"远方/就地"切换开关由"远方"位置切至"就地"位置	√
应分开 5012、5013 开关操作电源、储能电源空气开关	√
应分开 50121、50122、50131、50132 闸刀控制电源空气开关、电机电源空气开关	√
应分开廻崏 5264 线线路电压互感器空气开关	√
应装接地线、应合接地刀闸（注明确实地点、名称及接地线编号*）	**已执行***
应合上 500kV 1 号主变/廻崏线 501217 接地闸刀	√
应合上 500kV 1 号主变/廻崏线 501227 接地闸刀	√
应合上 500kV 廻崏 5264 线 501317 接地闸刀	√
应合上 500kV 廻崏 5264 线 501327 接地闸刀	√
应合上 500kV 廻崏 5264 线 501367 接地闸刀	√
应设遮栏、应挂标示牌及防止二次回路误碰等措施	**已执行***
应在 50121、50122、50131、50132 闸刀操作把手上挂"禁止合闸，有人工作"标示牌	√
应在廻崏 5264 线线路电压互感器二次电压空气开关上挂"禁止合闸，有人工作"标示牌	√
应在 500kV 设备区：500kV 廻崏 5264 线电流互感器端子箱、500kV 1 号主变/廻崏线 5012 开关端子箱、500kV 廻崏线 5013 开关端子箱、500kV 1 号主变/廻崏线 5012 开关汇控箱、500kV 廻崏线 5013 开关汇控箱、500kV 廻崏 5264 线电压互感器端子箱、500kV 1 号主变/廻崏线 5012 开关、500kV 廻崏线 5013 开关四周设置围栏，围栏向内悬挂"止步，高压危险"标示牌，并在围栏入口处悬挂"在此工作""从此进出"标示牌	√
应在 500kV 继保室：1 号主变/廻崏线设备单元继电器屏、1 号主变/廻崏线设备单元测控屏、500kV 廻崏线 5013 开关保护屏、1 号主变/廻崏线 5012 开关保护屏、廻崏 5264 线第一套保护屏、廻崏 5264 线第二套保护屏，通信室Ⅰ：机位 18/廻崏 5264 线通信接口屏前后放置"在此工作"标示牌，并在相邻非检修屏柜前后设置红布幔	√

6.【安全措施】运维人员完成工作票所列的安全措施后，与工作负责人进行确认，并分别在各自的票面"已执行"栏内打"√"；其中，接地线编号由工作许可人统一填写。填写内容应按类别分行填写，若出现跨行填写的，仅在末行的"已执行"栏打"√"即可。

【应拉断路器（开关）、隔离开关（刀闸）】
（1）应拉开的开关。
（2）应拉开的闸刀。
（3）应拉至试验或检修位置的开关手车。涉及开关柜修试的工作，工作票中可填写为将手车拉至试验位置。如现场条件允许，也可拉至检修位置。如工作票中填写将手车拉至试验位置，现场手车如要拉至检修位置，由检修人员在实际工作中执行。
（4）应分开的开关操作电源、储能电源。所有拉开的开关对应的操作电源、储能电源均应分开。
（5）应分开的闸刀控制电源、电机电源。所有拉开的闸刀如有对应的控制电源、电机电源均应分开。已分开控制电源、电机电源的闸刀遥控回路已断开，不必再填写将闸刀远方/就地切换开关由"远方"位置切至"就地"位置。
（6）应将拉开的开关远方/就地切换开关由"远方"位置切至"就地"位置。
（7）应分开与停电设备有关的电压互感器、变压器各侧回路。
（8）针对退出保护联跳运行开关出口压板、保护失灵启动压板等安排，如在相应操作或二次安措票中反应，可不在工作票安全措施栏填写。

【应装接地线、应合接地刀闸】
（1）接地闸刀应填写双重名称即名称、编号。
（2）带电刀的刀闸检修时，应当优先按照《江苏省电力公司关于印发规范带接地刀闸的隔离开关（刀闸）检修时安全措施补充规定的通知》苏电安〔2013〕1713 号文执行，工作票中应当明确采用装设接地线的方式实现"接地"安全措施。如有地市存在相关补充规定，并制定完善的预控措施，确保检修作业安全的前提下，也可采用合接地刀闸的方式实现"接地"安全措施。

【应设遮栏、应挂标示牌及防止二次回路误碰等措施】
（1）已拉开的开关、闸刀、开关手车如无工作，应在对应位置悬挂"禁止合闸，有人工作"标示牌。涉及有具体工作内容的开关、刀闸，可不用悬挂"禁止合闸，有人工作"标示牌。除电压互感器、站用变压器等二次侧回路断开处需设置"禁止合闸，有人工作"标示牌外，已拉开的开关、刀闸对应的电源可不用悬挂"禁止合闸，有人工作"标示牌。如工作票只包含站内设备工作，可不设置"禁止合闸，线路有人工作"标示牌。
（2）所有开关柜检修工作均应在相邻运行开关柜、现场设置的围栏上设置"止步，高压危险"标示牌。
（3）在工作人员上下铁架或梯子上，应悬挂"从此上下"标示牌。
（4）应悬挂"在此工作"标示牌的位置为第 4 项"工作任务"栏内填写的设备处，停电作业针对挂牌困难的可将"在此工作"标示牌设置在对应设备支柱、柜外等位置，现场需向工作负责人交代清楚。
（5）应将工作屏柜上联跳运行开关出口压板用红布幔遮盖或者用红色绝缘胶带绑扎。（也可依据实际情况采取拆除垫片等其他安全措施。）
（6）相邻带电设备在安全措施栏中可不具体填写，以相邻带电设备代替即可，但需在"工作地点保留带电部分或注意事项"栏中予以明确。

工作地点保留带电部分或注意事项 （由工作票签发人填写）	补充工作地点保留带电部分和 安全措施（由工作许可人填写）
1）【相邻带电设备】相邻 1 号主变 5011 开关保护屏、500kV 岷武 5659 线/宜岷 5219 线设备单元测控屏、500kV Ⅰ 母第一套母差保护屏、1 号主变保护屏Ⅲ均在运行中，防止误碰。 2）【相邻带电设备】1 号主变/廻岷 5264 线设备单元测控屏内 1 号主变 5011 测控装置及 1 号主变 500kV 侧测控装置均在运行中，防止误碰。 3）【相邻带电设备】500kV Ⅰ 段母线及相邻 1 号主变、2 号主变、500kV 1 号主变 5011 开关间隔、500kV 3 号主变 5003 开关及高跨线、2 号主变 500kV 侧压变及避雷器及高跨线、1 号主变 500kV 侧压变及避雷器及高跨线、2 号主变 500kV 侧压变端子箱、1 号主变 500kV 侧压变端子箱、1 号主变 500kV 侧流变端子箱、500kV Ⅰ 号主变 5011 开关端子箱、500kV 3 号主变 5003 开关汇控箱均在运行中，工作时严格保持与带电部位的安全距离：500kV 大于 5m。 4）在交直流电源等带电回路进行拆接线、测试时应使用合格的绝缘工具，严防交直流短路接地和人身触电。 5）进行二次电缆敷设时，掀电缆盖板要注意轻拿轻放，不得踩踏运行电缆，杜绝生拉硬拽、野蛮施工，防止损坏运行中二次电缆、误跳运行中设备；电缆穿入箱柜前，做好绝缘措施，设专人引接，避免电缆裸露的芯线碰到运行设备及端子。	无

工作票签发人签名： 余×   **签发时间：** 2024 年 04 月 01 日 10 时 54 分

工作票会签人签名： 周×   **会签时间：** 2024 年 04 月 01 日 18 时 12 分

7. 收到工作票时间： 2024 年 04 月 01 日 18 时 18 分

运行值班人员签名： 吴×峰   **工作负责人签名：** 尤×建

8. 确认本工作票 1～6 项

工作负责人签名： 尤×建   **工作许可人签名：** 吴×峰

许可开始工作时间： 2024 年 04 月 02 日 14 时 40 分

9. 现场交底，工作班成员确认工作负责人布置的工作任务、人员分工、安全措施和注意事项并签名

孔×亮、曹×新、张×安、赵×飞、龚×牵、祝×猛、魏×元、程×进、胡×波

【工作地点保留带电部分或注意事项（由工作票签发人填写）】

【相邻带电设备】填写与检修设备距离邻近的带电部位或相邻第一个带电设备情况，以及保护工作地点相邻的其他保护（装置）运行情况，相关设备要明确名称编号，位置要准确。

【安全距离】工作地点包含一次设备区域时，需填写：与带电部位保持足够的安全距离：××kV 大于×m。

【特种设备】有吊车、斗臂车等大型车辆参与现场工作时，需填写：工作中使用吊车、斗臂车等大型车辆时，应与带电部位保持足够的安全距离：××kV 大于×m。由外包单位负责的工作还需增加：安排运检单位专人在场全过程旁站。

【高处作业】有高处作业时，需填写：高处作业正确使用安全工器具。

【陪停设备】因安全距离不足，导致相邻带电设备需要陪停的设备，需在此栏填写（如根据工作情况需要对陪停设备范围内采取接地、设置围栏、标示牌等措施，应在安全措施栏内明确应拉开的开关、闸刀以及接地、设置围栏、标示牌等安全措施。

【手车检修】开关柜手车拉至检修位置时，应当在带电触头隔离挡板处设置"止步，高压危险"标示牌。

【容性设备】检修人员在接触电缆、电容器及支架和外壳前应逐相、逐个进行充分放电。

其余安全注意事项，各单位可依据工作内容予以补充完善。

【补充工作地点保留带电部分和安全措施（由工作许可人填写）】根据现场的实际情况，工作许可人对工作地点保留的带电部分予以补充，不得照抄工作票签发人填写内容，应注明所采取的安全措施或提醒检修人员必须注意的事项。若没有则填"无"，不得空白。

7.【收到工作票时间】
第一种工作票签发和收到时间应为工作前一天（紧急抢修、消缺除外）。
运维人员收到工作票后，对工作票审核无误后，填写收票时间并签名。

8.【工作许可】
许可开始工作时间不得提前于计划工作开始时间。

9.【交底签名】
所有工作班成员在明确了工作负责人、专责监护人交代的工作任务、人员分工、安全措施和注意事项后，在工作负责人所持工作票上签名，不得代签。

10. 工作负责人变动情况

原工作负责人_____离去，变更_____为工作负责人。

工作票签发人：_____　　签发时间：_____年___月___日___时___分

11. 工作人员变动情况（变动人员姓名，变动日期及时间）

_____

12. 工作票延期

有效期延长到_____年___月___日___时___分。

工作负责人签名：_____　　签名时间：_____年___月___日___时___分

工作许可人签名：_____　　签名时间：_____年___月___日___时___分

13. 每日开工和收工时间（使用一天的工作票不必填写）

收工时间				工作负责人	工作许可人	开工时间				工作许可人	工作负责人
月	日	时	分			月	日	时	分		
04	02	18	40	尤×建	吴×峰	04	03	08	35	吴×峰	尤×建
04	03	18	05	尤×建	谢×	04	04	08	25	何×东	尤×建
04	04	18	37	尤×建	谢×	04	05	08	32	何×东	尤×建

14. 工作终结

全部工作于<u>2024</u>年<u>04</u>月<u>05</u>日<u>15</u>时<u>45</u>分结束，设备及安全措施已恢复至开工前状态，工作人员已全部撤离，材料工具已清理完毕，工作已终结。

工作负责人签名：<u>尤×建</u>　　工作许可人签名：<u>陆×</u>　　已执行

15. 工作票终结

临时遮栏、标示牌已拆除，常用遮栏已恢复。

已拆除的接地线编号 <u>无</u> 共 <u>0</u> 组；

已拉开接地刀闸（小车）编号 <u>无</u> 共 <u>0</u> 组（台）。

未拆除的接地线编号 <u>无</u> 共 <u>0</u> 组；

10.【工作负责人变动情况】
经工作票签发人同意，在工作票上填写离去和变更的工作负责人姓名及变动时间，同时通知全体作业人员及工作许可人；如工作票签发人无法当面办理，应通过电话通知工作许可人，由工作许可人和原工作负责人在各自所持工作票上填写工作负责人变更情况，并代工作票签发人签名。
工作负责人的变动必须是在该工作票许可之后，如在工作票许可之前需变更工作负责人，则应由工作票签发人重新签发工作票。

11.【工作人员变动情况】
工作人员变动后，工作负责人应及时在所持工作票上写明变动人员姓名、变动日期、时间，并签名。人员变动情况填写格式：××××年××月××日××时××分，××、××加入（离去）。班组人员每次发生变动，工作负责人要在工作票上即时注明变动情况并签名，不得最后一并签名。

12.【工作票延期】
工作需延期，应在工作计划结束时间前由工作负责人向工作许可人提出申请，办理延期手续。对于需经调度许可的工作，工作许可人还应得到调度许可后，方可与工作负责人办理工作票延期手续。工作票只能延期一次。

13.【每日开工和收工时间（使用一天的工作票不必填写）】
无人值班变电站，每日收工后，工作负责人应电话告知工作许可人，双方分别在各自所持工作票的相应栏内代为签署工作间断时间、姓名。次日复工前，工作负责人应检查安全措施是否完好，电话联系工作许可人申请开工，并做好录音，在得到许可后，双方分别在各自所持工作票相应栏内代为签署开工时间、姓名。工作负责人对安全措施有异议的或重要的、危险性较大的工作，工作许可人应到现场办理复工、收工手续。

14.【工作终结】
工作终结时间不应超出计划工作时间或经批准的延期时间。
工作终结后，工作许可人应在工作负责人所持工作票的"工作终结"栏中工作许可人签名右侧空白处加盖红色"已执行"专用章。

15.【工作票终结】
待工作票上安全措施均已拆除，汇报调度后，工作许可人方可进行"工作票终结"手续，并在所持工作票"工作票终结"栏工作许可人签名时间的右侧空白处盖红色"已执行"专用章。

未拉开接地刀闸（小车）编号　501217、501227、501317、501327、501367 共 5 组（台），已汇报调度值班员。

工作许可人签名： 吴×峰　　**签名时间：** 2024 年 04 月 05 日 15 时 20 分

16. 备注

（1）指定专责监护人＿＿＿＿＿负责监护＿＿＿＿＿＿＿＿＿＿＿＿＿＿＿

＿＿＿＿＿＿＿＿＿＿＿＿＿＿＿＿＿＿＿＿（地点及具体工作。）

（2）其他事项：

501217、501227、501317、501327、501367 接地闸刀为借网调 2024036282 调度令内接地闸刀，故未拉开。

合　格	
审核人	王二

16.【备注】
指定专责监护人
（1）指定专责监护人，应填写被监护人姓名、工作地点及工作内容。
（2）有大型车辆参与现场工作时，应指定专责监护人。
（3）一张工作票上的工作涉及两个及以上开关柜（含前后隔仓）时，开关柜前、后隔仓均必须设一名专责监护人。
（4）每一个作业现场开工时均在监护人的监护下进行工作，若一张工作票上涉及两个以上作业现场，工作负责人无法同时全过程监护检修工作，则需增设专责监护人，或者各作业现场轮流开展工作。
其他事项
（1）有吊车参与现场工作时，应明确指挥人员。
（2）未拉开地刀、接地线应当注明原因，可不写明具体拆除时间。
（3）对于工作开始前，票中预安排的工作班成员，如未能在开工时参与现场安全交底的，整体作业开工时，需在备注栏对相关情况说明，如"工作班成员×××作业开工时，未到场参与工作。"无需在工作票"工作人员变动情况"栏进行人员变动。相关预安排人员实际参与现场作业时，应在备注栏对相关情况说明，如"××××年××月××日××时××分，××、××已接受安全交底并签字，可参与现场工作"。
17.【检查与评价】
各班组每月应对已终结的工作票进行综合评议。经评议票面正确，评议人在工作票"16.备注（2）其他事项"横线右下方顶格加盖红色"合格"评议章并签名；评议为错票，在工作票"16.备注（2）其他事项"横线右下方顶格加盖红色"不合格"评议章并签名。

3.2　变电站内 500kV 电流互感器更换

一、作业场景情况

（一）工作场景
变电站内 500kV 电流互感器更换。

（二）工作任务
500kV 岷珠变电站 500kV 宜珠线 5043 开关电流互感器更换。

（三）停电范围
500kV 宜珠线 5043 开关，500kV 阳岷线/宜珠线 5042 开关，500kV 宜珠 5220 线。

（四）票种选择建议
变电站第一种工作票。

（五）人员分工及安排
本次工作有 1 个作业地点，参与本次工作的共 8 人（含工作负责人），具体分工为：
朱×清（工作负责人）：负责工作的整体协调组织及作业现场安全监护。

高×（工作班成员）：辅助工作负责人加强作业现场安全管理。

金×月、陈×亮、王×勇、程×森、罗×坤（工作班成员）：负责岷珠变 500kV 宜珠线 5043 开关电流互感器更换工作的具体实施。

陆×明负责操作特种车辆。

（六）场景接线图

500kV 岷珠变电站 500kV 宜珠线 5043 开关电流互感器更换作业场景接线图见图 3-2。停电范围：500kV 宜珠线 5043 开关；500kV 阳岷线/宜珠线 5042 开关；500kV 宜珠 52220 线。

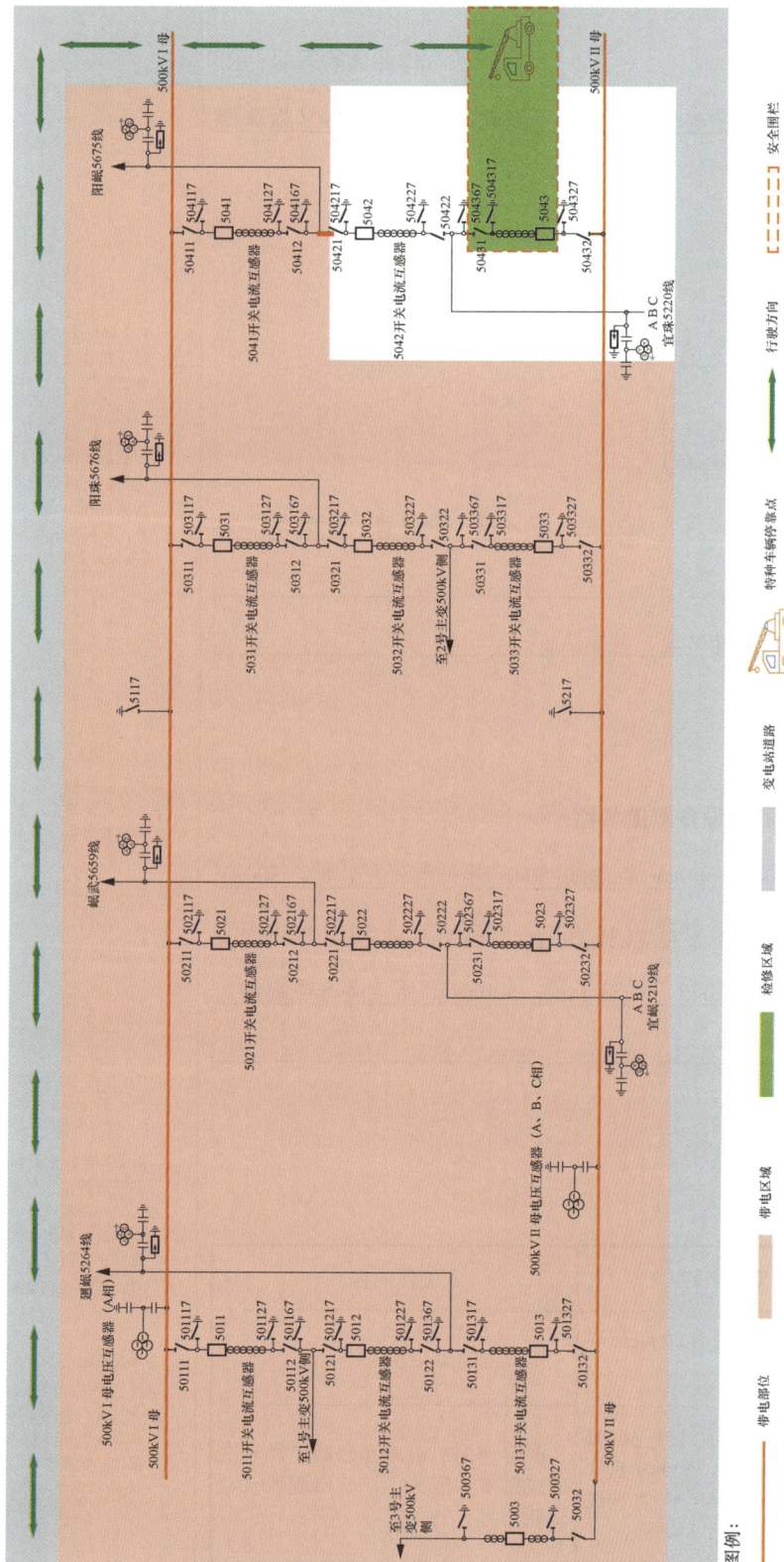

图3-2 500kV岷珠变电站500kV宜珠线5043开关电流互感器更换作业场景接线图

图例：

—— 带电部位	带电区域	检修区域	变电站道路
行驶方向	特种车辆停靠点	安全围栏	

二、工作票样例

变电站第一种工作票

作业风险等级：III

单　位：设备管理部 500kV 变电运检中心　　变电站：交流 500kV 岷珠变电站

编　号：Ⅰ202412020

1. 工作负责人（监护人）朱×清　　　　班　组：综合班组

2. 工作班人员（不包括工作负责人）

变电修试五班：高×、金×月、陈×亮、王×勇、程×森、罗×坤，共 6 人。

××××集团有限公司：陆×明，共 1 人。

共 7 人

3. 工作的变、配电站名称及设备双重名称

交流 500kV 岷珠变电站：500kV 宜珠线 5043 开关电流互感器，500kV 宜珠线 50431 闸刀，500kV 宜珠线 5043 开关，500kV 宜珠 5220 线电流互感器端子箱，500kV 宜珠线 5043 开关端子箱，500kV 高压设备区电缆沟，主控楼西侧场地。

4. 工作任务

工作地点及设备双重名称	工作内容
500kV 高压设备区：500kV 宜珠线 5043 开关电流互感器	电流互感器更换
500kV 高压设备区：500kV 宜珠线 50431 闸刀、500kV 宜珠线 5043 开关、500kV 宜珠 5220 线电流互感器端子箱、500kV 宜珠线 5043 开关端子箱	配合 5043 电流互感器更换一次引线拆除、安装，二次电缆敷设、接线
500kV 高压设备区：电缆沟	电缆敷设，防火封堵施工

右侧栏注释：

【票种选择】本次作业为变电站内停电工作，使用变电站第一种工作票。

1.【班组】对于包含工作负责人在内有两个以上的班组人员共同进行的工作，应填写"综合班组"。

2.【工作班人员】人员应取得准入资质，安排的人员应进行承载力分析，确保人数适当、充足；如有特种作业应安排具备相应资质的特种作业人员；不同单位或班组需分行填写。
【共×人】不包括工作负责人。

3.【工作的变、配电站名称及设备双重名称】设备双重名称与第 4 项"工作任务"栏内一致。

4.【工作任务】在同一区域内不同设备但工作内容相同的工作任务可以合并填写。同一设备的不同工作内容也可合并填写；工作内容应与工作地点对应；按照调度批准的停电申请内容填写。在原工作票的停电及安全措施范围内增加工作任务时，应由工作负责人征得工作票签发人和工作许可人同意，并在工作票上备注栏内增填工作项目。陪停设备不需要在工作任务栏及安全措施栏中反映，可在"工作地点保留带电部分或注意事项"中予以明确。如根据工作情况需要对陪停设备范围内采取接地、设置围栏、标示牌等措施，应在安全措施栏内明确应拉开的开关、闸刀以及接地、设置围栏、标示牌等安全措施。保护校验过程中需传动开关，但不触及开关设备具体工作时，无需将开关作为工作地点列入工作任务栏内。

5. 计划工作时间

自 <u>2024 年 12 月 18 日 08 时 00 分</u>至 <u>2024 年 12 月 24 日 18 时 00 分</u>。

6. 安全措施（必要时可附页绘图说明，红色表示有电）

应拉断路器（开关）、隔离开关（刀闸）	已执行*
应拉开 5042、5043 开关	√
应分开 5042、5043 开关操作电源、储能电源空气开关	√
应将 5042、5043 开关"远方/就地"切换开关切至"就地"位置	√
应拉开 50421、50422、50431、50432 闸刀	√
应分开 50421、50422、50431、50432 闸刀操作电源、电机电源空气开关	√
应分开 500kV 宜珠 5220 线电压互感器二次侧空气开关	√
应装接地线、应合接地刀闸（注明确实地点、名称及接地线编号*）	**已执行***
应合上 500kV 宜珠线 504317 接地闸刀	√
应合上 500kV 宜珠线 504327 接地闸刀	√
应合上 500kV 宜珠线 504367 接地闸刀	√
应设遮栏、应挂标示牌及防止二次回路误碰等措施	**已执行***
应在 5042 开关及 50421、50422、50432 闸刀操作处、500kV 宜珠 5220 线电压互感器二次侧空气开关分别悬挂"禁止合闸，有人工作"牌	√
应在 5043 开关电流互感器、50431 闸刀、5043 开关、500kV 宜珠 5220 线电流互感器端子箱、500kV 宜珠线 5043 开关端子箱、主控楼西侧场地处悬挂"在此工作"标示牌	√
应在 5043 开关电流互感器，50431 闸刀，5043 开关、500kV 宜珠 5220 线电流互感器端子箱、500kV 宜珠线 5043 开关端子箱、主控楼西侧场地、500kV 高压设备区电缆沟电缆盖板掀开与相邻运行设备间设置临时围栏，在围栏上悬挂适量"止步，高压危险"标示牌，标示牌应朝向围栏里面，并在围栏出入口处悬挂"在此工作""从此进出"标示牌	√

工作地点保留带电部分或注意事项（由工作票签发人填写）	补充工作地点保留带电部分和安全措施（由工作许可人填写）
【相邻带电设备】相邻 500kV Ⅰ、Ⅱ 段母线及相邻 500kV 阳岷线 5041 开关间隔、2 号主变 500kV 侧 5033 开关间隔、500kV 阳珠线/2 号主变 5032 开关间隔在运行中、500kV 阳岷线/宜珠线 50421 闸刀线路侧、500kV 宜珠线 50432 闸刀母线侧带电，严禁误碰。 【安全距离】工作时与带电部位保持足够安全距离：500kV 大于 5m。 【特种设备】工作中使用吊车、斗臂车等大型车辆时，应与带电部位保持足够的安全距离：500kV 应大于 8.5m。	无

5.【计划工作时间】填写计划检修起始时间和结束时间，该时间应在调度批准的检修时间段内。

6.【安全措施】运维人员完成工作票所列的安全措施后，与工作负责人进行确认，并分别在各自的票面"已执行"栏内打"√"；其中，接地线编号由工作许可人统一填写。填写内容应按类别分行填写，若出现跨行填写的，仅在末行的"已执行"栏打"√"即可。
【应拉断路器（开关）、隔离开关（刀闸）】
（1）应拉开的开关。
（2）应拉开的闸刀。
（3）应拉至试验或检修位置的开关手车。涉及开关柜检修的工作，工作票中可填写为将手车拉至试验位置。如现场条件允许，也可拉至检修位置。如工作票中填写将手车拉至试验位置，现场手车如要拉至检修位置，由检修人员在实际工作中执行。
（4）应分开的开关操作电源、储能电源。所有拉开的开关对应的操作电源、储能电源均应分开。
（5）应分开的闸刀控制电源、电机电源。所有拉开的闸刀如有对应的控制电源、电机电源均应分开。已分闸控制电源、电机电源的闸刀遥控回路已断开，不必再填写将闸刀远方/就地切换开关由"远方"位置切至"就地"位置。
（6）应将拉开的开关远方/就地切换开关由"远方"位置切至"就地"位置。
（7）应分开与停电设备有关的电压互感器、变压器各侧回路。
（8）针对退出保护联跳运行开关出口压板、保护失灵启动压板等安排，如在相应操作票或二次安措票中反应，可不在工作票安全措施栏填写。
【应装接地线、应合接地刀闸】
（1）接地闸刀应填写双重名称即名称、编号。
（2）带地刀的刀闸检修时，应当优先按照《江苏省电力公司关于印发规范带接地刀闸的隔离开关（刀闸）检修时安全措施补充规定的通知》苏电安〔2013〕1713 号文执行，工作票中应当明确采用装设接地线的方式实现"接地"安全措施。如有地市供电公司存在相关补充规定，并制定完善的预控措施，确保检修作业安全的前提下，也可采用合接地刀闸的方式实现"接地"安全措施。
【应设遮栏、应挂标示牌及防止二次回路误碰等措施】
（1）已拉开的开关、闸刀、开关手车如无工作，应在对应位置悬挂"禁止合闸，有人工作"牌。涉及有具体工作内容的开关、刀闸，可不用悬挂"禁止合闸，有人工作"标示牌。除电压互感器、站用变压器等二次侧回路断开处需设置"禁止合闸，有人工作"标示牌外，已拉开的开关、刀闸对应的电源可不用悬挂"禁止合闸，有人工作"标示牌。如工作票只包含站内设备工作，可不设置"禁止合闸，线路有人工作"标示牌。
（2）所有开关柜检修工作均应在相邻运行开关柜、现场设置的围栏上设置"止步，高压危险"标示牌。
（3）在工作人员上下铁架或梯子上，应悬挂"从此上下"标示牌。
（4）应悬挂"在此工作"标示牌的位置为第 4 项"工作任务"栏内填写的设备处，停电作业针对挂牌困难的可将"在此工作"标示牌设置在对应设备支柱、柜外等位置，现场需向工作负责人交代清楚。
（5）应将工作屏柜上联跳运行开关出口压板用红布幔遮盖或者用红色绝缘胶带绑扎。（也可依据实际情况采取拆除垫片等其他安全措施。）
（6）相邻带电设备在安全措施栏中可不具体填写，以相邻带电设备代替即可，但需在"工作地点保留带电部分或注意事项"栏中予以明确。

续表

工作地点保留带电部分或注意事项 （由工作票签发人填写）	补充工作地点保留带电部分和 安全措施（由工作许可人填写）
【高处作业】高处作业正确使用安全工器具	无

工作票签发人签名：<u>曹×锋</u>　　签发时间：<u>2024</u> 年 <u>12</u> 月 <u>16</u> 日 <u>13</u> 时 <u>48</u> 分

工作票会签人签名：<u>吴×华</u>　　会签时间：<u>2024</u> 年 <u>12</u> 月 <u>16</u> 日 <u>15</u> 时 <u>12</u> 分

7. 收到工作票时间：<u>2024</u> 年 <u>12</u> 月 <u>17</u> 日 <u>09</u> 时 <u>51</u> 分

运行值班人员签名：<u>浦×人</u>　　工作负责人签名：<u>朱×清</u>

8. 确认本工作票 1～6 项

工作负责人签名：<u>朱×清</u>　　工作许可人签名：<u>李×松</u>

许可开始工作时间：<u>2024</u> 年 <u>12</u> 月 <u>19</u> 日 <u>10</u> 时 <u>10</u> 分

9. 现场交底，工作班成员确认工作负责人布置的工作任务、人员分工、安全措施和注意事项并签名

<u>高×、金×月、陈×亮、王×勇、程×森、孙×俊、陆×明</u>

10. 工作负责人变动情况

原工作负责人_____离去，变更_____为工作负责人。

工作票签发人：_____　　签发时间：____年__月__日__时__分

11. 工作人员变动情况（变动人员姓名，变动日期及时间）

<u>2024</u> 年 <u>12</u> 月 <u>19</u> 日 <u>10</u> 时 <u>10</u> 分孙×俊加入（工作负责人签名：<u>朱×清</u>）

12. 工作票延期

有效期延长到____年__月__日__时__分。

工作负责人签名：_____　　签名时间：____年__月__日__时__分

工作许可人签名：_____　　签名时间：____年__月__日__时__分

【工作地点保留带电部分或注意事项（由工作票签发人填写）】

【相邻带电设备】填写与检修设备距离邻近的带电部位或相邻第一个带电设备情况，以及保护工作地点相邻的其他保护（装置）运行情况，相关设备要明确名称编号，位置要准确。

【安全距离】工作地点包含一次设备区域时，需填写：与带电部位保持足够的安全距离：××kV 大于×m。

【特种设备】有吊车、斗臂车等大型车辆参与现场工作时，需填写：工作中使用吊车、斗臂车等大型车辆时，应与带电部位保持足够的安全距离：××kV 大于×m。由外包单位负责的工作还需增加：安排运检单位专人在场全过程旁站。

【高处作业】有高处作业时，需填写：高处作业正确使用安全工器具。

【陪停设备】因安全距离不足，导致相邻带电设备需要陪停的设备，需在此栏填写（如根据工作情况需要对陪停设备范围内采取接地、设置围栏、标示牌等措施，应在安全措施栏内明确应拉开的开关、闸刀以及接地、设置围栏、标示牌等安全措施）。

【手车检修】开关柜手车拉至检修位置时，应当在带电触头隔离挡板前设置"止步，高压危险"标示牌。

【容性设备】检修人员在接触电缆、电容器及支架和外壳前应逐相、逐个进行充分放电。

其余安全注意事项，各单位可依据工作内容予以补充完善。

【补充工作地点保留带电部分和安全措施（由工作许可人填写）】根据现场的实际情况，工作许可人对工作地点保留的带电部分予以补充，不得照抄工作票签发人填写内容，应注明所采取的安全措施或提醒检修人员必须注意的事项。若没有则填写"无"，不得空白。

7.【收到工作票时间】

第一种工作票签发和收到时间应为工作前一天（紧急抢修、消缺除外）。

运维人员收到工作票后，对工作票审核无误后，填写收票时间并签名。

8.【工作许可】

许可开始工作时间不得提前于计划工作开始时间。

9.【交底签名】

所有工作班成员在明确了工作负责人、专责监护人交代的工作任务、人员分工、安全措施和注意事项后，在工作负责人所持工作票上签名，不得代签。

10.【工作负责人变动情况】

经工作票签发人同意，在工作票上填写离去和变更的工作负责人姓名及变动时间，同时通知全体作业人员及工作许可人；如工作票签发人无法当面办理，应通过电话通知工作许可人，由工作许可人和原工作负责人在各自所持工作票上填写工作负责人变更情况，并代工作票签发人签名。

工作负责人的变动必须是在该工作票许可之后，如在工作许可之前需变更工作负责人，则应由工作票签发人重新签发工作票。

11.【工作人员变动情况】

工作人员变动后，工作负责人应及时在所持工作票上写明变动人员姓名、变动日期、时间，并签名。人员变动情况填写格式：××××年××月××日××时××分，××、××加入（离去）。班组人员每次发生变动，工作负责人要在工作票上即时注明变动情况并签名，不得最后一并签名。

12.【工作票延期】

工作需延期，应在工作计划结束时间前由工作负责人向工作许可人提出申请，办理延期手续。对于需经调度许可的工作，工作许可人还应得到调度许可后，方可与工作负责人办理工作票延期手续。工作票只能延期一次。

13. 每日开工和收工时间（使用一天的工作票不必填写）

收工时间				工作负责人	工作许可人	开工时间				工作许可人	工作负责人
月	日	时	分			月	日	时	分		
12	19	15	30	朱×清	李×松	12	20	09	10	王×	朱×清
12	20	17	30	朱×清	王×	12	23	09	10	吴×华	朱×清

14. 工作终结

全部工作于 2024 年 12 月 23 日 10 时 25 分结束，设备及安全措施已恢复至开工前状态，工作人员已全部撤离，材料工具已清理完毕，工作已终结。

工作负责人签名：朱×清　　工作许可人签名：吴×华　　【已执行】

15. 工作票终结

临时遮栏、标示牌已拆除，常用遮栏已恢复。

已拆除的接地线编号___共___组；

已拉开接地刀闸（小车）编号___共___组（台）。

未拆除的接地线编号___共___组；

未拉开接地刀闸（小车）编号___共___组（台）。

已汇报调度值班员。

工作许可人签名：_____　　签名时间：_____年___月___日___时___分

16. 备注

（1）指定专责监护人高×负责监护陆×明操作吊车苏 BG2001 在 5043 电流互感器处从事电流互感器更换工作。_____（地点及具体工作。）

（2）其他事项：

工作班成员罗×坤作业开工时，未到场参与工作。

由金×月担任吊车指挥人员。

2024 年 12 月 20 日 12 时 50 分，借用临时接地线一组（500kV-01 号）装设于 5043 开关电流互感器与 50431 闸刀之间。工作负责人：浦×新，工作许可人：王×。

13.【每日开工和收工时间（使用一天的工作票不必填写）】

无人值班变电站，每日收工后，工作负责人应电话告知工作许可人，双方分别在各自所持工作票的相应栏内代为签署工作间断时间、姓名。次日复工前，工作负责人应检查安全措施是否完好，电话联系工作许可人申请开工，并做好录音，在得到许可后，双方分别在各自所持工作票相应栏内代为签署开工时间、姓名。工作负责人对安全措施有异议的或重要的、危险性较大的工作，工作许可人应到现场办理复工、收工手续。

14.【工作终结】

工作终结时间不应超出计划工作时间或经批准的延期时间。

工作终结后，工作许可人应在工作负责人所持工作票的"工作终结"栏中工作许可人签名右侧空白处加盖红色"已执行"专用章。

15.【工作票终结】

待工作票上安全措施均已拆除，汇报调度后，工作许可人方可进行"工作票终结"手续，并在所持工作票"工作票终结"栏工作许可人签名时间的右侧空白处盖红色"已执行"专用章。

16.【备注】

指定专责监护人

（1）指定专责监护人，应填写被监护人姓名、工作地点及工作内容。

（2）有大型车辆参与现场工作时，应指定专责监护人。

（3）一张工作票上的工作涉及两个及以上开关柜（含前后隔仓）时，开关柜前、后隔仓均必须设一名专责监护人。

（4）每一个作业现场开工时均在监护人的监护下进行工作，若一张工作票上涉及两个及以上作业现场，工作负责人无法同时全过程监护检修工作，则需增设专责监护人，或者各作业现场轮流开展工作。

其他事项

（1）有吊车参与现场工作时，应明确指挥人员。

（2）未拉开刀闸、接地线应当注明原因，可不写明具体拆除时间。

（3）对于工作开始前，票中预安排的工作班成员，如未能在开工时参与现场安全交底的，整体作业开工时，需在备注栏对相关情况说明，如"工作班成员×××作业开工时，未到场参与工作。"无需在工作票"工作人员变动情况"栏进行

> 2024 年 12 月 23 日 09 时 00 分，临时接地线 500kV-01 号已归还。工作负责人：浦×新，工作许可人：王×。

合　格	
审核人	王二

人员变动。相关预安排人员实际参与现场作业时，应在备注栏对相关情况说明，如"××××年××月××日××时××分，××、××已接受安全交底并签字，可参与现场工作"。

17.【检查与评价】

各班组每月应对已终结的工作票进行综合评议。经评议票面正确，评议人在工作票"16.备注（2）其他事项"横线右下方顶格加盖红色"合格"评议章并签名；评议为错票，在工作票"16.备注（2）其他事项"横线右下方顶格加盖红色"不合格"评议章并签名。

3.3　变电站内 220kV 线路保护更换

一、作业场景情况

（一）工作场景

变电站内 220kV 线路保护更换场景描述。

（二）工作任务

220kV 荆溪变电站：220kV 荆鹅 2X45 线路保护更换。

（三）停电范围

220kV 荆鹅 2X45 开关及线路。

（四）票种选择建议

变电站第一种工作票。

（五）人员分工及安排

本次工作有 2 个作业地点。作业点 1：主控室；作业点 2：220kV 设备区。同一监护人涉及多点工作监护时，应采取轮流开展工作的方式进行，以确保每一个作业现场开工时均在监护人的监护下进行工作。

参与本次工作的共 7 人（含工作负责人），具体分工为：

李×（工作负责人）：负责工作的整体协调组织及在主控室、220kV 设备区对崔×磊、王×、罗×、薛×明、梁×伦、王×红进行监护。

崔×磊、王×、罗×、薛×明、梁×伦、王×红（工作班成员）：在主控室、220kV 设备区轮流开展 220kV 荆鹅 2X45 线路保护更换工作具体实施。

（六）场景接线图

220kV 荆溪变电站 220kV 荆鹅 2X45 线路保护更换工作场景接线图见图 3-3。

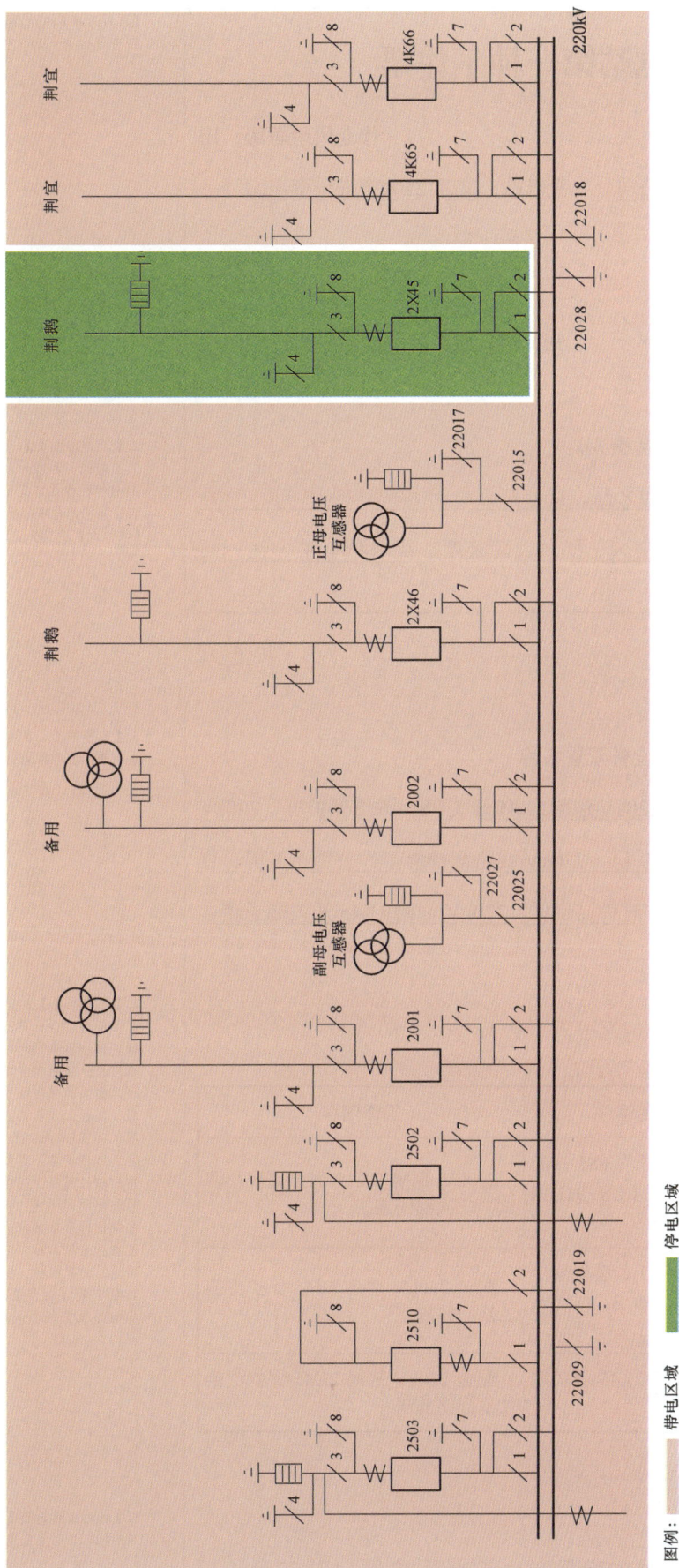

图3-3 220kV荆溪变电站220kV荆鹅2X45线路保护更换工作场景接线图

图例: 带电区域 停电区域

二、工作票样例

变电站第一种工作票

作业风险等级：Ⅲ

单　　位：××××工程有限公司　　变电站：交流 220kV 荆溪变电站

编　　号：Ⅰ202402009

1. 工作负责人（监护人） 李×　　**班　　组：**综合班组

2. 工作班人员（不包括工作负责人）

××××工程有限公司：崔×磊，共 1 人。

××××安装有限公司：王×、罗×、薛×明、梁×伦、王×红，共 5 人。

共 6 人

3. 工作的变、配电站名称及设备双重名称

交流 220kV 荆溪变电站：220kV 荆鹅 2X45 开关 PSL-602 保护屏、220kV 荆鹅 2X45 开关 RCS-931 保护屏、220kV 线路测控屏Ⅰ、公用通信屏、直流馈线屏 A、直流馈线屏 B、时钟同步屏、220kV 荆鹅 2X45 开关端子箱。

4. 工作任务

工作地点及设备双重名称	工作内容
主控室：220kV 荆鹅 2X45 开关 PSL-602 保护屏、220kV 荆鹅 2X45 开关 RCS-931 保护屏	220kV 荆鹅 2X45 保护更换及调试，二次回路施工
主控室：220kV 线路测控屏Ⅰ、公用通信屏、直流馈线屏 A、直流馈线屏 B、时钟同步屏	配合 220kV 荆鹅 2X45 保护更换二次回路施工
220kV 设备区：220kV 荆鹅 2X45 开关端子箱	配合 220kV 荆鹅 2X45 保护更换二次回路施工

5. 计划工作时间

自 2024 年 02 月 07 日 08 时 00 分至 2024 年 02 月 12 日 18 时 00 分。

【票种选择】本次作业为变电站内停电工作，使用变电站第一种工作票。

1.【班组】对于包含工作负责人在内有两个及以上的班组人员共同进行的工作，应填写"综合班组"。

2.【工作班人员】人员应取得准入资质，安排的人员应进行承载力分析，确保人数适当、充足；如有特种作业应安排具备相应资质的特种作业人员；不同单位或班组需分行填写。
【共×人】不包括工作负责人。

3.【工作的变、配电站名称及设备双重名称】设备双重名称与第 4 项"工作任务"栏内一致。

4.【工作任务】在同一区域内不同设备但工作内容相同的工作任务可以合并填写。同一设备的不同工作内容也可合并填写；工作内容应与工作地点对应；按照调度批准的停电申请内容填写。在原工作票的停电及安全措施范围内增加工作任务时，应由工作负责人征得工作票签发人和工作许可人同意，并在工作票上备注栏内增填工作项目。陪停设备不需要在工作任务栏及安全措施栏中反映，可在"工作地点保留带电部分或注意事项"中予以明确。如根据工作情况需要对陪停设备范围内采取接地、设置围栏、标示牌等措施，应在安全措施栏内明确应拉开的开关、闸刀以及接地、设置围栏、标示牌等安全措施。保护校验过程中需传动开关，但不触及开关设备具体工作时，无需将开关作为工作地点列入工作任务栏内。

5.【计划工作时间】填写计划检修起始时间和结束时间，该时间应在调度批准的检修时段内。

6. 安全措施（必要时可附页绘图说明，红色表示有电）

应拉断路器（开关）、隔离开关（刀闸）	已执行*
应拉开 2X45 开关	√
应拉开 2X451、2X452、2X453 闸刀	√
应分开 2X45 开关操作电源、储能电源	√
应分开 2X451、2X452、2X453 闸刀控制电源、电机电源	√
应将 2X45 开关远方/就地切换开关由"远方"位置切至"就地"位置	√
应装接地线、应合接地刀闸（注明确实地点、名称及接地线编号*）	**已执行***
不接地	√
应设遮栏、应挂标示牌及防止二次回路误碰等措施	**已执行***
应在 2X451、2X452、2X453 闸刀操作处分别悬挂"禁止合闸，有人工作"标示牌	√
应在 220kV 荆鹅 2X45 开关 PSL-602 保护屏、220kV 荆鹅 2X45 开关 RCS-931 保护屏、220kV 线路测控屏Ⅰ、公用通信屏、直流馈线屏A、直流馈线屏 B、时钟同步屏前后、220kV 荆鹅 2X45 开关端子箱处放置"在此工作"标示牌	√
应将与 220kV 荆鹅 2X45 开关 PSL-602 保护屏、220kV 荆鹅 2X45 开关 RCS-931 保护屏、220kV 线路测控屏Ⅰ、公用通信屏、直流馈线屏A、直流馈线屏 B、时钟同步屏相邻的非检修屏前后用红布幔遮盖	√
应将 220kV 线路测控屏Ⅰ上非检修装置、端子排、压板、空气开关、切换开关用红布幔遮盖	√
应在 220kV 荆鹅 2X45 开关端子箱与相邻运行设备间设置临时围栏，在围栏上悬挂适量"止步，高压危险"标示牌，字朝向围栏内，在围栏出入口处悬挂"在此工作""从此进出"标示牌	√

工作地点保留带电部分或注意事项（由工作票签发人填写）	补充工作地点保留带电部分和安全措施（由工作许可人填写）
【相邻带电设备】相邻 220kV 荆鹅 2X46 保护屏Ⅱ、220kV 母联保护屏、2 号主变测控屏、110kV 线路测控屏Ⅱ、110kV 线路测控屏Ⅲ、视频预警控制屏、电能质量在线监测屏、直流充电屏 A、直流充电屏 B、所用交流屏Ⅴ在运行中，220kV 线路测控屏Ⅰ内 220kV 荆鹅 2X46 线路测控装置在运行中，相邻的 220kV 荆鹅 2X46 间隔、220kV 正母电压互感器间隔设备在运行中，工作中加强监护，严禁误碰	无
【安全距离】工作中与带电部位保持足够的安全距离：220kV 大于 3m	

6.【安全措施】 运维人员完成工作票所列的安全措施后，与工作负责人进行确认，并分别在各自的票面"已执行"栏内打"√"；其中，接地线编号由工作许可人统一填写。填写内容应按类别分行填写，若出现跨行填写的，仅在末行的"已执行"栏打"√"即可。

【应拉断路器（开关）、隔离开关（刀闸）】

（1）应拉开的开关。

（2）应拉开的闸刀。

（3）应拉至试验或检修位置的开关手车。涉及开关柜修试的工作，工作票中可填写为将手车拉至试验或检修位置。如现场条件允许，也可拉至检修位置。如工作票中填写将手车拉至试验位置，现场手车如要拉至检修位置，由检修人员在实际工作中执行。

（4）应分开的开关操作电源、储能电源。所有拉开的开关对应的操作电源、储能电源均应分开。

（5）应分开的闸刀控制电源、电机电源。所有拉开的闸刀如有对应的控制电源、电机电源均应分开。已分开控制电源、电机电源的闸刀遥控回路已断开，不必再填写闸刀远方/就地切换开关由"远方"位置切至"就地"位置。

（6）应将拉开的开关远方/就地切换开关由"远方"位置切至"就地"位置。

（7）应分开与停电设备有关的电压互感器、变压器各侧回路。

（8）针对退出保护联跳运行开关出口压板、保护失灵启动压板等安措，如在相应操作票或二次安措票中反应，可不在工作票安全措施栏填写。

【应装接地线、应合接地刀闸】

（1）接地闸刀应填写双重名称即名称、编号。

（2）带地刀的刀闸检修时，应当优先按照《江苏省电力公司关于印发规范带接地刀闸的隔离开关（刀闸）检修时安全措施补充规定的通知》苏电安〔2013〕1713 号文执行，工作票中应当明确采用装设接地线的方式实现"接地"安全措施。如有地市存在相关补充规定，并制定完善的预控措施，确保检修作业安全的前提下，也可采用合接地刀闸的方式实现"接地"安全措施。

【应设遮栏、应挂标示牌及防止二次回路误碰等措施】

（1）已拉开的开关、闸刀、开关手车如无工作，应在对应位置悬挂"禁止合闸，有人工作"标示牌。涉及有具体工作内容的开关、闸刀，可不用悬挂"禁止合闸，有人工作"标示牌。除电压互感器、站用变压器等二次侧回路断开处需设置"禁止合闸，有人工作"标示牌外，已拉开的开关、刀闸对应的电源可不用悬挂"禁止合闸，有人工作"标示牌。如工作票只包含站内设备工作，可不设置"禁止合闸，线路有人工作"标示牌。

（2）所有开关柜检修工作均应在相邻运行开关柜、现场设置的围栏上设置"止步，高压危险"标示牌。

（3）在工作人员上下铁架或梯子上，应悬挂"从此上下"标示牌。

（4）应悬挂"在此工作"标示牌的位置为第 4 项"工作任务"栏内填写的设备处，停电作业针对挂牌困难的可将"在此工作"标示牌设置在对应设备支柱、柜外等位置，现场需向工作负责人交代清楚。

（5）应将工作屏柜上联跳运行开关出口压板用红布幔遮盖或者用红色绝缘胶带绑扎。（也可依据实际情况采取拆除垫片等其他安全措施。）

（6）相邻带电设备在安全措施栏中可不具体填写，以相邻带电设备代替即可，但需在"工作地点保留带电部分或注意事项"栏中予以明确。

【工作地点保留带电部分或注意事项（由工作票签发人填写）】

【相邻带电设备】 填写与检修设备距离邻近的带电部位或相邻第一个带电设备情况，以及保护工作地点相邻的其他保护（装置）运行情况，相关设备要明确名称编号，位置要准确。

工作票签发人签名：<u>王×</u>　　　签发时间：<u>2024</u>年<u>02</u>月<u>06</u>日<u>10</u>时<u>20</u>分

工作票会签人签名：<u>陈×亚</u>　　　会签时间：<u>2024</u>年<u>02</u>月<u>06</u>日<u>12</u>时<u>41</u>分

7. 收到工作票时间：<u>2024</u>年<u>02</u>月<u>07</u>日<u>06</u>时<u>26</u>分

运行值班人员签名：<u>马×军</u>　　　工作负责人签名：<u>李×</u>

8. 确认本工作票 1～6 项

工作负责人签名：<u>李×</u>　　　工作许可人签名：<u>陆×</u>

许可开始工作时间：<u>2024</u>年<u>02</u>月<u>07</u>日<u>12</u>时<u>30</u>分

9. 现场交底，工作班成员确认工作负责人布置的工作任务、人员分工、安全措施和注意事项并签名

<u>崔×磊、王×、罗×、薛×明、梁×伦、薛×、王×红</u>

10. 工作负责人变动情况

原工作负责人_____离去，变更_____为工作负责人。

工作票签发人：_____　　　签发时间：_____年___月___日___时___分

11. 工作人员变动情况（变动人员姓名，变动日期及时间）

<u>2024 年 02 月 07 日 12 时 30 分薛×加入（工作负责人签名：李×）</u>

<u>2024 年 02 月 07 日 14 时 30 分罗×离去（工作负责人签名：李×）</u>

12. 工作票延期

有效期延长到_____年___月___日___时___分。

工作负责人签名：_____　　　签名时间：_____年___月___日___时___分

工作许可人签名：_____　　　签名时间：_____年___月___日___时___分

13. 每日开工和收工时间（使用一天的工作票不必填写）

收工时间				工作负责人	工作许可人	开工时间				工作许可人	工作负责人
月	日	时	分			月	日	时	分		
02	07	17	40	李×	吴×涛	02	08	09	30	严×明	李×

右侧栏（注释说明）：

【安全距离】工作地点包含一次设备区域时，需填写：与带电部位保持足够的安全距离：××kV 大于×m。

【特种设备】有吊车、斗臂车等大型车辆参与现场工作时，需填写：工作中使用吊车、斗臂车等大型车辆时，应与带电部位保持足够的安全距离：××kV 大于×m。由外包单位负责的工作还需增加：安排运检单位专人在场全过程旁站。

【高处作业】有高处作业时，需填写：高处作业正确使用安全工器具。

【陪停设备】因安全距离不足，导致相邻带电设备需要陪停的设备，需在此栏填写（如根据工作情况需要对陪停设备范围内采取接地、设置围栏、标示牌等措施，应在安全措施栏内明确应拉开的开关、闸刀以及接地、设置围栏、标示牌等安全措施）。

【手车检修】开关柜手车拉至检修位置时，应当在带电触头隔离挡板前设置"止步，高压危险"标示牌。

【容性设备】检修人员在接触电缆、电容器及支架和外壳前应逐相、逐个进行充分放电。

其余安全注意事项，各单位可依据工作内容予以补充完善。

【补充工作地点保留带电部分和安全措施（由工作许可人填写）】根据现场的实际情况，工作许可人对工作地点保留的带电部分予以补充，不得照抄工作票签发人填写内容，应注明所采取的安全措施或提醒检修人员必须注意的事项。若没有则填"无"，不得空白。

7.【收到工作票时间】
第一种工作票签发和收到时间应为工作前一天（紧急抢修、消缺除外）。
运维人员收到工作票后，对工作票审核无误后，填写收票时间并签名。

8.【工作许可】
许可开始工作时间不得提前于计划工作开始时间。

9.【交底签名】
所有工作班成员在明确了工作负责人、专责监护人交代的工作任务、人员分工、安全措施和注意事项后，在工作负责人所持工作票上签名，不得代签。

10.【工作负责人变动情况】
经工作票签发人同意，在工作票上填写离去和变更的工作负责人姓名及变动时间，同时通知全体作业人员及工作许可人；如工作票签发人无法当面办理，应通过电话通知工作许可人，由工作许可人和原工作负责人在各自所持工作票上填写工作负责人变更情况，并代工作票签发人签名。
工作负责人的变动必须是在该工作票许可之后，如在工作票许可之前需变更工作负责人，则应由工作票签发人重新签发工作票。

11.【工作人员变动情况】
工作人员变动后，工作负责人应及时在所持工作票上写明变动人员姓名、变动日期、时间，并签名。人员变动情况填写格式：××××年××月××日××时××分，××、××加入（离去）。
班组人员每次发生变动，工作负责人要在工作票上即时注明变动情况并签名，不得最后一并签名。

12.【工作票延期】
工作需延期，应在工作计划结束时间前由工作负责人向工作许可人提出申请，办理延期手续。对于需经调度许可的工作，工作许可人还应得到调度许可，方可与工作负责人办理工作票延期手续。工作票只能延期一次。

13.【每日开工和收工时间（使用一天的工作票不必填写）】
无人值班变电站，每日收工后，工作负责人应电话告知工作许可人，双方分别在各自所持工作票的相应栏内代为签署工作间断时间、姓名。次日复工前，工作负责人应检查安全措施是否完好，电话联系工作许可人申请开工，并做好录音，在得到许可后，双方分别在各自所持工作票相应栏

续表

收工时间				工作负责人	工作许可人	开工时间				工作许可人	工作负责人
月	日	时	分			月	日	时	分		
02	08	17	57	李×	马×军	02	09	09	50	冯×	李×
02	09	17	15	李×	冯×	02	10	09	40	冯×	李×
02	10	17	00	李×	陆×	02	11	09	45	严×明	李×

14. 工作终结

全部工作于 <u>2024</u> 年 <u>02</u> 月 <u>11</u> 日 <u>14</u> 时 <u>38</u> 分结束，设备及安全措施已恢复至开工前状态，工作人员已全部撤离，材料工具已清理完毕，工作已终结。

工作负责人签名：<u>李×</u>　　工作许可人签名：<u>严×明</u>　　已执行

15. 工作票终结

临时遮栏、标示牌已拆除，常用遮栏已恢复。

已拆除的接地线编号___共___组；

已拉开接地刀闸（小车）编号___共___组（台）。

未拆除的接地线编号___共___组；

未拉开接地刀闸（小车）编号___共___组（台）。

已汇报调度值班员。

工作许可人签名：_____　　签名时间：____年___月___日___时___分

16. 备注

（1）指定专责监护人_____负责监护_____

_____（地点及具体工作。）

（2）其他事项：

<u>工作班成员王×红作业开工时未到场参与工作。</u>

<u>2024 年 02 月 07 日 15 时 30 分王×红已接受安全交底并签字，可以参与</u>

<u>现场工作。</u>

合　格

审核人　王二

内代为签署开工时间、姓名。工作负责人对安全措施有异议的或重要的、危险性较大的工作，工作许可人应到现场办理复工、收工手续。

14.【工作终结】
工作终结时间不应超出计划工作时间或经批准的延期时间。
工作终结后，工作许可人应在工作负责人所持工作票的"工作终结"栏中工作许可人签名右侧空白处加盖红色"已执行"专用章。

15.【工作票终结】
待工作票上安全措施均已拆除，汇报调度后，工作许可人方可进行"工作票终结"手续，并在所持工作票"工作票终结"栏工作许可人签名时间的右侧空白处盖红色"已执行"专用章。

16.【备注】
指定专责监护人
（1）指定专责监护人，应填写被监护人姓名、工作地点及工作内容。
（2）有大型车辆参与现场工作时，应指定专责监护人。
（3）一张工作票上的工作涉及两个及以上开关柜（含前后隔仓）时，开关柜前、后隔仓均必须设一名专责监护人。
（4）每一个作业现场开工时均在监护人的监护下进行工作，若一张工作票上涉及两个及以上作业现场，工作负责人无法同时全过程监护检修工作，则需增设专责监护人，或者各作业现场轮流开展工作。
其他事项
（1）有吊车参与现场工作时，应明确指挥人员。
（2）未拉开接地刀、接地线应当注明原因，可不写明具体拆除时间。
（3）对于工作开始前，票中预安排的工作班成员，如未能在开工时参与现场安全交底的，整体作业开工时，需在备注栏对相关情况说明，如"工作班成员×××作业开工时，未到场参与工作。"无需在工作票"工作人员变动情况"栏进行人员变动。相关预安排人员实际参与现场作业时，应在备注栏对相关情况说明，如"××××年××月××日××时××分，××、××已接受安全交底并签字，可参与现场工作。"

17.【检查与评价】
各班组每月应对已终结的工作票进行综合评议。经评议票面正确，评议人在工作票"16.备注（2）其他事项"横线右下方顶格加盖红色"合格"评议章并签名；评议为错票，在工作票"16.备注（2）其他事项"横线右下方顶格加盖红色"不合格"评议章并签名。

3.4 变电站内 3/2 接线方式下 500kV 主变压器保护更换

一、作业场景情况

（一）工作场景

变电站内 3/2 接线方式下 500kV 主变保护更换。

（二）工作任务

500kV 斗山变电站：1 号主变保护更换。

（三）停电范围

1 号主变、1 号主变 5041 开关、1 号主变/兴斗线 5042 开关、1 号主变 220kV 侧 2501 开关、1 号主变 35kV 侧 3510 开关。

（四）票种选择建议

变电站第一种工作票。

（五）人员分工及安排

本次工作有 5 个作业地点：220kV 继电保护室、500kV 继电保护室、500kV 设备区、220kV 设备区、35kV 设备区。同一监护人涉及多点工作监护时，应采取轮流开展工作的方式进行，以确保每一个作业现场开工时均在监护人的监护下进行工作。

参与本次工作的共 4 人（含工作负责人），具体分工为：

朱×清（工作负责人）：负责工作的整体协调组织及作业现场安全监护。

卢×、朱徐×、陈×（工作班成员）：辅助工作负责人 1 号主变保护保护更换工作具体实施。

（六）场景接线图

500kV 斗山变电站一次系统接线图见图 3-4。

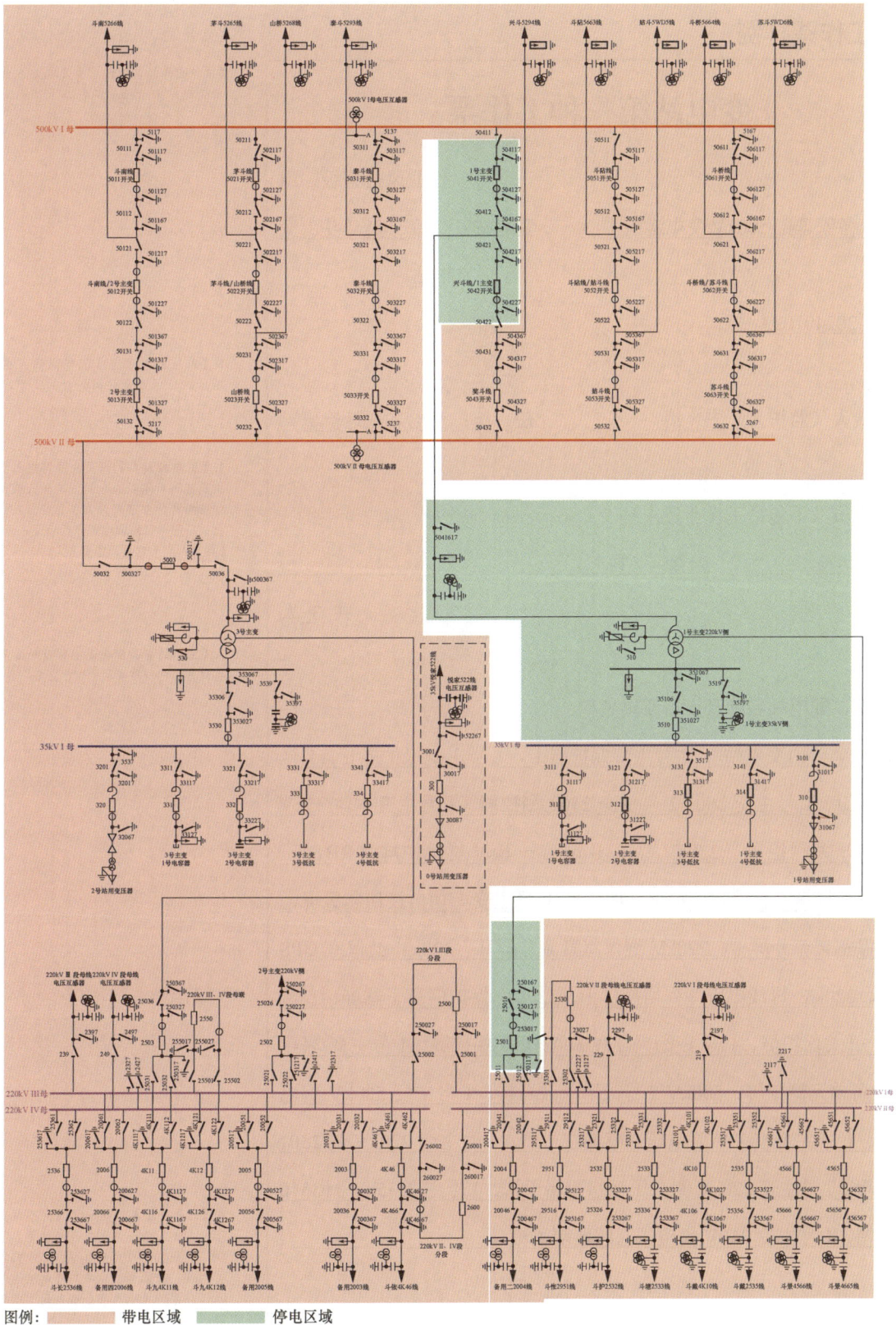

图 3-4　500kV 斗山变电站一次系统接线图

图例：　■ 带电区域　　■ 停电区域

二、工作票样例

变电站第一种工作票

作业风险等级：Ⅲ

单　位：设备管理部 500kV 变电运检中心　　变电站：交流 500kV 斗山变电站

编　号：Ⅰ202401023

1. 工作负责人（监护人）朱×清　　　　班　组：变电二次运检班

2. 工作班人员（不包括工作负责人）

变电二次运检班：卢×、朱徐×、陈×。

共 3 人

3. 工作的变、配电站名称及设备双重名称

交流 500kV 斗山变电站 ：1 号主变保护屏Ⅰ、1 号主变保护屏Ⅱ、1 号主变保护屏Ⅲ、1 号主变 2501/2 号主变 2502 测控屏、1 号主变本体/35kV 母线/3510 开关测控屏、220kV Ⅰ母/Ⅱ母第一套母差保护屏（RB1）、220kV Ⅰ母/Ⅱ母第二套母差保护屏（RB2）、1 号主变无功自投切装置屏、220kV 继保室直流分屏Ⅰ、220kV 继保室直流分屏Ⅱ、220kV 继保室 GPS 装置屏Ⅰ、220kV 母线电压并列切换屏Ⅰ、220kV 保护信息子站屏、1 号主变 5041 开关保护屏、1 号主变/兴斗线 5042 开关保护屏、1 号主变/兴斗 5294 线设备单元测控屏、500kV 2 号故障录波器屏、1 号主变 500kV 侧电流端子箱、1 号主变 500kV 侧电压互感器端子箱、1 号主变 220kV 侧 2501 开关端子箱、1 号主变 220kV 侧电压互感器端子箱、1 号主变 35kV 侧 3510 开关端子箱、1 号主变 35kV 侧电压互感器端子箱。

4. 工作任务

工作地点及设备双重名称	工作内容
220kV 继电保护室：1 号主变保护屏Ⅰ、1 号主变保护屏Ⅱ、1 号主变保护屏Ⅲ	配合 1 号主变保护更换、旧屏拆除、立保护新屏、二次电缆敷设，二次接线及调试

【票种选择】本次作业为变电站内停电工作，使用变电站第一种工作票。

1.【班组】对于包含工作负责人在内有两个及以上的班组人员共同进行的工作，应填写"综合班组"。

2.【工作班人员】人员应取得准入资质，安排的人员应进行承载力分析，确保人数适当、充足；如有特种作业应安排具备相应资质的特种作业人员；不同单位或班组需分行填写。
【共×人】不包括工作负责人。

3.【工作的变、配电站名称及设备双重名称】设备双重名称与第 4 项"工作任务"栏内一致。

4.【工作任务】在同一区域内不同设备但工作内容相同的工作任务可以合并填写。同一设备的不同工作内容也可合并填写；工作内容应与工作地点对应；按照调度批准的停电申请内容填写。在原工作票的停电及安全措施范围内增加工作任务时，应由工作负责人征得工作票签发人和工作许可人同意，并在工作票上备注栏内增填工作项目。陪停设备不需要在工作任务栏及安全措施栏中反映，可在"工作地点保留带电部分或注意事项"中予以明确。如根据工作情况需要对陪停设备范围内采取接地、设置围栏、标示牌等措施，应在安全措施栏内明确应拉开的开关、闸刀以及接地、设置围栏、标示牌等安全措施。保护校验过程中需传动开关，但不触及开关设备具体工作时，无需将开关作为工作地点列入工作任务栏内。

续表

工作地点及设备双重名称	工作内容
220kV 继电保护室：1 号主变 2501/2 号主变 2502 测控屏、1 号主变本体/35kV 母线/3510 开关测控屏、220kV Ⅰ母/Ⅱ母第一套母差保护屏（RB1）、220kV Ⅰ母/Ⅱ母第二套母差保护屏（RB2）、1 号主变无功自投切装置屏、220kV 继保室直流分屏Ⅰ、220kV 继保室直流分屏Ⅱ、220kV 继保室 GPS 装置屏Ⅰ、220kV 母线电压并列切换屏Ⅰ、220kV 保护信息子站屏	配合 500kV 斗山变 1 号主变保护更换，二次电缆敷设，二次回路接线及调试
500kV 继电保护室：1 号主变 5041 开关保护屏、1 号主变/兴斗线 5042 开关保护屏、1 号主变/兴斗 5294 线设备单元测控屏、500kV 2 号故障录波器屏	配合 500kV 斗山变 1 号主变保护更换，二次电缆敷设，二次回路接线及调试
500kV 设备区：1 号主变 500kV 侧电流端子箱、1 号主变 500kV 侧电压互感器端子箱	配合 500kV 斗山变 1 号主变保护更换，二次电缆敷设，二次回路接线
220kV 设备区：1 号主变 220kV 侧 2501 开关端子箱、1 号主变 220kV 侧电压互感器端子箱	配合 500kV 斗山变 1 号主变保护更换，二次电缆敷设，二次回路接线
35kV 设备区：1 号主变 35kV 侧 3510 开关端子箱、1 号主变 35kV 侧电压互感器端子箱	配合 500kV 斗山变 1 号主变保护更换，二次电缆敷设，二次回路接线
500kV 主变设备区：1 号主变本体、1 号主变公共端子箱	配合 500kV 斗山变 1 号主变保护更换，二次电缆敷设，二次回路接线

5. 计划工作时间

自 <u>2024</u> 年 <u>01</u> 月 <u>06</u> 日 <u>08</u> 时 <u>00</u> 分至 <u>2024</u> 年 <u>01</u> 月 <u>09</u> 日 <u>18</u> 时 <u>00</u> 分。

6. 安全措施（必要时可附页绘图说明，红色表示有电）

应拉断路器（开关）、隔离开关（刀闸）	已执行*
应拉开 5041、5042、2501、3510 开关	√
应分开 5041、5042、2501、3510 开关操作电源、储能电源空气开关	√
应拉开 50411、50412、50421、50422、25011、25012、25016、35106 闸刀	√
应分开 50411、50412、50421、50422、25011、25012、25016、35106 闸刀控制电源、电机电源空气开关	√
应将 5041、5042、2501、3510 开关远方/就地切换开关由"远方"位置切至"就地"位置	√
应分开 1 号主变 500kV 侧、220V 侧、35kV 电压互感器二次空气开关	√
应退出 5041、5042、2501 开关失灵保护启动压板	√

5.【计划工作时间】填写计划检修起始时间和结束时间，该时间应在调度批准的检修时间段内。

6.【安全措施】运维人员完成工作票所列的安全措施后，与工作负责人进行确认，并分别在各自的票面"已执行"栏内打"√"；其中，接地线编号由工作许可人统一填写。填写内容应按类别分行填写，若出现跨行填写的，仅在末行的"已执行"栏打"√"即可。
【应拉断路器（开关）、隔离开关（刀闸）】
（1）应拉开的开关。
（2）应拉开的闸刀。
（3）应拉至试验或检修位置的开关手车。涉及开关柜修试的工作，工作票中可填写为将手车拉至试验位置。如现场条件允许，也可拉至检修位置。如工作票中填写将手车拉至试验位置，现场手车如要拉至检修位置，由检修人员在实际工作中执行。
（4）应分开的开关操作电源、储能电源。所有拉开的开关对应的操作电源、储能电源均应分开。
（5）应分开的闸刀控制电源、电机电源。所有拉开的闸刀如有对应的控制电源、电机电源均应分开。已分开控制电源、电机电源的闸刀遥控回路已断开，不必再填写将闸刀远方/就地切换开关由"远方"位置切至"就地"位置。
（6）应将拉开的开关远方/就地切换开关由"远方"位置切至"就地"位置。
（7）应分开与停电设备有关的电压互感器、变压器各侧回路。
（8）针对退出保护联跳运行开关出口压板、保护失灵启动压板等安全措施，如在相应操作票或二次安措票中反应，可不在工作票安全措施栏填写。

续表

应装接地线、应合接地刀闸（注明确实地点、名称及接地线编号*）	已执行*
应合上 1 号主变 500kV 侧 504167 接地闸刀	√
应合上 1 号主变 500kV 侧 5041617 接地闸刀	√
应合上 1 号主变 220kV 侧 250167 接地闸刀	√
应合上 1 号主变 35kV 侧 351067 接地闸刀	√

应设遮栏、应挂标示牌及防止二次回路误碰等措施	已执行*
应在 50411、50412、50421、50422、25011、25012、25016、35106 闸刀操作处，1 号主变 500kV 侧电压互感器二次空气开关处、1 号主变 220kV 侧电压互感器二次空气开关处、1 号主变 35kV 侧电压互感器二次空气开关处分别悬挂"禁止合闸，有人工作"标示牌	√
应将与 1 号主变保护屏Ⅰ、1 号主变保护屏Ⅱ、1 号主变保护屏Ⅲ、1 号主变 2501/2 号主变 2502 测控屏、1 号主变本体/35kV 母线/3510 开关测控屏、1 号主变 5041 开关保护屏、1 号主变/兴斗线 5042 开关保护屏、1 号主变/兴斗 5294 线设备单元测控屏、220kVⅠ母/Ⅱ母第一套母差保护屏（RB1）、220kVⅠ母/Ⅱ母第二套母差保护屏（RB2）、1 号主变无功自投切装置屏、220kV 继保室直流分屏Ⅰ、220kV 继保室直流分屏Ⅱ、220kV 继保室 GPS 装置屏Ⅰ、220kV 母线电压并列切换屏Ⅰ、220kV 保护信息子站屏、500kV 2 号故障录波器屏相邻的非检修屏前后用红布幔遮盖	√
应将 1 号主变/兴斗 5294 线设备单元测控屏、1 号主变 2501/2 号主变 2502 测控屏内运行装置、交直流空气开关、出口压板用红布幔遮盖	√
应在 1 号主变本体、1 号主变公共端子箱、1 号主变 500kV 侧电流端子箱、1 号主变 500kV 侧电压互感器端子箱、1 号主变 220kV 侧 2501 开关端子箱、1 号主变 220kV 侧电压互感器端子箱、1 号主变 35kV 侧 3510 开关端子箱、1 号主变 35kV 侧电压互感器端子箱与相邻运行设备间设置临时围栏，在围栏上悬挂适量"止步，高压危险"标示牌，字朝向围栏里面，在围栏出入口处悬挂"在此工作""从此进出"标示牌	√
应在 1 号主变三相本体爬梯上悬挂"从此上下"标示牌	√

工作地点保留带电部分或注意事项 （由工作票签发人填写）	补充工作地点保留带电部分和安全措施（由工作许可人填写）
【相邻带电设备】相邻 2 号主变保护屏Ⅰ、1 号主变 1 号、2 号电容器/3 号、4 号电抗器测控屏、3 号主变 5003/3 号主变 2503 测控屏、1 号主变 1 号、2 号电容器保护屏、220kV 继保室光纤配线架屏Ⅱ、220kVⅢ母/Ⅳ母第一套母差保护屏（RB3）、1 号主变 3 号、4 号电抗器保护屏、220kV 继保室试验电源屏、220kV 继保室直流分屏Ⅲ、220kVⅢ、Ⅳ母联 2550/220kVⅡ、Ⅳ分段 2600 测控屏、220kV 母线电压并列切换屏Ⅱ、500kV 兴斗线 5043 开关保护屏、500kV 1 号故障录波器屏、500kV 3 号故障录波器屏在运行中，相邻 500kV 泰斗线 5031 间隔、500kV 泰斗线 5032 间隔、500kV 斗陆线 5051 间隔、500kV 斗陆线/姑斗线 5052 间隔、500kVⅠ段母线、220kVⅠ、Ⅱ母联 2530 间隔、220kVⅠ、Ⅲ分段 2500 间隔、220kV 备用二 2004 间隔、220kVⅠ段母线、1 号主变 220kV 侧 25012 闸刀与 220kVⅡ段母线间高跨线、35kVⅠ段母线、1 号主变 1 号电容器间隔、1 号主变 2 号电容器间	无

【应装接地线、应合接地刀闸】
（1）接地闸刀应填写双重名称即名称、编号。
（2）带地刀的刀闸检修时，应当优先按照《江苏省电力公司关于印发规范带接地刀闸的隔离开关（刀闸）检修时安全措施补充规定的通知》苏电安〔2013〕1713 号文执行，工作票中应当明确采用装设接地线的方式实现"接地"安全措施。如有地市存在相关补充规定，并制定完善的预控措施，确保检修作业安全的前提下，也可采用合接地刀闸的方式实现"接地"安全措施。

【应设遮栏、应挂标示牌及防止二次回路误碰等措施】
（1）已拉开的开关、闸刀、开关手车如无工作，应在对应位置悬挂"禁止合闸，有人工作"标示牌。涉及有具体工作内容的开关、刀闸，可不用悬挂"禁止合闸，有人工作"标示牌。除电压互感器、站用变压器等二次侧回路断开处需设置"禁止合闸，有人工作"标示牌外，已拉开的开关、刀闸对应的电源可不用悬挂"禁止合闸，有人工作"标示牌。如工作票只包含站内设备工作，可不设置"禁止合闸，线路有人工作"标示牌。
（2）所有开关柜检修工作均应在相邻运行开关柜、现场设置的围栏上设置"止步，高压危险"标示牌。
（3）在工作人员上下铁架或梯子上，应悬挂"从此上下"标示牌。
（4）应悬挂"在此工作"标示牌的位置为第 4 项"工作任务"栏内填写的设备处，停电作业针对挂牌困难的可将"在此工作"标示牌设置在对应设备支柱、柜外等位置，现场需向工作负责人交代清楚。
（5）应将工作屏柜上联跳运行开关出口压板用红布幔遮盖或者用红色绝缘胶带绑扎。（也可依据实际情况采取拆除垫片等其他安全措施。）
（6）相邻带电设备在安全措施栏中可不具体填写，以相邻带电设备代替即可，但需在"工作地点保留带电部分或注意事项"栏中予以明确。

【工作地点保留带电部分或注意事项（由工作票签发人填写）】
【相邻带电设备】填写与检修设备距离邻近的带电部位或相邻第一个带电设备情况，以及保护工作地点相邻的其他保护（装置）运行情况，相关设备要明确名称编号，位置要准确。
【安全距离】工作地点包含一次设备区域时，需填写：与带电部位保持足够的安全距离：××kV 大于×m。
【特种设备】有吊车、斗臂车等大型车辆参与现场工作时，需填写：工作中使用吊车、斗臂车等大型车辆时，应与带电部位保持足够的安全距离：××kV 大于×m。由外包单位负责的工作还需增加：安排检修单位专人在场全过程旁站。
【高处作业】有高处作业时，需填写：高处作业正确使用安全工器具。
【陪停设备】因安全距离不足，导致相邻带电设备需要陪停的设备，需在此栏根据工作情况需要对陪停设备范围内采取接地、设置围栏、标示牌等措施，应在安全措施栏内明确应拉开的开关、闸刀以及接地、设置围栏、标示牌等安全措施）。
【手车检修】开关柜手车拉至检修位置时，应当在带电触头隔离挡板前设置"止步，高压危险"标示牌。
【容性设备】检修人员在接触电缆、电容器及支架和外壳前应逐相、逐个进行充分放电。

其余安全注意事项，各单位可依据工作内容予以补充完善。

【补充工作地点保留带电部分和安全措施（由工作许可人填写）】 根据现场的实际情况，工作许可人对工作地点保留的带电部分予以补充，不得照抄工作票签发人填写内容，应注明所采取的安全措施或提醒检修人员必须注意的事项。若没有则填"无"，不得空白。

工作地点保留带电部分或注意事项（由工作票签发人填写）	补充工作地点保留带电部分和安全措施（由工作许可人填写）
隔均在运行中，严禁误碰。 【安全距离】工作中与带电部位保持足够的安全距离：500kV 大于 5m、220kV 大于 3m、35kV 大于 1m	

工作票签发人签名：曹×锋　　签发时间：2024 年 01 月 05 日 13 时 48 分

工作票会签人签名：吴×华　　会签时间：2024 年 01 月 05 日 15 时 12 分

7. 收到工作票时间： 2024 年 01 月 05 日 17 时 51 分

运行值班人员签名：浦×人　　工作负责人签名：朱×清

7.【收到工作票时间】 第一种工作票签发和收到时间应为工作前一天（紧急抢修、消缺除外）。运维人员收到工作票后，对工作票审核无误后，填写收票时间并签名。

8. 确认本工作票 1～6 项

工作负责人签名：朱×清　　工作许可人签名：李×松

许可开始工作时间：2024 年 01 月 06 日 10 时 10 分

8.【工作许可】 许可开始工作时间不得提前于计划工作开始时间。

9. 现场交底，工作班成员确认工作负责人布置的工作任务、人员分工、安全措施和注意事项并签名

卢×、朱徐×、陈×、潘×

9.【交底签名】 所有工作班成员在明确了工作负责人、专责监护人交代的工作任务、人员分工、安全措施和注意事项后，在工作负责人所持工作票上签名，不得代签。

10. 工作负责人变动情况

原工作负责人朱×清离去，变更许×强为工作负责人。

工作票签发人：曹×锋　　签发时间：2024 年 01 月 07 日 11 时 17 分

10.【工作负责人变动情况】 经工作票签发人同意，在工作票上填写离去和变更的工作负责人姓名及变动时间，同时通知全体作业人员及工作许可人；如工作票签发人无法当面办理，应通过电话通知工作许可人，由工作许可人和原工作负责人在各自所持工作票上填写工作负责人变更情况，并代工作票签发人签名。工作负责人的变动必须是在该工作许可之后，如在工作票许可之前需变更工作负责人，则应由工作票签发人重新签发工作票。

11. 工作人员变动情况（变动人员姓名，变动日期及时间）

2024 年 01 月 06 日 12 时 30 分，潘×加入（工作负责人签名：朱×清）

2024 年 01 月 09 日 12 时 00 分，陈×离去（工作负责人签名：许×强）

11.【工作人员变动情况】 工作人员变动后，工作负责人应及时在所持工作票上写明变动人员姓名、变动日期、时间，并签名。人员变动情况填写格式：××××年××月××日××时××分，××、××加入（离去）。班组人员每次发生变动，工作负责人要在工作票上即时注明变动情况并签名，不得最后一并签名。

12. 工作票延期

有效期延长到＿＿年＿月＿日＿时＿分。

工作负责人签名：＿＿＿　　签名时间：＿＿年＿月＿日＿时＿分

工作许可人签名：＿＿＿　　签名时间：＿＿年＿月＿日＿时＿分

12.【工作票延期】 工作需延期，应在工作计划结束时间前由工作负责人向工作许可人提出申请，办理延期手续。对于需经调度许可的工作，工作许可人还应得到调度许可后，方可与工作负责人办理工作票延期手续。工作票只能延期一次。

13. 每日开工和收工时间（使用一天的工作票不必填写）

收工时间				工作负责人	工作许可人	开工时间				工作许可人	工作负责人
月	日	时	分			月	日	时	分		
01	06	16	20	朱×清	李×松	01	07	09	10	李×松	朱×清
01	07	17	10	许×强	王×峰	01	08	08	20	王×峰	许×强
01	08	18	10	许×强	杜×云	01	09	08	30	杜×云	许×强

14. 工作终结

全部工作于 <u>2024</u> 年 <u>01</u> 月 <u>09</u> 日 <u>17</u> 时 <u>10</u> 分结束，设备及安全措施已恢复至开工前状态，工作人员已全部撤离，材料工具已清理完毕，工作已终结。

工作负责人签名：<u>许×强</u>　　工作许可人签名：<u>吴×峰</u>　　【已执行】

15. 工作票终结

临时遮栏、标示牌已拆除，常用遮栏已恢复。

已拆除的接地线编号___共___组；

已拉开接地刀闸（小车）编号___共___组（台）。

未拆除的接地线编号___共___组；

未拉开接地刀闸（小车）编号___共___组（台）。

已汇报调度值班员。

工作许可人签名：_____　　签名时间：____年__月__日__时__分

16. 备注

（1）指定专责监护人_____负责监护_____

_____（地点及具体工作。）

（2）其他事项：

_____

【合　格　审核人　王二】

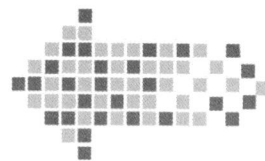

第4章 日 常 运 维

4.1 变电站蓄电池充放电

一、作业场景情况

（一）工作场景

变电站蓄电池充放电。可参考此场景的工作类型：

（1）变电站内开关柜带电显示器更换；

（2）独立微机五防维护及消缺。

（二）工作任务

110kV 蠡园变电站蓄电池充放电试验。

（三）停电范围

无。

（四）票种选择建议

变电站第二种工作票。

（五）人员分工及安排

本次工作有 3 个作业地点：直流充电屏、220V 蓄电池屏Ⅰ、220V 蓄电池屏Ⅱ。参与本次工作的共 2 人（含工作负责人），具体分工为：

王×明（工作负责人）：负责工作的整体协调组织及作业现场安全监护，为变电运维班值班员。

蒋×（工作班成员）：负责蓄电池充放电试验具体实施。

（六）场景接线图

无。

二、工作票样例

<table>
<tr><td colspan="2" align="center">变电站第二种工作票</td></tr>
<tr><td colspan="2" align="right">作业风险等级：Ⅴ</td></tr>
<tr><td>单　位：设备管理部变电运维中心</td><td>变电站：交流 110kV 蠡园变电站</td></tr>
<tr><td colspan="2">编　号：Ⅱ202411001</td></tr>
<tr><td>1. 工作负责人（监护人）王×明</td><td>班　组：综合班组</td></tr>
</table>

【票种选择】本次作业为变电站内不停电工作，使用变电站第二种工作票。

1.【班组】对于包含工作负责人在内有两个及以上的班组人员共同进行的工作，应填写"综合班组"。

2. 工作班人员（不包括工作负责人）

××××工程有限公司：蒋×。

共 1 人

2.【工作班人员】人员应取得准入资质，安排的人员应进行承载力分析，确保人数适当、充足；如有特种作业应安排具备相应资质的特种作业人员；不同单位或班组需分行填写。
【共×人】不包括工作负责人。

3. 工作的变、配电站名称及设备双重名称

交流 110kV 蠡园变电站：直流充电屏、220V 蓄电池屏Ⅰ、220V 蓄电池屏Ⅱ。

3.【工作的变、配电站名称及设备双重名称】设备双重名称与第 4 项"工作任务"栏内一致。

4. 工作任务

4.【工作任务】在同一区域内不同设备但工作内容相同的工作任务可以合并填写。同一设备的不同工作内容也可合并填写，第二种工作票整个区域内所有同类型设备均有工作时，允许使用"全部"字样，如"220kV 高压设备区：全部 220kV 设备"。

工作地点及设备双重名称	工作内容
主控室：直流充电屏、220V 蓄电池屏Ⅰ、220V 蓄电池屏Ⅱ	蓄电池充放电试验

5. 计划工作时间

自 2024 年 11 月 20 日 08 时 00 分至 2024 年 11 月 20 日 19 时 00 分。

5.【计划工作时间】填写计划工作开始时间和结束时间，如涉及跟调度申请的保护停用工作，该时间应在调度批准的时间段内。

6. 工作条件（停电或不停电，或邻近及保留带电设备名称）

不停电。

6.【工作条件】变电站第二种工作票对应"不停电"。

7. 注意事项（安全措施）

（1）认清工作地点，加强监护；

（2）应在直流充电屏、220V 蓄电池屏Ⅰ、220V 蓄电池屏Ⅱ前后挂"在此工作"牌，相邻非检修屏柜前后用红布幔遮盖。

（3）工作中严防低压触电，严防直流失电、接地、短路。

工作票签发人签名：高×峰　　签发时间：2024 年 11 月 18 日 15 时 59 分

工作票会签人签名：＿＿＿＿　会签时间：＿＿＿年＿＿月＿＿日＿＿时＿＿分

7.【注意事项（安全措施）】
（1）针对挂牌困难的可将"在此工作"标示牌设置在对应设备支柱、柜外等位置，现场需向工作负责人交代清楚。针对部分不停电无法挂牌的作业建议可以不设置"在此工作"标示牌。
可能涉及的工作类型：
1）标示牌是挂困难的：可将标示牌悬挂于对应设备支柱、开关柜外等位置。例如：
a.龙门架鸟窝处理；
b.涉及高处设备；
c.开关柜内具体设备等。
2）不停电工作：涉及单一、具体设备且工作地点固定时，可设置"在此工作"标示牌、二次工作在相邻非检修屏柜设置红布幔。例如：
a.SF₆设备单一气室气压低缺陷处理；
b.主变取油样；
c.避雷器泄漏电流表损坏更换；
d.母差保护校验等。
3）涉及同类型设备、全站设备、同一电压等级或区域内所有设备（某一高压区、高压室、继保室等）的同类型工作，以及具体工作设备不明确的工作，可不设置"在此工作"标示牌。
a.站内巡视或检查；
b.站内红外测温；
c.站内局放检测；
d.站内接地网导通试验；
e.站内避雷器带电测量；
f.全站 SF₆ 设备密封性检查、测试及补气；

8. 补充安全措施（工作许可人填写）

无。

9. 确认本工作票 1～8 项

许可开始工作时间：<u>2024</u> 年 <u>11</u> 月 <u>20</u> 日 <u>08</u> 时 <u>55</u> 分

工作负责人签名：<u>王×明</u>　　　工作许可人签名：<u>刘×</u>

10. 现场交底，工作班成员确认工作负责人布置的工作任务、人员分工、安全措施和注意事项并签名

<u>蒋×</u>

11. 工作票延期

有效期延长到____年__月__日__时__分。

工作负责人签名：_____　　签名时间：_____年__月__日__时__分

工作许可人签名：_____　　签名时间：_____年__月__日__时__分

12. 工作负责人变动情况

原工作负责人_____离去，变更_____为工作负责人。

工作票签发人：_____　　签发时间：_____年__月__日__时__分

13. 工作人员变动情况（变动人员姓名，变动日期及时间）

_____

14. 每日开工和收工时间（使用一天的工作票不必填写）

收工时间			工作负责人	工作许可人	开工时间				工作许可人	工作负责人
月	日	时	分			月	日	时	分		

15. 工作终结

全部工作于 <u>2024</u> 年 <u>11</u> 月 <u>20</u> 日 <u>18</u> 时 <u>14</u> 分结束，设备及安全措施已恢复至开工前状态，工作人员已全部撤离，材料工具已清理完毕，工作已终结。

工作负责人签名：<u>王×明</u>　　　工作许可人签名：<u>刘×</u>　　　**已执行**

g.同类型所有保护改定值或二次安措执行、恢复；

h.直流接地检查；

i.站内保洁、除草等变电站文明生产工作；

j.全站封堵检查、全站消防维护、门禁系统、电子围栏、防汛系统、视频维护、空调维护、风机维护等辅助设施维护类工作；

k.场地修理、房屋修理等土建类工作；

l.独立微机五防维护、标示张贴等。

（2）不停电作业非必要可不设置安全围栏，如涉及检修工作中如需将井、坑、孔、洞或沟道等盖板取下、带电设备区域内使用特种作业车辆等情况，应当设置临时围栏。

8.【补充安全措施】 不得照抄工作票签发人填写内容，应注明所采取的安全措施或提醒检修人员必须注意的事项。若没有则填"无"，不得空白。

9.【确认本工作票 1～8 项】 许可开始工作时间不得提前于计划工作开始时间。

10.【交底签名】 所有工作班成员在明确了工作负责人、专责监护人交代的工作任务、人员分工、安全措施和注意事项后，在工作负责人所持工作票上签名，不得代签。

11.【工作票延期】 工作需延期，应在工作计划结束时间前由工作负责人向工作许可人提出申请，办理延期手续。对于需经调度许可的工作，工作许可人还应得到调度许可后，方可与工作负责人办理工作票延期手续。工作票只能延期一次。

12.【工作负责人变动情况】 经工作票签发人同意，在工作票上填写离去和变更的工作负责人姓名及变动时间，同时通知全体作业人员及工作许可人；如工作票签发人无法当面办理，应通过电话通知工作许可人，由工作许可人和原工作负责人在各自所持工作票上填写工作负责人变更情况，并代工作票签发人签名。

工作负责人的变动必须是在该工作票许可之后，如在工作票许可之前需变更工作负责人，则应由工作票签发人重新签发工作票。

13.【工作人员变动情况】 工作人员变动后，工作负责人应及时在所持工作票上写明变动人员姓名、变动日期、时间，并签名。人员变动情况填写格式：××××年××月××日××时××分，××、××加入（离去）。

班组人员每次发生变动，工作负责人要在工作票上即时注明变动情况并签名，不得最后一并签名。

14.【每日开工和收工时间（使用一天的工作票不必填写）】 无人值班变电站，每日收工后，工作负责人应电话告知工作许可人，双方分别在各自所持工作票的相应栏内代为签署工作间断时间、姓名。次日复工前，工作负责人应检查安全措施是否完好，电话联系工作许可人申请开工，并做好录音，在得到许可后，双方分别在各自所持工作票相应栏内代为签署开工时间、姓名。工作负责人对安全措施有异议的或重要的、危险性较大的工作，工作许可人应到现场办理复工、收工手续。

15.【工作终结】 工作终结时间不应超出计划工作时间或经批准的延期时间。

工作终结后，工作许可人应在工作负责人所持工作票的"工作终结"栏中工作许可人签名右侧空白处加盖红色"已执行"专用章。

16.【备注】

（1）可填写专责监护等票面前面未填写的信息。若一张工作票上涉及两个及以上作业现场，工作负责人无法同时全过程监护检修工作，则需要在各个作业现场设置一名专责监护人，或者各作业现场轮流开展工作，以确保每一个作业现场开工时均有监护人的监护下进行工作。填写时，应填写被监护人姓名、工作地点及工作内容。

（2）对于工作开始前，票中预安排的工作班成员，如未能在开工时参与现场安全交底的，整体作业开工时，需在备注栏对相关情况说明，如"工作班成员×××作业开工时，未到场参与工作。"无需在工作票"工作人员变动情况"栏进行人员变动。相关预安排人员实际参与现场作业

16. 备注

无。

<table>
<tr><td colspan="2" style="text-align:center">合　格</td></tr>
<tr><td>审核人</td><td>王二</td></tr>
</table>

时，应在备注栏对相关情况说明，如"××××年××月××日××时××分，××、××已接受安全交底并签字，可参与现场工作"。

17.【检查与评价】
各班组每月应对已终结的工作票进行综合评议。经评议票面正确，评议人在工作票"16.备注"横线右下方顶格加盖红色"合格"评议章并签名；评议为错票，在工作票"16.备注"横线右下方顶格加盖红色"不合格"评议章并签名。

4.2　变电站标识牌安装工作

一、作业场景情况

（一）工作场景

变电站标识牌安装。

（二）工作任务

110kV 尤岸变电站部分设备标识牌安装及修理。

（三）停电范围

不停电。

（四）票种选择建议

变电站第二种工作票。

（五）人员分工及安排

本次工作有 3 个作业地点（主控室：小电流接地选线屏、无线专网设备屏；10kV 高压室：地面、墙面；110kV 高压室：地面、墙面）。参与本次工作的共 3 人（含工作负责人），具体分工为：

陈×（工作负责人）：负责工作的整体协调组织及作业现场安全监护。

朱×健、崔×才（工作班成员）：负责标识牌安装工作具体实施。

（六）场景接线图

无。

二、工作票样例

变电站第二种工作票

作业风险等级：Ⅴ

单　位：××××科技有限公司　　变电站：交流 110kV 尤岸变电站

编　号：Ⅱ202412006

【票种选择】本次作业为变电站内不停电工作，使用变电站第二种工作票。

1.【班组】对于包含工作负责人在内有两个及以上的班组人员共同进行的工作，应填写"综合班组"。

1. 工作负责人（监护人）陈×　　　　**班　组：**××××科技有限公司

2. 工作班人员（不包括工作负责人）

××××科技有限公司：朱×健、崔×才。

共 __2__ 人

3. 工作的变、配电站名称及设备双重名称

交流 110kV 尤岸变电站：小电流接地选线屏；无线专网设备屏；10kV 高压室地面、墙面，一、二次设备标示牌；110kV 高压室地面、墙面。

4. 工作任务

工作地点及设备双重名称	工作内容
主控室：小电流接地选线屏、无线专网设备屏	标识牌安装
10kV 高压室：地面、墙面	标识牌及定位线安装
110kV 高压室：地面、墙面	标识牌及定位线安装
10kV 高压室：一、二次设备标识牌	标识牌修理

5. 计划工作时间

自 __2024__ 年 __12__ 月 __18__ 日 __08__ 时 __00__ 分至 __2024__ 年 __12__ 月 __18__ 日 __18__ 时 __00__ 分。

6. 工作条件（停电或不停电，或邻近及保留带电设备名称）

不停电。

7. 注意事项（安全措施）

（1）认清工作地点，加强监护；工作时注意安全，不得误入有电间隔，误碰运行设备并与运行设备保持足够的安全距离（110kV 大于 1.5m、10kV 大于 0.7m）。

（2）应在小电流接地选线屏、无线专网设备屏前后放置"在此工作"牌，并在相邻非检修的设备屏前后分别设置红布幔。

工作票签发人签名：杨×飞　　　**签发时间：**__2024__ 年 __12__ 月 __16__ 日 __13__ 时 __48__ 分

2.【工作班人员】人员应取得准入资质，安排的人员应进行承载力分析，确保人数适当、充足；如有特种作业应安排具备相应资质的特种作业人员；不同单位或班组需分行填写。
【共×人】不包括工作负责人。

3.【工作的变、配电站名称及设备双重名称】设备双重名称与第4项"工作任务"栏内一致。

4.【工作任务】在同一区域内不同设备但工作内容相同的工作任务可以合并填写。同一设备的不同工作内容也可合并填写，第二种工作票整个区域内所有同类型设备均有工作时，允许使用"全部"字样，如"220kV 高压设备区：全部 220kV 设备"。

5.【计划工作时间】填写计划工作开始时间和结束时间，如涉及跟调度申请的保护停用工作，该时间应在调度批准的时间段内。

6.【工作条件】变电站第二种工作票对应"不停电"。

7.【注意事项（安全措施）】
（1）针对挂牌困难的可将"在此工作"标示牌设置在对应设备支柱、柜外等位置，现场需向工作负责人交代清楚。针对部分不停电无法挂牌的作业建议可以不设置"在此工作"标示牌。
可能涉及的工作类型：
1）标示牌悬挂困难的：可将标示牌悬挂于对应设备支柱、开关柜外等位置。例如：
a.龙门架鸟窝处理；
b.涉及高处设备；
c.开关柜内具体设备等。
2）不停电工作：涉及单一、具体设备且工作地点固定时，可设置"在此工作"标示牌、二次工作在相邻非检修柜设置红布幔。例如：
a.SF₆设备单一气室气压低缺陷处理；
b.主变取油样；
c.避雷器泄漏电流表损坏更换；
d.母差保护校验等。
3）涉及同类型设备、全站设备、同一电压等级或区域内所有设备（某一高压区、高压室、继保室

工作票会签人签名：杨×峰　　会签时间：2024 年 12 月 16 日 15 时 12 分

8. 补充安全措施（工作许可人填写）

无。

9. 确认本工作票 1～8 项

许可开始工作时间：2024 年 12 月 18 日 10 时 30 分

工作负责人签名：陈×　　工作许可人签名：吴×伟

10. 现场交底，工作班成员确认工作负责人布置的工作任务、人员分工、安全措施和注意事项并签名

朱×健、孙×俊

11. 工作票延期

有效期延长到＿＿＿年＿＿月＿＿日＿＿时＿＿分。

工作负责人签名：＿＿＿＿　　签名时间：＿＿＿年＿＿月＿＿日＿＿时＿＿分

工作许可人签名：＿＿＿＿　　签名时间：＿＿＿年＿＿月＿＿日＿＿时＿＿分

12. 工作负责人变动情况

原工作负责人＿＿＿＿＿离去，变更＿＿＿＿＿为工作负责人。

工作票签发人：＿＿＿＿　　签发时间：＿＿＿年＿＿月＿＿日＿＿时＿＿分

13. 工作人员变动情况（变动人员姓名，变动日期及时间）

2024 年 12 月 18 日 10 时 30 分孙×俊加入（工作负责人签名：陈×）

14. 每日开工和收工时间（使用一天的工作票不必填写）

收工时间				工作负责人	工作许可人	开工时间				工作许可人	工作负责人
月	日	时	分			月	日	时	分		

等）的同类型工作，以及具体工作设备不明确的工作，可不设置"在此工作"标示牌。

a.站内巡视或检查；

b.站内红外测温；

c.站内局放检测；

d.站内接地网导通试验；

e.站内避雷器带电测量；

f.全站 SF$_6$ 设备密封性检查、测试及补气；

g.同类型所有保护改定值或二次安措执行、恢复；

h.直流接地检查；

i.站内保洁、除草等变电站文明生产工作；

j.全站封堵检查、全站消防维护、门禁系统、电子围栏、防汛系统、视频维护、空调维护、风机维护等辅助设施维护类工作；

k.场地修理、房屋修理等土建类工作；

l.独立微机五防维护、标示张贴等。

（2）不停电作业非必要可不设置安全围栏，如涉及检修工作中如需将井、坑、孔、洞或沟道等盖板取下、带电设备区域内使用特种作业车辆等情况，应当设置临时围栏。

8.【补充安全措施】 不得照抄工作票签发人填写内容，应注明所采取的安全措施或提醒检修人员必须注意的事项。若没有则填"无"，不得空白。

9.【确认本工作票 1～8 项】 许可开始工作时间不得提前于计划开始时间。

10.【交底签名】 所有工作班成员在明确了工作负责人、专责监护人交代的工作任务、人员分工、安全措施和注意事项后，在工作负责人所持工作票上签名，不得代签。

11.【工作票延期】 工作需延期，应在工作计划结束时间前由工作负责人向工作许可人提出申请，办理延期手续。对于需经调度许可的工作，工作许可人还应得到调度许可后，方可与工作负责人办理工作票延期手续。工作票只能延期一次。

12.【工作负责人变动情况】 经工作票签发人同意，在工作票上填写离去和变更的工作负责人姓名及变动时间，同时通知全体作业人员及工作许可人；如工作票签发人无法当面办理，应通过电话通知工作许可人，由工作许可人和原工作负责人在各自所持工作票上填写工作负责人变更情况，并代工作票签发人签名。

工作负责人的变动必须是在该工作票许可之后，如在工作票许可之前需变更工作负责人，则应由工作票签发人重新签发工作票。

13.【工作人员变动情况】 工作人员变动后，工作负责人应及时在所持工作票上写明变动人员姓名、变动日期、时间，并签名。人员变动情况填写格式：××××年××月××日××时××分，××、××加入（离去）。

班组人员每次发生变动，工作负责人要在工作票上即时注明变动情况并签名，不得最后一并签名。

14.【每日开工和收工时间（使用一天的工作票不必填写）】 无人值班变电站，每日收工后，工作负责人应电话告知工作许可人，双方分别在各自所持工作票的相应栏内代为签署工作间断时间、姓名。次日复工前，工作负责人应检查安全措施是否完好，电话联系工作许可人申请开工，并做好录音，在得到许可后，双方分别在各自所持工作票相应栏内代为签署开工时间、姓名。工作负责人对安全措施有异议的或重要的、危险性较大的工作，工作许可人应到现场办理复工、收工手续。

15.【工作终结】 工作终结时间不应超出计划工作时间或经批准的延期时间。

工作终结后，工作许可人应在工作负责人所持工作票的"工作终结"栏中工作许可人签名右侧空白处加盖红色"已执行"专用章。

16.【备注】

（1）可填写专责监护等票面前面未填写的信息。若一张工作票上涉及两个及以上作业现场，工作负责人无法同时全过程监护检修工作，则需要在各个作业现场设置一名专责监护人，或者各作业现场轮流开展工作，以确保每一个作业现场开工

15. 工作票终结

全部工作于 <u>2024</u> 年 <u>12</u> 月 <u>18</u> 日 <u>12</u> 时 <u>25</u> 分结束，工作人员已全部撤离，材料工具已清理完毕。

工作负责人签名：<u>陈×</u>　　工作许可人签名：<u>吴×伟</u>　　　已执行

16. 备注

<u>工作班成员崔×才作业开工时未到场参与工作。</u>

合　格	
审核人	王二

时均在监护人的监护下进行工作。填写时，应填写被监护人姓名、工作地点及工作内容。

（2）对于工作开始前，票中预安排的工作班成员，如未能在开工时参与现场安全交底的，整体作业开工时，需在备注栏对相关情况说明，如"工作班成员×××作业开工时，未到场参与工作。"无需在工作票"工作人员变动情况"栏进行人员变动。相关预安排人员实际参与现场作业时，应在备注栏对相关情况说明，如"××××年××月××日××时××分，××、××已接受安全交底并签字，可参与现场工作"。

17.【检查与评价】

各班组每月应对已终结的工作票进行综合评议。经评议票面正确，评议人在工作票"16.备注"横线右下方顶格加盖红色"合格"评议章并签名；评议为错票，在工作票"16.备注"横线右下方顶格加盖红色"不合格"评议章并签名。

4.3　变电站土建及辅助设施维护修理

一、作业场景情况

（一）工作场景
变电站土建及辅助设施维护修理工作。可参考此场景的工作类型：
（1）安防、电子围栏、消防、封堵、防汛等辅助设施的维护和修理；
（2）房屋场地围墙土建设施修理；
（3）变电站内场地沙石化修理。

（二）工作任务
220kV 北新变电站视频监控系统日常运维。

（三）停电范围
不停电。

（四）票种选择建议
变电站第二种工作票。

（五）人员分工及安排
本次工作有 3 个作业地点。（主控室：视频监控屏Ⅰ；主控楼：视频监控系统；室外场地：视频监控系统。参与本次工作的共 2 人（含工作负责人），具体分工为：
华×彦（工作负责人）：负责工作的整体协调组织及作业现场安全监护。
袁×波（工作班成员）：负责 220kV 北新变电站视频监控系统日常运维工作具体实施。

（六）场景接线图

无。

二、工作票样例

变电站第二种工作票

作业风险等级：Ⅴ

单　位：××××有限公司　　　变电站：交流 220kV 北新变电站

编　号：Ⅱ 202412002

1. 工作负责人（监护人）华×彦　　班　组：××××有限公司

2. 工作班人员（不包括工作负责人）

××××有限公司：袁×波。

共 1 人

3. 工作的变、配电站名称及设备双重名称

交流 220kV 北新变电站：视频监控屏Ⅰ、视频监控系统。

4. 工作任务

工作地点及设备双重名称	工作内容
主控室：视频监控屏Ⅰ	视频监控系统日常运维
主控楼：视频监控系统	视频监控系统日常运维
室外场地：视频监控系统	视频监控系统日常运维

5. 计划工作时间

自 2024 年 12 月 18 日 08 时 00 分至 2024 年 12 月 18 日 18 时 00 分。

6. 工作条件（停电或不停电，或邻近及保留带电设备名称）

不停电。

7. 注意事项（安全措施）

（1）认清工作地点，加强监护；

【票种选择】本次作业为变电站内不停电工作，使用变电站第二种工作票。

1.【班组】对于包含工作负责人在内有两个及以上的班组人员共同进行的工作，应填写"综合班组"。

2.【工作班人员】人员应取得准入资质，安排的人员应进行承载力分析，确保人数适当、充足；如有特种作业应安排具备相应资质的特种作业人员；不同单位或班组需分行填写。
【共×人】不包括工作负责人。

3.【工作的变、配电站名称及设备双重名称】设备双重名称与第 4 项"工作任务"栏内一致。

4.【工作任务】在同一区域内不同设备但工作内容相同的工作任务可以合并填写。同一设备的不同工作内容也可合并填写，第二种工作票整个区域内所有同类型设备均有工作时，允许使用"全部"字样，如"220kV 高压设备区：全部 220kV 设备"。

5.【计划工作时间】填写计划工作开始时间和结束时间，如涉及跟调度申请的保护停用工作，该时间应在调度批准的时间段内。

6.【工作条件】变电站第二种工作票对应"不停电"。

7.【注意事项（安全措施）】
（1）针对挂牌困难的可将"在此工作"标示牌设置在对应设备支柱、柜外等位置，现场需向工作

（2）变电站所有设备均在运行中，不得触碰运行设备，与带电设备保持足够的安全距离（220kV 大于 3.0m、110kV 大于 1.5m、35kV 大于 1.0m）；

（3）搬运梯子等长物品时应放倒后两人一起搬运；

（4）视频监控屏 I 前后需放置"在此工作"牌，相邻非检修屏柜前后需用红布幔遮盖。

工作票签发人签名：黄×　　　签发时间：2024 年 12 月 16 日 13 时 48 分

工作票会签人签名：杨×峰　　会签时间：2024 年 12 月 16 日 15 时 12 分

8. 补充安全措施（工作许可人填写）

无。

9. 确认本工作票 1～8 项

许可开始工作时间：2024 年 12 月 18 日 10 时 30 分。

工作负责人签名：华×彦　　工作许可人签名：吴×伟

10. 现场交底，工作班成员确认工作负责人布置的工作任务、人员分工、安全措施和注意事项并签名

孙×俊

11. 工作票延期

有效期延长到____年___月___日___时___分。

工作负责人签名：_____　签名时间：____年___月___日___时___分

工作许可人签名：_____　签名时间：____年___月___日___时___分

12. 工作负责人变动情况

原工作负责人_____离去，变更_____为工作负责人。

工作票签发人：_____　签发时间：____年___月___日___时___分

13. 工作人员变动情况（变动人员姓名，变动日期及时间）

2024 年 12 月 18 日 10 时 30 分孙×俊加入（工作负责人签名：华×彦）

负责人交代清楚。针对部分不停电无法挂牌的作业建议可以不设置"在此工作"标示牌。

可能涉及的工作类型：

1）标示牌悬挂困难的：可将标示牌悬挂于对应设备支柱、开关柜外等位置。例如：

a.龙门架鸟窝处理；

b.涉及高处设备；

c.开关柜内具体设备等。

2）不停电工作：涉及单一、具体设备且工作地点固定时，可设置"在此工作"标示牌、二次工作在相邻非检修屏柜设置红布幔。例如：

a.SF$_6$ 设备单一气室气压低缺陷处理；

b.主变取油样；

c.避雷器泄漏电流表损坏更换；

d.母差保护校验等。

3）涉及同类型设备、全站设备、同一电压等级或区域内所有设备（某一高压区、高压室、继保室等）的同类型工作，以及具体工作设备不明确的工作，可不设置"在此工作"标示牌。

a.站内巡视或检查；

b.站内红外测温；

c.站内局放检测；

d.站内接地网导通试验；

e.站内避雷器带电测量；

f.全站 SF$_6$ 设备密封性检查、测试及补气；

g.同类型所有保护改定值或二次安措执行、恢复；

h.直流接地检查；

i.站内保洁、除草等变电站文明生产工作；

j.全站封堵检查、全站消防维护、门禁系统、电子围栏、防汛系统、视频维护、空调维护、风机维护等辅助设施维护工作；

k.场地修理、房屋修理等土建类工作；

l.独立微机五防维护、标示张贴等。

（2）不停电作业非必要可不设置安全围栏，如涉及检修工作中将井、坑、孔、洞或沟道盖板取下、带电设备区域内使用特种作业车辆等情况，应当设置临时围栏。

8.【补充安全措施】不得照抄工作票签发人填写内容，应注明所采取的安全措施或提醒检修人员必须注意的事项。若没有则填"无"，不得空白。

9.【确认本工作票 1～8 项】许可开始工作时间不得提前于计划工作开始时间。

10.【交底签名】所有工作班成员在明确了工作负责人、专责监护人交代的工作任务、人员分工、安全措施和注意事项后，在工作负责人所持工作票上签名，不得代签。

11.【工作票延期】工作需延期，应在工作计划结束时间前由工作负责人向工作许可人提出申请，办理延期手续。对于需经调度许可的工作，工作许可人还应得到调度许可后，方可与工作负责人办理工作票延期手续。工作票只能延期一次。

12.【工作负责人变动情况】经工作票签发人同意，在工作票上填写离去和变更的工作负责人姓名及变动时间，同时通知全体作业人员及工作许可人；如工作票签发人无法当面办理，应通过电话通知工作许可人，由工作许可人和原工作负责人在各自所持工作票上填写工作负责人变更情况，并代工作票签发人签名。

工作负责人的变动必须是在该工作票许可之后，如在工作票许可之前需变更工作负责人，则应由工作票签发人重新签发工作票。

13.【工作人员变动情况】工作人员变动后，工作负责人应及时在所持工作票上写明变动人员姓名、变动日期、时间，并签名。人员变动情况填写格式：××××年××月××日××时××分，××加入（离去）。

班组人员每次发生变动，工作负责人要在工作票上即时注明变动情况并签名，不得最后一并签名。

14. 每日开工和收工时间（使用一天的工作票不必填写）

收工时间				工作负责人	工作许可人	开工时间				工作许可人	工作负责人
月	日	时	分			月	日	时	分		

15. 工作票终结

全部工作于 <u>2024</u> 年 <u>12</u> 月 <u>18</u> 日 <u>12</u> 时 <u>25</u> 分结束，工作人员已全部撤离，材料工具已清理完毕。

工作负责人签名：华×彦　　工作许可人签名：吴×伟

　　　　　　　　　　　　　　　　　　　　　　已执行

16. 备注

<u>工作班成员袁×波作业开工时未到场参与工作。</u>

合　格

审核人	王二

14.【每日开工和收工时间（使用一天的工作票不必填写）】无人值班变电站，每日收工后，工作负责人应电话告知工作许可人，双方分别在各自所持工作票的相应栏内代为签署工作间断时间、姓名。次日复工前，工作负责人应检查安全措施是否完好，电话联系工作许可人申请开工，并做好录音，在得到许可后，双方分别在各自所持工作票相应栏内代为签署开工时间、姓名。工作负责人对安全措施有异议的或重要的、危险性较大的工作，工作许可人应到现场办理复工、收工手续。

15.【工作终结】工作终结时间不应超出计划工作时间或经批准的延期时间。

工作终结后，工作许可人应在工作负责人所持工作票的"工作终结"栏中工作许可人签名右侧空白处加盖红色"已执行"专用章。

16.【备注】

（1）可填写专责监护等票面前面未填写的信息。若一张工作票上涉及两个及以上作业现场，工作负责人无法同时全过程监护检修工作，则需要在各个作业现场设置一名专责监护人，或者各作业现场轮流开展工作，以确保每一个作业现场开工时均在监护人的监护下进行工作。填写时，应填写被监护人姓名、工作地点及工作内容。

（2）对于工作开始前，票中预安排的工作班成员，如未能在开工时参与现场安全交底的，整体作业开工时，需在备注栏对相关情况说明，如"工作班成员×××作业开工时，未到场参与工作。"无需在工作票"工作人员变动情况"栏进行人员变动。相关预安排人员实际参与现场作业时，应在备注栏对相关情况说明，如"××××年××月××日××时××分，××、××已接受安全交底并签字，可参与现场工作"。

17.【检查与评价】

各班组每月应对已终结的工作票进行综合评议。经评议票面正确，评议人在工作票"16.备注"横线右下方顶格加盖红色"合格"评议章并签名；评议为错票，在工作票"16.备注"横线右下方顶格加盖红色"不合格"评议章并签名。

4.4　变电站直流系统接地检查/处理

一、作业场景情况

（一）工作场景

变电站直流系统接地检查/处理等工作。

（二）工作任务

220kV 北新变电站直流接地缺陷处理。

（三）停电范围

不停电。

（四）票种选择建议

变电站第二种工作票。

（五）人员分工及安排

本次工作有 6 个作业地点（1 号主变高压区：1 号主变；2 号主变高压区：2 号主变；主控室：所有屏柜；220kV 高压室：220kV 所有组合电器；110kV 高压室：110kV 所有组合电器；35kV 高压室：35kV 所有一、二次设备）。参与本次工作的共 4 人（含工作负责人），具体分工为：

王×（工作负责人）：负责工作的整体协调组织及作业现场安全监护。

邵×铭、张×、陈×东（工作班成员）：负责直流接地缺陷处理工作具体实施。

（六）场景接线图

无。

二、工作票样例

<table>
<tr><td colspan="2" align="center"><h1>变电站第二种工作票</h1></td></tr>
<tr><td colspan="2" align="right">作业风险等级：Ⅳ</td></tr>
<tr><td>单　　位：<u>设备管理部变电检修中心</u></td><td>变电站：<u>交流 220kV 北新变电站</u></td></tr>
<tr><td colspan="2">编　　号：<u>Ⅱ202403006</u></td></tr>
<tr><td>1. 工作负责人（监护人）<u>王×</u></td><td>班　　组：<u>综合班组</u></td></tr>
</table>

【票种选择】本次作业为变电站内不停电工作，使用变电站第二种工作票。

1.【班组】对于包含工作负责人在内有两个以上的班组人员共同进行的工作，应填写"综合班组"。

2. 工作班人员（不包括工作负责人）

变电修试四班：张×、邵×铭，共 2 人。

变电二次检修一班：陈×东，共 1 人。

共 <u>3</u> 人

2.【工作班人员】人员应取得准入资质，安排的人员应进行承载力分析，确保人数适当、充足；如有特种作业应安排具备相应资质的特种作业人员；不同单位或班组需分行填写。
【共×人】不包括工作负责人。

3. 工作的变、配电站名称及设备双重名称

<u>交流 220kV 北新变电站：所有设备二次回路。</u>

3.【工作的变、配电站名称及设备双重名称】设备双重名称与第 4 项"工作任务"栏内一致。

4. 工作任务

工作地点及设备双重名称	工作内容
全站设备区：所有设备二次回路	直流接地缺陷处理

4.【工作任务】在同一区域内不同设备但工作内容相同的工作任务可以合并填写。同一设备的不同工作内容也可合并填写，第二种工作票整个区域内所有同类型设备均有工作时，允许使用"全部"字样，如"220kV 高压设备区：全部 220kV 设备"。

5. 计划工作时间

自 <u>2024</u> 年 <u>03</u> 月 <u>22</u> 日 <u>09</u> 时 <u>00</u> 分至 <u>2024</u> 年 <u>03</u> 月 <u>22</u> 日 <u>22</u> 时 <u>00</u> 分。

5.【计划工作时间】填写计划工作开始时间和结束时间，如涉及跟调度申请的保护停用工作，该时间应在调度批准的时间段内。

6. 工作条件（停电或不停电，或邻近及保留带电设备名称）

不停电。

7. 注意事项（安全措施）

（1）设备均在运行中，注意加强监护，不得攀爬设备，不得操作设备；

（2）注意与带电部位保持 220kV 大于 3.0m、110kV 大于 1.5m、35kV 大于 1.0m 的安全距离。

工作票签发人签名：顾×科　　　签发时间：2024 年 03 月 22 日 08 时 30 分

工作票会签人签名：杨×飞　　　会签时间：2024 年 03 月 22 日 08 时 46 分

8. 补充安全措施（工作许可人填写）

无。

9. 确认本工作票 1～8 项

许可开始工作时间：2024 年 03 月 22 日 09 时 35 分

工作负责人签名：王×　　　工作许可人签名：陈×涛

10. 现场交底，工作班成员确认工作负责人布置的工作任务、人员分工、安全措施和注意事项并签名

张×、邵×铭、陈×东、刘×岑

11. 工作票延期

有效期延长到_____年___月___日___时___分。

工作负责人签名：_____　　　签名时间：_____年___月___日___时___分

工作许可人签名：_____　　　签名时间：_____年___月___日___时___分

12. 工作负责人变动情况

原工作负责人_____离去，变更_____为工作负责人。

工作票签发人：_____　　　签发时间：_____年___月___日___时___分

13. 工作人员变动情况（变动人员姓名，变动日期及时间）

2024 年 03 月 22 日 10 时 00 分刘×岑加入（工作负责人签名：王×）

6.【工作条件】变电站第二种工作票对应"不停电"。

7.【注意事项（安全措施）】

（1）针对挂牌困难的可将"在此工作"标示牌设置在对应设备支柱、柜外等位置，现场需向工作负责人交代清楚。针对部分不停电无法挂牌的作业建议可以不设置"在此工作"标示牌。

可能涉及的工作类型：

1）标示牌挂设困难的：可将标示牌挂设于对应设备支柱、开关柜外等位置。例如：

a.龙门架鸟窝处理；

b.涉及高处设备；

c.开关柜内具体设备等。

2）不停电工作：涉及单一、具体设备且工作地点固定时，可设置"在此工作"标示牌、二次工作在相邻非检修屏柜设置红布幔。例如：

a.SF₆设备单一气室气压低缺陷处理；

b.主变取油样；

c.避雷器泄漏电流表损坏更换；

d.母差保护校验等。

3）涉及同类型设备、全站设备、同一电压等级或区域内所有设备（某一高压区、高压室、继保室等）的同类型工作，以及具体工作设备不明确的工作，可不设置"在此工作"标示牌。

a.站内巡视或检查；

b.站内红外测温；

c.站内局放检测；

d.站内接地网带电导通试验；

e.站内避雷器带电测量；

f.全站 SF₆设备密封性检查、测试及补气；

g.同类型所有保护改定值或二次安措执行、恢复；

h.直流接地检查；

i.站内保洁、除草等变电站文明生产工作；

j.全站封堵检查、全站消防维护、门禁系统、电子围栏、防汛系统、视频维护、空调维护、风机维护等辅助设施维护类工作；

k.场地修理、房屋修理等土建类工作；

l.独立微机五防维护、标示张贴等。

（2）不停电作业非必要可不设置安全围栏，如涉及检修工作中如需将井、坑、孔、洞或沟道等盖板取下、带电设备区域内使用特种作业车辆等情况，应当设置临时围栏。

8.【补充安全措施】不得照抄工作票签发人填写内容，应注明所采取的安全措施或提醒检修人员必须注意的事项。若没有则填"无"，不得空白。

9.【确认本工作票 1～8 项】许可开始工作时间不得提前于计划工作开始时间。

10.【交底签名】所有工作班成员在明确了工作负责人、专责监护人交代的工作任务、人员分工、安全措施和注意事项后，在工作负责人所持工作票上签名，不得代签。

11.【工作票延期】工作需延期，应在工作计划结束时间前由工作负责人向工作许可人提出申请，办理延期手续。对于需经调度许可的工作，工作许可人还应得到调度许可后，方可与工作负责人办理工作票延期手续。工作票只能延期一次。

12.【工作负责人变动情况】经工作票签发人同意，在工作票上填写离去和变更的工作负责人姓名及变动时间，同时通知全体作业人员及工作许可人；如工作票签发人无法当面办理，应通过电话通知工作许可人，由工作许可人和原工作负责人在各自所持工作票上填写工作负责人变更情况，并代工作票签发人签名。

工作负责人的变动必须是在该工作票许可之后，如在工作票许可之前需变更工作负责人，则应由工作票签发人重新签发工作票。

13.【工作人员变动情况】工作人员变动后，工作负责人应及时在所持工作票上写明变动人员姓名、变动日期、时间，并签名。人员变动情况填

14. 每日开工和收工时间（使用一天的工作票不必填写）

收工时间				工作负责人	工作许可人	开工时间				工作许可人	工作负责人
月	日	时	分			月	日	时	分		

15. 工作票终结

全部工作于 <u>2024</u> 年 <u>03</u> 月 <u>22</u> 日 <u>15</u> 时 <u>00</u> 分结束，工作人员已全部撤离，材料工具已清理完毕。

工作负责人签名： <u>王×</u>　　　**工作许可人签名：** <u>陈×涛</u>

> 已执行

16. 备注

<u>工作班成员陈×东作业开工时未到场参与工作。</u>

<u>2024 年 03 月 22 日 12 时 10 分陈×东已接受安全交底并签字，可以参与</u>

<u>现场工作。</u>

> | 合　格 | |
> |---|---|
> | 审核人 | 王二 |

写格式：××××年××月××日××时××分，××、××加入（离去）。

班组人员每次发生变动，工作负责人要在工作票上即时注明变动情况并签名，不得最后一并签名。

14.【每日开工和收工时间（使用一天的工作票不必填写）】 无人值班变电站，每日收工后，工作负责人应电话告知工作许可人，双方分别在各自所持工作票的相应栏内代为签署工作间断时间、姓名。次日复工前，工作负责人应检查安全措施是否完好，电话联系工作许可人申请开工，并做好录音，在得到许可后，双方分别在各自所持工作票相应栏内代为签署开工时间、姓名。工作负责人对安全措施有异议的或重要的、危险性较大的工作，工作许可人应到现场办理复工、收工手续。

15.【工作终结】 工作终结时间不应超出计划工作时间或经批准的延期时间。

工作终结后，工作许可人应在工作负责人所持工作票的"工作终结"栏中工作许可人签名右侧空白处加盖红色"已执行"专用章。

16.【备注】

（1）可填写专责监护等票面前面未填写的信息。若一张工作票上涉及两个及以上作业现场，工作负责人无法同时全过程监护检修工作，则需要在各个作业现场设置一名专责监护人，或者各作业现场轮流开展工作，以确保每一个作业现场开工时均在监护人的监护下进行工作。填写时，应填写被监护人姓名、工作地点及工作内容。

（2）对于工作开始前，票中预安排的工作班成员，如未能在开工时参与现场安全交底的，整体作业开工前，需在备注栏对相关情况说明，如"工作班成员××作业开工前参与工作。"无需在工作票"工作人员变动情况"栏进行人员变动。相关预安排人员实际参与现场作业时，应在备注栏对相关情况说明，如"××××年××月××日××时××分，××、××已接受安全交底并签字，可参与现场工作"。

17.【检查与评价】

各班组每月应对已终结的工作票进行综合评议。经评议票面正确，评议人在工作票"16.备注"横线右下方顶格加盖红色"合格"评议章并签名；评议为错票，在工作票"16.备注"横线右下方顶格加盖红色"不合格"评议章并签名。

4.5　变电站 SF_6 设备密封性检查、测试及补气

一、作业场景情况

（一）工作场景

变电站 SF_6 设备密封性检查、测试及补气。可参考此场景的工作类型：变压器、电抗器等充油设备采油样等工作。

（二）工作任务

220kV 宛山变电站 220kV 宛牟 4K16 开关 C 相 SF_6 压力偏低，接近压力低报警值缺陷处理。

（三）停电范围

无。

（四）票种选择建议

变电站第二种工作票。

（五）人员分工及安排

作业点为 220kV 高压区：220kV 宛牵 4K16 开关。参与本次工作的共 2 人（含工作负责人），具体分工为：

徐×（工作负责人）：负责工作的整体协调组织及作业现场安全监护。

宋×欣（工作班成员）：负责开关补气工作具体实施。

（六）场景接线图

无。

二、工作票样例

变电站第二种工作票

作业风险等级：Ⅴ

单　　位：设备管理部变电检修中心　　变电站：交流 220kV 宛山变电站

编　　号：Ⅱ202401005

1. 工作负责人（监护人） 徐×　　　　**班　　组：** 变电修试五班

2. 工作班人员（不包括工作负责人）

变电修试五班：宋×欣。

共 1 人

3. 工作的变、配电站名称及设备双重名称

交流 220kV 宛山变电站：220kV 宛牵 4K16 开关。

4. 工作任务

工作地点及设备双重名称	工作内容
220kV 高压区：220kV 宛牵 4K16 开关	220kV 宛牵 4K16 开关 C 相 SF$_6$ 压力偏低，接近压力低报警值缺陷处理

5. 计划工作时间

自 <u>2024</u> 年 <u>01</u> 月 <u>16</u> 日 <u>08</u> 时 <u>00</u> 分至 <u>2024</u> 年 <u>01</u> 月 <u>18</u> 日 <u>18</u> 时 <u>00</u> 分。

6. 工作条件（停电或不停电，或邻近及保留带电设备名称）

不停电。

7. 注意事项（安全措施）

（1）认清工作地点，注意加强监护。

（2）注意与带电部位保持足够的安全距离：220kV 大于 3m。

（3）应在 220kV 宛牵 4K16 开关上悬挂"在此工作"标示牌。

工作票签发人签名：曹×锋　　签发时间：<u>2024</u> 年 <u>01</u> 月 <u>13</u> 日 <u>09</u> 时 <u>57</u> 分

工作票会签人签名：龚×林　　会签时间：<u>2024</u> 年 <u>01</u> 月 <u>13</u> 日 <u>10</u> 时 <u>07</u> 分

8. 补充安全措施（工作许可人填写）

无。

9. 确认本工作票 1～8 项

许可开始工作时间：<u>2024</u> 年 <u>01</u> 月 <u>16</u> 日 <u>09</u> 时 <u>45</u> 分

工作负责人签名：徐×　　工作许可人签名：钱×之

10. 现场交底，工作班成员确认工作负责人布置的工作任务、人员分工、安全措施和注意事项并签名

宋×欣

11. 工作票延期

有效期延长到＿＿＿年＿＿月＿＿日＿＿时＿＿分。

工作负责人签名：＿＿＿＿　　签名时间：＿＿＿年＿＿月＿＿日＿＿时＿＿分

工作许可人签名：＿＿＿＿　　签名时间：＿＿＿年＿＿月＿＿日＿＿时＿＿分

12. 工作负责人变动情况

原工作负责人＿＿＿＿＿离去，变更＿＿＿＿＿为工作负责人。

工作票签发人：＿＿＿＿　　签发时间：＿＿＿年＿＿月＿＿日＿＿时＿＿分

5.【计划工作时间】填写计划工作开始时间和结束时间，如涉及跟调度申请的保护停用工作，该时间应在调度批准的时间段内。

6.【工作条件】变电站第二种工作票对应"不停电"。

7.【注意事项（安全措施）】

（1）针对挂牌困难的可将"在此工作"标示牌设置在对应设备支柱、柜外等位置，现场需向工作负责人交代清楚。针对部分不停电无法挂牌的作业建议可以不设置"在此工作"标示牌。

可能涉及的工作类型：

1）标示牌悬挂困难的：可将标示牌悬挂于对应设备支柱、开关柜外等位置。例如：

a.龙门架鸟窝处理；

b.涉及高处设备；

c.开关柜内具体设备等。

2）不停电工作：涉及单一、具体设备且工作地点固定时，可设置"在此工作"标示牌、二次工作在相邻非检修屏柜设置红布幔。例如：

a.SF₆设备单一气室气压低缺陷处理；

b.主变取油样；

c.避雷器泄漏电流表损坏更换；

d.母差保护校验等。

3）涉及同类型设备、全站设备、同一电压等级或区域内所有设备（某一高压区、高压室、继保室等）的同类型工作，以及具体工作设备不明确的工作，可不设置"在此工作"标示牌。

a.站内巡视或检查；

b.站内红外测温；

c.站内局放检测；

d.站内接地网导通试验；

e.站内避雷器带电测量；

f.全站SF₆设备密封性检查、测试及补气；

g.同类型所有保护改定值或二次安措执行、恢复；

h.直流接地检查；

i.站内保洁、除草等变电站文明生产工作；

j.全站封堵检查、全站消防维护、门禁系统、电子围栏、防汛系统、视频维护、空调维护、风机维护等辅助设施维护类工作；

k.场地修理、房屋修理等土建类工作；

l.独立微机五防维护、标示张贴等。

（2）不停电作业非必要可不设置安全围栏，如涉及检修工作中如需将井、坑、孔、洞或沟道等盖板取下、带电设备区域内使用特种作业车辆等情况，应当设置临时围栏。

8.【补充安全措施】不得照抄工作票签发人填写内容，应注明所采取的安全措施或提醒检修人员必须注意的事项。若没有则填写"无"，不得空白。

9.【确认本工作票 1～8 项】许可开始工作时间不得提前于计划工作开始时间。

10.【交底签名】所有工作班成员在明确了工作负责人、专责监护人交代的工作任务、人员分工、安全措施和注意事项后，在工作负责人所持工作票上签名，不得代签。

11.【工作票延期】工作需延期，应在工作计划结束时间前由工作负责人向工作许可人提出申请，办理延期手续。对于需经调度许可的工作，工作许可人还得得到调度许可后，方可与工作负责人办理工作票延期手续。工作票只能延期一次。

12.【工作负责人变动情况】经工作票签发人同意，在工作票上填写离去和变更的工作负责人姓名及变动时间，同时通知全体作业人员及工作许可人；如工作票签发人无法当面办理，应通过电话通知工作许可人，由工作许可人和原工作负责人在各自所持工作票上填写工作负责人变更情况，并代工作票签发人签名。

工作负责人的变动必须是在该工作票许可之后，如在工作票许可之前需变更工作负责人，则应由工作票签发人重新签发工作票。

13.【工作人员变动情况】工作人员变动后，工作负责人应及时在所持工作票上写明变动人员姓名、变动日期、时间，并签名。人员变动情况填写格式：×××年××月××日××时××分，××、××加入（离去）。

13. 工作人员变动情况（变动人员姓名，变动日期及时间）

14. 每日开工和收工时间（使用一天的工作票不必填写）

收工时间			工作负责人	工作许可人	开工时间				工作许可人	工作负责人
月	日	时	分			月	日	时	分		

15. 工作票终结

全部工作于 <u>2024</u> 年 <u>01</u> 月 <u>16</u> 日 <u>10</u> 时 <u>30</u> 分结束，工作人员已全部撤离，材料工具已清理完毕。

工作负责人签名：<u>徐×</u>　　　工作许可人签名：<u>钱×之</u>　　　**已执行**

16. 备注

无。

合　格

审核人	王二

班组人员每次发生变动，工作负责人要在工作票上即时注明变动情况并签名，不得最后一并签名。

14.【每日开工和收工时间（使用一天的工作票不必填写）】无人值班变电站，每日收工后，工作负责人应电话告知工作许可人，双方分别在各自所持工作票的相应栏内代为签署工作间断时间、姓名。次日复工前，工作负责人应检查安全措施是否完好，电话联系工作许可人申请开工，并做好录音，在得到许可后，双方分别在各自所持工作票相应栏内代为签署开工时间、姓名。工作负责人对安全措施有异议的或重要的、危险性较大的工作，工作许可人应到现场办理复工、收工手续。

15.【工作终结】工作终结时间不应超出计划工作时间或经批准的延期时间。

工作终结后，工作许可人应在工作负责人所持工作票的"工作终结"栏中工作许可人签名右侧空白处加盖红色"已执行"专用章。

16.【备注】

（1）可填写专责监护等票面前面未填写的信息。若一张工作票涉及两个及以上作业现场，工作负责人无法同时全过程监护检修工作，则需要在各个作业现场设置一名专责监护人，或者各作业现场轮流开展工作，以确保每一个作业现场开工时均在监护人的监护下进行工作。填写时，应填写被监护人姓名、工作地点及工作内容。

（2）对于工作开始前，票中预安排的工作班成员，如未能在开工时参与现场安全交底的，整体作业开工时，需在备注栏对相关情况说明，如"工作班成员×××作业开工时，未到场参与工作。"无需在工作票"工作人员变动情况"栏进行人员变动。相关预安排人员实际参与现场作业时，应在备注栏对相关情况说明，如"××××年××月××日××时××分，××、××已接受安全交底并签字，可参与现场工作"。

17.【检查与评价】

各班组每月应对已终结的工作票进行综合评议。经评议票面正确，评议人在工作票"16.备注"横线右下方顶格加盖红色"合格"评议章并签名；评议为错误，在工作票"16.备注"横线右下方顶格加盖红色"不合格"评议章并签名。

4.6　变电站设备红外精确测温

一、作业场景情况

（一）工作场景

变电站设备红外精确测温。可参考此场景的工作类型有：

（1）GIS 设备局放检测；

（2）变电站避雷器等设备带电检测、地网导通试验；

（3）全站设备安全大检查。

（二）工作任务

220kV 泰伯变电站全部 220、110、35kV 设备红外精确测温，1 号主变红外精确测温，2 号主变红外精确测温。

（三）停电范围

无。

（四）票种选择建议

变电站第二种工作票。

（五）人员分工及安排

本次工作有 5 个作业点，分别为 220kV 高压设备区：全部 220kV 设备；110kV 高压室：全部 110kV 设备；35kV 高压室、35kV 站用变压器室：全部 35kV 设备；1 号主变设备区：1 号主变；2 号主变设备区：2 号主变。

参与本次工作的共 3 人（含工作负责人），具体分工为：

顾×逸（工作负责人）：负责工作的整体协调组织及作业现场安全监护。

王×成、严×钟（工作班成员）：负责红外精确测温工作具体实施。

（六）场景接线图

无。

二、工作票样例

变电站第二种工作票

作业风险等级：V

单　位：设备管理部变电检修中心　　变电站：交流 220kV 泰伯变电站

编　号：Ⅱ202410006

1. 工作负责人（监护人）顾×逸　　**班　组：**综合班组

2. 工作班人员（不包括工作负责人）

××××有限公司：王×成、严×钟。

共 <u>2</u> 人

3. 工作的变、配电站名称及设备双重名称

交流 220kV 泰伯变电站：全部 220kV 设备、全部 110kV 设备、全部 35kV 设备、1 号主变、2 号主变。

【票种选择】本次作业为变电站内不停电工作，使用变电站第二种工作票。

1.【班组】对于包含工作负责人在内有两个及以上的班组人员共同进行的工作，应填写"综合班组"。

2.【工作班人员】人员应取得准入资质，安排的人员应进行承载力分析，确保人数适当、充足；如有特种作业应安排具备相应资质的特种作业人员；不同单位或班组需分行填写。
【共×人】不包括工作负责人。

3.【工作的变、配电站名称及设备双重名称】设备双重名称与第 4 项"工作任务"栏内一致。

4. 工作任务

工作地点及设备双重名称	工作内容
220kV 高压设备区：全部 220kV 设备	红外精确测温
110kV 高压室：全部 110kV 设备	红外精确测温
35kV 高压室：全部 35kV 设备	红外精确测温
1 号主变设备区：1 号主变	红外精确测温
2 号主变设备区：2 号主变	红外精确测温

5. 计划工作时间

自 2024 年 10 月 21 日 08 时 30 分至 2024 年 10 月 21 日 17 时 00 分。

6. 工作条件（停电或不停电，或邻近及保留带电设备名称）

不停电。

7. 注意事项（安全措施）

（1）认清工作地点，加强监护；

（2）注意与带电部位保持足够的安全距离：220kV 大于 3m，110kV 大于 1.5m，35kV 大于 1.0m。

工作票签发人签名：吴×锋　　签发时间：2024 年 10 月 20 日 09 时 57 分

工作票会签人签名：龚×林　　会签时间：2024 年 10 月 20 日 10 时 07 分

8. 补充安全措施（工作许可人填写）

无。

9. 确认本工作票 1～8 项

许可开始工作时间：2024 年 10 月 21 日 10 时 30 分

工作负责人签名：顾×逸　　工作许可人签名：钱×之

10. 现场交底，工作班成员确认工作负责人布置的工作任务、人员分工、安全措施和注意事项并签名

王×成、严×钟

4.【工作任务】在同一区域内不同设备但工作内容相同的工作任务可以合并填写。同一设备的不同工作内容也可合并填写，第二种工作票整个区域内所有同类型设备均有工作时，允许使用"全部"字样，如"220kV 高压设备区：全部 220kV 设备"。

5.【计划工作时间】填写计划工作开始时间和结束时间，如涉及跟调度申请的保护停用工作，该时间应在调度批准的时间段内。

6.【工作条件】变电站第二种工作票对应"不停电"。

7.【注意事项（安全措施）】
（1）针对挂牌困难的可将"在此工作"标示牌设置在对应设备支柱、柜外等位置，现场需向工作负责人交代清楚。针对部分不停电无法挂牌的作业建议可以不设置"在此工作"标示牌。
可能涉及的工作类型：
1）标示牌悬挂困难的：可将标示牌悬挂在对应设备支柱、开关柜外等位置。例如：
a.龙门架鸟窝处理；
b.涉及高处设备；
c.开关柜内具体设备等。
2）不停电工作：涉及单一、具体设备且工作地点固定时，可设置"在此工作"标示牌、二次工作在相邻非检修屏柜设置红布幔。例如：
a.SF_6 设备单一气室气压低缺陷处理；
b.主变取油样；
c.避雷器泄漏电流表损坏更换；
d.母差保护校验等。
3）涉及同类型设备、全站设备、同一电压等级或区域内所有设备（某一高压区、高压室、继保室等）的同类型工作，以及具体工作设备不明确的工作，可不设置"在此工作"标示牌。
a.站内巡视或检查；
b.站内红外测温；
c.站内局放检测；
d.站内接地网导通试验；
e.站内避雷器带电测量；
f.全站 SF_6 设备密封性检查、测试及补气；
g.同类型所有保护改定值或二次安措执行、恢复；
h.直流接地检查；
i.站内保洁、除草等变电站文明生产工作；
j.全站封堵检查、全站消防维护、门禁系统、电子围栏、防汛系统、视频维护、空调维护、风机维护等辅助设施维护类工作；
k.场地修理、房屋修理等土建类工作；
l.独立微机五防维护、标示张贴等。
（2）不停电作业非必要可不设置安全围栏，如涉及检修工作中如需将井、坑、孔、洞或沟道等盖板取下、带电设备区内使用特种作业车辆等情况，应当设置临时围栏。

11. 工作票延期

有效期延长到____年__月__日__时__分。

工作负责人签名：_____　　签名时间：____年__月__日__时__分

工作许可人签名：_____　　签名时间：____年__月__日__时__分

12. 工作负责人变动情况

原工作负责人_____离去，变更_____为工作负责人。

工作票签发人：_____　　签发时间：____年__月__日__时__分

13. 工作人员变动情况（变动人员姓名，变动日期及时间）

_____

14. 每日开工和收工时间（使用一天的工作票不必填写）

收工时间				工作负责人	工作许可人	开工时间				工作许可人	工作负责人
月	日	时	分			月	日	时	分		

15. 工作票终结

全部工作于 <u>2024</u> 年 <u>10</u> 月 <u>21</u> 日 <u>12</u> 时 <u>45</u> 分结束，工作人员已全部撤离，材料工具已清理完毕。

工作负责人签名：<u>顾×逸</u>　　工作许可人签名：<u>钱×之</u>　　　**已执行**

16. 备注

无。

8.【补充安全措施】不得照抄工作票签发人填写内容，应注明所采取的安全措施或提醒检修人员必须注意的事项。若没有则填"无"，不得空白。

9.【确认本工作票 1～8 项】许可开始工作时间不得提前于计划工作开始时间。

10.【交底签名】所有工作班成员在明确了工作负责人、专责监护人交代的工作任务、人员分工、安全措施和注意事项后，在工作负责人所持工作票上签名，不得代签。

11.【工作票延期】工作需延期，应在工作计划结束时间前由工作负责人向工作许可人提出申请，办理延期手续。对于需经调度许可的工作，工作许可人还应得到调度许可后，方可与工作负责人办理工作票延期手续。工作票只能延期一次。

12.【工作负责人变动情况】经工作票签发人同意，在工作票上填明离去和变更的工作负责人姓名及变动时间，同时通知全体作业人员及工作许可人；如工作票签发人无法当面办理，应通过电话通知工作许可人，由工作许可人和原工作负责人在各自所持工作票上填写工作负责人变更情况，并代工作票签发人签名。

工作负责人的变动必须是在该工作票许可之后，如在工作许可之前需变更工作负责人，则应由工作票签发人重新签发工作票。

13.【工作人员变动情况】工作人员变动后，工作负责人应及时在所持工作票上写明变动人员姓名、变动日期、时间，并签名。人员变动情况填写格式：××××年××月××日××时××分，××、××加入（离去）。

班组人员每次发生变动，工作负责人要在工作票上即时注明变动情况并签名，不得最后一并签名。

14.【每日开工和收工时间（使用一天的工作票不必填写）】无人值班变电站，每日收工后，工作负责人应电话告知工作许可人，双方分别在各自所持工作票的相应栏内代为签署工作间断时间、姓名。次日复工前，工作负责人应检查安全措施是否完好，电话联系工作许可人申请开工，并做好录音，在得到许可后，双方分别在各自所持工作票相应栏内代为签署开工时间、姓名。工作负责人对安全措施有异议的或重要的、危险性较大的工作，工作许可人应到现场办理复工、收工手续。

15.【工作终结】工作终结时间不应超出计划工作时间或经批准的延期时间。

工作终结后，工作许可人应在工作负责人所持工作票的"工作终结"栏中工作许可人签名右侧空白处加盖红色"已执行"专用章。

16.【备注】

（1）可填写专责监护等票面前面未填写的信息。若一张工作票上涉及两个及以上作业现场，工作负责人无法同时全过程监护检修工作，则需要在各个作业现场设置一名专责监护人，或者各作业现场轮流开展工作，以确保每一个作业现场开工时均在监护人的监护下进行工作。填写时，应填写被监护人姓名、工作地点及工作内容。

（2）对于工作开始前，票中预安排的工作班成员，如未能在开工时参与现场安全交底的，整体作业开工时，需在备注栏对相关情况说明，如"工作班成员×××作业开工时，未到场参与工作。"无需在工作票"工作人员变动情况"栏进行人员变动。相关预安排人员实际参与现场作业时，应在备注栏对相关情况说明，如"××××年××月××日××时××分，××、××已接受安全交底并签字，可参与现场工作"。

合　格

审核人　王二

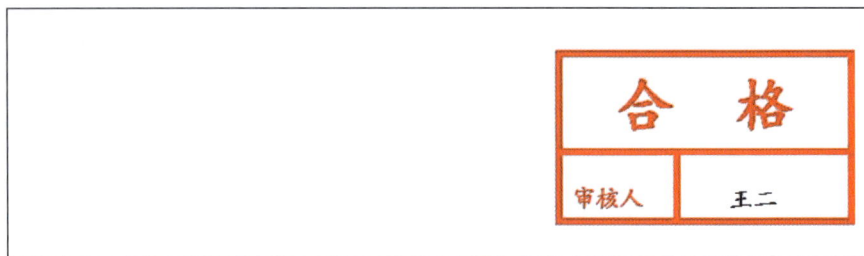

17.【检查与评价】
各班组每月应对已终结的工作票进行综合评议。
经评议票面正确，评议人在工作票"16.备注"横线右下方顶格加盖红色"合格"评议章并签名；评议为错票，在工作票"16.备注"横线右下方顶格加盖红色"不合格"评议章并签名。

4.7　主控楼南侧地面无线 4G 专网单管塔杆塔上新增抱杆安装

一、作业场景情况

（一）工作场景
主控楼南侧地面无线 4G 专网单管塔，塔上 28m 处安装 3 根抱杆、3 个 RRU、3 面天线。

（二）工作任务
（1）安装 3 根抱杆；
（2）安装 3 个 RRU、3 面天线。

（三）停电范围
无。

（四）票种选择建议
变电站第二种工作票。

（五）人员分工及安排
本次工作有 1 个作业地点，可以采取工作任务单或设置专责监护人。本张工作票选择设置专责监护人。参与本次工作的共 6 人（含工作负责人），具体分工为：

马××（工作负责人）：负责工作的整体协调组织，在施工时进行监护。

朱××（专责监护人）：负责对冉×、孙××、王××、乔××进行监护，对塔下围挡及现场和人员的安全防护措施进行检查。

冉×（工作班成员）：塔上就位完毕后，将滑轮正确安装牢固，并经另一名工作人员和监护人确认后开始起吊抱杆、RRU 及天线。

孙××（工作班成员）：与另一名塔上工作人员配合依次组装不同位置的抱杆、RRU 及天线，并核实检查抱杆、RRU 及天线都已安装牢固。

王××（工作班成员）：负责塔下需吊装抱杆、RRU 及天线的捆绑结实，监控起吊抱杆、RRU 及天线及其安装过程中塔上施工的动态情况。

乔××（工作班成员）：负责配合另一塔下工作人员一起做好塔下物资起吊工作，严密监控现场环境，防止起吊过程及安装过程中的高空坠物等异常情况出现。

（六）场景接线图
无。

二、工作票样例

变电站第二种工作票

作业风险等级：V

单　　位：××××第三工程局　　　变电站：交流 110kV 桥北变电站

编　　号：Ⅱ202408001

1. 工作负责人（监护人）马××　　**班　组：**4G 无线专网通信班

2. 工作班人员（不包括工作负责人）

4G 无线专网通信班：朱××、冉×、孙××、王××、乔××。

共 5 人

3. 工作的变、配电站名称及设备双重名称

交流 110kV 桥北变电站：无线 4G 专网单管塔、电缆沟。

4. 工作任务

工作地点及设备双重名称	工作内容
主控楼南侧地面：无线 4G 专网单管塔	安装 3 根抱杆；安装 3 个 RRU、3 面天线
电缆沟	放电缆、防火封堵

5. 计划工作时间

自 2024 年 08 月 03 日 08 时 30 分至 2024 年 08 月 03 日 18 时 30 分。

6. 工作条件（停电或不停电，或邻近及保留带电设备名称）

不停电。

7. 注意事项（安全措施）

（1）【安全距离】严格保持与带电部分的安全距离，10kV 大于 0.7m，20kV 及 35kV 大于 1m，110kV 大于 1.5m。

【票种选择】本次作业为变电站内不停电工作，使用变电站第二种工作票。

【单位】

（1）填写工作负责人所在单位名称。

（2）若是公司系统人员持票则统一填写部门名称，如"常州运维站"。若是外单位人员持票则填写工作负责人所在单位具体名称，如"江苏省送变电公司"。

（3）公司系统各单位在生产管理系统（PMS）中维护外协单位名称时应采用该单位全称。

【变电站】

填写变电站电压等级及名称。格式：电压等级+变电站名称，如"220kV 高桥变"。

【编号】

（1）由系统自动生成，不得修改。格式为：Ⅱ（二种票）××××（年份）××（月份）×××（流水号），共 9 位，如Ⅱ201809001。

（2）同一单位（部门）同一类型的工作票应统一编号，不得重号。

（3）系统故障时，手动填写时应遵循：Ⅱ（二种票）××××（年份）××（月份）9××（流水号），共 9 位，如Ⅱ201811901，按序编号不得重复。

1.【工作负责人（监护人）】

（1）填写工作负责人姓名。

（2）工作负责人名单应由工区（所、公司）书面批准。非本企业的工作负责人应预先经设备运行管理单位安监部审核确认。

【班组】对于两个及以上班组共同进行的工作，填写"综合班组"。

2.【工作班人员】人员应取得准入资质，安排的人员应进行承载力分析，确保人数适当、充足；如有特种作业应安排具备相应资质的特种作业人员。不同单位需分行填写。

【共×人】不包括工作负责人。

3.【工作的变、配电站名称及设备双重名称】设备双重名称与第 4 项"工作任务"栏内一致。

4.【工作任务】在同一区域内不同设备但工作内容相同的工作任务可以合并填写。同一设备的不同工作内容也可合并填写，第二种工作票整个区域内所有同类型设备均有工作时，允许使用"全部"字样，如"220kV 高压设备区：全部 220kV 设备"。

5.【计划工作时间】填写计划工作开始时间和结束时间，如涉及跟调度申请的保护停用工作，该时间应在调度批准的时间段内。

6.【工作条件】变电站第二种工作票对应"不停电"。

7.【注意事项】应结合 2021 版营销安规和具体现场工作填写安全措施。建议填写工作监护制度、误碰其他运行设备以及工作中安全注意事项；填写工作所在区域的设备编号及双重名称；填写在相邻运行设备装设红布幔以及应挂设标识牌的名称和地点；填写应做好的安全防护措施及进出设备区的注意事项。

（2）【安全措施设置】应在工作现场铁塔周围设置临时围栏,在出入口悬挂"从此进出！""在此工作！"标示牌，四周围栏上悬挂"止步，高压危险！"标示牌，标示牌朝向围栏里面，在铁塔爬梯上设置"从此上下"标示牌。

（3）【高处作业】高处作业人员应正确佩戴双保险安全带，安全带的挂钩应挂在牢固构件上，采用高挂低用的方式，高处作业工器具、材料应放在工具袋内或用绳索绑牢，上下传递物品使用传递绳，严禁上下抛掷。塔上有人工作时，塔下在物体坠落半径范围内禁止有人。

工作中应防止误碰、误动运行设备。不触及与本工作无关的设备，所拿器具平拿平放，长物应放倒两人平抬。

（4）【电缆敷设】施放电缆时注意原有线缆的保护，工作完成后应注意防火封堵以及进行防火涂料的喷涂。

工作票签发人签名：彭×× 　　签发时间：2024 年 08 月 02 日 16 时 43 分

工作票会签人签名：郦×× 　　会签时间：2024 年 08 月 02 日 17 时 37 分

8. 补充安全措施（工作许可人填写）

无。

8.【补充安全措施】由工作许可人填写补充安全措施，没有则填写"无"。

9. 确认本工作票 1～8 项

许可工作时间：2024 年 08 月 03 日 08 时 50 分

工作负责人签名：马×× 　　工作许可人签名：庄××

9.【确认本工作票 1～8 项】工作许可人许可工作票后，填写许可时间，工作负责人和工作许可人分别签名。许可时间不应早于计划工作开始时间。

10. 现场交底，工作班成员确认工作负责人布置的工作任务、人员分工、安全措施和注意事项并签名

朱××、冉×、孙××、王××、乔××

10.【现场交底】现场交底签名，工作班成员确认工作负责人布置的工作任务、人员分工、安全措施和注意事项。每个工作班成员履行签名手续，不得代签。

11. 工作票延期

有效期延长到＿＿＿年＿＿月＿＿日＿＿时＿＿分。

工作负责人签名：＿＿＿＿　　签名时间：＿＿＿年＿＿月＿＿日＿＿时＿＿分

工作许可人签名：＿＿＿＿　　签名时间：＿＿＿年＿＿月＿＿日＿＿时＿＿分

11.【工作票延期】工作票延期，由工作负责人向工作许可人提出申请，同意后记入并双方签名。此处工作许可人签名可代签。

12. 工作负责人变动情况

　　原工作负责人_____离去，变更_____为工作负责人。

工作票签发人：_____　　**签发时间：_____年___月___日___时___分**

13. 工作人员变动情况（变动人员姓名、变动日期及时间）

　　2024 年 08 月 03 日 14 时 10 分乔××离去（工作负责人签名：马××）

14. 每日开工和收工时间（使用一天的工作票不必填写）

收工时间				工作负责人	工作许可人	开工时间				工作许可人	工作负责人
月	日	时	分			月	日	时	分		

15. 工作票终结

　　全部工作于 2024 年 08 月 03 日 15 时 30 分结束，工作人员已全部撤离，材料工具已清理完毕。

工作负责人签名：马××　　**工作许可人签名：庄××**

已执行

16. 备注

　　（1）工作班成员乔××作业开工时未到场参与工作。

　　2024 年 08 月 03 日 10 时 25 分乔××已接受安全交底并签字，可以参与现场工作。

　　（2）新增专责监护人：由朱××监护冉×、孙××、王××，在工作地点：主控楼南侧地面无线 4G 专网单管塔上，开展安装 3 根抱杆、3 个 RRU、3 面天线工作。

合　格

| 审核人 | 王二 |

4.8 变电站屋顶光伏施工

一、作业场景情况

（一）工作场景

施工人员进入变电站完成变电站屋顶光伏施工。

（二）工作任务

110kV 李家变电站屋顶：桥架安装、交流电缆敷设、终端头制作、封堵工作。

110kV 李家变电站主控楼外墙：桥架安装，交流电缆敷设工作。

110kV 李家变电站主控室：桥架安装、交流电缆敷设，终端制作，电缆搭接，并网柜安装，封堵工作。

（三）停电范围

无。

（四）票种选择建议

变电站第二种工作票。

（五）人员分工及安排

本次工作有 3 个作业地点，因 3 个工作地点非同时开工，本张工作票无需设置专责监护人（若不同工作地点同时开工，应在每个工作地点设置专责监护人）。参与本次工作的共 7 人（含工作负责人），具体分工为：

作业点 1：变电站屋顶。

罗××（工作负责人）：负责工作的整体协调组织，在作业过程中全程进行监护。

夏××（工作班成员）：在变电站屋面进行光伏支架及导轨安装作业。

作业点 2：主控楼外墙。

王××（工作班成员）：在变电站外面安装电缆支架时，驾驶登高作业车。

李××（工作班成员）：在主控楼外墙进行安装电缆支架和敷设电缆作业。

张××（工作班成员）：在主控楼外墙进行安装电缆支架和敷设电缆作业。

作业点 3：主控室内。

高××（工作班成员）：在变电站主控室进行安装并网柜及电缆搭接等工作。

朱××（工作班成员）：在变电站主控室进行安装并网柜及电缆搭接等工作。

（六）场景接线图

无。

二、工作票样例

变电站第二种工作票

作业风险等级：Ⅴ

单　　位：××××电力科技发展有限公司　　变电站：交流××变电站

编　　号：Ⅱ202403001

1. 工作负责人（监护人） 罗×× 　　　　　　**班　组：** 综合班组

2. 工作班人员（不包括工作负责人）

××××电力科技发展有限公司：王××、李××、张××、夏××、高××，共 5 人。

××××电力有限公司：朱××，共 1 人。

共 _6_ 人

3. 工作的变、配电站名称及设备双重名称

110kV 李家变电站：主控楼屋顶、主控楼外墙、主控室。

4. 工作任务

工作地点及设备双重名称	工作内容
110kV 李家变电站：主控楼屋顶	桥架安装、交流电缆敷设、终端头制作、封堵工作
110kV 李家变电站：主控楼外墙	桥架安装，交流电缆敷设工作
110kV 李家变电站：主控室	桥架安装、交流电缆敷设，终端制作，电缆搭接，并网柜安装，封堵工作

5. 计划工作时间

自 _2024_ 年 _03_ 月 _03_ 日 _08_ 时 _08_ 分至 _2024_ 年 _03_ 月 _03_ 日 _18_ 时 _10_ 分。

【票种选择】本次作业为变电站内不停电工作，使用变电站第二种工作票。

【单位】
(1) 填写工作负责人所在单位名称。
(2) 若是公司系统人员持票则统一填写部门名称，如"常州运维站"。若是外单位人员持票则填写工作负责人所在单位具体名称，如"江苏省送变电公司"。
(3) 公司系统各单位在生产管理系统（PMS）中维护外协单位名称时应采用该单位全称。

【变电站】
填写变电站电压等级及名称。格式：电压等级+变电站名称，如"220kV 高桥变"。

【编号】
(1) 由系统自动生成，不得修改。格式为：Ⅱ（二种票）××××（年份）××（月份）×××（流水号），共 9 位，如Ⅱ201809001。
(2) 同一单位（部门）同一类型的工作票应统一编号，不得重号。
(3) 系统故障时，手动填写时应遵循：Ⅱ（二种票）××××（年份）××（月份）9××（流水号），共 9 位，如Ⅱ201811901，按序编号不得重复。

1.【工作负责人（监护人）】
(1) 填写工作负责人姓名。
(2) 工作负责人名单应由工区（所、公司）书面批准。非本企业的工作负责人应预先经设备运行管理单位安监部审核确认。

【班组】对于两个及以上班组共同进行的工作，填写"综合班组"。

2.【工作班人员】人员应取得准入资质，安排的人员应进行承载力分析，确保人数适当、充足；如有特种作业应安排具备相应资质的特种作业人员。不同单位需分行填写。

【共×人】不包括工作负责人。

3.【工作的变、配电站名称及设备双重名称】设备双重名称与第 4 项"工作任务"栏内一致。

4.【工作任务】在同一区域内不同设备但工作内容相同的工作任务可以合并填写。同一设备的不同工作内容也可合并填写，第二种工作票整个区域内所有同类型设备均有工作时，允许使用"全部"字样，如"220kV 高压设备区：全部 220kV 设备"。

5.【计划工作时间】填写计划工作开始时间和结束时间，如涉及跟调度申请的保护停用工作，该时间应在调度批准的时间段内。

6. 工作条件（停电或不停电，或邻近及保留带电设备名称）

　　不停电。

6.【工作条件】变电站第二种工作票对应"不停电"。

7. 注意事项（安全措施）

　　（1）【高处作业】作业人员应正确使用安全带，需高挂低用，安全带应系在牢固构件上，在移位时不得失去安全带的保护。登高前，应检查作业人员关闭登高车平台围栏情况及所带工具或其他物件在平台上的捆绑、固定情况，可靠后方可升降。登高作业时，应加强监护。

　　（2）【特种车辆】作业时，登高车应置于平坦、坚实的地面上，登高车臂架、平台等与架空输电线及其他带电体保持足够的安全距离，登高车臂架、平台等与围墙上的电子栏杆保持 1.5m 的安全距离，不要触碰。

　　（3）【安全距离】作业时，工作人员与带电设备保持足够的安全距离，10kV 大于 0.7m，20kV 及 35kV 大于 1m，110kV 大于 1.5m。

　　（4）【安措布置】应在工作地点装设临时围栏并悬挂"在此工作""止步，高压危险"标示牌，并在其进出口处挂"从此进出"和"在此工作"标示牌。在主控室交流屏工作时，应在工作屏柜前后设置"在此工作"标示牌，并在相邻运行屏柜前后设置红布幔运行标志，防止勿碰相邻间隔的运行中的设备。

工作票签发人签名：杭××　　签发时间：2024 年 03 月 02 日 08 时 10 分

工作票会签人签名：周××　　会签时间：2024 年 03 月 02 日 10 时 30 分

7.【注意事项】应结合 2021 版营销安规和具体现场工作填写安全措施。建议填写工作监护制度、误碰其他运行设备以及工作中安全注意事项；填写工作所在区域的设备编号及双重名称；填写在相邻运行设备装设红布幔以及应挂标识牌的名称和地点；填写应做好的安全防护措施及进出设备区的注意事项。

8. 补充安全措施（工作许可人填写）

　　无。

8.【补充安全措施】由工作许可人填写补充安全措施，没有则填写"无"。

9. 确认本工作票 1～8 项

许可工作时间：2024 年 03 月 03 日 08 时 50 分

工作负责人签名：罗××　　工作许可人签名：庄××

9.【确认本工作票 1～8 项】工作许可人许可工作票后，填写许可时间，工作负责人和工作许可人分别签名。许可时间不应早于计划工作开始时间。

10. 现场交底，工作班成员确认工作负责人布置的工作任务、人员分工、安全措施和注意事项并签名

　　王××、李××、张××、夏××、高××、朱××、郑××

10.【现场交底】现场交底签名，工作班成员确认工作负责人布置的工作任务、人员分工、安全措施和注意事项。每个工作班成员履行签名手续，不得代签。

11. 工作票延期

有效期延长到＿＿＿年＿＿月＿＿日＿＿时＿＿分。

工作负责人签名：＿＿＿＿　　签名时间：＿＿＿＿年＿＿月＿＿日＿＿时＿＿分

工作许可人签名：＿＿＿＿　　签名时间：＿＿＿＿年＿＿月＿＿日＿＿时＿＿分

12. 工作负责人变动情况

原工作负责人＿＿＿＿＿＿离去，变更＿＿＿＿＿＿为工作负责人。

工作票签发人：＿＿＿＿　　签发时间：＿＿＿＿年＿＿月＿＿日＿＿时＿＿分

13. 工作人员变动情况（变动人员姓名、变动日期及时间）

2024 年 03 月 03 日 08 时 50 分郑××加入（工作负责人签名：罗××）

14. 每日开工和收工时间（使用一天的工作票不必填写）

收工时间				工作负责人	工作许可人	开工时间				工作许可人	工作负责人
月	日	时	分			月	日	时	分		

15. 工作票终结

全部工作于 2024 年 03 月 03 日 16 时 50 分结束，工作人员已全部撤离，材料工具已清理完毕。

工作负责人签名：罗××　　工作许可人签名：庄××　　　已执行

16. 备注

（1）工作班成员朱××作业开工时未到场参与工作。

2024 年 03 月 03 日 10 时 25 分朱××已接受安全交底并签字，可以参与现场工作。

（2）新增专责监护人：由高××监护朱××、郑××，在工作地点：主控室内开展并网柜安装及电缆搭接工作。

11.【工作票延期】工作票延期，由工作负责人向工作许可人提出申请，同意后记入并双方签名。此处工作许可人签名可代签。

12.【工作负责人变动情况】经工作票签发人同意，在工作票上填写离去和变更的工作负责人姓名及变动时间，同时通知全体作业人员及工作许可人；如工作票签发人无法当面办理，应通过电话通知工作许可人，由工作许可人和原工作负责人在各自所持工作票上填写工作负责人变更情况，并代工作票签发人签名。

13.【工作人员变动情况】工作人员变动后，工作负责人应及时在所持工作票上写明变动人员姓名、变动日期、时间，并签名。人员变动情况填写格式：××××年××月××日××时××分，××、××加入（离去）。

班组人员每次发生变动，工作负责人要在工作票上即时注明变动情况并签名，不得最后一并签名。

14.【每日工作和收工时间】工作时间超过一天的情况，当日工作间断或次日开始前，应通知工作许可人并做好收、开工时间记录，并有工作负责人和许可人签字。

15.【工作票终结】工作结束后，工作负责人应及时报告工作许可人。工作负责人和工作许可人分别在各自收执的工作票上办理工作终结手续，签字并记录工作结束时间。工作一旦终结，任何工作人员不得进入工作现场。

16.【备注】

（1）可填写专责监护等票面前面未填写的信息。若一张工作票上涉及两个及以上作业现场，工作负责人无法同时全过程监护检修工作，则需要在各个作业现场设置一名专责监护人，或者各作业现场轮流开展工作，以确保每一个作业现场开工时均处在监护人的监护下进行工作。填写时，应填写被监护人姓名、工作地点及工作内容。

	合　格
	审核人　王二

（2）对于工作开始前，票中预安排的工作班成员，如未能在开工时参与现场安全交底的，整体作业开工时，需在备注栏对相关情况说明，如"工作班成员×××作业开工时，未到场参与工作。"无需在工作票"工作人员变动情况"栏进行人员变动。相关预安排人员实际参与现场作业时，应在备注栏对相关情况说明，如"××××年××月××日××时××分，××、××已接受安全交底并签字，可参与现场工作"。

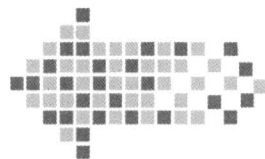

第5章 动火工作

5.1 变电站动火工作

一、作业场景情况

（一）工作场景

变电站动火工作。

（二）工作任务

220kV 孟村变电站 1 号主变 35kV 侧桥排绝缘化修理。

（三）停电范围

无。

（四）票种选择建议

变电站二级动火工作票。

（五）人员分工及安排

本次工作有 1 个作业地点：220kV 孟村变电站 1 号主变 35kV 侧桥排。参与本次工作的共 4 人（含动火工作负责人），具体分工为：

张三（动火工作负责人）：负责工作的整体协调组织及作业现场安全监护。

丁一、丙二（动火执行人）：负责动火工作具体实施。

王五（消防监护人）：负责全程消防安全监护。

（六）场景接线图

无。

二、工作票样例

变电站二级动火工作票

单　位：××××工程有限公司　　变电站：交流 220kV 孟村变电站

编　号：DⅡ2024041501

1. 动火工作负责人 张三　　　班　组：综合班组

2. 动火执行人 甲公司：丁一；乙公司：丙二。

【票种选择】本次作业为变电站二级动火区动火工作，使用变电站二级动火工作票。
【动火工作票份数】动火工作票一般至少一式三份，一份由工作负责人收执、一份由动火执行人收执、一份保存在安监部门（或具有消防管理职责的部门）（指一级动火工作票）或动火部门（指二级动火工作票）。若动火工作与运行有关，即需要运维人员对设备系统采取隔离、冲洗等防火安全措施者，还应多一份交运维人员收执。
【单位】动火负责人所在单位。
【编号】编号格式为 DⅡ+年份（四位数）+月份（两位数）+签发日期（两位数）+序号（两位数）。
1.【动火工作负责人】应是具备检修工作负责人资格并经考试合格的人员。
【班组】对于不属于同一班组的人员（含工作负责人）共同进行的工作，填写"综合班组"。

3. 动火地点及设备名称

　220kV 孟村变 1 号主变 35kV 侧桥排。

4. 动火工作内容（必要时可附页绘图说明）

　1 号主变 35kV 侧桥排绝缘化修理。

5. 动火方式　使用喷灯

　动火方式可填写焊接、切割、打磨、电钻、使用喷灯等。

6. 申请动火时间

　2024 年 04 月 13 日 08 时 00 分至 2024 年 04 月 15 日 17 时 00 分。

7. （设备管理方）应采取的安全措施

　（1）检查现场及周围无可燃物和气体等易燃易爆危险品；

　（2）工作前，工作许可人向动火工作负责人和动火执行人交代现场安全措施和注意事项，指明带电设备的位置。

8. （动火作业方）应采取的安全措施

　（1）负责清理现场及周围无可燃物和气体等易燃易爆危险品，或进行有效隔离措施；

　（2）动火作业现场的通排风要良好；

　（3）动火现场配备灭火器；

　（4）需指派具备动火作业资质的人员进行动火作业；

　（5）动火作业间断或终结后，应清理现场，确认无残留火种后，方可离开。

动火工作票签发人签名：李四　　　签发日期：2024 年 04 月 10 日 16 时 00 分。

消防人员签名：夏五　　　　安监人员签名：刘六

分管生产的领导或技术负责人（总工程师）签名：马七

9. 确认上述安全措施已全部执行

动火工作负责人签名：张三　　　运维许可人签名：吕二

许可时间：2024 年 04 月 13 日 08 时 30 分

2.【动火执行人】动火执行人应具备有关部门颁发的合格证，并通过准入审核，不同单位或班组需分行填写。

5.【动火方式】动火方式可填写焊接、切割、打磨、电钻、使用喷灯等，并在工作票上增填工作项目。

6.【申请动火时间】填写动火工作起始时间和结束时间，该时间应在批准的对应的工作票时间段内。
【工作条件（停电或不停电，或邻近及保留带电设备名称）】变电站第二种工作票中应统一为不停电。

7.【（设备管理方）应采取的安全措施】由工作票签发人根据具体工作内容填写。

8.【（动火作业方）应采取的安全措施】由工作票签发人根据具体工作内容填写。动火作业方应在动火作业现场配置必要的、足够的消防设施。动火作业方应安排具备相关工作的人员进行全程消防安全监护。

【动火工作票签发人】动火工作票签发人应是动火单位具备动火工作票签发资质的人员。
【消防人员签名】由工作票签发单位签名。
【安监人员签名】由工作票签发单位安全管理人员签名。
【分管生产的领导或技术负责人（总工程师）签名】由工作票签发单位分管领导签名。

10. 应配备的消防设施和采取的消防措施、安全措施已符合要求。可燃性、易燃气体含量或粉尘浓度测定合格

（动火作业方）消防监护人签名：<u>王五</u>

（动火作业方）安监人员签名：<u>郑六</u>

动火工作负责人签名：<u>张三</u>　　动火执行人签名：<u>丁一　丙二</u>

许可动火时间：<u>2024</u> 年 <u>04</u> 月 <u>13</u> 日 <u>09</u> 时 <u>00</u> 分。

11. 动火工作终结

动火工作于 <u>2024</u> 年 <u>04</u> 月 <u>13</u> 日 <u>15</u> 时 <u>00</u> 分结束，材料、工具已清理完毕，现场确认无残留火种，参与现场动火工作的有关人员已全部撤离，动火工作已结束。

动火执行人签名：<u>丁一　丙二</u>　　（动火作业方）消防监护人员签名：<u>王五</u>

动火工作负责人签名：<u>张三</u>　　运维许可人签名：<u>吕二</u>

12. 备注

（1）对应的检修工作票、工作任务单或事故紧急抢修单编号 <u>Ⅰ202404001</u>

（2）其他事项：

<u>无。</u>

11.【动火工作终结】 一级动火工作票的有效期为 24h，二级动火工作票的有效期为 120h。动火作业超过有效期限，应重新办理动火工作票。动火工作完毕后，动火执行人、消防监护人、动火工作负责人和运维许可人应检查现场有无残留火种，是否清洁等。确认无问题后，在动火工作票上填明动火工作结束时间。

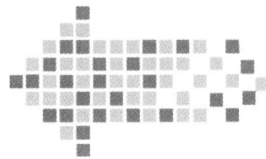

第6章 换流站作业

6.1 换流站换流变压器区域停电检修

一、作业场景情况

（一）工作场景

换流站换流变压器（以下简称换流变）区域停电检修。

（二）工作任务

直流800kV淮安换流站：

极Ⅱ换流变广场：① 换流变、电流互感器、电容器、避雷器例行检修、试验、消缺、清扫及清洗；② 端子箱、汇控柜、二次接线盒二次回路检查、端子复紧及清扫；③ 8211B换流变、8212B换流变、8221B换流变、8222B换流变气体继电器更换及二次接线；④ 8212B换流变C相冷却器排油阀渗油处理、AA356本体进油口油处理阀门渗油处理。

极Ⅱ高端阀厅：① 接地刀闸、避雷器例行检修、试验、消缺、清扫及清洗；② 接地刀闸机构箱二次回路检查、端子复紧及清扫；③ 阀厅挑檐上部墙体防火增强改造。

极Ⅱ低端阀厅：① 接地刀闸、避雷器例行检修、试验、消缺、清扫及清洗；② 接地刀闸机构箱二次回路检查、端子复紧及清扫；③ 阀厅挑檐上部墙体防火增强改造。

极Ⅱ高端换流变500kV进线区域：① GIS进线套管，电压互感器例行检修、试验、清扫及清洗；② 电压互感器端子箱二次回路检查、端子复紧及清扫。

极Ⅱ低端换流变500kV进线区域：① GIS进线套管，电压互感器例行检修、试验、清扫及清洗；② 电压互感器端子箱二次回路检查、端子复紧及清扫。

（三）停电范围

极Ⅱ换流变广场：极Ⅱ高端Y/Y换流变8211B、极Ⅱ高端Y/D换流变8212B、极Ⅱ低端Y/Y换流变8221B、极Ⅱ低端Y/D换流变8222B、高端Y/Y备用相换流变、低端Y/D备用相换流变。

（四）票种选择建议

变电站第一种工作票。

（五）人员分工及安排

本次工作有4个作业地点。参与本次工作的共14人（含工作负责人），分2个工作小组，具体分工为：

林×（工作负责人）：负责工作的整体协调组织及作业现场安全监护。

工作小组1（负责极Ⅱ换流变广场区域、极Ⅱ高端换流变500kV进线区域、极Ⅱ低端换流变500kV进线区域检修）：

皇甫×超（小组负责人）：负责本组工作组织及作业现场安全监护。

高×成（工作班成员）：辅助本组负责人加强作业现场安全管理，斗臂车专责监护人。

仓×、仓×健、万×宁、段×谦、徐×增（工作班成员）：负责极Ⅱ换流变广场区域、极Ⅱ高端换流变500kV进线区域、极Ⅱ低端换流变500kV进线区域检修。

工作小组2（负责极Ⅱ高端阀厅、极Ⅱ低端阀厅区域检修）：

孟×旭（小组负责人）：负责本组工作组织及作业现场安全监护。

董×耿（工作班成员）：辅助本组负责人加强作业现场安全管理，移动升降平台专责监护人。

张×狼、张×福、孟×奇、刘×森（工作班成员）：负责极Ⅱ高端阀厅、极Ⅱ低端阀厅区域检修。

（六）场景接线图

直流800kV淮安换流站换流变区域停电检修场景接线图见图6-1。

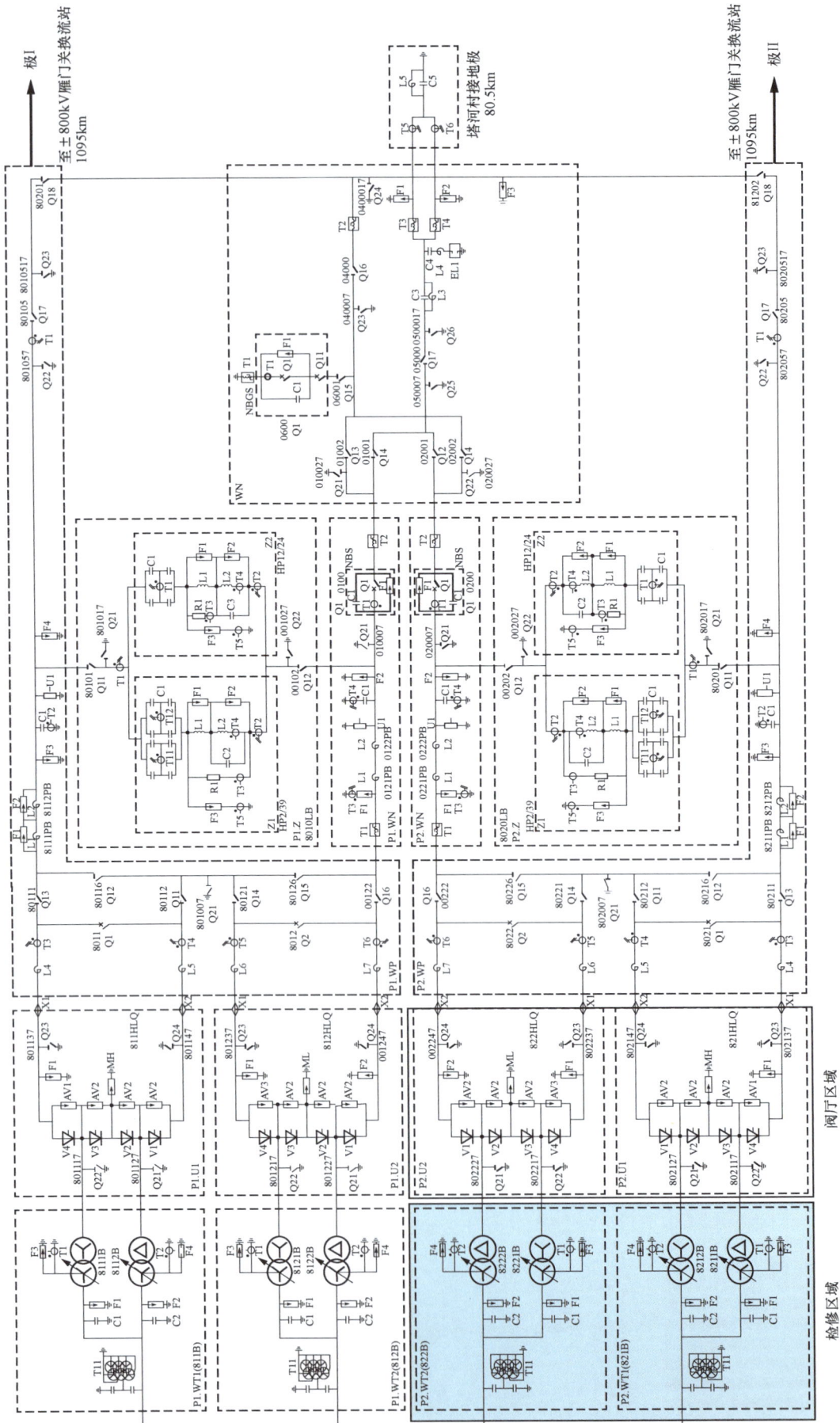

图6—1 直流800kV淮安换流站换流变区域停电检修场景接线图

二、工作票样例

变电站第一种工作票

作业风险等级：Ⅲ

单　位：××××有限公司　　变电站：<u>直流 800kV 淮安换流站</u>

编　号：<u>Ⅰ202405001</u>

1. 工作负责人（监护人）<u>林×</u>　　班　组：<u>电气班</u>

2. 工作班人员（不包括工作负责人）

<u>××××公司：皇甫×超、仓×、仓×健、高×成、万×宁、段×谦、</u>
<u>徐×增、孟×旭、董×耿、张×狼、张×福、孟×奇、刘×森。</u>

共 <u>13</u> 人

3. 工作的变、配电站名称及设备双重名称

<u>直流 800kV 淮安换流站：极Ⅱ换流变广场：极Ⅱ高端 Y/Y 换流变</u>
<u>8211B、极Ⅱ高端 Y/D 换流变 8212B、极Ⅱ低端 Y/Y 换流变 8221B、极Ⅱ</u>
<u>低端 Y/D 换流变 8222B、高端 Y/Y 备用相换流变、低端 Y/D 备用相换流</u>
<u>变、8211B 进线避雷器（P2.WT1.F1）、8212B 进线避雷器（P2.WT1.F2）、</u>
<u>8211B 中性点避雷器（P2.WT1.F3）、8212B 中性点避雷器（P2.WT1.F4）、</u>
<u>8221B 进线避雷器（P2.WT2.F1）、8222B 进线避雷器（P2.WT2.F2）、</u>
<u>8221B 中性点避雷器（P2.WT2.F3）、8222B 中性点避雷器（P2.WT2.F4）、</u>
<u>8211B 进线电容器（P2.WT1.C1）、8212B 进线电容器（P2.WT1.C2）、</u>
<u>8221B 进线电容器（P2.WT2.C1）、8222B 进线电容器（P2.WT2.C2）、</u>
<u>8211B 中性点电流互感器（P2.WT1.T1）、8212B 中性点电流互感器</u>
<u>（P2.WT1.T2）、8221B 中性点电流互感器（P2.WT2.T1）、8222B 中性点电</u>
<u>流互感器（P2.WT2.T2）；极Ⅱ高端阀厅：802117 接地刀闸、802127 接地</u>
<u>刀闸、802137 接地刀闸、802147 接地刀闸、极Ⅱ高端换流器 F1 避雷器</u>
<u>（P2.U1.F1）、极Ⅱ高端换流器 MH 避雷器（P2.U1.MH）；极Ⅱ低端阀厅：</u>
<u>802217 接地刀闸、802227 接地刀闸、802237 接地刀闸、002247 接地刀</u>
<u>闸、极Ⅱ低端换流器 F1 避雷器（P2.U2.F1）、极Ⅱ低端换流器 F2 避雷器</u>
<u>（P2.U2.F2）、极Ⅱ低端换流器 ML 避雷器（P2.U2.ML）；极Ⅱ高端换流变</u>

右侧栏：

【票种选择】本次作业为换流站内停电工作，使用变电站第一种工作票。

1.【工作负责人（监护人）】
（1）填写工作负责人姓名。
（2）工作负责人应取得两种人准入资质，并由设备运行管理单位书面批准。
【班组】对于不属于同一班组的人员（含工作负责人）共同进行的工作，填写"综合班组"。
2.【工作班人员】
（1）人员应取得准入资质，安排的人员应进行承载力分析，确保人数适当、充足。
（2）单、多组工作，每个班组工作人员应填写全部工作人员姓名（不含工作负责人）。
（3）多班组共同工作，必须分行填写每个班组名称。
（4）"共×人"：填写实际工作人员人数（不含工作负责人）。
（5）如有特种作业应安排具备相应资质的特种作业人员。
3.【工作的变、配电站名称及设备双重名称】设备双重名称与第4项"工作任务"栏内一致。工作的变配电站名称及设备双重名称栏中的工作地点内容，可描述为：××设备区域、××保护小室等进行简述。

500kV 进线区域：进线套管、极Ⅱ高端换流变进线电压互感器（P2-WT1-T11）；极Ⅱ低端换流变 500kV 进线区域：进线套管、极Ⅱ低端换流变进线电压互感器（P2-WT2-T11）。

4. 工作任务

工作地点及设备双重名称	工作内容
极Ⅱ换流变广场：极Ⅱ高端 Y/Y 换流变 8211B、极Ⅱ高端 Y/D 换流变 8212B、极Ⅱ低端 Y/Y 换流变 8221B、极Ⅱ低端 Y/D 换流变 8222B、高端 Y/Y 备用相换流变、低端 Y/D 备用相换流变、8211B 进线避雷器（P2.WT1.F1）、8212B 进线避雷器（P2.WT1.F2）、8211B 中性点避雷器（P2.WT1.F3）、8212B 中性点避雷器（P2.WT1.F4）、8221B 进线避雷器（P2.WT2.F1）、8222B 进线避雷器（P2.WT2.F2）、8221B 中性点避雷器（P2.WT2.F3）、8222B 中性点避雷器（P2.WT2.F4）、8211B 进线电容器（P2.WT1.C1）、8212B 进线电容器（P2.WT1.C2）、8221B 进线电容器（P2.WT2.C1）、8222B 进线电容器（P2.WT2.C2）、8211B 中性点电流互感器（P2.WT1.T1）、8212B 中性点电流互感器（P2.WT1.T2）、8221B 中性点电流互感器（P2.WT2.T1）、8222B 中性点电流互感器（P2.WT2.T2）	（1）换流变、电流互感器、电容器、避雷器例行检修、试验、消缺、清扫及清洗； （2）端子箱、汇控柜、二次接线盒二次回路检查、端子复紧及清扫； （3）8211B 换流变、8212B 换流变、8221B 换流变、8222B 换流变气体继电器更换及二次接线； （4）8212B 换流变 C 相冷却器排油阀渗油处理、AA356 本体进油口油处理阀门渗油处理
极Ⅱ高端阀厅：802117接地刀闸、802127接地刀闸、802137接地刀闸、802147接地刀闸、极Ⅱ高端换流器 F1 避雷器（P2.U1.F1）、极Ⅱ高端换流器 MH 避雷器（P2.U1.MH）	（1）接地刀闸、避雷器例行检修、试验、消缺、清扫及清洗； （2）接地刀闸机构箱二次回路检查、端子复紧及清扫； （3）阀厅挑檐上部墙体防火增强改造
极Ⅱ低端阀厅：802217接地刀闸、802227接地刀闸、802237接地刀闸、002247接地刀闸、极Ⅱ低端换流器 F1 避雷器（P2.U2.F1）、极Ⅱ低端换流器 F2 避雷器（P2.U2.F2）、极Ⅱ低端换流器 ML 避雷器（P2.U2.ML）	（1）接地刀闸、避雷器例行检修、试验、消缺、清扫及清洗； （2）接地刀闸机构箱二次回路检查、端子复紧及清扫； （3）阀厅挑檐上部墙体防火增强改造
极Ⅱ高端换流变 500kV 进线区域：进线套管、极Ⅱ高端换流变进线电压互感器（P2-WT1-T11）	（1）GIS 进线套管，电压互感器例行检修、试验、清扫及清洗； （2）电压互感器端子箱二次回路检查、端子复紧及清扫

4. 【工作任务】同一工作地点的不同工作内容合并一行写；相同工作内容的不同工作地点合并一行写；其他情况，应分行写；工作内容应与工作地点对应；按照调度批准的停电申请内容填写，在同一区域内不同设备但工作内容相同的工作任务可以合并填写。在原工作票的停电及安全措施范围内增加工作任务时，应由工作负责人征得工作票签发人和工作许可人同意，并在工作票上备注栏内增填工作项目。陪停设备不需要在工作任务栏及安全措施栏中反映，可在"工作地点保留带电部分或注意事项"中予以明确。保护校验过程中需传动开关，但不进行直接触及开关设备的具体工作时，开关设备可以不列入工作任务栏内的工作地点。

续表

工作地点及设备双重名称	工作内容
极Ⅱ低端换流变 500kV 进线区域：进线套管、极Ⅱ低端换流变进线电压互感器（P2-WT2-T11）	（1）GIS 进线套管，电压互感器例行检修、试验、清扫及清洗； （2）电压互感器端子箱二次回路检查、端子复紧及清扫
500kV GIS 室：5191 开关间隔	5191 开关、51912 刀闸、电流互感器常规检修及消缺
500kV GIS 室：5192 开关间隔	5192 开关、51921 刀闸、电流互感器常规检修及消缺
500kV GIS 室：5182 开关间隔	5182 开关、51822 刀闸、电流互感器常规检修及消缺
500kV GIS 室：5183 开关间隔	5183 开关、51831 刀闸、电流互感器常规检修及消缺

5. 计划工作时间：

自 <u>2024</u> 年 <u>01</u> 月 <u>31</u> 日 <u>08</u> 时 <u>00</u> 分至 <u>2024</u> 年 <u>02</u> 月 <u>04</u> 日 <u>18</u> 时 <u>00</u> 分。

6. 安全措施（必要时可附页绘图说明，红色表示有电）

应拉断路器（开关）、隔离开关（刀闸）	已执行*
应拉开 0200、5182、5183、5191、5192 开关	√
应拉开 80205、04000、05000、81201、81202、51821、51832、51911、51922 刀闸	√
应分开 80205、81201、81202 刀闸操作机构箱内电机电源空气开关 QM1、控制电源空气开关 QF1	√
应分开 05000、04000 刀闸操作机构箱内电机电源空气开关 QF1、控制电源空气开关 QF3	√
应分开 0200 开关机构箱内电机储能电源空气开关 F1、F1.1	√
应分开极Ⅱ 110V 直流 A 段 P1.DC.EA 分屏内 0200 开关操作电源 A 1Q16、极Ⅱ 110V 直流 B 段 P1.DC.EB 分屏内 0200 开关操作电源 B 2Q16	√
应分开 RB1 室交流 A 段直流馈电 DC.EA1 屏内 5182 开关第一组操作电源 Q133、5183 开关第一组操作电源 Q134、5191 开关第一组操作电源 Q135、5192 开关第一组操作电源 Q136	√
应分开 RB1 室交流 B 段直流馈电 DC.EB1 屏内 5182 开关第二组操作电源 Q233、5183 开关第二组操作电源 Q234、5191 开关第二组操作电源 Q235、5192 开关第二组操作电源 Q236	√
应分开 5182 开关间隔汇控柜内 51821 刀闸电机电源空气开关 8A31、51821 刀闸控制电源空气开关 8D21、5182 开关油泵电机电源空气开关 8A1	√

5.【计划工作时间】填写计划检修起始时间和结束时间，该时间应在调度批准的检修时间段内。

6.【安全措施】运维人员完成工作票所列的安全措施，并经现场核实后，在相应的已执行栏内手工打"√"。填写内容应按类别分行填写，若出现跨行填写的，仅在末行的"已执行"栏打"√"即可。

【应拉断路器（开关）、隔离开关（刀闸）】

（1）应拉开的开关。

（2）应拉开的闸刀。

（3）应拉至试验位置的开关手车。工作票中填写将手车拉至试验位置，现场如要拉至检修位置，由检修人员在实际工作中执行。

（4）应分开的开关操作电源、储能电源，所有拉开的开关对应的操作电源、储能电源均应分开。开关的操作电源在直流馈电屏或开关保护屏内断开均可。

（5）应分开的闸刀控制电源、电机电源。所有拉开的闸刀如有对应的控制电源、电机电源均应分开。已分开控制电源、电机电源的闸刀遥控回路已断开，可不必再填写将闸刀远方/就地切换开关由"远方"位置切换至"就地"位置。（若工作票签发人认为有必要也可填写）。此处拉开的电机电源、操作电源空气开关不需要具体到设备机构箱、空气开关双重名称及空气开关名称；只需要写"拉开××开关/刀闸电机电源、操作电源空气开关"。

（6）应将拉开的开关远方/就地切换开关由"远方"位置切到"就地"位置，或应退出××开关遥控出口压板。

（7）应分开与停电设备有关的电压互感器、变压器各侧回路。

（8）涉及在有联跳运行开关回路或失灵启动回路的设备上进行二次工作，需要执行退出联跳运行开关出口压板或失灵启动压板的安全措施，此项安全措施可以不列入【6.安全措施】"应拉断路器（开关）、隔离开关（刀闸）"栏内。

续表

应拉断路器（开关）、隔离开关（刀闸）	已执行*
应分开 5183 开关间隔汇控柜内 51832 刀闸电机电源空气开关 8A31、51832 刀闸控制电源空气开关 8D21、5183 开关油泵电机电源空气开关 8A1	√
应分开 5191 开关间隔汇控柜内 51911 刀闸电机电源空气开关 8A31、51911 刀闸控制电源空气开关 8D21、5191 开关油泵电机电源空气开关 8A1	√
应分开 5192 开关间隔汇控柜内 51922 刀闸电机电源空气开关 8A33、51922 刀闸控制电源空气开关 8D23、5192 开关油泵电机电源空气开关 8A1	√
应分开极 II 高端换流变进线电压互感器二次侧开关 ZKK1、ZKK2、ZKK3、ZKK5、ZKK6、ZKK7	√
应分开极 II 低端换流变进线电压互感器二次侧开关 ZKK1、ZKK2、ZKK3、ZKK5、ZKK6、ZKK7	√
应装接地线、应合接地刀闸（注明确实地点、名称及接地线编号*）	**已执行***
应合上 802057、8020517、040007、0400017、050007、0500017 接地刀闸	√
应合上 518217、518327、518367、519117、519227、519167 接地刀闸	√
应设遮栏、应挂标示牌及防止二次回路误碰等措施	**已执行***
应在 80205、05000、04000、81201、81202 刀闸操作机构箱门把手上悬挂"禁止合闸，有人工作！"标示牌	√
应在 0200 开关操作把手上悬挂"禁止合闸，有人工作！"标示牌	√
应在极 II 110V 直流 A 段 P1.DC.EA 分屏内 0200 开关操作电源 A 1Q16、极 II 110V 直流 B 段 P1.DC.EB 分屏内 0200 开关操作电源 B 2Q16 上悬挂"禁止合闸，有人工作！"标示牌	√
应在 RB1 室交流 A 段直流馈电 DC.EA1 屏内 5182 开关第一组操作电源 Q133、5183 开关第一组操作电源 Q134、5191 开关第一组操作电源 Q135、5192 开关第一组操作电源 Q136 上悬挂"禁止合闸，有人工作！"标示牌	√
应在 RB1 室交流 B 段直流馈电 DC.EB1 屏内 5182 开关第二组操作电源 Q233、5183 开关第二组操作电源 Q234、5191 开关第二组操作电源 Q235、5192 开关第二组操作电源 Q236 上悬挂"禁止合闸，有人工作！"标示牌	√
应在 5182 开关间隔汇控柜内 5182 开关、51821 刀闸操作把手上，5183 开关间隔汇控柜内 5183 开关、51832 刀闸操作把手上，5191 开关间隔汇控柜内 5191 开关、51911 刀闸操作把手上，5192 开关间隔汇控柜内 5192 开关、51922 刀闸操作把手上悬挂"禁止合闸，有人工作！"标示牌	√
应在 5182 开关间隔汇控柜内 51821 刀闸电机电源空气开关 8A31、51821 刀闸控制电源空气开关 8D21、5182 开关油泵电机电源空气开关 8A1 上悬挂"禁止合闸，有人工作！"标示牌	√
应在 5183 开关间隔汇控柜内 51832 刀闸电机电源空气开关 8A31、51832 刀闸控制电源空气开关 8D21、5183 开关油泵电机电源空气开关 8A1 上悬挂"禁止合闸，有人工作！"标示牌	√

【应装接地线、应合接地刀闸】
（1）接地闸刀应填写双重名称即名称、编号。
（2）带地刀的闸刀检修时，采用合接地刀闸和装设临时接地线措施均予以认可，若采用合接地刀闸方式接地，在检修刀闸拉开接地刀闸前应当先挂设临时接地线。

【应设遮栏、应挂标示牌及防止二次回路误碰等措施】
（1）已拉开的开关、闸刀、开关手车如无工作，应在对应位置悬挂"禁止合闸，有人工作"标示牌。已断开的电压互感器、站用变压器、接地变压器二次侧回路应在对应位置悬挂"禁止合闸，有人工作"标示牌。如工作票只包含站内设备工作，可不设置"禁止合闸，线路有人工作"标示牌。第 4 项"工作任务"栏内涉及有工作内容的开关、闸刀因工作需要试分合设备，不需要悬挂"禁止合闸，有人工作"标示牌。所有已拉开的开关操作电源及储能电源、已拉开的闸刀控制电源、电机电源处可以不填写悬挂"禁止合闸，有人工作"标示牌。（此处应设遮栏、应挂标示牌及防止二次回路误碰措施不需要具体到空气开关双重名称及空气开关名称；只需要写应在××开关/刀闸电机电源、操作电源空气开关上悬挂"禁止合闸，有人工作"标示牌。）
（2）所有开关柜检修工作均应在相邻运行开关柜、现场设置的围栏上设置"止步，高压危险"标示牌。
（3）在工作人员上下铁架或梯子上，应悬挂"从此上下"标示牌。
（4）应悬挂"在此工作"标示牌的位置为第 4 项"工作任务"栏内填写的设备处，部分高处设备、柜内设备现场无法挂牌，许可人可将"在此工作"标示牌设置在对应设备支柱、柜外、间隔门外等位置，现场需向工作负责人交代清楚。
（5）由外包单位负责持票的工作，如属于根据公司规定需要设置 1.7m 固定式围栏的情况，工作票上应设置的"临时围栏"写明为"1.7m 硬围栏"。

续表

应设遮栏、应挂标示牌及防止二次回路误碰等措施	已执行*
应在 5191 开关间隔汇控柜内 51911 刀闸电机电源空气开关 8A31、51911 刀闸控制电源空气开关 8D21、5191 开关油泵电机电源空气开关 8A1 上悬挂"禁止合闸，有人工作！"标示牌	√
应在 5192 开关间隔汇控柜内 51922 刀闸电机电源空气开关 8A33、51922 刀闸控制电源空气开关 8D23、5192 开关油泵电机电源空气开关 8A1 上悬挂"禁止合闸，有人工作！"标示牌	√
应在极 II 高端换流变进线电压互感器二次侧开关 ZKK1、ZKK2、ZKK3、ZKK5、ZKK6、ZKK7 上、极 II 低端换流变进线电压互感器二次侧开关 ZKK1、ZKK2、ZKK3、ZKK5、ZKK6、ZKK7 上悬挂"禁止合闸，有人工作！"标示牌	√
应在 500kV GIS 室 5182 开关间隔、5183 开关间隔、5191 开关间隔、5192 开关间隔开关本体及汇控柜上悬挂"在此工作！"标示牌，并在工作区域四周装设围栏，围栏上悬挂"止步、高压危险！"标示牌，标示牌应朝向工作地点，并在围栏出入口处悬挂"在此工作！""从此进出！"标示牌	√
应在极 II 高端阀厅 P2.U1、极 II 低端阀厅 P2.U2 入口处悬挂"在此工作！""从此进出！"标示牌	√

*已执行栏目及接地线编号由工作许可人填写。

工作地点保留带电部分或注意事项（由工作票签发人填写）	补充工作地点保留带电部分和安全措施（由工作许可人填写）
【高处作业】高处工作时应正确使用安全带、个人保安线等安全工器具，防止高空坠落及感应电压伤人。 【相邻带电设备】51821、51832、51911、51922 刀闸母线侧带电。 【安全距离】与带电部位保持足够的安全距离：500kV 大于 5m。 【开关检修】工作前先释放开关储能防止机械伤害。 【特种车辆】升降车应由专人监护、专人指挥，与有电部位的安全距离：500kV 应大于 8.5m。	无

工作票签发人签名：<u>周×</u>　　签发时间：<u>2024</u> 年 <u>01</u> 月 <u>28</u> 日 <u>09</u> 时 <u>00</u> 分

工作票会签人签名：<u>吴×</u>　　会签时间：<u>2024</u> 年 <u>01</u> 月 <u>28</u> 日 <u>10</u> 时 <u>00</u> 分

工作票会签人签名：<u>冯×</u>　　会签时间：<u>2024</u> 年 <u>01</u> 月 <u>28</u> 日 <u>11</u> 时 <u>00</u> 分

7. 收到工作票时间：<u>2024</u> 年 <u>01</u> 月 <u>28</u> 日 <u>15</u> 时 <u>00</u> 分

运行值班人员签名：<u>李×</u>　　工作负责人签名：<u>林×</u>

【工作地点保留带电部分或注意事项（由工作票签发人填写）】

【相邻带电设备】填写与检修设备距离邻近的带电部位或相邻第一个带电设备情况，以及保护工作地点相邻的其他保护（装置）运行情况，相关设备要明确名称编号，位置要准确。

【安全距离】工作地点包含一次设备区域时，需填写：与带电部位保持足够的安全距离：××kV 大于×m。

【特种设备】有吊车、斗臂车等大型车辆参与现场工作时，需填写：工作中使用吊车、斗臂车等大型车辆时，应与带电部位保持足够的安全距离：××kV 大于×m。由外包单位负责的工作还需增加：安排运检单位专人在场全过程旁站。

【高处作业】有高处作业时，需填写：高处作业正确使用安全工器具。

【陪停设备】如有陪停设备应当予以明确。

【手车检修】开关柜手车拉至检修位置，检修人员应当在开关静触头隔离挡板处装设"止步，高压危险"标示牌。

其余安全注意事项，各单位可依据工作内容予以补充完善。

【补充工作地点保留带电部分和安全措施（由工作许可人填写）】根据现场的实际情况，工作许可人对工作地点保留的带电部分予以补充，不得照抄工作票签发人填写内容，应注明所采取的安全措施或提醒检修人员必须注意的事项。若没有则填"无"，不得空白。

【工作票签发人签名和签发日期】

（1）工作票签发人确认工作票中 1～6 项无误后，在签名栏内签名，并在时间栏内填写签发时间。

（2）若工作票不需会签，工作票签发人签后直接发送给工作负责人，由工作负责人确认后提交运维人员；若需会签，则提交给工作票会签人，会签结束后返回给工作负责人，再由工作负责人确认后提交运维人员。

7.【收到工作票时间】

第一种工作票签发和收到时间应为工作前一天（紧急抢修、消缺除外）。

8. 确认本工作票 1～6 项

工作负责人签名：<u>林×</u>　　　工作许可人签名：<u>刘×</u>

许可开始工作时间：<u>2024</u> 年 <u>01</u> 月 <u>31</u> 日 <u>14</u> 时 <u>58</u> 分

9. 现场交底，工作班成员确认工作负责人布置的工作任务、人员分工、安全措施和注意事项并签名

　<u>皇甫×超、仓×、仓×健、高×成、万×宁、段×谦、徐×增、孟×旭、董×耿、张×狼、张×福、孟×奇、刘×森</u>

10. 工作负责人变动情况

　原工作负责人_____离去，变更_____为工作负责人。

工作票签发人：_____　　签发时间：____年__月__日__时__分

11. 工作人员变动情况（变动人员姓名，变动日期及时间）

_____

12. 工作票延期

　有效期延长到____年__月__日__时__分。

工作负责人签名：_____　　签名时间：____年__月__日__时__分

工作许可人签名：_____　　签名时间：____年__月__日__时__分

13. 每日开工和收工时间（使用一天的工作票不必填写）

收工时间				工作负责人	工作许可人	开工时间				工作许可人	工作负责人
月	日	时	分			月	日	时	分		
01	31	17	30	林×	黄×	02	01	09	26	黄×	林×
02	01	14	53	林×	黄×	02	02	09	20	黄×	林×
02	02	15	40	林×	谈×	02	03	09	38	谈×	林×
02	03	14	48	林×	谈×	02	04	09	50	谈×	林×

运维人员收到工作票后，对工作票审核无误后，填写收票时间并签名。

8.【工作许可】
许可开始工作时间不得提前于计划工作开始时间。

9.【交底签名】
所有工作班成员在明确了工作负责人、专责监护人交代的工作任务、人员分工、安全措施和注意事项后，在工作负责人所持工作票上签名，不得代签。

10.【工作负责人变动情况】
经工作票签发人同意，在工作票上填写离去和变更的工作负责人姓名及变动时间，同时通知全体作业人员及工作许可人；如工作票签发人无法当面办理，应通过电话通知工作许可人，由工作许可人和原工作负责人在各自所持工作票上填写工作负责人变更情况，并代工作票签发人签名。
工作负责人的变动必须是在该工作票许可之后，如在工作票许可之前需变更工作负责人，则应由工作票签发人重新签发工作票。

11.【工作人员变动情况】
工作人员变动后，工作负责人应及时在所持工作票上写明变动人员姓名、变动日期、时间，并签名。人员变动情况填写格式：××××年××月××日××时××分，××、××加入（离去）。班组人员每次发生变动，工作负责人要在工作票上即时注明变动情况并签名，不得最后一并签名。

12.【工作票延期】
工作需延期，应在工作计划结束时间前由工作负责人向工作许可人提出申请，办理延期手续。对于需经调度许可的工作，工作许可人还应得到调度许可后，方可与工作负责人办理工作票延期手续。工作票只能延期一次。

13.【每日开工和收工时间（使用一天的工作票不必填写）】
有人值班变电站，每日收工后，应将工作票交回工作许可人，办理工作间断手续，并分别在双方所持工作票的相应栏内填写工作间断时间、姓名。次日复工时，工作负责人应与工作许可人履行复工许可手续并录音，分别在双方工作票相应栏内填写开工时间、姓名，方可取回工作票。

14.【工作终结】
（1）工作结束后，工作负责人应会同工作许可人进行验收，验收时任何一方都不得变动安全措施，验收合格后做好有关记录和移交相关报告、资料、图纸等。双方确认后签名并填上时间。
（2）工作终结时间不应超出计划工作时间或经批准的延期时间。
（3）工作终结后，工作许可人应在工作负责人所持工作票的"工作终结"栏中工作许可人签名右侧空白处加盖红色"已执行"专用章。

15.【工作票终结】
（1）待工作终结后，工作许可人方可执行拆除临时遮栏、标示牌，恢复常设遮栏的工作。
（2）工作许可人应在所持的工作票上逐项手工填写：已拆除接地线、已拉开接地闸刀、未拆除接地线、未拉开接地闸刀的编号及数量。若相关项不涉及接地线或接地闸刀，应在接地线（接地闸

14. 工作终结

全部工作于 <u>2024</u> 年 <u>02</u> 月 <u>04</u> 日 <u>14</u> 时 <u>00</u> 分结束，设备及安全措施已恢复至开工前状态，工作人员已全部撤离，材料工具已清理完毕，工作已终结。

工作负责人签名： <u>林×</u>   **工作许可人签名：** <u>刘×</u>

已执行

15. 工作票终结

临时遮栏、标示牌已拆除，常用遮栏已恢复。

已拆除的接地线编号___共___组；

已拉开接地刀闸（小车）编号___共___组（台）。

未拆除的接地线编号___共___组；

未拉开接地刀闸（小车）编号___共___组（台）。

已汇报调度值班员。

工作许可人签名： _____   **签名时间：** ____年__月__日__时__分

16. 备注

（1）指定专责监护人_____负责监护_____

_____（地点及具体工作。）

（2）其他事项：

_____

<table>
<tr><td colspan="2" style="text-align:center;font-size:1.5em;color:#c00">合　格</td></tr>
<tr><td>审核人</td><td>王二</td></tr>
</table>

刀）编号栏填"无"，在数量栏填"0"组（副），不得空白。

（3）若因工作需要未拆除接地线（未拉开接地闸刀），则应在工作票备注栏注明，方可办理工作票终结手续。具体填写要求详见备注栏填写部分。

（4）待工作票上安全措施均已拆除，汇报调度后，工作许可人方可进行"工作票终结"手续，并在所持工作票"工作票终结"栏工作许可人签名时间的右侧空白处盖红色"已执行"专用章。

16.【备注】

指定专责监护人

（1）指定专责监护人，应填写被监护人姓名、工作地点及工作内容。

（2）有大型车辆参与现场工作时，应指定专责监护人。

（3）一张工作票上的工作涉及两个及以上开关柜（含前后隔仓）时，开关柜前、后隔仓均必须设一名专责监护人。

（4）若一张工作票上涉及两个及以上作业现场，工作负责人无法同时全过程监护检修工作，则需要在各个作业现场设置一名专责监护人，或者各作业现场轮流开展工作，以确保每一个作业现场开工时均在监护人的监护下进行工作。如：开关柜前仓均有工作，监护人无法同时监护到前后仓的工作，此时需在开关柜前、后隔仓均设置一名监护人，或者前后仓工作不同时进行，待监护人监护前仓工作结束后，再进行后仓工作（同一时间工作负责人只可作为其中一个作业现场的监护人）。

其他事项

（1）有吊车参与现场工作时，应明确指挥人员。

（2）未拉开地刀、接地线应当注明原因，可不写明具体拆除时间。

（3）带地刀的闸刀检修时，采用合接地刀闸和装设临时接地线措施均予以认可，若采用合接地刀闸方式接地，在检修刀闸拉开接地刀闸前应当先挂设临时接地线。临时接地线借用装拆记录可填写在备注栏或使用专门的记录表。

17.【检查与评价】

各班组每月应对已终结的工作票进行综合评议。经评议票面正确，评议人在工作票"16.备注（2）其他事项"横线右下方顶格加盖红色"合格"评议章并签名；评议为错票，在工作票"16.备注（2）其他事项"横线右下方顶格加盖红色"不合格"评议章并签名。

6.2　换流站换流阀区域停电检修

一、作业场景情况

（一）工作场景

换流站换流阀区域停电检修。

（二）工作任务

直流 800kV 淮安换流站：

极 I 高端阀厅阀塔检修：阀体检查、阀塔清灰、水管接头渗漏水检查、主通流回路直阻测量、避雷器计数器试验、漏水检测试验、静态水压试验、晶闸管位置测试、铂电极检查、光纤检查。

极 I 低端阀厅阀塔检修：阀体检查、阀塔清灰、水管接头渗漏水检查、主通流回路直阻测量、避雷器计数器试验、漏水检测试验、静态水压试验、晶闸管位置测试、铂电极检查、光纤检查。

极 II 高端阀厅阀塔检修：阀体检查、阀塔清灰、水管接头渗漏水检查、主通流回路直阻测量、避雷器计数器试验、漏水检测试验、静态水压试验、晶闸管位置测试、铂电极检查、光纤检查。

极 II 低端阀厅阀塔检修：阀体检查、阀塔清灰、水管接头渗漏水检查、主通流回路直阻测量、避雷器计数器试验、漏水检测试验、静态水压试验、晶闸管位置测试、铂电极检查、光纤检查。

（三）停电范围

直流 800kV 淮安换流站双极停运。

（四）票种选择建议

变电站第一种工作票。

（五）人员分工及安排

本次工作有 4 个作业地点。参与本次工作的共 12 人（含工作负责人），具体分工为：

宋×杰（工作负责人）：负责工作的整体协调组织及作业现场安全监护。

王×康、冯×新（工作班成员）：辅助本组负责人加强作业现场安全管理，冯×新为升降平台专责监护人。

何×、翟×刚、房×华、杨×茂、屠×付、张×付、范×华、张×、王×（工作班成员）：负责开展换流阀阀体及附属设施的检修工作。

（六）场景接线图

直流 800kV 淮安换流站换流阀区域停电检修场景接线图见图 6-2。

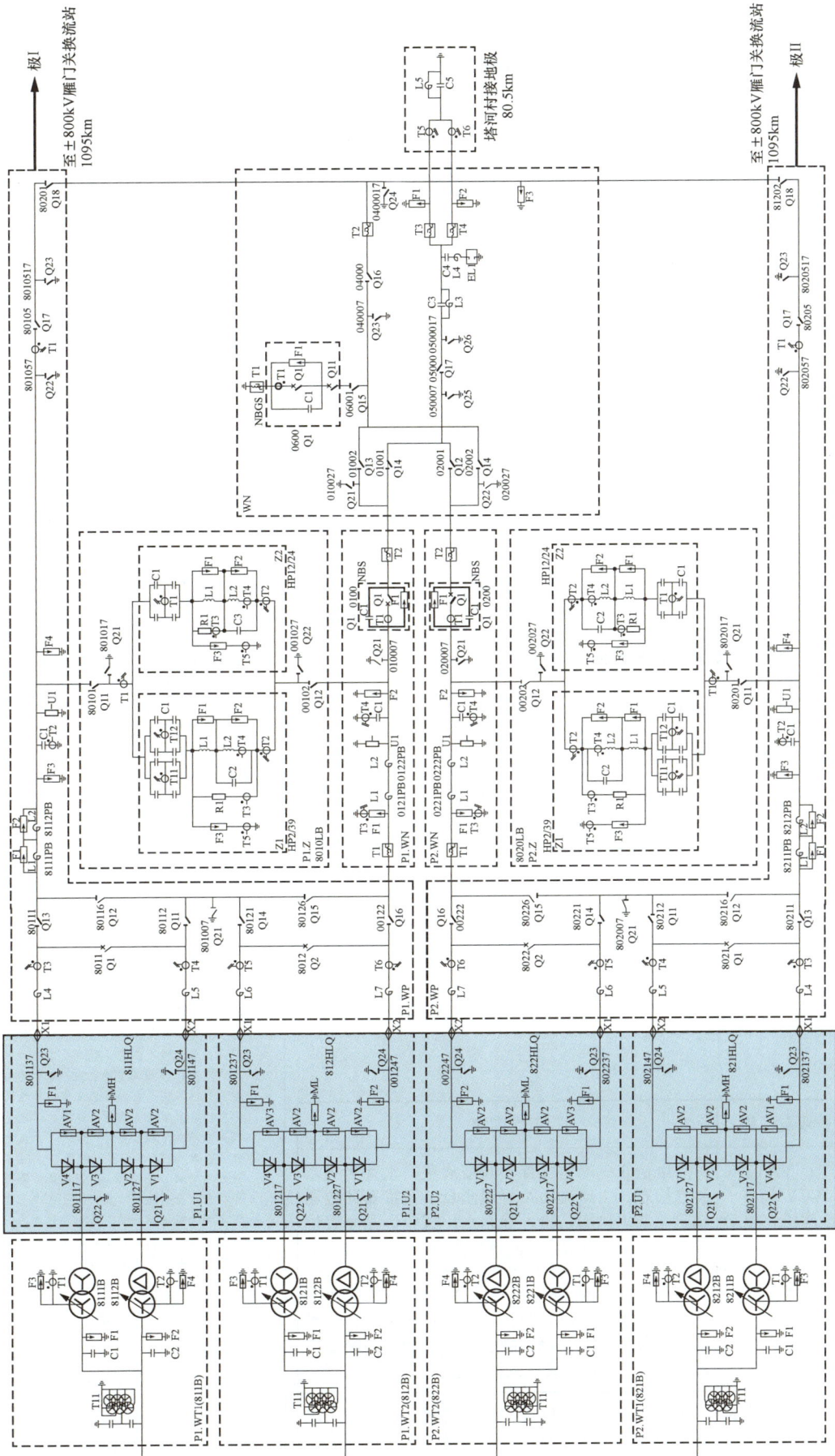

图6-2 直流800kV淮安换流站换流阀区域停电检修场景接线图

二、工作票样例

<table>
<tr><td>

变电站第一种工作票

作业风险等级：Ⅲ

单 位：××××电力系统有限公司　　变电站：<u>直流 800kV 淮安换流站</u>

编 号：<u>Ⅰ202405002</u>

1. 工作负责人（监护人）<u>宋×杰</u>　　班　组：<u>换流阀检修班组</u>

2. 工作班人员（不包括工作负责人）

<u>王×康、冯×新、何×、翟×刚、房×华、杨×茂、屠×付、张×付、</u>

<u>范×华、张×、王×。</u>

　　　　　　　　　　　　　　　　　　　　共 <u>11</u> 人

3. 工作的变、配电站名称及设备双重名称

<u>直流 800kV 淮安换流站：极Ⅰ高端阀厅：VAY 阀塔、VBY 阀塔、VCY</u>
<u>阀塔、VAD 阀塔、VBD 阀塔、VCD 阀塔；极Ⅰ低端阀厅：VAY 阀塔、</u>
<u>VBY 阀塔、VCY 阀塔、VAD 阀塔、VBD 阀塔、VCD 阀塔；　极Ⅱ高端阀</u>
<u>厅：VAY 阀塔、VBY 阀塔、VCY 阀塔、VAD 阀塔、VBD 阀塔、VCD 阀</u>
<u>塔；极Ⅱ低端阀厅：VAY 阀塔、VBY 阀塔、VCY 阀塔、VAD 阀塔、VBD</u>
<u>阀塔、VCD 阀塔。</u>

4. 工作任务

工作地点及设备双重名称	工作内容
极Ⅰ高端阀厅：VAY 阀塔、VBY 阀塔、VCY 阀塔、VAD 阀塔、VBD 阀塔、VCD 阀塔	阀塔检修：阀体检查、阀塔清灰、水管接头渗漏水检查、主通流回路直阻测量、避雷器计数器试验、漏水检测试验、静态水压试验、晶闸管位置测试、铂电极检查、光纤检查
极Ⅰ低端阀厅：VAY 阀塔、VBY 阀塔、VCY 阀塔、VAD 阀塔、VBD 阀塔、VCD 阀塔	阀塔检修：阀体检查、阀塔清灰、水管接头渗漏水检查、主通流回路直阻测量、避雷器计数器试验、漏水检测试验、静态水压试验、晶闸管位置测试、铂电极检查、光纤检查
极Ⅱ高端阀厅：VAY 阀塔、VBY 阀塔、VCY 阀塔、	阀塔检修：阀体检查、阀塔清灰、水管接头渗漏水检查、主通流回路直阻测量、避雷器计数器

</td></tr>
</table>

【票种选择】本次作业为换流站内停电工作，使用变电站第一种工作票。

1.【工作负责人（监护人）】
（1）填写工作负责人姓名。
（2）工作负责人应取得两种人准入资质，并由设备运行管理单位书面批准。
【班组】对于不属于同一班组的人员（含工作负责人）共同进行的工作，填写"综合班组"。
2.【工作班人员】
（1）人员应取得准入资质，安排的人员应进行承载力分析，确保人数适当、充足。
（2）单、多班组工作，每个班组工作人员应填写全部工作人员姓名（不含工作负责人）。
（3）多班组共同工作，必须分行填写每个班组名称。
（4）"共×人"：填写实际工作人员人数（不含工作负责人）。
（5）如有特种作业应安排具备相应资质的特种作业人员。
3.【工作的变、配电站名称及设备双重名称】设备双重名称与第 4 项"工作任务"栏内一致。工作的变配电站名称及设备双重名称栏中的工作地点内容，可描述为：××设备区域、××保护小室等进行简述。

4.【工作任务】同一工作地点的不同工作内容合并一行写；相同工作内容的不同工作地点合并一行写；其他情况，应分行写；工作内容应与工作地点对应；按照调度批准的停电申请内容填写，在同一区域内不同设备但工作内容相同的工作任务可以合并填写。在原工作票的停电及安全措施范围内增加工作任务时，应由工作负责人征得工作票签发人和工作许可人同意，并在工作票上备注栏内增填工作项目。陪停设备不需要在工作任务栏及安全措施栏中反映，可在"工作地点保留带电部分或注意事项"中予以明确。保护校验过程中需传动开关，但不进行直接触及开关设备的具体工作时，开关设备可以不列入工作任务栏内的工作地点。

续表

工作地点及设备双重名称	工作内容
VAD 阀塔、VBD 阀塔、VCD 阀塔	试验、漏水检测试验、静态水压试验、晶闸管位置测试、铂电极检查、光纤检查
极Ⅱ低端阀厅：VAY 阀塔、VBY 阀塔、VCY 阀塔、VAD 阀塔、VBD 阀塔、VCD 阀塔	阀塔检修：阀体检查、阀塔清灰、水管接头渗漏水检查、主通流回路直阻测量、避雷器计数器试验、漏水检测试验、静态水压试验、晶闸管位置测试、铂电极检查、光纤检查

5. 计划工作时间

自 2024 年 01 月 31 日 08 时 00 分至 2024 年 02 月 04 日 18 时 00 分。

6. 安全措施（必要时可附页绘图说明，红色表示有电）

应拉断路器（开关）、隔离开关（刀闸）	已执行*
应拉开 0100、0200、5132、5133、5141、5142、5182、5183、5191、5192 开关	√
应拉开 80105、81201、80205、81202、04000、05000、51321、51332、51411、51422、51821、51832、51911、51922 刀闸	√
应分开 80105、81201、80205、81202、04000、05000、51321、51332、51411、51422、51821、51832、51911、51922 刀闸电机电源空气开关、控制电源空气开关	√
应分开 5132、5133、5141、5142、5182、5183、5191、5192 开关储能电源空气开关、操作电源空气开关	√
应分开极Ⅰ高端、极Ⅰ低端、极Ⅱ高端、极Ⅱ低端换流变进线电压互感器二次侧空气开关	√
应装接地线、应合接地刀闸（注明确实地点、名称及接地线编号*）	**已执行***
应合上 801057、8010517、802057、8020517、040007、0400017、050007、0500017 接地刀闸	√
应合上 513217、513327、513367、514117、514227、514167、518217、518327、518367、519117、519227、519167 接地刀闸	√
应设遮栏、应挂标示牌及防止二次回路误碰等措施	**已执行***
应在 80105、80205、05000、04000、81201、81202 刀闸操作机构箱门把手上悬挂"禁止合闸，有人工作！"标示牌	√
应在 51321、51332、51411、51422、51821、51832、51911、51922 刀闸电机电源空气开关、控制电源空气开关上悬挂"禁止合闸，有人工作！"标示牌	√
应在 5132、5133、5141、5142、5182、5183、5191、5192 开关储能电源空气开关、操作电源空气开关上悬挂"禁止合闸，有人工作！"标示牌	√

5.【计划工作时间】 填写计划检修起始时间和结束时间，该时间应在调度批准的检修时间段内。

6.【安全措施】 运维人员完成工作票所列的安全措施，并经现场核实后，在相应的已执行栏内手工打"√"。填写内容应按类别分行填写，若出现跨行填写的，仅在末行的"已执行"栏打"√"即可。

【应拉断路器（开关）、隔离开关（刀闸）】
（1）应拉开的开关。
（2）应拉开的闸刀。
（3）应拉至试验位置的开关手车。工作票中填写将手车拉至试验位置，现场手车如要拉至检修位置，由检修人员在实际工作中执行。
（4）应分开的开关操作电源、储能电源，所有拉开的开关对应的操作电源、储能电源均应分开。开关的操作电源在直流馈电屏或开关保护屏内断开均可。
（5）应分开的闸刀控制电源、电机电源。所有拉开的闸刀如有对应的控制电源、电机电源均应分开。已分开控制电源、电机电源的闸刀遥控回路已断开，可不必再填写将闸刀远方/就地切换开关由"远方"位置切至"就地"位置。（若工作票签发人认为有必要也可填写）。此处拉开的电机电源、操作电源空气开关不需要具体到设备机构箱、空气开关双重名称及空气开关名称；只需要写"拉开××开关/刀闸电机电源、操作电源空气开关"。
（6）应将拉开的开关远方/就地切换开关由"远方"位置切至"就地"位置，或退出××开关遥控出口压板。
（7）应拉开与停电设备有关的电压互感器、变压器各侧回路。
（8）涉及在有联跳运行开关回路或失灵启动回路的设备上进行二次工作，需要执行退出联跳运行开关出口压板或失灵启动压板的安全措施，此项安全措施可以列入【6.安全措施】"应拉断路器（开关）、隔离开关（刀闸）"栏内。

【应装接地线、应合接地刀闸】
（1）接地闸刀应填写双重名称即名称、编号。
（2）带地刀的闸刀检修时，采用合接地刀闸和装设临时接地线措施均予以认可，若采用合接地刀闸方式接地，在检修刀闸拉开接地刀闸前应当先挂设临时接地线。

【应设遮栏、应挂标示牌及防止二次回路误碰等措施】
（1）已拉开的开关、闸刀、开关手车如无工作，应在对应位置悬挂"禁止合闸，有人工作"牌。已断开的电压互感器、站用变压器、接地变压器二次侧回路应在对应位置悬挂"禁止合闸，有人工作"标示牌。如工作票只包含站内设备工作，可不设置"禁止合闸，线路有人工作"标示牌。第4项"工作任务"栏内涉及有工作内容的开关、闸刀因工作需要试分合设备，不需要悬挂"禁止合闸，有人工作"标示牌。所有已拉开的开

续表

应设遮栏、应挂标示牌及防止二次回路误碰等措施	已执行*
应在 5132 开关间隔汇控柜内 5132 开关、51321 刀闸操作把手上，5133 开关间隔汇控柜内 5133 开关、51332 刀闸操作把手上，5141 开关间隔汇控柜内 5141 开关、51411 刀闸操作把手上，5142 开关间隔汇控柜内 5142 开关、51422 刀闸操作把手上，5182 开关间隔汇控柜内 5182 开关、51821 刀闸操作把手上，5183 开关间隔汇控柜内 5183 开关、51832 刀闸操作把手上，5191 开关间隔汇控柜内 5191 开关、51911 刀闸操作把手上，5192 开关间隔汇控柜内 5192 开关、51922 刀闸操作把手上悬挂"禁止合闸，有人工作！"标示牌	√
应在极 I 高端、极 I 低端、极 II 高端、极 II 端换流变进线电压互感器二次侧空气开关上悬挂"禁止合闸，有人工作！"标示牌	√
应在极 I 高端阀厅 P1.U1、极 I 低端阀厅 P1.U2 入口处悬挂"在此工作！""从此进出！"标示牌	√
应在极 II 高端阀厅 P2.U1、极 II 低端阀厅 P2.U2 入口处悬挂"在此工作！""从此进出！"标示牌	√

*已执行栏目及接地线编号由工作许可人填写。

工作地点保留带电部分或注意事项（由工作票签发人填写）	补充工作地点保留带电部分和安全措施（由工作许可人填写）
【高处作业】高处工作时应正确使用安全带、个人保安线等安全工器具，防止高空坠落及感应电压伤人。 【相邻带电设备】）51321、51332、51411、51422、51821、51832、51911、51922 刀闸母线侧带电，禁止合闸。 【特种车辆】升降车应由专人监护、专人指挥	无

工作票签发人签名：周×　　签发时间：2024 年 01 月 28 日 09 时 00 分

工作票会签人签名：吴×　　会签时间：2024 年 01 月 28 日 10 时 00 分

工作票会签人签名：冯×　　会签时间：2024 年 01 月 28 日 11 时 00 分

7. 收到工作票时间： 2024 年 01 月 28 日 15 时 00 分

运行值班人员签名：李×　　工作负责人签名：宋×杰

8. 确认本工作票 1～6 项

工作负责人签名：宋×杰　　工作许可人签名：刘×

许可开始工作时间：2024 年 01 月 31 日 14 时 58 分

关操作电源及储能电源、已拉开的闸刀控制电源、电机电源处可以不填写悬挂"禁止合闸，有人工作"标示牌。(此处应设遮栏、应挂标识牌及防止二次回路误碰措施不需要具体到空气开关双重名称及空气开关名称；只需要写应在××开关/刀闸电机电源、操作电源空气开关上悬挂"禁止合闸，有人工作"标示牌。)

（2）所有开关柜检修工作均应在相邻运行开关柜、现场设置的围栏上设置"止步，高压危险"标示牌。

（3）在工作人员上下铁架或梯子上，应悬挂"从此上下"标示牌。

（4）应悬挂"在此工作"标示牌的位置为第 4 项"工作任务"栏内填写的设备处，部分高处设备、柜内设备现场无法挂牌，许可人可将"在此工作"标示牌设置在对应设备支柱、柜外、间隔门外等位置，现场需向工作负责人交代清楚。

（5）由外包单位负责持票的工作，如属于根据公司规定需要设置 1.7m 固定式围栏的情况，工作票上应设置的"临时围栏"写明为"1.7m 硬围栏"。

【工作地点保留带电部分或注意事项（由工作票签发人填写）】

【相邻带电设备】 填写与检修设备距离最近的带电部位或相邻第一个带电设备情况，以及保护工作地点相邻的其他保护（装置）运行情况，相关设备要明确名称编号，位置要准确。

【安全距离】 工作地点包含一次设备区域时，需填写：与带电部位保持足够的安全距离：××kV 大于×m。

【特种设备】 有吊车、斗臂车等大型车辆参与现场工作时，需填写：工作中使用吊车，斗臂车等大型车辆时，应与带电部位保持足够的安全距离：××kV 大于×m。由外包单位负责的工作还需增加：安排返检单位专人在场全过程旁站。

【高处作业】 有高处作业时，需填写：高处作业正确使用安全工器具。

【陪停设备】 如有陪停设备应当予以明确。

【手车检修】 开关柜手车拉至检修位置，检修人员应当在开关静触头隔离挡板处设"止步，高压危险"标示牌。

其余安全注意事项，各单位可依据工作内容予以补充完善。

【补充工作地点保留带电部分和安全措施（由工作许可人填写）】 根据现场的实际情况，工作许可人对工作地点保留的带电部分予以补充，不得照抄工作票签发人填写内容，应注明所采取的安全措施或提醒检修人员必须注意的事项。若没有则填"无"，不得空白。

【工作票签发人签名和签发日期】

（1）工作票签发人确认工作票中 1～6 项无误后，在签名栏内签名，并在时间栏内填写签发时间。

（2）若工作票不需会签，工作票签发人签发后直接发送给工作负责人，由工作负责人确认后提交运维人员；若需会签，则提交给工作票会签人，会签结束后返回给工作负责人，再由工作负责人确认后提交运维人员。

7.【收到工作票时间】 第一种工作票签发和收到时间应为工作前一天（紧急抢修、消缺除外）。

运维人员收到工作票后，对工作票审核无误后，填写收票时间并签名。

8.【工作许可】 许可开始工作时间不得提前于计划工作开始时间。

9. 现场交底，工作班成员确认工作负责人布置的工作任务、人员分工、安全措施和注意事项并签名

王×康、冯×新、何×、翟×刚、房×华、杨×茂、屠×付、张×付、范×华、张×、王×

9.【交底签名】所有工作班成员在明确了工作负责人、专责监护人交代的工作任务、人员分工、安全措施和注意事项后，在工作负责人所持工作票上签名，不得代签。

10. 工作负责人变动情况

原工作负责人_____离去，变更_____为工作负责人。

工作票签发人：_____　　签发时间：____年__月__日__时__分

11. 工作人员变动情况（变动人员姓名，变动日期及时间）

_____

12. 工作票延期

有效期延长到____年__月__日__时__分。

工作负责人签名：_____　　签名时间：____年__月__日__时__分

工作许可人签名：_____　　签名时间：____年__月__日__时__分

13. 每日开工和收工时间（使用一天的工作票不必填写）

收工时间			工作负责人	工作许可人	开工时间				工作许可人	工作负责人
月	日	时	分			月	日	时	分		

收工时间 月	日	时	分	工作负责人	工作许可人	开工时间 月	日	时	分	工作许可人	工作负责人
01	31	17	30	宋×杰	黄×	02	01	09	26	黄×	宋×杰
02	01	14	53	宋×杰	黄×	02	02	09	20	黄×	宋×杰
02	02	15	40	宋×杰	谈×	02	03	09	38	谈×	宋×杰
02	03	14	48	宋×杰	谈×	02	04	09	50	谈×	宋×杰

14. 工作终结

全部工作于2024年02月04日14时00分结束，设备及安全措施已恢复至开工前状态，工作人员已全部撤离，材料工具已清理完毕，工作已终结。

10.【工作负责人变动情况】经工作票签发人同意，在工作票上填写离去和变更的工作负责人姓名及变动时间，同时通知全体作业人员及工作许可人；如工作票签发人无法当面办理，应通过电话通知工作许可人，由工作许可人和原工作负责人在各自所持工作票上填写工作负责人变更情况，并代工作票签发人签名。

工作负责人的变动必须是在该工作票许可之后，如在工作票许可之前需变更工作负责人，则应由工作票签发人重新签发工作票。

11.【工作人员变动情况】工作人员变动后，工作负责人应及时在所持工作票上写明变动人员姓名、变动日期、时间，并签名。人员变动情况填写格式：××××年××月××日××时××分，××、××加入（离去）。

班组人员每次发生变动，工作负责人要在工作票上即时注明变动情况并签名，不得最后一并签名。

12.【工作票延期】工作需延期，应在工作计划结束时间前由工作负责人向工作许可人提出申请，办理延期手续。对于需经调度许可的工作，工作许可人还应得到调度许可后，方可与工作负责人办理工作票延期手续。工作票只能延期一次。

13.【每日开工和收工时间（使用一天的工作票不必填写）】有人值班变电站，每日收工后，应将工作票交回工作许可人，办理工作间断手续，并分别在双方所持工作票的相应栏内填写工作间断时间、姓名。次日复工时，工作负责人应与工作许可人履行复工许可手续并录音，分别在双方工作票相应栏内填写开工时间、姓名，方可取回工作票。

14.【工作终结】

（1）工作结束后，工作负责人应会同工作许可人进行验收，验收时任何一方都不得变动安全措施，验收合格后做好有关记录和移交相关报告、资料、图纸等。双方确认后签名并填上时间。

（2）工作终结时间不应超出计划工作时间或经批准的延期时间。

（3）工作终结后，工作许可人应在工作负责人所持工作票的"工作终结"栏中工作许可人签名右侧空白处加盖红色"已执行"专用章。

15.【工作票终结】

（1）待工作终结后，工作许可人方可执行拆除临时遮栏、标示牌，恢复常设遮栏的工作。

（2）工作许可人应在所持的工作票上逐项手工填写：已拆除接地线、已拉开接地闸刀、未拆除接地线、未拉开接地闸刀的编号及数量。若相关项不涉及接地线或接地闸刀，应在接地线（接地闸刀）编号栏填"无"，在数量栏填"0"组（副），不得空白。

（3）若因工作需要未拆除接地线（未拉开接地闸刀），则应在工作票备注栏注明，方可办理工作票终结手续。具体填写要求详见备注栏填写部分。

（4）待工作票上安全措施均已拆除，汇报调度后，工作许可人方可进行"工作票终结"手续，并在所持工作票"工作票终结"栏工作许可人签名时间的右侧空白处盖红色"已执行"专用章。

工作负责人签名：宋×杰　　工作许可人签名：刘×　　已执行

15. 工作票终结

临时遮栏、标示牌已拆除，常用遮栏已恢复。

已拆除的接地线编号＿＿共＿＿组；

已拉开接地刀闸（小车）编号＿＿共＿＿组（台）。

未拆除的接地线编号＿＿共＿＿组；

未拉开接地刀闸（小车）编号＿＿共＿＿组（台）。

已汇报调度值班员。

工作许可人签名：＿＿＿＿　签名时间：＿＿＿年＿＿月＿＿日＿＿时＿＿分

16. 备注

（1）指定专责监护人＿＿＿＿＿负责监护＿＿＿＿＿＿＿＿＿＿＿＿＿＿＿＿＿＿

＿＿＿＿＿＿＿＿＿＿＿＿＿＿＿＿＿＿＿＿＿＿＿＿（地点及具体工作。）

（2）其他事项：

＿＿＿＿＿＿＿＿＿＿＿＿＿＿＿＿＿＿＿＿＿＿＿＿＿＿＿＿＿＿

合　格	
审核人	王二

16.【备注】
指定专责监护人

（1）指定专责监护人，应填写被监护人姓名、工作地点及工作内容。

（2）有大型车辆参与现场工作时，应指定专责监护人。

（3）一张工作票上的工作涉及两个及以上开关柜（含前后隔仓）时，开关柜前、后隔仓均必须设一名专责监护人。

（4）若一张工作票上涉及两个及以上作业现场，工作负责人无法同时全过程监护检修工作，则需要在各个作业现场设置一名专责监护人，或者各作业现场轮流开展工作，以确保每一个作业现场开工时均在监护人的监护下进行工作。如：开关柜前后仓均有工作，监护人无法同时监护到前后仓的工作，此时需在开关柜前、后隔仓均设置一名监护人，或者前后仓工作不同时进行，待监护人监护前仓工作结束后，再进行后仓工作（同一时间工作负责人只可作为其中一个作业现场的监护人）。

其他事项

（1）有吊车参与现场工作时，应明确指挥人员。

（2）未拉开地刀、接地线应当注明原因，可不写明具体拆除时间。

（3）带地刀的闸刀检修时，采用合接地刀闸和装设临时接地线措施均予以认可，若采用合接地刀闸方式接地，在检修刀闸拉开接地刀闸前应当先挂设临时接地线。临时接地线借用装拆记录可填写在备注栏或使用专门的记录表。

17.【检查与评价】
各班组每月应对已终结的工作票进行综合评议。经评议票面正确，评议人在工作票"16.备注（2）其他事项"横线右下方顶格加盖红色"合格"评议章并签名；评议为错票，在工作票"16.备注（2）其他事项"横线右下方顶格加盖红色"不合格"评议章并签名。

6.3　换流站直流场区域停电检修

一、作业场景情况

（一）工作场景

换流站直流场区域停电检修。

（二）工作任务

直流 800kV 淮安换流站。

极Ⅰ直流场区域：① 断路器、隔离开关、接地刀闸、平波电抗器、直流滤波器组、直流滤波器电容器、干式电抗器、直流分压器、光电流互感器、耦合电容器、避雷器、直流穿墙套管等设备例行检修、试验、消缺、清扫及清洗；② 检修电源箱、端子箱、机构箱、二次接线盒二次回路检查、端子紧固及清扫；③ 一次主通流回路力矩和直阻检查；④ 高空避雷线检查。

极 II 直流场区域：① 断路器、隔离开关、接地刀闸、平波电抗器、直流滤波器组、直流滤波器电容器、干式电抗器、直流分压器、光电流互感器、耦合电容器、避雷器、直流穿墙套管等设备例行检修、试验、消缺、清扫及清洗；② 检修电源箱、端子箱、机构箱、二次接线盒二次回路检查、端子紧固及清扫；③ 一次主通流回路力矩和直阻检查；④ 高空避雷线检查；⑤ 8212PB 平波电抗器顶部防鸟罩更换。

中性线区域：① 断路器、隔离开关、接地刀闸、平波电抗器、干式电抗器、直流分压器、光电流互感器、零磁通电流互感器、耦合电容器、避雷器等设备例行检修、试验、消缺、清扫及清洗；② 检修电源箱、端子箱、机构箱、二次接线盒二次回路检查、端子紧固及清扫；③ 一次主通流回路力矩和直阻检查；④ 高空避雷线检查；⑤ 直流场地接地极测量 T4 和 T3 零磁通电流互感器内鸟窝清理；⑥ 避雷线塔鸟窝清理；⑦ 06001 刀闸 SF_6 三通阀更换。

（三）停电范围

直流 800kV 淮安换流站双极停运。

极 I 直流场区域：8011 开关、8012 开关、80111 刀闸、80112 刀闸、80121 刀闸、00122 刀闸、80116 刀闸、80126 刀闸、80105 刀闸、81201 刀闸、80101 刀闸、00102 刀闸、801007 接地刀闸、801057 接地刀闸、8010517 接地刀闸、801017 接地刀闸、001027 接地刀闸、8111PB 平波电抗器、8112PB 平波电抗器、8010LB 直流滤波器组、8010LB 直流滤波器组电容器、极 I 高端换流器 RI 滤波 L4 电抗器（P1-WP-L4）、极 I 高端换流器 RI 滤波 L5 电抗器（P1-WP-L5）、极 I 低端换流器 RI 滤波 L6 电抗器（P1-WP-L6）、极 I 低端换流器 RI 滤波 L7 电抗器（P1-WP-L7）、极 I 极母线直流分压器（P1-WP-U1）、极 I 直流场光 CT（P1-WP-T1）、极 I 直流场光 CT（P1-WP-T3）、极 I 直流场光 CT（P1-WP-T4）、极 I 直流场光 CT（P1-WP-T5）、极 I 直流场光 CT（P1-WP-T6）、极 I 极母线 RI 滤波 C1 电容器（P1-WP-C1）、极 I 直流滤波器场光 CT（P1.Z.T1）、极 I 直流滤波器场光 CT（P1.Z.Z1.T11）、极 I 直流滤波器场光 CT（P1.Z.Z1.T12）、极 I 直流滤波器场光 CT（P1.Z.Z1.T2）、极 I 直流滤波器场光 CT（P1.Z.Z2.T1）、极 I 直流滤波器场光 CT（P1.Z.Z2.T2）、极 I 母线 F3 避雷器（P1-WP-F3）、极 I 母线 F4 避雷器（P1-WP-F4）、极 I 高端阀厅 800kV 穿墙套管（P1-U1-X1）、极 I 高端阀厅 400kV 穿墙套管（P1-U1-X2）、极 I 低端阀厅 400kV 穿墙套管（P1-U2-X1）、极 I 低端阀厅中性线穿墙套管（P1-U2-X2）、高空避雷线、直流场检修电源箱 JZ1、直流场检修电源箱 JZ2。

极 II 直流场区域：8021 开关、8022 开关、80211 刀闸、80212 刀闸、80221 刀闸、00222 刀闸、80216 刀闸、80226 刀闸、80205 刀闸、81202 刀闸、80201 刀闸、00202 刀闸、802007 接地刀闸、802057 接地刀闸、8020517 接地刀闸、802017 接地刀闸、002027 接地刀闸、8211PB 平波电抗器、8212PB 平波电抗器、8020LB 直流滤波器组、8020LB 直流滤波器组电容器、极 II 高端换流器 RI 滤波 L4 电抗器（P2-WP-L4）、极 II 高端换流器 RI 滤波 L5 电抗器（P2-WP-L5）、极 II 低端换流器 RI 滤波 L6 电抗器（P2-WP-L6）、极 II 低端换流器 RI 滤波 L7 电抗器（P2-WP-L7）、极 II 极母线直流分压器（P2-WP-U1）、极 II 直流场光 CT（P2-WP-T1）、极 II 直流场光 CT（P2-WP-T3）、极 II 直流场光 CT（P2-WP-T4）、极 II 直流场光 CT（P2-WP-T5）、极 II 直流场光 CT（P2-WP-T6）、极 II 极母线 RI 滤波 C1 电容器（P2-WP-C1）、极 II 直流滤波器场光 CT（P2.Z.T1）、极 II 直流滤波器场光 CT（P2.Z.Z1.T11）、极 I 直流滤波器场光 CT（P2.Z.Z1.T12）、极 II 直流滤波器场光 CT（P2.Z.Z1.T2）、极 II 直流滤波器场光 CT（P2.Z.Z2.T1）、极 II 直流滤波器场光 CT（P2.Z.Z2.T2）、极 II 母线 F3 避雷器（P2-WP-F3）、极 II 母线 F4 避雷器（P2-WP-F4）、极 II 高端阀厅 800kV 穿墙套管（P2-U1-X1）、极 II 高端阀厅 400kV 穿墙套管（P2-U1-X2）、极 II 低端阀厅 400kV 穿墙套管（P2-U2-X1）、极 II 低端阀厅中性线穿墙套管（P2-U2-X2）、高空避雷线、直流场检修电源箱 JZ3、直流场检修电源箱 JZ5、直流场检修电源箱 JZ6。

中性线区域：0100 开关、0200 开关、0600 开关、01001 刀闸、01002 刀闸、02001 刀闸、02002 刀闸、05000 刀闸、04000 刀闸、06001 刀闸、010007 接地刀闸、020007 接地刀闸、010027 接地刀闸、020027 接地

刀闸、050007 接地刀闸、0500017 接地刀闸、040007 接地刀闸、0400017 接地刀闸、0121PB 平波电抗器、0122PB 平波电抗器、0221PB 平波电抗器、0222PB 平波电抗器、接地极线阻断回路 L3 电抗器（WN-L3）、接地极线注流注回路 L4 电抗器（WN-L4）、极Ⅰ中性线直流分压器（P1-WN-U1）、极Ⅱ中性线直流分压器（P2-WN-U1）、极Ⅰ中性线电流测量装置 T1（P1-WN-T1）、极Ⅰ中性线电流测量装置 T2（P1-WN-T2）、极Ⅱ中性线电流测量装置 T1（P2-WN-T1）、极Ⅱ中性线电流测量装置 T2（P2-WN-T2）、站内接地电流测量装置 T1（WN-T1）、金属回线电流测量装置 T2（WN-T2）、接地极线电流测量装置 T3（WN-T3）、接地极线电流测量装置 T4（WN-T4）、极Ⅰ中性线 C1 滤波电容器（P1-WN-C1）、极Ⅱ中性线 C1 滤波电容器（P2-WN-C1）、接地极线阻断回路 C3 电容器（WN-C3）、接地极线注流回路 C4 电容器（WN-C4）、极Ⅰ中性线避雷器 T3 电流互感器（P1-WN-T3）、极Ⅰ中性线避雷器 T4 电流互感器（P1-WN-T4）、极Ⅱ中性线避雷器 T3 电流互感器（P2-WN-T3）、极Ⅱ中性线避雷器 T4 电流互感器（P2-WN-T4）、极Ⅰ中性线 F1 避雷器（P1-WN-F1）、极Ⅰ中性线 F2 避雷器（P1-WN-F2）、极Ⅱ中性线 F1 避雷器（P2-WN-F1）、极Ⅱ中性线 F2 避雷器（P2-WN-F2）、接地极线 F1 避雷器（WN-F1）、接地极线 F2 避雷器（WN-F2）、接地极线 F3 避雷器（WN-F3）、高空避雷线、直流场检修电源箱 JZ4。

（四）票种选择建议

变电站第一种工作票。

（五）人员分工及安排

本次工作有 1 个作业区域。参与本次工作的共 13 人（含工作负责人），具体分工为：

宋×猛（工作负责人）：负责工作的整体协调组织及作业现场安全监护。

高×洋、雍×武（工作班成员）：辅助本组负责人加强作业现场安全管理，高×洋为升降平台专责监护人。

王×江、史×鹏、许×胜、张×飞、于×军、李×、李×超、李×涵、屈×新、屈×磊（工作班成员）：负责开展直流场区域的检修工作。

（六）场景接线图

直流 800kV 淮安换流站直流场区域停电检修场景接线图见图 6-3。

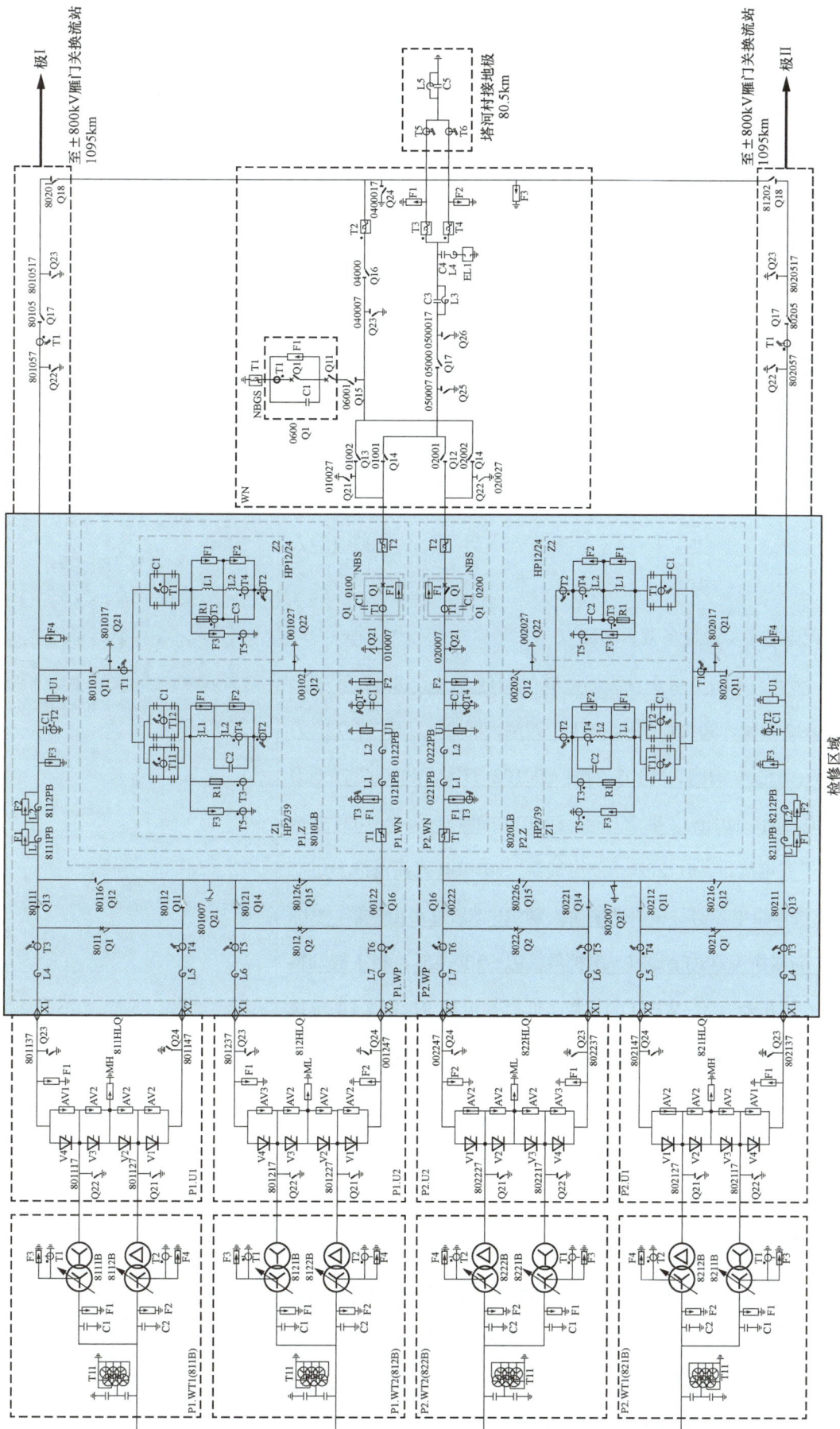

图6-3 直流800kV淮安换流站直流场区域停电检修场景接线图

二、工作票样例

变电站第一种工作票

作业风险等级：Ⅱ

单　位：××××送变电有限公司　　变电站：<u>直流 800kV 淮安换流站</u>

编　号：<u>Ⅰ202105013</u>

1. 工作负责人（监护人）<u>宋×猛</u>　　班　组：<u>电气班</u>

2. 工作班人员（不包括工作负责人）

<u>高×洋、雍×武、王×江、史×鹏、许×胜、张×飞、于×军、李×、</u>

<u>李×超、李×涵、屈×新、屈×磊。</u>

共 <u>12</u> 人

3. 工作的变、配电站名称及设备双重名称

<u>直流 800kV 淮安换流站：极Ⅰ直流场区域：8011 开关、8012 开关、</u>

<u>80111 刀闸、80112 刀闸、80121 刀闸、00122 刀闸、80116 刀闸、80126 刀</u>

<u>闸、80105 刀闸、81201 刀闸、80101 刀闸、00102 刀闸、801007 接地刀</u>

<u>闸、801057 接地刀闸、8010517 接地刀闸、801017 接地刀闸、001027 接地</u>

<u>刀闸、8111PB 平波电抗器、8112PB 平波电抗器、8010LB 直流滤波器组、</u>

<u>8010LB 直流滤波器组电容器、极Ⅰ高端换流器 RI 滤波 L4 电抗器（P1-</u>

<u>WP-L4）、极Ⅰ高端换流器 RI 滤波 L5 电抗器（P1-WP-L5）、极Ⅰ低端换</u>

<u>流器 RI 滤波 L6 电抗器（P1-WP-L6）、极Ⅰ低端换流器 RI 滤波 L7 电抗</u>

<u>器（P1-WP-L7）、极Ⅰ极母线直流分压器（P1-WP-U1）、极Ⅰ直流场光</u>

<u>CT（P1-WP-T1）、极Ⅰ直流场光 CT（P1-WP-T3）、极Ⅰ直流场光 CT</u>

<u>（P1-WP-T4）、极Ⅰ直流场光 CT（P1-WP-T5）、极Ⅰ直流场光 CT（P1-</u>

<u>WP-T6）、极Ⅰ极母线 RI 滤波 C1 电容器（P1-WP-C1）、极Ⅰ直流滤波器</u>

<u>场光 CT（P1.Z.T1）、极Ⅰ直流滤波器场光 CT（P1.Z.Z1.T11）、极Ⅰ直流滤</u>

<u>波器场光 CT（P1.Z.Z1.T12）、极Ⅰ直流滤波器场光 CT（P1.Z.Z1.T2）、极</u>

<u>Ⅰ直流滤波器场光 CT（P1.Z.Z2.T1）、极Ⅰ直流滤波器场光 CT</u>

<u>（P1.Z.Z2.T2）、极Ⅰ母线 F3 避雷器（P1-WP-F3）、极Ⅰ母线 F4 避雷器</u>

<u>（P1-WP-F4）、极Ⅰ高端阀厅 800kV 穿墙套管（P1-U1-X1）、极Ⅰ高端</u>

1.【工作负责人（监护人）】

（1）填写工作负责人姓名。

（2）工作负责人应取得两种人准入资质，并由设备运行管理单位书面批准。

【班组】对于不属于同一班组的人员（含工作负责人）共同进行的工作，填写"综合班组"。

2.【工作班人员】

（1）人员应取得准入资质，安排的人员进行承载力分析，确保人数适当、充足。

（2）单、多班组工作，每个班组工作人员应填写全部工作人员姓名（不含工作负责人）。

（3）多班组共同工作，必须分行填写每个班组名称。

（4）"共×人"：填写实际工作人员人数（不含工作负责人）。

（5）如有特种作业应安排具备相应资质的特种作业人员。

3.【工作的变、配电站名称及设备双重名称】设备双重名称与第 4 项"工作任务"栏内一致。工作的变配电站名称及设备双重名称栏中的工作地点内容，可描述为：××设备区域、××保护小室等进行简述。

阀厅 400kV 穿墙套管（P1-U1-X2）、极Ⅰ低端阀厅 400kV 穿墙套管（P1-U2-X1）、极Ⅰ低端阀厅中性线穿墙套管（P1-U2-X2）、高空避雷线、直流场检修电源箱 JZ1、直流场检修电源箱 JZ2。

极Ⅱ直流场区域：8021 开关、8022 开关、80211 刀闸、80212 刀闸、80221 刀闸、00222 刀闸、80216 刀闸、80226 刀闸、80205 刀闸、81202 刀闸、80201 刀闸、00202 刀闸、802007 接地刀闸、802057 接地刀闸、8020517 接地刀闸、802017 接地刀闸、002027 接地刀闸、8211PB 平波电抗器、8212PB 平波电抗器、8020LB 直流滤波器组、8020LB 直流滤波器组电容器、极Ⅱ高端换流器 RI 滤波 L4 电抗器（P2-WP-L4）、极Ⅱ高端换流器 RI 滤波 L5 电抗器（P2-WP-L5）、极Ⅱ低端换流器 RI 滤波 L6 电抗器（P2-WP-L6）、极Ⅱ低端换流器 RI 滤波 L7 电抗器（P2-WP-L7）、极Ⅱ极母线直流分压器（P2-WP-U1）、极Ⅱ直流场光 CT（P2-WP-T1）、极Ⅱ直流场光 CT（P2-WP-T3）、极Ⅱ直流场光 CT（P2-WP-T4）、极Ⅱ直流场光 CT（P2-WP-T5）、极Ⅱ直流场光 CT（P2-WP-T6）、极Ⅱ极母线 RI 滤波 C1 电容器（P2-WP-C1）、极Ⅱ直流滤波器场光 CT（P2.Z.T1）、极Ⅱ直流滤波器场光 CT（P2.Z.Z1.T11）、极Ⅰ直流滤波器场光 CT（P2.Z.Z1.T12）、极Ⅱ直流滤波器场光 CT（P2.Z.Z1.T2）、极Ⅱ直流滤波器场光 CT（P2.Z.Z2.T1）、极Ⅱ直流滤波器场光 CT（P2.Z.Z2.T2）、极Ⅱ母线 F3 避雷器（P2-WP-F3）、极Ⅱ母线 F4 避雷器（P2-WP-F4）、极Ⅱ高端阀厅 800kV 穿墙套管（P2-U1-X1）、极Ⅱ高端阀厅 400kV 穿墙套管（P2-U1-X2）、极Ⅱ低端阀厅 400kV 穿墙套管（P2-U2-X1）、极Ⅱ低端阀厅中性线穿墙套管（P2-U2-X2）、高空避雷线、直流场检修电源箱 JZ3、直流场检修电源箱 JZ5、直流场检修电源箱 JZ6。

中性线区域：0100 开关、0200 开关、0600 开关、01001 刀闸、01002 刀闸、02001 刀闸、02002 刀闸、05000 刀闸、04000 刀闸、06001 刀闸、010007 接地刀闸、020007 接地刀闸、010027 接地刀闸、020027 接地刀闸、050007 接地刀闸、0500017 接地刀闸、040007 接地刀闸、0400017 接地刀闸、0121PB 平波电抗器、0122PB 平波电抗器、0221PB 平波电抗器、0222PB 平波电抗器、接地极线阻断回路 L3 电抗器（WN-L3）、接地极线注流注回路 L4 电抗器（WN-L4）、极Ⅰ中性线直流分压器（P1-WN-U1）、极Ⅱ中性线直流分压器（P2-WN-U1）、极Ⅰ中性线电流测量装置 T1（P1-WN-T1）、极Ⅰ中性线电流测量装置 T2（P1-WN-T2）、极Ⅱ中性线电流测量装置 T1（P2-WN-T1）、极Ⅱ中性线电流测量装置 T2（P2-WN-T2）、站内接地电流测量装置 T1（WN-T1）、金属回线电流测量装置 T2（WN-T2）、接地极线电流测量装置 T3（WN-T3）、接地极线电流测量装置 T4（WN-T4）、极Ⅰ中性线 C1 滤波电容器（P1-WN-C1）、极Ⅱ中性线 C1 滤波电容器（P2-WN-C1）、接地极线阻断回路 C3 电容器（WN-C3）、接地极线注流回路 C4 电容器（WN-C4）、极Ⅰ中性线避雷器 T3 电流互感器（P1-WN-T3）、极Ⅰ中性线避雷器 T4 电流互感器（P1-WN-T4）、极Ⅱ中性线避雷器 T3 电流互感器（P2-WN-T3）、极Ⅱ中性线避雷器 T4 电流互感器（P2-WN-T4）、极Ⅰ中性线 F1 避雷器（P1-WN-F1）、极Ⅰ中性线 F2 避雷器（P1-WN-F2）、极Ⅱ中性线 F1 避雷器（P2-WN-F1）、极Ⅱ中性线 F2 避雷器（P2-WN-F2）、接地极线 F1 避雷器（WN-F1）、接地极线 F2 避雷器（WN-F2）、接地极线 F3 避雷器（WN-F3）、高空避雷线、直流场检修电源箱 JZ4。

4. 工作任务

工作地点及设备双重名称	工作内容
极Ⅰ直流场区域：8011 开关、8012 开关、80111 刀闸、80112 刀闸、80121 刀闸、00122 刀闸、80116 刀闸、80126 刀闸、80105 刀闸、81201 刀闸、80101 刀闸、00102 刀闸、801007 接地刀闸、801057 接地刀闸、8010517 接地刀闸、801017 接地刀闸、001027 接地刀闸、8111PB 平波电抗器、8112PB 平波电抗器、8010LB 直流滤波器组、8010LB 直流滤波器组电容器、极Ⅰ高端换流器 RI 滤波 L4 电抗器（P1-WP-L4）、极Ⅰ高端换流器 RI 滤波 L5 电抗器（P1-WP-L5）、极Ⅰ低端换流器 RI 滤波 L6 电抗器（P1-WP-L6）、极Ⅰ低端换流器 RI 滤波 L7 电抗器（P1-WP-L7）、极Ⅰ极母线直流分压器（P1-WP-U1）、极Ⅰ直流场光 CT（P1-WP-T1）、极Ⅰ直流场光 CT（P1-WP-T3）、极Ⅰ直流场光 CT（P1-WP-T4）、极Ⅰ直流场光 CT（P1-WP-T5）、极Ⅰ直流场光 CT（P1-WP-T6）、极Ⅰ极母线 RI 滤波 C1 电容器（P1-WP-C1）、极Ⅰ直流滤波器场光 CT（P1.Z.T1）、极Ⅰ直流滤波器场光 CT（P1.Z.Z1.T11）、极Ⅰ直流滤波器场光 CT（P1.Z.Z1.T12）、极Ⅰ直流滤波器场光 CT（P1.Z.Z1.T2）、极Ⅰ直流滤波器场光 CT（P1.Z.Z2.T1）、极Ⅰ直流滤波器场光 CT（P1.Z.Z2.T2）、极Ⅰ母线 F3 避雷器（P1-WP-F3）、极Ⅰ母线 F4 避雷器（P1-WP-F4）、极Ⅰ高端阀厅 800kV 穿墙套管（P1-U1-X1）、极Ⅰ高端阀厅 400kV 穿墙套管（P1-U1-X2）、极Ⅰ低端阀厅 400kV 穿墙套管（P1-U2-X1）、极Ⅰ低端阀厅中性线穿墙套管（P1-U2-X2）、高空避雷线、直流场检修电源箱 JZ1、直流场检修电源箱 JZ2	（1）断路器、隔离开关、接地刀闸、平波电抗器、直流滤波器组、直流滤波器电容器、干式电抗器、直流分压器、光电流互感器、耦合电容器、避雷器、直流穿墙套管等设备例行检修、试验、消缺、清扫及清洗； （2）检修电源箱、端子箱、机构箱、二次接线盒二次回路检查、端子紧固及清扫； （3）一次主通流回路力矩和直阻检查； （4）高空避雷线检查

4.【工作任务】同一工作地点的不同工作内容合并一行写；相同工作内容的不同工作地点合并一行写；其他情况，应分行写；工作内容应与工作地点对应；按照调度批准的停电申请内容填写，在同一区域内不同设备但工作内容相同的工作任务可以合并填写。在原工作票的停电及安全措施范围内增加工作任务时，应由工作负责人征得工作票签发人和工作许可人同意，并在工作票上备注栏内增填工作项目。陪停设备不需要在工作任务栏及安全措施栏中反映，可在"工作地点保留带电部分或注意事项"中予以明确。保护校验过程中需传动开关，但不进行直接触及开关设备的具体工作时，开关设备可以不列入工作任务栏内的工作地点。

续表

工作地点及设备双重名称	工作内容
极Ⅱ直流场区域：8021 开关、8022 开关、80211 刀闸、80212 刀闸、80221 刀闸、00222 刀闸、80216 刀闸、80226 刀闸、80205 刀闸、81202 刀闸、80201 刀闸、00202 刀闸、802007 接地刀闸、802057 接地刀闸、8020517 接地刀闸、802017 接地刀闸、002027 接地刀闸、8211PB 平波电抗器、8212PB 平波电抗器、8020LB 直流滤波器组、8020LB 直流滤波器组电容器、极Ⅱ高端换流器 RI 滤波 L4 电抗器（P2-WP-L4）、极Ⅱ高端换流器 RI 滤波 L5 电抗器（P2-WP-L5）、极Ⅱ低端换流器 RI 滤波 L6 电抗器（P2-WP-L6）、极Ⅱ低端换流器 RI 滤波 L7 电抗器（P2-WP-L7）、极Ⅱ极母线直流分压器（P2-WP-U1）、极Ⅱ直流场光 CT（P2-WP-T1）、极Ⅱ直流场光 CT（P2-WP-T3）、极Ⅱ直流场光 CT（P2-WP-T4）、极Ⅱ直流场光 CT（P2-WP-T5）、极Ⅱ直流场光 CT（P2-WP-T6）、极Ⅱ极母线 RI 滤波 C1 电容器（P2-WP-C1）、极Ⅱ直流滤波器场光 CT（P2.Z.T1）、极Ⅱ直流滤波器场光 CTP2.Z.Z1.T11）、极Ⅰ直流滤波器场光 CT（P2.Z.Z1.T12）、极Ⅱ直流滤波器场光 CT（P2.Z.Z1.T2）、极Ⅱ直流滤波器场光 CT（P2.Z.Z2.T1）、极Ⅱ直流滤波器场光 CT（P2.Z.Z2.T2）、极Ⅱ母线 F3 避雷器（P2-WP-F3）、极Ⅱ母线 F4 避雷器（P2-WP-F4）、极Ⅱ高端阀厅 800kV 穿墙套管（P2-U1-X1）、极Ⅱ高端阀厅 400kV 穿墙套管（P2-U1-X2）、极Ⅱ低端阀厅 400kV 穿墙套管（P2-U2-X1）、极Ⅱ低端阀厅中性线穿墙套管（P2-U2-X2）、高空避雷线、直流场检修电源箱 JZ3、直流场检修电源箱 JZ5、直流场检修电源箱 JZ6	（1）断路器、隔离开关、接地刀闸、平波电抗器、直流滤波器组、直流滤波器电容器、干式电抗器、直流分压器、光电流互感器、耦合电容器、避雷器、直流穿墙套管等设备例行检修、试验、消缺、清扫及清洗； （2）检修电源箱、端子箱、机构箱、二次接线盒二次回路检查、端子紧固及清扫； （3）一次主通流回路力矩和直阻检查； （4）高空避雷线检查； （5）8212PB 平波电抗器顶部防鸟罩更换
中性线区域：0100 开关、0200 开关、0600 开关、01001 刀闸、01002 刀闸、02001 刀闸、02002 刀闸、05000 刀闸、04000 刀闸、06001 刀闸、010007 接地刀闸、020007 接地刀闸、010027 接地刀闸、020027 接地刀闸、050007 接地刀闸、0500017 接地刀闸、040007 接地刀闸、0400017 接地刀闸、0121PB 平波电抗器、0122PB 平波电抗器、0221PB 平波电抗器、0222PB 平波电抗器、接地极线阻断回路 L3 电抗器（WN-L3）、接地极线注流注回路 L4 电抗器（WN-L4）、极Ⅰ中性线直流分压器（P1-WN-U1）、极Ⅱ中性线直流分压器（P2-WN-U1）、极Ⅰ中性线电流测量装置 T1（P1-WN-T1）、极Ⅰ中性线电流测量装置 T2（P1-WN-T2）、极Ⅱ中性线电流测量装置 T1（P2-WN-T1）、极Ⅱ中性线电流测量装置 T2（P2-WN-T2）、站内接地电流测量装置 T1（WN-T1）、金属回线电流测量装置 T2（WN-T2）、接地极线电流测量装置 T3（WN-T3）、接地极线电流测量装置 T4（WN-T4）、极Ⅰ中性线 C1 滤波电容器（P1-WN-C1）、极Ⅱ中性线 C1 滤波电容器（P2-WN-C1）、接地极线阻断回路 C3 电容器（WN-C3）、接地极线注流回路 C4 电容器（WN-C4）、极Ⅰ中性线避雷器 T3 电流互感器（P1-WN-T3）、极Ⅰ中性线避雷器 T4 电流互感器（P1-WN-T4）、极Ⅱ中性线避雷器 T3 电流互感器（P2-WN-T3）、极Ⅱ中性线避雷器 T4 电流互感器（P2-WN-T4）、极Ⅰ中性线 F1 避雷器（P1-WN-F1）、极Ⅰ中性线 F2 避雷器（P1-WN-F2）、极Ⅱ中性线 F1 避雷器（P2-WN-F1）、极Ⅱ中性线 F2 避雷器（P2-WN-F2）、接地极线 F1 避雷器（WN-F1）、接地极线 F2 避雷器（WN-F2）、接地极线 F3 避雷器（WN-F3）、高空避雷线、直流场检修电源箱 JZ4	（1）断路器、隔离开关、接地刀闸、平波电抗器、干式电抗器、直流分压器、光电流互感器、零磁通电流互感器、耦合电容器、避雷器等设备例行检修、试验、消缺、清扫及清洗； （2）检修电源箱、端子箱、机构箱、二次接线盒二次回路检查、端子紧固及清扫； （3）一次主通流回路力矩和直阻检查； （4）高空避雷线检查； （5）直流场地接地极测量 T4 和 T3 零磁通电流互感器内鸟窝清理； （6）避雷线塔鸟窝清理； （7）06001 刀闸 SF_6 三通阀更换

5. 计划工作时间：

自 2024 年 01 月 31 日 08 时 00 分至 2024 年 02 月 04 日 18 时 00 分。

6. 安全措施（必要时可附页绘图说明，红色表示有电）

应拉断路器（开关）、隔离开关（刀闸）	已执行*
应拉开 0100、0200、5132、5133、5141、5142、5182、5183、5191、5192 开关	√
应拉开 80105、81201、80205、81202、04000、05000、51321、51332、51411、51422、51821、51832、51911、51922 刀闸	√
应分开 80105、80205、81201、81202 刀闸操作机构箱内电机电源空气开关 QM1、控制电源空气开关 QF1	√
应分开 05000、04000 刀闸操作机构箱内电机电源空气开关 QF1、控制电源空气开关 QF3	√
应分开 0100、0200、8011、8012、8021、8022、0600 开关机构箱内电机储能电源空气开关 F1、F1.1	√
应分开 0600 开关高速隔刀机构箱内电机储能电源空气开关 F1	√
应分开极 I 110V 直流 A 段 P1.DC.EA 分屏内 0100 开关操作电源 A 1Q16、极 I 110V 直流 B 段 P1.DC.EB 分屏内 0100 开关操作电源 B 2Q16、极 II 110V 直流 A 段 P1.DC.EA 分屏内 0200 开关操作电源 A 1Q16、极 II 110V 直流 B 段 P1.DC.EB 分屏内 0200 开关操作电源 B 2Q16	√
应分开极 I 高端 A 段 110V 直流馈电 P1.HV.DC.EA 屏内极 I 高端换流器旁通 8011 断路器控制电源 A Q146、极 I 高端 B 段 110V 直流馈电 P1.HV.DC.EB 屏内极 I 高端换流器旁通 8011 断路器控制电源 B Q246、极 I 低端 A 段 110V 直流馈电 P1.LV.DC.EA 屏内极 I 低端换流器旁通 8012 断路器控制电源 A Q148、极 I 低端 B 段 110V 直流馈电 P1.LV.DC.EB 屏内极 I 低端换流器旁通 8012 断路器控制电源 B Q248、极 II 高端 A 段 110V 直流馈电 P2.HV.DC.EA 屏内极 II 高端换流器旁通 8021 断路器控制电源 A Q146、极 II 高端 B 段 110V 直流馈电 P2.HV.DC.EB 屏内极 II 高端换流器旁通 8021 断路器控制电源 B Q246、极 II 低端 A 段 110V 直流馈电 P2.LV.DC.EA 屏内极 II 低端换流器旁通 8022 断路器控制电源 A Q148、极 II 低端 B 段 110V 直流馈电 P2.LV.DC.EB 屏内极 II 低端换流器旁通 8022 断路器控制电源 B Q248	√
应分开站用公用 110V 直流 A 段直流馈电 DC.EA 屏内站内接地 0600 断路器主操作机构控制电源 A Q131、站内接地 0600 断路器高速隔刀操作机构控制电源 A Q132	√
应分开站用公用 110V 直流 B 段直流馈电 DC.EB 屏内站内接地 0600 断路器主操作机构控制电源 B Q231、站内接地 0600 断路器高速隔刀操作机构控制电源 B Q232	√
应分开 RB1 室交流 A 段直流馈电 DC.EA1 屏内 5132 开关第一组操作电源 Q118、5133 开关第一组操作电源 Q119、5141 开关第一组操作电源 Q120、5142 开关第一组操作电源 Q121、5182 开关第一组操作电源 Q133、5183 开关第一组操作电源 Q134、5191 开关第一组操作电源 Q135、5192 开关第一组操作电源 Q136	√

5.【计划工作时间】填写计划检修起始时间和结束时间，该时间应在调度批准的检修时间段内。

6.【安全措施】运维人员完成工作票所列的安全措施，并经现场核实后，在相应的已执行栏内手工打"√"。填写内容应按类别分行填写，若出现跨行填写的，仅在末行的"已执行"栏打"√"即可。

【应拉断路器（开关）、隔离开关（刀闸）】

（1）应拉开的开关。

（2）应拉开的闸刀。

（3）应拉至试验位置的开关手车。工作票中填写将手车拉至试验位置，现场手车如要拉至检修位置，由检修人员在实际工作中执行。

（4）应分开的开关操作电源、储能电源，所有拉开的开关对应的操作电源、储能电源均应分开。开关的操作电源在直流馈电屏或开关保护屏内断开均可。

（5）应分开的闸刀控制电源、电机电源。所有拉开的闸刀如有对应的控制电源、电机电源均应分开。已分开控制电源、电机电源的闸刀遥控回路已断开，可不必再填将闸刀远方/就地切换开关由"远方"位置切至"就地"位置。（若工作票签发人认为有必要也可填写）。此处拉开的电机电源、操作电源空气开关不需要具体到设备机构箱、空气开关双重名称及空气开关名称；只需要写"拉开××开关/刀闸电机电源、操作电源空气开关。"

（6）应将拉开的开关远方/就地切换开关由"远方"位置切至"就地"位置，或应退出××开关遥控出口压板。

（7）应分开与停电设备有关的电压互感器、变压器各侧回路。

（8）涉及在有联跳运行开关回路或失灵启动回路的设备上进行二次工作，需要执行退出联跳运行开关出口压板或失灵启动压板的安全措施，此项安全措施可以不列入【6.安全措施】"应拉断路器（开关）、隔离开关（刀闸）"栏内。

续表

应拉断路器（开关）、隔离开关（刀闸）	已执行*
应分开 RB1 室交流 B 段直流馈电 DC.EB1 屏内 5132 开关第二组操作电源 Q218、5133 开关第二组操作电源 Q219、5141 开关第二组操作电源 Q220、5142 开关第二组操作电源 Q221、5182 开关第二组操作电源 Q233、5183 开关第二组操作电源 Q234、5191 开关第二组操作电源 Q235、5192 开关第二组操作电源 Q236	√
应分开 5132 开关间隔汇控柜内 51321 刀闸电机电源空气开关 8A31、51321 刀闸控制电源空气开关 8D21、5132 开关油泵电机电源空气开关 8A1	√
应分开 5133 开关间隔汇控柜内 51332 刀闸电机电源空气开关 8A31、51332 刀闸控制电源空气开关 8D21、5133 开关油泵电机电源空气开关 8A1	√
应分开 5141 开关间隔汇控柜内 51411 刀闸电机电源空气开关 8A31、51411 刀闸控制电源空气开关 8D21、5141 开关油泵电机电源空气开关 8A1	√
应分开 5142 开关间隔汇控柜内 51422 刀闸电机电源空气开关 8A33、51422 刀闸控制电源空气开关 8D23、5142 开关油泵电机电源空气开关 8A1	√
应分开 5182 开关间隔汇控柜内 51821 刀闸电机电源空气开关 8A31、51821 刀闸控制电源空气开关 8D21、5182 开关油泵电机电源空气开关 8A1	√
应分开 5183 开关间隔汇控柜内 51832 刀闸电机电源空气开关 8A31、51832 刀闸控制电源空气开关 8D21、5183 开关油泵电机电源空气开关 8A1	√
应分开 5191 开关间隔汇控柜内 51911 刀闸电机电源空气开关 8A31、51911 刀闸控制电源空气开关 8D21、5191 开关油泵电机电源空气开关 8A1	√
应分开 5192 开关间隔汇控柜内 51922 刀闸电机电源空气开关 8A33、51922 刀闸控制电源空气开关 8D23、5192 开关油泵电机电源空气开关 8A1	√
应分开极 I 高端换流变进线电压互感器二次侧开关 ZKK1、ZKK2、ZKK3、ZKK5、ZKK6、ZKK7	√
应分开极 I 低端换流变进线电压互感器二次侧开关 ZKK1、ZKK2、ZKK3、ZKK5、ZKK6、ZKK7	√
应分开极 II 高端换流变进线电压互感器二次侧开关 ZKK1、ZKK2、ZKK3、ZKK5、ZKK6、ZKK7	√
应分开极 II 低端换流变进线电压互感器二次侧开关 ZKK1、ZKK2、ZKK3、ZKK5、ZKK6、ZKK7	√
应装接地线、应合接地刀闸（注明确实地点、名称及接地线编号*）	**已执行***
应合上 801057、8010517、802057、8020517、040007、0400017、050007、0500017 接地刀闸	√
应合上 513217、513327、513367、514117、514227、514167、518217、518327、518367、519117、519227、519167 接地刀闸	√
应在 80105 刀闸线路侧装设接地线一组（800kV-01）号	√

【应装接地线、应合接地刀闸】
（1）接地闸刀应填写双重名称即名称、编号。
（2）带地刀的闸刀检修时，采用合接地刀闸和装设临时接地线措施均予以认可，若采用合接地刀闸方式接地，在检修刀闸拉开接地刀闸前应当先挂设临时接地线。

续表

应装接地线、应合接地刀闸（注明确实地点、名称及接地线编号*）	已执行*
应在 80205 刀闸线路侧装设接地线一组（800kV-02）号	√
应在 05000 刀闸线路侧装设接地线一组（800kV-03）号	√

应设遮栏、应挂标示牌及防止二次回路误碰等措施	已执行*
应在 80105、80205、05000、04000、81201、81202 刀闸操作机构箱门把手上悬挂"禁止合闸，有人工作！"标示牌	√
应在极Ⅰ110V 直流 A 段 P1.DC.EA 分屏内 0100 开关操作电源 A 1Q16、极Ⅰ110V 直流 B 段 P1.DC.EB 分屏内 0100 开关操作电源 B 2Q16、极Ⅱ110V 直流 A 段 P1.DC.EA 分屏内 0200 开关操作电源 A 1Q16、极Ⅱ110V 直流 B 段 P1.DC.EB 分屏内 0200 开关操作电源 B 2Q16 上悬挂"禁止合闸，有人工作！"标示牌	√
应在极Ⅰ高端 A 段 110V 直流馈电 P1.HV.DC.EA 屏内极Ⅰ高端换流器旁通 8011 断路器控制电源 A Q146、极Ⅰ高端 B 段 110V 直流馈电 P1.HV.DC.EB 屏内极Ⅰ高端换流器旁通 8011 断路器控制电源 B Q246、极Ⅰ低端 A 段 110V 直流馈电 P1.LV.DC.EA 屏内极Ⅰ低端换流器旁通 8012 断路器控制电源 A Q148、极Ⅰ低端 B 段 110V 直流馈电 P1.LV.DC.EB 屏内极Ⅰ低端换流器旁通 8012 断路器控制电源 B Q248、极Ⅱ高端 A 段 110V 直流馈电 P2.HV.DC.EA 屏内极Ⅱ高端换流器旁通 8021 断路器控制电源 A Q146、极Ⅱ高端 B 段 110V 直流馈电 P2.HV.DC.EB 屏内极Ⅱ高端换流器旁通 8021 断路器控制电源 B Q246、极Ⅱ低端 A 段 110V 直流馈电 P2.LV.DC.EA 屏内极Ⅱ低端换流器旁通 8022 断路器控制电源 A Q148、极Ⅱ低端 B 段 110V 直流馈电 P2.LV.DC.EB 屏内极Ⅱ低端换流器旁通 8022 断路器控制电源 B Q248 上悬挂"禁止合闸，有人工作！"标示牌	√
应在站用公用 110V 直流 A 段直流馈电 DC.EA 屏内站内接地 0600 断路器主操作机构控制电源 A Q131、站内接地 0600 断路器高速隔刀操作机构控制电源 A Q132 上悬挂"禁止合闸，有人工作！"标示牌	√
应在 RB1 室交流 B 段直流馈电 DC.EB1 屏内 5132 开关第二组操作电源 Q218、5133 开关第二组操作电源 Q219、5141 开关第二组操作电源 Q220、5142 开关第二组操作电源 Q221、5182 开关第二组操作电源 Q233、5183 开关第二组操作电源 Q234、5191 开关第二组操作电源 Q235、5192 开关第二组操作电源 Q236 上悬挂"禁止合闸，有人工作！"标示牌	√
应在 RB1 室交流 A 段直流馈电 DC.EA1 屏内 5132 开关第一组操作电源 Q118、5133 开关第一组操作电源 Q119、5141 开关第一组操作电源 Q120、5142 开关第一组操作电源 Q121、5182 开关第一组操作电源 Q133、5183 开关第一组操作电源 Q134、5191 开关第一组操作电源 Q135、5192 开关第一组操作电源 Q136 上悬挂"禁止合闸，有人工作！"标示牌	√
应在 5132 开关间隔汇控柜内 5132 开关、51321 刀闸操作把手上，5133 开关间隔汇控柜内 5133 开关、51332 刀闸操作把手上，5141 开关间隔汇控柜内 5141 开关、51411 刀闸操作把手上，5142 开关间隔汇控柜内 5142 开关、51422 刀闸操作把手上，5182 开关间隔汇控柜内 5182 开关、51821 刀闸操作把手上，5183 开关间隔汇控柜内 5183 开关、51832 刀闸操作把手上，5191 开关间隔汇控柜内 5191 开关、51911 刀闸操作把手上，5192 开关间隔汇控柜内 5192 开关、51922 刀闸操作把手上悬挂"禁止合闸，有人工作！"标示牌	√

【应设遮栏、应挂标示牌及防止二次回路误碰等措施】
（1）已拉开的开关、闸刀、开关手车如无工作，应在对应位置悬挂"禁止合闸，有人工作"标示牌。已断开的电压互感器、站用变压器、接地变压器二次侧回路应在对应位置悬挂"禁止合闸，有人工作"标示牌。如工作票只包含站内设备工作，可不设置"禁止合闸，线路有人工作"标示牌。第 4 项"工作任务"栏内涉及有工作内容的开关、闸刀因工作需要试分合设备，不需要悬挂"禁止合闸，有人工作"标示牌。所有已拉开的开关操作电源及储能电源、已拉开的闸刀控制电源、电机电源处可以不填写悬挂"禁止合闸，有人工作"标示牌。（此处应设遮栏、应挂标识牌及防止二次回路误碰措施不需要具体到空气开关双重名称及空气开关名称；只需要写应在××开关/刀闸电机电源、操作电源空气开关上悬挂"禁止合闸，有人工作"标示牌。）
（2）所有开关柜检修工作均应在相邻运行开关柜、现场设置的围栏上设置"止步，高压危险"标示牌。
（3）在工作人员上下铁架或梯子上，应悬挂"从此上下"标示牌。
（4）应悬挂"在此工作"标示牌的位置为第 4 项"工作任务"栏内填写的设备处，部分高处设备、柜内设备现场无法挂牌，许可人可将"在此工作"标示牌设置在对应设备支柱、柜外、间隔门外等位置，现场需向工作负责人交代清楚。
（5）由外包单位负责持票的工作，如属于根据公司规定需要设置 1.7m 固定式围栏的情况，工作票上应设置的"临时围栏"写明为"1.7m 硬围栏"。

续表

应设遮栏、应挂标示牌及防止二次回路误碰等措施	已执行*
应在 5132 开关间隔汇控柜内 51321 刀闸电机电源空气开关 8A31、51321 刀闸控制电源空气开关 8D21、5132 开关油泵电机电源空气开关 8A1 上悬挂"禁止合闸，有人工作！"标示牌	√
应在 5133 开关间隔汇控柜内 51332 刀闸电机电源空气开关 8A31、51332 刀闸控制电源空气开关 8D21、5133 开关油泵电机电源空气开关 8A1 上悬挂"禁止合闸，有人工作！"标示牌	√
应在 5141 开关间隔汇控柜内 51411 刀闸电机电源空气开关 8A31、51411 刀闸控制电源空气开关 8D21、5141 开关油泵电机电源空气开关 8A1 上悬挂"禁止合闸，有人工作！"标示牌	√
应在 5142 开关间隔汇控柜内 51422 刀闸电机电源空气开关 8A33、51422 刀闸控制电源空气开关 8D21、5142 开关油泵电机电源空气开关 8A1 上悬挂"禁止合闸，有人工作！"标示牌	√
应在 5182 开关间隔汇控柜内 51821 刀闸电机电源空气开关 8A31、51821 刀闸控制电源空气开关 8D21、5182 开关油泵电机电源空气开关 8A1 上悬挂"禁止合闸，有人工作！"标示牌	√
应在 5183 开关间隔汇控柜内 51832 刀闸电机电源空气开关 8A31、51832 刀闸控制电源空气开关 8D21、5183 开关油泵电机电源空气开关 8A1 上悬挂"禁止合闸，有人工作！"标示牌	√
应在 5191 开关间隔汇控柜内 51911 刀闸电机电源空气开关 8A31、51911 刀闸控制电源空气开关 8D21、5191 开关油泵电机电源空气开关 8A1 上悬挂"禁止合闸，有人工作！"标示牌	√
应在 5192 开关间隔汇控柜内 51922 刀闸电机电源空气开关 8A33、51922 刀闸控制电源空气开关 8D23、5192 开关油泵电机电源空气开关 8A1 上悬挂"禁止合闸，有人工作！"标示牌	√
应在极 I 高端换流变进线电压互感器二次侧开关 ZKK1、ZKK2、ZKK3、ZKK5、ZKK6、ZKK7 上、极 I 低端换流变进线电压互感器二次侧开关 ZKK1、ZKK2、ZKK3、ZKK5、ZKK6、ZKK7、极 II 高端换流变进线电压互感器二次侧开关 ZKK1、ZKK2、ZKK3、ZKK5、ZKK6、ZKK7 上、极 II 低端换流变进线电压互感器二次侧开关 ZKK1、ZKK2、ZKK3、ZKK5、ZKK6、ZKK7 上悬挂"禁止合闸，有人工作！"标示牌	√
应在 0100、0200、8011、8012、8021、8022、0600 开关和 0600 开关高速隔刀操作把手上悬挂"禁止合闸，有人工作！"标示牌	√

*已执行栏目及接地线编号由工作许可人填写。

工作地点保留带电部分或注意事项（由工作票签发人填写）	补充工作地点保留带电部分和安全措施（由工作许可人填写）
【高处作业】高处工作时应正确使用安全带、个人保安线等安全工器具，防止高空坠落及感应电压伤人。	无

【工作地点保留带电部分或注意事项（由工作票签发人填写）】

【相邻带电设备】填写与检修设备距离邻近的带电部位或相邻第一个带电设备情况，以及保护工作地点相邻的其他保护（装置）运行情况，相关设备要明确名称编号，位置要准确。

【安全距离】工作地点包含一次设备区域时，需填写：与带电部位保持足够的安全距离：××kV 大于×m。

续表

工作地点保留带电部分或注意事项 （由工作票签发人填写）	补充工作地点保留带电部分和 安全措施（由工作许可人填写）
【相邻带电设备】51321、51332、51411、51422、51821、51832、51911、51922 刀闸母线侧带电，禁止合闸。 【安全距离】与带电部位保持足够的安全距离：500kV 大于 5m。 【开关检修】工作前先释放开关储能防止机械伤害。 【特种车辆】升降车应由专人监护、专人指挥，与有电部位的安全距离：500kV 应大于 8.5m。	无

【特种设备】有吊车、斗臂车等大型车辆参与现场工作时，需填写：工作中使用吊车、斗臂车等大型车辆时，应与带电部位保持足够的安全距离：××kV 大于×m。由外包单位负责的工作还需增加：安排运检单位专人在场全过程旁站。

【高处作业】有高处作业时，需填写：高处作业正确使用安全工器具。

【陪停设备】如有陪停设备应当予以明确。

【手车检修】开关柜手车拉至检修位置，检修人员应当在开关静触头隔离挡板处装设"止步，高压危险"标示牌。

其余安全注意事项，各单位可依据工作内容予以补充完善。

【补充工作地点保留带电部分和安全措施（由工作许可人填写）】

根据现场的实际情况，工作许可人对工作地点保留的带电部分予以补充，不得照抄工作票签发人填写内容，应注明所采取的安全措施或提醒检修人员必须注意的事项。若没有则填"无"，不得空白。

工作票签发人签名：周×　　　签发时间：2024 年 01 月 28 日 09 时 00 分

工作票会签人签名：吴×　　　会签时间：2024 年 01 月 28 日 10 时 00 分

工作票会签人签名：冯×　　　会签时间：2024 年 01 月 28 日 11 时 00 分

【工作票签发人签名和签发日期】

（1）工作票签发人确认工作票中 1～6 项无误后，在签名栏内签名，并在时间栏内填写签发时间。

（2）若工作票不需会签，工作票签发人签发后直接发送给工作负责人，由工作负责人确认后提交运维人员；若需会签，则提交给工作票会签人，会签结束后返回给工作负责人，再由工作负责人确认后提交运维人员。

7. 收到工作票时间：2024 年 01 月 28 日 15 时 00 分

运行值班人员签名：李×　　　工作负责人签名：宋×猛

7.【收到工作票时间】第一种工作票签发和收到时间应为工作前一天（紧急抢修、消缺除外）。
运维人员收到工作票后，对工作票审核无误后，填写收票时间并签名。

8. 确认本工作票 1～6 项

工作负责人签名：宋×猛　　　工作许可人签名：刘×

许可开始工作时间：2024 年 01 月 31 日 14 时 58 分

8.【工作许可】许可开始工作时间不得提前于计划工作开始时间。

9. 现场交底，工作班成员确认工作负责人布置的工作任务、人员分工、安全措施和注意事项并签名

高×洋、雍×武、王×江、史×鹏、许×胜、张×飞、于×军、李×、李×超、李×涵、屈×新、屈×磊

9.【交底签名】所有工作班成员在明确了工作负责人、专责监护人交代的工作任务、人员分工、安全措施和注意事项后，在工作负责人所持工作票上签名，不得代签。

10.【工作负责人变动情况】经工作票签发人同意，在工作票上填写离去及变更的工作负责人姓名及变动时间，同时通知全体作业人员及工作许可人；如工作票签发人无法当面办理，应通过电话通知工作许可人，由工作许可人和原工作负责人在各自所持工作票上填写工作负责人变更情况，并代工作票签发人签名。
工作负责人的变动必须是在该工作票许可之后，如在工作票许可之前需变更工作负责人，则应由工作票签发人重新签发工作票。

11.【工作人员变动情况】工作人员变动后，工作负责人应及时在所持工作票上写明变动人员姓名、变动日期、时间，并签名。人员变动情况填写格式为：××××年××月××日××时××分，××、××加入（离去）。
班组人员每次发生变动，工作负责人要在工作票上即时注明变动情况并签名，不得最后一并签名。

10. 工作负责人变动情况

原工作负责人＿＿＿＿＿＿离去，变更＿＿＿＿＿＿为工作负责人。

工作票签发人：＿＿＿＿　　　签发时间：＿＿＿年＿＿月＿＿日＿＿时＿＿分

11. 工作人员变动情况（变动人员姓名，变动日期及时间）

＿＿＿＿＿＿＿＿＿＿＿＿＿＿＿＿＿＿＿＿＿＿＿＿＿＿＿＿

12. 工作票延期

有效期延长到_____年___月___日___时___分。

工作负责人签名：_____ 签名时间：_____年___月___日___时___分

工作许可人签名：_____ 签名时间：_____年___月___日___时___分

13. 每日开工和收工时间（使用一天的工作票不必填写）

收工时间				工作负责人	工作许可人	开工时间				工作许可人	工作负责人
月	日	时	分			月	日	时	分		
01	31	17	30	宋×猛	黄×	02	01	09	26	黄×	宋×猛
02	01	14	53	宋×猛	黄×	02	02	09	20	黄×	宋×猛
02	02	15	40	宋×猛	谈×	02	03	09	38	谈×	宋×猛
02	03	14	48	宋×猛	谈×	02	04	09	50	谈×	宋×猛

14. 工作终结

全部工作于 <u>2024</u> 年 <u>02</u> 月 <u>04</u> 日 <u>14</u> 时 <u>00</u> 分结束，设备及安全措施已恢复至开工前状态，工作人员已全部撤离，材料工具已清理完毕，工作已终结。

工作负责人签名：宋×猛 工作许可人签名：刘× 　　【已执行】

15. 工作票终结

临时遮栏、标示牌已拆除，常用遮栏已恢复。

已拆除的接地线编号___共___组；

已拉开接地刀闸（小车）编号___共___组（台）。

未拆除的接地线编号___共___组；

未拉开接地刀闸（小车）编号___共___组（台）。

已汇报调度值班员。

工作许可人签名：_____ 签名时间：_____年___月___日___时___分

16. 备注

（1）指定专责监护人_____负责监护_____

右栏注释：

12.【工作票延期】工作需延期，应在工作计划结束时间前由工作负责人向工作许可人提出申请，办理延期手续。对于需经调度许可的工作，工作许可人还得到得到调度许可后，方可与工作负责人办理工作票延期手续。工作票只能延期一次。

13.【每日开工和收工时间（使用一天的工作票不必填写）】有人值班变电站，每日收工后，应将工作票交回工作许可人，办理工作间断手续，并分别在双方所持工作票的相应栏内填写工作间断时间、姓名。次日复工时，工作负责人应与工作许可人履行复工许可手续并录音，分别在双方工作票相应栏内填写开工时间、姓名，方可取回工作票。

14.【工作终结】
（1）工作结束后，工作负责人应会同工作许可人进行验收，验收时任何一方都不得变动安全措施，验收合格后做好有关记录和移交相关报告、资料、图纸等。双方确认后签名并填上时间。
（2）工作终结时间不应超出计划工作时间或经批准的延期时间。
（3）工作终结后，工作许可人应在工作负责人所持工作票的"工作终结"栏中工作许可人签名右侧空白处加盖红色"已执行"专用章。

15.【工作票终结】
（1）待工作终结后，工作许可人方可执行拆除临时遮栏、标示牌，恢复常设遮栏的工作。
（2）工作许可人应在所持的工作票上逐项手工填写：已拆除接地线、已拉开接地闸刀、未拆除接地线、未拉开接地闸刀的编号及数量。若相关项不涉及接地线或接地闸刀，应在接地线（接地闸刀）编号栏填"无"，在数量栏填"0"组（副），不得空白。
（3）若因工作需要未拆除接地线（未拉开接地闸刀），则应在工作票备注栏注明，方可办理工作票终结手续。具体填写要求详见备注栏填写部分。
（4）待工作票上安全措施均已拆除，汇报调度后，工作许可人方可进行"工作票终结"手续，并在所持工作票"工作票终结"栏工作许可人签名时间的右侧空白处盖红色"已执行"专用章。

16.【备注】
指定专责监护人
（1）指定专责监护人，应填写被监护人姓名、工作地点及工作内容。
（2）有大型车辆参与现场工作时，应指定专责监护人。
（3）一张工作票上的工作涉及两个及以上开关柜（含前后隔仓）时，开关柜前、后隔仓均必须设一名专责监护人。
（4）若一张工作票上涉及两个及以上作业现场，工作负责人无法同时全过程监护检修工作，则需要在各个作业现场设置一名专责监护人，或者各作业现场轮流开展工作，以确保每一个作业现场开工时均在监护人的监护下进行工作。如：开关柜前后仓均有工作，监护人无法同时监护到前后仓的工作，此时需在开关柜前、后隔仓均设置一名监护人，或者前后仓工作不同时进行，待监护人监护前仓工作结束后，再进行后仓工作（同一时间工作负责人只可作为其中一个作业现场的监护人）。

其他事项
（1）有吊车参与现场工作时，应明确指挥人员。
（2）未拉开地刀、接地线应当注明原因，可不写明具体拆除时间。
（3）带地刀的闸刀检修时，采用合接地刀闸和装设临时接地线措施均予以认可，若采用合接地刀闸方式接地，在检修刀闸拉开接地刀闸前应当先挂设临时接地线。临时接地线借用装拆记录可填写在备注栏或使用专门的记录表。

_____（地点及具体工作。）

（2）其他事项：

无。

合　格

审核人　　王二

6.4　换流站交流滤波器场区域停电检修

一、作业场景情况

（一）工作场景

换流站交流滤波器场区域停电检修。

（二）工作任务

直流 800kV 淮安换流站：

（1）500kV 第三大组交流滤波器场区域 500kV 5631 HP12/24 交流滤波器：R1 电阻器进出线套管更换、一次设备引线拆除及复装、交接试验；进线侧 T1 电流互感器顶部观察窗密封检查与处理；增加故障录波器 7 至不平衡光 CT 合并单元信号。

（2）500kV 第三大组交流滤波器场区域 500kV 5632 HP12/24 交流滤波器：R1 电阻器进出线套管更换、一次设备引线拆除及复装、交接试验；进线侧 T1 电流互感器顶部观察窗密封检查与处理；增加故障录波器 7 至不平衡光 CT 合并单元信号；563227 接地刀闸 C 相西侧上方龙门构架 67 号摄像头检查及处理；563227 接地刀闸 A 相合闸接触器检查及处理。

（3）500kV 第三大组交流滤波器场区域 500kV 5633 SC 并联电容器：进线侧 T1 电流互感器顶部观察窗密封检查与处理；增加故障录波器 7 至不平衡光 CT 合并单元信号。

（4）500kV 第三大组交流滤波器场区域 500kV 2 号降压变 512B 5634 开关间隔：开关 T1 电流互感器顶部观察窗密封检查与处理；512B 降压变压器风冷控制柜Ⅰ路交流电源电压监视继电器 KV1 故障检查及处理。

（三）停电范围

直流 800kV 淮安换流站：500kV 5631 HP12/24 交流滤波器、500kV 5632 HP12/24 交流滤波器、500kV 5633 SC 并联电容器、500kV 2 号降压变压器 512B 5634 开关间隔。

（四）票种选择建议

变电站第一种工作票。

（五）人员分工及安排

本次工作有 1 个作业地点。参与本次工作的共 3 人（含工作负责人），具体分工为：

王×国（工作负责人）：负责工作的整体协调组织及作业现场安全监护。

王×、徐×森（工作班成员）：负责开展流滤波器场区域检修。

（六）场景接线图

换流站交流滤波器场区域停电检修场景接线图见图 6-4。

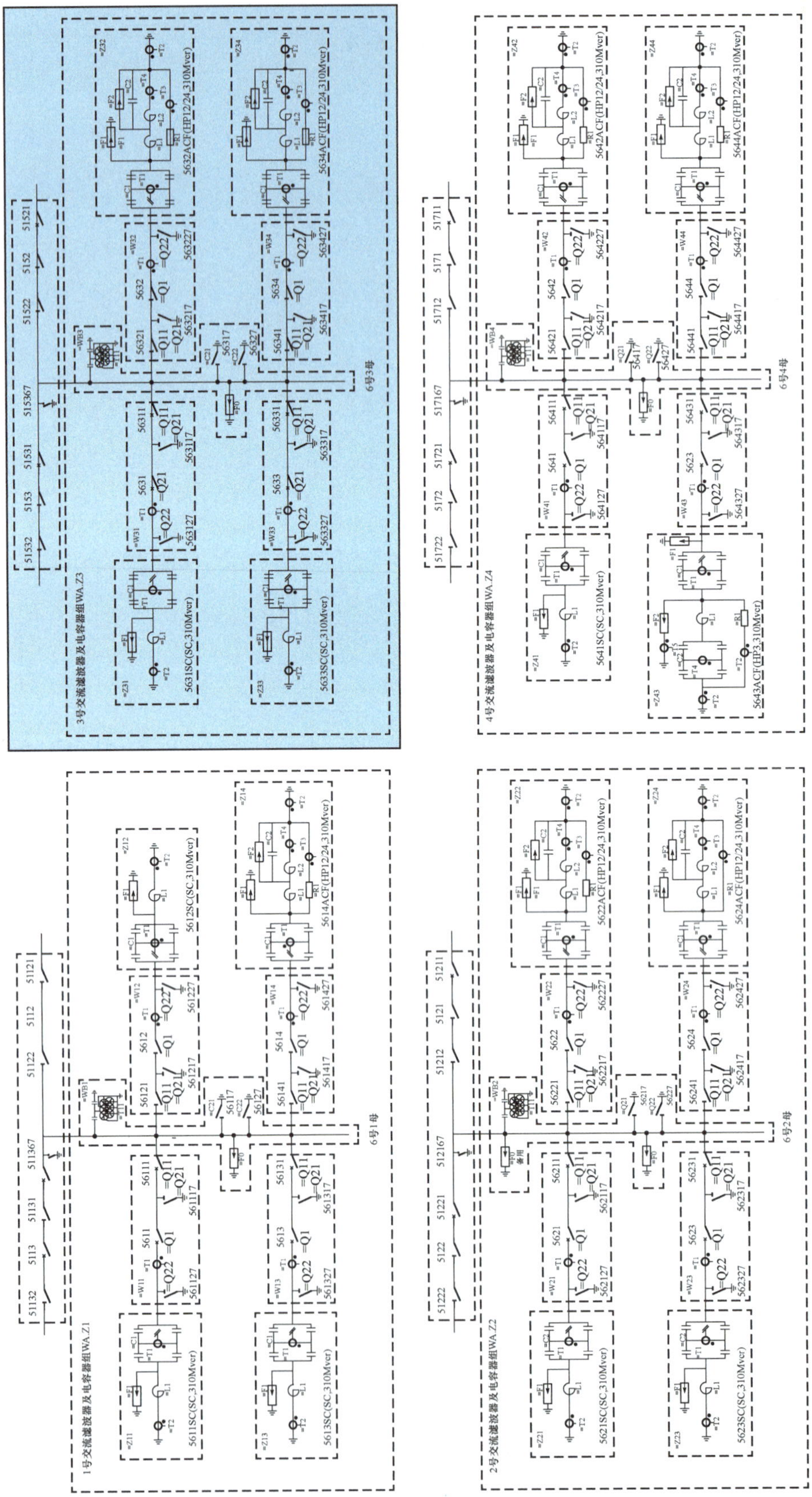

图6-4 换流站交流滤波器场场区域停电检修场景接线图

二、工作票样例

【票种选择】本次作业为换流站内停电工作，使用变电站第一种工作票。

变电站第一种工作票

作业风险等级：Ⅲ

单　位：××××工程有限公司　　变电站：直流 800kV 淮安换流站

编　号：Ⅰ202409013

1. 工作负责人（监护人）王×国　　**班　组：**电气班

1.【工作负责人（监护人）】
（1）填写工作负责人姓名。
（2）工作负责人应取得两种人准入资质，并由设备运行管理单位书面批准。
【班组】对于不属于同一班组的人员（含工作负责人）共同进行的工作，填写"综合班组"。

2. 工作班人员（不包括工作负责人）

王×、徐×森。

共 2 人

2.【工作班人员】
（1）人员应取得准入资质，安排的人员应进行承载力分析，确保人数适当、充足。
（2）单、多班组工作，每个班组工作人员应填写全部工作人员姓名（不含工作负责人）。
（3）多班组共同工作，必须分行填写每个班组名称。
（4）"共×人"：填写实际工作人员人数（不含工作负责人）。
（5）如有特种作业应安排具备相应资质的特种作业人员。

3. 工作的变、配电站名称及设备双重名称

直流 800kV 淮安换流站：500kV 5631 HP12/24 交流滤波器、500kV 5632 HP12/24 交流滤波器、500kV 5633 SC 并联电容器 、500kV 2 号降压变压器 512B 5634 开关间隔。

3.【工作的变、配电站名称及设备双重名称】设备双重名称与第4项"工作任务"栏内一致。工作的变配电站名称及设备双重名称栏中的工作地点内容，可描述为：××设备区域、××保护小室等进行简述。

4. 工作任务

4.【工作任务】同一工作地点的不同工作内容合并一行写；相同工作内容的不同工作地点合并一行写；其他情况，应分行写；工作内容应与工作地点对应；按照调度批准的停电申请内容填写，在同一区域内不同设备但工作内容相同的工作任务可以合并填写。在原工作票的停电及安全措施范围内增加工作任务时，应由工作负责人征得工作票签发人和工作许可人同意，并在工作票上备注栏内增填工作项目。陪停设备不需要在工作任务栏及安全措施栏中反映，可在"工作地点保留带电部分或注意事项"中予以说明。保护校验过程中需传动开关，但不进行直接触及开关设备的具体工作时，开关设备可以不列入工作任务栏内的工作地点。

工作地点及设备双重名称	工作内容
500kV 第三大组交流滤波器场区域：500kV 5631 HP12/24 交流滤波器	R1 电阻器进出线套管更换、一次设备引线拆除及复装、交接试验；进线侧 T1 电流互感器顶部观察窗密封检查与处理；增加故障录波器 7 至不平衡光 CT 合并单元信号
500kV 第三大组交流滤波器场区域：500kV 5632 HP12/24 交流滤波器	R1 电阻器进出线套管更换、一次设备引线拆除及复装、交接试验；进线侧 T1 电流互感器顶部观察窗密封检查与处理；增加故障录波器 7 至不平衡光 CT 合并单元信号；563227 接地刀闸 C 相西侧上方龙门构架 67 号摄像头检查及处理；563227 接地刀闸 A 相合闸接触器检查及处理
500kV 第三大组交流滤波器场区域：500kV 5633 SC 并联电容器	进线侧 T1 电流互感器顶部观察窗密封检查与处理；增加故障录波器 7 至不平衡光 CT 合并单元信号
500kV 第三大组交流滤波器场区域：500kV 2 号降压变压器 512B 5634 开关间隔	开关 T1 电流互感器顶部观察窗密封检查与处理；512B 降压变压器风冷控制柜Ⅰ路交流电源电压监视继电器 KV1 故障检查及处理

5. 计划工作时间

自 <u>2024</u> 年 <u>01</u> 月 <u>31</u> 日 <u>08</u> 时 <u>00</u> 分至 <u>2024</u> 年 <u>02</u> 月 <u>04</u> 日 <u>18</u> 时 <u>00</u> 分。

6. 安全措施（必要时可附页绘图说明，红色表示有电）

拉断路器（开关）、隔离开关（刀闸）	已执行*
应拉开 5052、5053、5631、5632、5633、5634 开关	√
应拉开 50521、50532、56311、56321、56331、56341 刀闸	√
应分开 5052、5053、5631、5632、5633、5634 开关电机电源空气开关、控制电源空气开关	√
应分开 50521、50532、56311、56321、56331、56341 刀闸电机电源空气开关、控制电源空气开关	√

应装接地线、应合接地刀闸（注明确实地点、名称及接地线编号*）	已执行*
应合上 563117、563127、563217、563227、563317、563327、563417、563427 接地刀闸	√

应设遮栏、应挂标示牌及防止二次回路误碰等措施	已执行*
应在 5052、5053、5631、5632、5633、5634 开关操作把手上悬挂"禁止合闸，有人工作"标示牌	√
应在 50521、50532、56311、56321、56331、56341 刀闸操作把手上悬挂"禁止合闸，有人工作"标示牌	√
应在 5052、5053、5631、5632、5633、5634 开关电机电源空气开关、控制电源空气开关上悬挂"禁止合闸，有人工作"标示牌	√
应在 50521、50532、56311、56321、56331、56341 刀闸电机电源空气开关、控制电源空气开关上悬挂"禁止合闸，有人工作"标示牌	√
应在 500kV 第三大组交流滤波器区域布置临时围栏，并向内悬挂"止步，高压危险"标示牌，并在进出口处悬挂"从此进出"，"在此工作"标示牌	√
应在 5632 小组滤波器龙门构架东侧爬梯上悬挂"从此上下"标示牌	√

*已执行栏目及接地线编号由工作许可人填写。

工作地点保留带电部分或注意事项 （由工作票签发人填写）	补充工作地点保留带电部分和安全措施（由工作许可人填写）
【高处作业】高处工作时应正确使用安全带、个人保安线等安全工器具，防止高空坠落及感应电压伤人。 【安全距离】与带电部位保持足够的安全距离：500kV 大于 5m。 【开关检修】工作前先释放开关储能防止机械伤害。 【特种车辆】升降车应由专人监护、专人指挥，与有电部位的安全距离：500kV 应大于 8.5m	无

5.【计划工作时间】填写计划检修起始时间和结束时间，该时间应在调度批准的检修时间段内。

6.【安全措施】运维人员完成工作票所列的安全措施，并经现场核实后，在相应的已执行栏内手工打"√"。填写内容应按类别分行填写，若出现跨行填写的，仅在末行的"已执行"栏打"√"即可。

【应拉断路器（开关）、隔离开关（刀闸）】
（1）应拉开的开关。
（2）应拉开的闸刀。
（3）应拉至试验位置的开关手车。工作票中填写将手车拉至试验位置，现场手车如要拉至检修位置，由检修人员在实际工作中执行。
（4）应分开的开关操作电源、储能电源，所有拉开的开关对应的操作电源、储能电源均应分开。开关的操作电源在直流馈电屏或开关保护屏内断开均可。
（5）应分开的闸刀控制电源、电机电源。所有分开的闸刀如有对应的控制电源、电机电源均应分开。已分开控制电源、电机电源的闸刀遥控回路已断开，可不必再填写将闸刀远方/就地切换开关由"远方"位置切至"就地"位置。（若工作票签发人认为有必要也可填写）此处拉开的电机电源、操作电源空气开关不需要具体到设备机构箱、空气开关双重名称及空气开关名称；只需要写"拉开××开关/刀闸电机电源、操作电源空气开关"。
（6）应将拉开的开关远方/就地切换开关由"远方"位置切至"就地"位置，或应退出××开关遥控出口压板。
（7）应分开与停电设备有关的电压互感器、变压器各侧回路。
（8）涉及在有联跳运行开关回路或失灵启动回路的设备上进行二次工作，需要执行退出联跳运行开关出口压板或失灵启动压板的安全措施，此项安全措施可不列入【6.安全措施】"应拉断路器（开关）、隔离开关（刀闸）"栏内。
【应装接地线、应合接地刀闸】
（1）接地闸刀应填写双重名称即名称、编号。
（2）带地刀的闸刀检修时，采用合接地刀闸和装设临时接地线措施均予以认可，若采用合接地刀闸方式接地，在检修刀闸拉开接地刀闸前应当先挂设临时接地线。
【应设遮栏、应挂标示牌及防止二次回路误碰等措施】
（1）已拉开的开关、闸刀、开关手车如无工作，应在对应位置悬挂"禁止合闸，有人工作"标示牌。已断开的电压互感器、站用变压器、接地变压器二次侧回路应在对应位置悬挂"禁止合闸，有人工作"标示牌。如工作票只包含站内设备工作，可不设置"禁止合闸，线路有人工作"标示牌。第4项"工作任务"栏内涉及有工作内容的开关、闸刀因工作需要试分合设备，不需要悬挂"禁止合闸，有人工作"标示牌。所有已拉开的开关操作电源及储能电源、已拉开的闸刀控制电源、电机电源处可以不填写悬挂"禁止合闸，有人工作"标示牌。（此处应设遮栏、应挂标示牌及防止二次回路误碰措施不需要具体到空气开关双重名称及空气开关名称；只需要写在××开关/刀闸电机电源、操作电源空气开关上悬挂"禁止合闸，有人工作"标示牌。）
（2）所有开关柜检修工作均应在相邻运行开关柜、现场设置的围栏上设置"止步，高压危险"标示牌。
（3）在工作人员上下铁架或梯子上，应悬挂"从此上下"标示牌。
（4）应悬挂"在此工作"标示牌的位置为第 4 项"工作任务"栏内填写的设备处，部分高处设备、柜内设备现场无法挂牌，许可人可将"在此工

工作票签发人签名：<u>周×</u>　　签发时间：<u>2024</u> 年 <u>01</u> 月 <u>28</u> 日 <u>09</u> 时 <u>00</u> 分

工作票会签人签名：<u>吴×</u>　　会签时间：<u>2024</u> 年 <u>01</u> 月 <u>28</u> 日 <u>10</u> 时 <u>00</u> 分

工作票会签人签名：<u>冯×</u>　　会签时间：<u>2024</u> 年 <u>01</u> 月 <u>28</u> 日 <u>11</u> 时 <u>00</u> 分

7. 收到工作票时间：<u>2024</u> 年 <u>01</u> 月 <u>28</u> 日 <u>15</u> 时 <u>00</u> 分

运行值班人员签名：<u>李×</u>　　工作负责人签名：<u>王×国</u>

8. 确认本工作票 1～6 项

工作负责人签名：<u>王×国</u>　　工作许可人签名：<u>刘×</u>

许可开始工作时间：<u>2024</u> 年 <u>01</u> 月 <u>31</u> 日 <u>14</u> 时 <u>58</u> 分

9. 现场交底，工作班成员确认工作负责人布置的工作任务、人员分工、安全措施和注意事项并签名

<u>王×、徐×森</u>

10. 工作负责人变动情况

原工作负责人_____离去，变更_____为工作负责人。

工作票签发人：_____　　签发时间：____年__月__日__时__分

11. 工作人员变动情况（变动人员姓名，变动日期及时间）

_____

12. 工作票延期

有效期延长到____年__月__日__时__分。

工作负责人签名：_____　　签名时间：____年__月__日__时__分

工作许可人签名：_____　　签名时间：____年__月__日__时__分

13. 每日开工和收工时间（使用一天的工作票不必填写）

收工时间				工作负责人	工作许可人	开工时间				工作许可人	工作负责人
月	日	时	分			月	日	时	分		
01	31	17	30	王×国	黄×	02	01	09	26	黄×	王×国

作"标示牌设置在对应设备支柱、柜外、间隔门外等位置，现场需向工作负责人交代清楚。

（5）由外包单位负责持票的工作，如属于根据公司规定需要设置 1.7m 固定式围栏的情况，工作票上应设置的"临时围栏"写明为"1.7m 硬围栏"。

【工作地点保留带电部分或注意事项（由工作票签发人填写）】

【相邻带电设备】填写与检修设备距离邻近的带电部位或相邻第一个带电设备情况，以及保护工作地点相邻的其他保护（装置）运行情况，相关设备要明确名称编号，位置要准确。

【安全距离】工作地点包含一次设备区域时，需填写：与带电部位保持足够的安全距离：××kV 大于×m。

【特种设备】有吊车、斗臂车等大型车辆参与现场工作时，需填写：工作中使用吊车、斗臂车等大型车辆时，应与带电部位保持足够的安全距离：××kV 大于×m。由外包单位负责的工作还需增加：安排运检单位专人在场全过程旁站。

【高处作业】有高处作业时，需填写：高处作业正确使用安全工器具。

【陪停设备】如有陪停设备应当予以明确。

【手车检修】开关柜手车拉至检修位置，检修人员应当在开关静触头隔离挡板处设"止步，高压危险"标示牌。

其余安全注意事项，各单位可依据工作内容予以补充完善。

【补充工作地点保留带电部分和安全措施（由工作许可人填写）】根据现场的实际情况，工作许可人对工作地点保留的带电部予以补充，不得照抄工作票签发人填写内容，应注明所采取的安全措施或提醒检修人员必须注意的事项。若没有则填"无"，不得空白。

【工作票签发人签名和签发日期】

（1）工作票签发人确认工作票中 1～6 项无误后，在签名栏内签名，并在时间栏内填写签发时间。

（2）若工作票不需会签，工作票签发人签发后直接发送给工作负责人，由工作负责人确认后提交运维人员；若需会签，则提交给工作票会签人，会签结束后返回给工作负责人，再由工作负责人确认后提交运维人员。

7.【收到工作票时间】第一种工作票签发和收到时间应为工作前一天（紧急抢修、消缺除外）。运维人员收到工作票后，对工作票审核无误后，填写收票时间并签名。

8.【工作许可】许可开始工作时间不得提前于计划工作开始时间。

9.【交底签名】所有工作班成员在明确了工作负责人、专责监护人交代的工作任务、人员分工、安全措施和注意事项后，在工作负责人所持工作票上签名，不得代签。

10.【工作负责人变动情况】经工作票签发人同意，在工作票上填写离去和变更的工作负责人姓名及变动时间，同时通知全体作业人员及工作许可人；如工作票签发人无法当面办理，应通过电话通知工作许可人，由工作许可人和原工作负责人在各自所持工作票上填写工作负责人变更情况，并代工作票签发人签名。

工作负责人的变动必须是在该工作票许可之后，如在工作票许可之前需变更工作负责人，则应由工作票签发人重新签发工作票。

11.【工作人员变动情况】工作人员变动后，工作负责人应及时在所持工作票上写明变动人员姓名、变动日期、时间，并签名。人员变动情况填写格式：××××年××月××日××时××分，××人加入（离去）。

班组人员每次发生变动，工作负责人要在工作票上即时注明变动情况并签名，不得最后一并签名。

12.【工作票延期】工作需延期，应在工作计划结束时间前由工作负责人向工作许可人提出申请，办理延期手续。对于需经调度许可的工作，工作许可人还应得到调度许可后，方可与工作负责人办理工作票延期手续。工作票只能延期一次。

续表

收工时间				工作负责人	工作许可人	开工时间				工作许可人	工作负责人
月	日	时	分			月	日	时	分		
02	01	14	53	王×国	黄×	02	02	09	20	黄×	王×国
02	02	15	40	王×国	谈×	02	03	09	38	谈×	王×国
02	03	14	48	王×国	谈×	02	04	09	50	谈×	王×国

14. 工作终结

全部工作于 <u>2024</u> 年 <u>02</u> 月 <u>04</u> 日 <u>14</u> 时 <u>00</u> 分结束，设备及安全措施已恢复至开工前状态，工作人员已全部撤离，材料工具已清理完毕，工作已终结。

工作负责人签名：<u>王×国</u>　　　工作许可人签名：<u>刘×</u>　　　已执行

15. 工作票终结

临时遮栏、标示牌已拆除，常用遮栏已恢复。

已拆除的接地线编号___共___组；

已拉开接地刀闸（小车）编号___共___组（台）。

未拆除的接地线编号___共___组；

未拉开接地刀闸（小车）编号___共___组（台）。

已汇报调度值班员。

工作许可人签名：_____　　签名时间：_____年___月___日___时___分

16. 备注

（1）指定专责监护人_____负责监护_____

_____（地点及具体工作。）

（2）其他事项：

_____

合　格
审核人　　王二

13.【每日开工和收工时间（使用一天的工作票不必填写）】有人值班变电站，每日收工时，应将工作票交回工作许可人，办理工作间断手续，并分别在双方所持工作票的相应栏内填写工作间断时间、姓名。次日复工时，工作负责人应与工作许可人履行复工许可手续并录音，分别在双方工作票相应栏内填写开工时间、姓名，方可取回工作票。

14.【工作终结】

（1）工作结束后，工作负责人应会同工作许可人进行验收，验收时任何一方都不得变动安全措施，验收合格后做好有关记录和移交相关报告、资料、图纸等。双方确认后签名并填写上时间。

（2）工作终结时间不应超出计划工作时间或经批准的延期时间。

（3）工作终结后，工作许可人应在工作负责人所持工作票的"工作终结"栏中工作许可人签名右侧空白处加盖红色"已执行"专用章。

15.【工作票终结】

（1）待工作终结后，工作许可人方可执行拆除临时遮栏、标示牌，恢复常设遮栏的工作。

（2）工作许可人应在所持的工作票上逐项手工填写：已拆除接地线、已拉开接地闸刀、未拆除接地线、未拉开接地闸刀的编号及数量。若相关项不涉及接地线或接地闸刀，应在接地线（接地闸刀）编号栏填"无"，在数量栏填"0"组（副），不得空白。

（3）若因工作需要未拆除接地线（未拉开接地闸刀），则应在工作票备注栏注明，方可办理工作票终结手续。具体填写要求详见备注栏填写部分。

（4）待工作票上安全措施均已拆除，汇报调度后，工作许可人方可进行"工作票终结"手续，并在所持工作票"工作票终结"栏工作许可人签名时间的右侧空白处盖红色"已执行"专用章。

16.【备注】

指定专责监护人

（1）指定专责监护人，应填写被监护人姓名、工作地点及工作内容。

（2）有大型车辆参与现场工作时，应指定专责监护人。

（3）一张工作票上的工作涉及两个及以上开关柜（含前后隔仓）时，开关柜前、后隔仓均必须设一名专责监护人。

（4）若一张工作票上涉及两个及以上作业现场，工作负责人无法同时全过程监护检修工作，则需要在各个作业现场设置一名专责监护人，或者各作业现场轮流开展工作，以确保每一个作业现场开工时均在监护人的监护下进行工作。如：开关柜前后仓均有工作，监护人无法同时监护到前后仓的工作，此时需在开关柜前、后隔仓设置一名监护人，或者前后仓工作不同时进行，待监护人监护前仓工作结束后，再进行后仓工作（同一时间工作负责人只可作为其中一个作业现场的监护人）。

其他事项

（1）有吊车参与现场工作时，应写明确指挥人员。

（2）未拉开地刀、接地线应当注明原因，可不写明具体拆除时间。

（3）带地刀的闸刀检修时，采用合接地刀闸和装设临时接地线措施均予以认可，若采用合接地刀闸方式接地，在检修刀闸拉开接地刀闸前应当先挂设临时接地线。临时接地线借用装拆记录可填写在备注栏或使用专门的记录表。

17.【检查与评价】

各班组每月应对已终结的工作票进行综合评议。经评议票面正确，评议人在工作票"16.备注（2）其他事项"横线右下方顶格加盖红色"合格"评议章并签名；评议为错票，在工作票"16.备注（2）其他事项"横线右下方顶格加盖红色"不合格"评议章并签名。

6.5　换流站接地极停电检修

一、作业场景情况

（一）工作场景

换流站接地极停电检修。

（二）工作任务

直流 800kV 淮安换流站：

直流 800kV 淮安换流站接地极极址区域：光电流互感器、干式电抗器、电容器例行检修、预试，光电流互感器修试，光电流互感器端子箱二次回路检查、端子复紧及清扫，一次主通流回路力矩和直阻检查。

接地极 10kV 变压器室：10kV 干式变压器例行检修、预试。

接地极 10kV 设备室：开关柜、交直流配电柜、二次屏柜、二次回路检查、端子复紧及清扫。

接地极辅助设备室：交直流配电柜、二次屏柜、二次回路检查、端子复紧及清扫，低压交直流修试。

接地极极环区：检测井、渗水井检查。

（三）停电范围

直流 800kV 淮安换流站：接地极极址区域、接地极极环区域，接地极光电流互感器 T5（=ES-T5），接地极光电流互感器 T5 端子箱（=ES-T5-CMB），接地极光电流互感器 T6（=ES-T6），接地极光电流互感器 T6 端子箱（=ES-T6-CMB），接地极阻断电容器（=ES-C5），接地极阻断电抗器（=ES-L5），汇流母线，接地极 10kV 变压器，接地极 10kV 高压计量柜，接地极 10kV 高压出线柜，接地极 400V 低压进出线柜，接地极 2 号蓄电池 PZ61-D 屏，接地极 2 号整流馈电 PZ61-ZK 屏，接地极 3 号整流馈电 PZ61-ZK 屏，接地极 1 号整流馈电 PZ61-ZK 屏，接地极 1 号蓄电池 PZ61-D 屏，接地极光 CT 接口 GOM 屏，接地极状态监控采集 SMC 屏，接地极通信及远传 RCOM1 屏。

（四）票种选择建议

变电站第一种工作票。

（五）人员分工及安排

本次工作有 1 个作业地点。参与本次工作的共 6 人（含工作负责人），具体分工为：

戚×生（工作负责人）：负责工作的整体协调组织及作业现场安全监护。

尚×杰、赵×坡、朱×法、魏×旺、贾×林（工作班成员）：负责接地极极址区域、接地极 10kV 变压器室、接地极 10kV 设备室、接地极辅助设备室及接地极极环区检修。

（六）场景接线图

换流站接地极停电检修场景接线图见图 6-5。

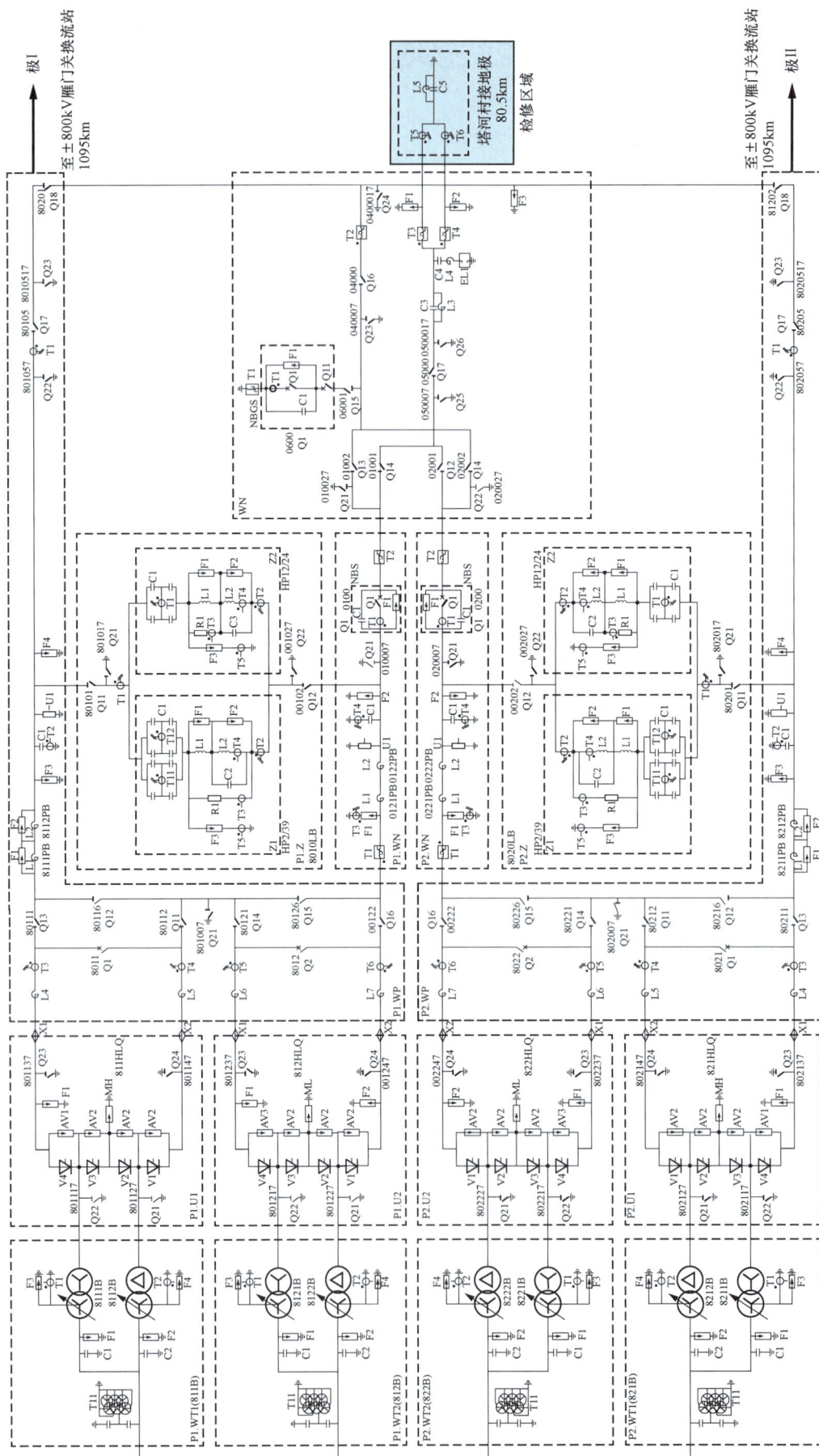

图6-5　换流站接地极停电检修场景接线图

二、工作票样例

变电站第一种工作票

作业风险等级：Ⅲ

单　位：××××送变电有限公司　　变电站：直流 800kV 淮安换流站

编　号：Ⅰ202405024

1. 工作负责人（监护人）戚×生　　　班　组：电气班

2. 工作班人员（不包括工作负责人）

尚×杰、赵×坡、朱×法、魏×旺、贾×林。

共 5 人

3. 工作的变、配电站名称及设备双重名称

直流 800kV 淮安换流站：接地极极址区域、接地极极环区域，接地极光电流互感器 T5（=ES-T5），接地极光电流互感器 T5 端子箱（=ES-T5-CMB），接地极光电流互感器 T6（=ES-T6），接地极光电流互感器 T6 端子箱（=ES-T6-CMB），接地极阻断电容器（=ES-C5），接地极阻断电抗器（=ES-L5），汇流母线，接地极 10kV 变压器，接地极 10kV 高压计量柜，接地极 10kV 高压出线柜，接地极 400V 低压进出线柜，接地极 2 号蓄电池 PZ61-D 屏，接地极 2 号整流馈电 PZ61-ZK 屏，接地极 3 号整流馈电 PZ61-ZK 屏，接地极 1 号整流馈电 PZ61-ZK 屏，接地极 1 号蓄电池 PZ61-D 屏，接地极光 CT 接口 GOM 屏，接地极状态监控采集 SMC 屏，接地极通信及远传 RCOM1 屏。

4. 工作任务

工作地点及设备双重名称	工作内容
直流 800kV 淮安换流站接地极极址区域：接地极光电流互感器 T5（=ES-T5），接地极光电流互感器 T5 端子箱（=ES-T5-CMB），接地极光电流互感器 T6（=ES-T6），接地极光电流互感器 T6 端子箱（=ES-T6-CMB），接地极阻断电容器（=ES-C5），接地极阻断电抗器（=ES-L5），汇流母线	光电流互感器、干式电抗器、电容器例行检修、预试，光电流互感器修试，光电流互感器端子箱二次回路检查、端子复紧及清扫，一次主通流回路力矩和直阻检查

【票种选择】本次作业为换流站内停电工作，使用变电站第一种工作票。

1.【工作负责人（监护人）】
（1）填写工作负责人姓名。
（2）工作负责人应取得两种人准入资质，并由设备运行管理单位书面批准。
【班组】对于不属于同一班组的人员（含工作负责人）共同进行的工作，填写"综合班组"。
2.【工作班人员】
（1）人员应取得准入资质，安排的人员应进行承载力分析，确保人数适当、充足。
（2）单、多班组工作，每个班组工作人员应填写全部工作人员姓名（不含工作负责人）。
（3）多班组共同工作，必须分行填写每个班组名称。
（4）"共×人"：填写实际工作人员人数（不含工作负责人）。
（5）如有特种作业应安排具备相应资质的特种作业人员。
3.【工作的变、配电站名称及设备双重名称】设备双重名称与第4项"工作任务"栏内一致。工作的变配电站名称及设备双重名称栏中的工作地点内容，可描述为：××设备区域、××保护小室等进行简述。

4.【工作任务】同一工作地点的不同工作内容合并一行写；相同工作内容的不同工作地点合并一行写；其他情况，应分行写；工作内容应与工作地点对应；按照调度批准的停电申请内容填写，在同一区域内不同设备但工作内容相同的工作任务可以合并填写。在原工作票的停电及安全措施范围内增加工作任务时，应由工作负责人征得工作票签发人和工作许可人同意，并在工作票上备注栏内增填工作项目。陪停设备不需要在工作任务栏及安全措施栏中反映，可在"工作地点保留带电部分或注意事项"中予以明确。保护校验过程中需传动开关，但不进行直接触及开关设备的具体工作时，开关设备可以不列入工作任务栏内的工作地点。

续表

工作地点及设备双重名称	工作内容
接地极 10kV 变压器室：接地极 10kV 变压器	10kV 干式变压器例行检修、预试
接地极 10kV 设备室：接地极 10kV 高压计量柜，接地极 10kV 高压出线柜，接地极 400V 低压进出线柜	开关柜、交直流配电柜、二次屏、二次回路检查、端子复紧及清扫
接地极辅助设备室：接地极 2 号蓄电池 PZ61-D 屏，接地极 2 号整流馈电 PZ61-ZK 屏，接地极 3 号整流馈电 PZ61-ZK 屏，接地极 1 号整流馈电 PZ61-ZK 屏，接地极 1 号蓄电池 PZ61-D 屏，接地极光 CT 接口 GOM 屏，接地极状态监控采集 SMC 屏，接地极通信及远传 RCOM1 屏	交直流配电柜、二次屏柜、二次回路检查、端子复紧及清扫，低压交直流修试
接地极极环区域	检测井、渗水井检查

5. 计划工作时间

自 2024 年 01 月 31 日 08 时 00 分至 2024 年 02 月 04 日 18 时 00 分。

6. 安全措施（必要时可附页绘图说明，红色表示有电）

应拉断路器（开关）、隔离开关（刀闸）	已执行*
应拉开 05000 刀闸	√
应分开 05000 刀闸操作机构箱内电机电源空气开关、控制电源空气开关	√
应装接地线、应合接地刀闸（注明确实地点、名称及接地线编号*）	**已执行***
应合上 0500017 接地刀闸	√
应合上 050007 接地刀闸	√
应在雁淮直流淮安换流站接地极线路 1 进线侧装设接地线一组（500kV-1）号	√
应在雁淮直流淮安换流站接地极线路 2 进线侧装设接地线一组（500kV-2）号	√
应设遮栏、应挂标示牌及防止二次回路误碰等措施	**已执行***
应在 05000 刀闸操作机构箱门把手上悬挂"禁止合闸，有人工作！"标示牌	√
应在接地极极址入口处悬挂"在此工作！""从此进出！"标示牌	√

*已执行栏目及接地线编号由工作许可人填写。

5.【计划工作时间】填写计划检修起始时间和结束时间，该时间应在调度批准的检修时间段内。

6.【安全措施】运维人员完成工作票所列的安全措施，并经现场核实后，在相应的已执行栏内手工打"√"。填写内容应按类别分行填写，若出现跨行填写的，仅在末行的"已执行"栏打"√"即可。

【应拉断路器（开关）、隔离开关（刀闸）】

（1）应拉开的开关。

（2）应拉开的闸刀。

（3）应拉至试验位置的开关手车。工作票中填写将手车拉至试验位置，现场手车如要拉至检修位置，由检修人员在实际工作中执行。

（4）应分开的开关操作电源、储能电源，所有拉开的开关对应的操作电源、储能电源均应分开。开关的操作电源在直流馈电屏或开关保护屏内断开均可。

（5）应分开的闸刀控制电源、电机电源。所有拉开的闸刀如有对应的控制电源、电机电源均应分开。已分开控制电源、电机电源的闸刀遥控回路已断开，可不必再填写将闸刀远方/就地切换开关由"远方"位置切至"就地"位置。（若工作票签发人认为有必要也可填写）。此处拉开的电机电源、操作电源空气开关不需要具体到设备机构箱、空气开关双重名称及空气开关名称；只需要写"拉开××开关/刀闸电机电源、操作电源空气开关"。

（6）应将拉开的开关远方/就地切换开关由"远方"位置切至"就地"位置，或应退出××开关遥控出口压板。

（7）应分开与停电设备有关的电压互感器、变压器各侧回路。

（8）涉及在有联跳运行开关回路或失灵启动回路的设备上进行二次工作，需要执行退出联跳运行开关出口压板或失灵启动压板的安全措施，此项安全措施可以列入【6.安全措施】"应拉断路器（开关）、隔离开关（刀闸）"栏内。

【应装接地线、应合接地刀闸】

（1）接地闸刀应填写双重名称即名称、编号。

（2）带电刀的闸刀检修时，采用合接地刀闸和装设临时接地线措施均予以认可，若采用合接地刀闸方式接地，在检修刀闸拉开接地刀闸前应当先挂设临时接地线。

【应设遮栏、应挂标示牌及防止二次回路误碰措施】

（1）已拉开的开关、闸刀、开关手车如无工作，应在对应位置悬挂"禁止合闸，有人工作"标示牌。已断开的电压互感器、站用变压器、接地变压器二次侧回路应在对应位置悬挂"禁止合闸，有人工作"标示牌。如工作票只包含站内设备工

工作地点保留带电部分或注意事项 （由工作票签发人填写）	补充工作地点保留带电部分和 安全措施（由工作许可人填写）
【高处作业】高处工作时应正确使用安全带、个人保安线等安全工器具，防止高空坠落及感应电压伤人。 【开关检修】工作前先释放开关储能防止机械伤害。 【特种车辆】升降车应由专人监护、专人指挥	无

工作票签发人签名：周×　　签发时间：2024 年 01 月 28 日 09 时 00 分

工作票会签人签名：吴×　　会签时间：2024 年 01 月 28 日 10 时 00 分

工作票会签人签名：冯×　　会签时间：2024 年 01 月 28 日 11 时 00 分

7. 收到工作票时间：2024 年 01 月 28 日 15 时 00 分

运行值班人员签名：李×　　工作负责人签名：戚×生

8. 确认本工作票 1～6 项

工作负责人签名：戚×生　　工作许可人签名：刘×

许可开始工作时间：2024 年 01 月 31 日 14 时 58 分

9. 现场交底，工作班成员确认工作负责人布置的工作任务、人员分工、安全措施和注意事项并签名

尚×杰、赵×坡、朱×法、魏×旺、贾×林

10. 工作负责人变动情况

原工作负责人＿＿＿＿＿离去，变更＿＿＿＿＿为工作负责人。

工作票签发人：＿＿＿＿　签发时间：＿＿＿年＿＿月＿＿日＿＿时＿＿分

11. 工作人员变动情况（变动人员姓名，变动日期及时间）

_____

12. 工作票延期

有效期延长到＿＿＿＿年＿＿月＿＿日＿＿时＿＿分。

作，可不设置"禁止合闸，线路有人工作"标示牌。第4项"工作任务"栏内涉及有工作内容的开关、闸刀因工作需要试分合设备，不需要悬挂"禁止合闸，有人工作"标示牌。所有已拉开的开关操作电源及储能电源、已拉开的闸刀控制电源、电机电源处可以不填写但悬挂"禁止合闸，有人工作"标示牌。(此处如设遮栏、应挂标识牌及防止二次回路误碰措施不需要具体到空气开关双重名称及空气开关名称；只需要写应在××开关/刀闸电机电源、操作电源空气开关上悬挂"禁止合闸，有人工作"标示牌。)

（2）所有开关柜检修工作均应在相邻运行开关柜、现场设置的围栏上设置"止步，高压危险"标示牌。

（3）在工作人员上下铁架或梯子上，应悬挂"从此上下"标示牌。

（4）应悬挂"在此工作"标示牌的位置为第 4 项"工作任务"栏内填写的设备处，部分高处设备、柜内设备现场无法挂牌，许可人可将"在此工作"标示牌设置在对应设备支柱、柜外、间隔门外等位置，现场需向工作负责人交代清楚。

（5）由外包单位负责持票的工作，如属于根据公司规定需要设置 1.7m 固定式围栏的情况，工作票上应注明的"临时围栏"写明为"1.7m 硬围栏"。

【工作地点保留带电部分或注意事项（由工作票签发人填写）】

【相邻带电设备】填写与检修设备距离邻近的带电部位或相邻第一个带电设备情况，以及保护工作地点相邻的其他保护（装置）运行情况，相关设备要表明名称编号，位置要准确。

【安全距离】工作地点包含一次设备区域时，需填写：与带电部位保持足够的安全距离：××kV 大于×m。

【特种设备】有吊车、斗臂车等大型车辆参与现场工作时，需填写：工作中使用吊车、斗臂车等大型车辆时，应与带电部位保持足够的安全距离：××kV 大于×m。由外包单位负责的工作还需增加：安排运检单位专人在场全过程旁站。

【高处作业】有高处作业时，需填写：高处作业正确使用安全工器具。

【陪停设备】如有陪停设备应当予以明确。

【手车检修】开关柜手车拉至检修位置，检修人员应当在开关静触头隔离挡板处装设"止步，高压危险"标示牌。

其余安全注意事项，各单位可根据工作内容予以补充完善。

【补充工作地点保留带电部分和安全措施（由工作许可人填写）】

根据现场的实际情况，工作许可人对工作地点保留的带电部分予以补充，不得照抄工作票签发人填写内容，应注明所采取的安全措施或提醒检修人员必须注意的事项。若没有则填"无"，不得空白。

【工作票签发人签名和签发日期】

（1）工作票签发人确认工作票中 1～6 项无误后，在签名栏内签名，并在时间栏内填写签发时间。

（2）若工作票不需会签，工作票签发人签发后直接发送给工作负责人，由工作负责人确认后提交运维人员；若需会签，则提交给工作票会签人，会签结束后返回给工作负责人，再由工作负责人确认后提交运维人员。

7.【收到工作票时间】第一种工作票签发和收到时间应为工作前一天（紧急抢修、消缺除外）。

运维人员收到工作票后，对工作票审核无误后，填写收票时间并签名。

8.【工作许可】许可开始工作时间不得提前于计划工作开始时间。

9.【交底签名】所有工作班成员在明确了工作负责人、专责监护人交代的工作任务、人员分工、安全措施和注意事项后，在工作负责人所持工作票上签名，不得代签。

10.【工作负责人变动情况】经工作票签发人同意，在工作票上填写离去和变更的工作负责人姓名及变动时间，同时通知全体作业人员及工作许

工作负责人签名：_____　　签名时间：_____年___月___日___时___分

工作许可人签名：_____　　签名时间：_____年___月___日___时___分

13. 每日开工和收工时间（使用一天的工作票不必填写）

收工时间				工作负责人	工作许可人	开工时间				工作许可人	工作负责人
月	日	时	分			月	日	时	分		
01	31	17	30	戚×生	黄×	02	01	09	26	黄×	戚×生
02	01	14	53	戚×生	黄×	02	02	09	20	黄×	戚×生
02	02	15	40	戚×生	谈×	02	03	09	38	谈×	戚×生
02	03	14	48	戚×生	谈×	02	04	09	50	谈×	戚×生

14. 工作终结

全部工作于 <u>2024</u> 年 <u>02</u> 月 <u>04</u> 日 <u>14</u> 时 <u>00</u> 分结束，设备及安全措施已恢复至开工前状态，工作人员已全部撤离，材料工具已清理完毕，工作已终结。

工作负责人签名：<u>戚×生</u>　　工作许可人签名：<u>刘×</u>　　　[已执行]

15. 工作票终结

临时遮栏、标示牌已拆除，常用遮栏已恢复。

已拆除的接地线编号___共___组；

已拉开接地刀闸（小车）编号___共___组（台）。

未拆除的接地线编号___共___组；

未拉开接地刀闸（小车）编号___共___组（台）。

已汇报调度值班员。

工作许可人签名：_____　　签名时间：_____年___月___日___时___分

16. 备注

（1）指定专责监护人_____负责监护_____

_____（地点及具体工作。）

可人；如工作票签发人无法当面办理，应通过电话通知工作许可人，由工作许可人和原工作负责人在各自所持工作票上填写工作负责人变更情况，并代工作票签发人签名。

工作负责人的变动必须是在该工作票许可之后，如在工作许可之前需变更工作负责人，则应由工作票签发人重新签发工作票。

11.【工作人员变动情况】工作人员变动后，工作负责人应及时在所持工作票上写明变动人员姓名、变动日期、时间，并签名。人员变动情况填写格式：××××年××月××日××时××分，××、××加入（离去）。

班组人员每次发生变动，工作负责人要在工作票上即时注明变动情况并签名，不得最后一并签名。

12.【工作票延期】工作需延期，应在工作计划结束时间前由工作负责人向工作许可人提出申请，办理延期手续。对于需经调度许可的工作，工作许可人还应得到调度许可后，方可与工作负责人办理工作票延期手续。工作票只能延期一次。

13.【每日开工和收工时间（使用一天的工作票不必填写）】有人值班变电站，每日收工后，应将工作票交回工作许可人，办理工作间断手续，并分别在双方所持工作票的相应栏内填写工作间断时间、姓名。次日复工时，工作负责人应与工作许可人履行复许可手续并录音，分别在双方工作票相应栏内填写开工时间、姓名，方可取回工作票。

14.【工作终结】

（1）工作结束后，工作负责人应会同工作许可人进行验收，验收时任何一方都不得变动安全措施，验收合格后做好有关记录和移交相关报告、资料、图纸等。双方确认后签名并填上时间。

（2）工作结束时间不应超出计划工作时间或经批准的延期时间。

（3）工作终结后，工作许可人应在工作负责人所持工作票的"工作终结"栏中工作许可人签名右侧空白处加盖红色"已执行"专用章。

15.【工作票终结】

（1）待工作终结后，工作许可人方可执行拆除临时遮栏、标示牌，恢复常设遮栏的工作。

（2）工作许可人应在所持的工作票上逐项手工填写：已拆除接地线、已拉开接地闸刀、未拆除接地线、未拉开接地闸刀的编号及数量。若相关项不涉及接地线或接地闸刀，应在接地线（接地闸刀）编号栏填"无"，在数量栏填"0"组（副），不得空白。

（3）若因工作需要未拆除接地线（未拉开接地闸刀），则应在工作票备注栏注明，方可办理工作票终结手续。具体填写要求详见备注栏填写部分。

（4）待工作票上安全措施均已拆除，汇报调度后，工作许可人方可进行"工作票终结"手续，并在所持工作票"工作票终结"栏工作许可人签名时间的右侧空白处盖红色"已执行"专用章。

16.【备注】

指定专责监护人

（1）指定专责监护人，应填写被监护人姓名、工作地点及工作内容。

（2）有大型车辆参与现场工作时，应指定专责监护人。

（3）一张工作票上的工作涉及两个及以上开关柜（含前后隔仓）时，开关柜前、后隔仓均必须设一名专责监护人。

（4）若一张工作票涉及两个及以上作业现场，工作负责人无法同时全过程监护检修工作，则需要在各个作业现场设置一名专责监护人，或者各作业现场轮流开展工作，以确保每一个作业现场开工时均在监护人的监护下进行工作。如：开关柜前后仓均有工作，监护人无法同时监护到前后仓的工作，此时需要在开关柜前、后隔仓均设置一名监护人，或者前后仓工作不同时进行，待监护人监护前仓工作结束后，再进行后仓工作（同一时间工作负责人只可作为其中一个作业现场的监护人）。

（2）其他事项：

其他事项
（1）有吊车参与现场工作时，应明确指挥人员。
（2）未拉开地刀、接地线应当注明原因，可不写明具体拆除时间。
（3）带地刀的闸刀检修时，采用合接地刀闸和装设临时接地线措施均予以认可，若采用合接地刀闸方式接地，在检修刀闸拉开接地刀闸前应当先挂设临时接地线。临时接地线借用装拆记录可填写在备注栏或使用专门的记录表。
17. 【检查与评价】
各班组每月应对已终结的工作票进行综合评议。经评议票面正确，评议人在工作票"16.备注（2）其他事项"横线右下方顶格加盖红色"合格"评议章并签名；评议为错票，在工作票"16.备注（2）其他事项"横线右下方顶格加盖红色"不合格"评议章并签名。

6.6 换流站调相机主机停电检修

一、作业场景情况

（一）工作场景

换流站调相机主机停电检修。

（二）工作任务

直流 800kV 泰州换流站：

调相机主厂房 4.5m 层 1 号调相机区域：①1 号调相机主机及附属设备例行检修、预防性试验；②1 号调相机主机动静部件间隙检查；③1 号调相机盘车例行检修；④1 号调相机高阻检漏仪例行检修；⑤1 号调相机微湿度差动检漏仪及其风机例行检修；⑥1 号调相机轴系振动与转速在线监测装置例行检修；⑦1 号调相机在线监测装置例行检修；⑧1 号调相机主机区域设备及场地清理；⑨1 号调相机非出线端顶轴油进油口压力表渗油处理；⑩1 号调相机出线端轴承润滑油进油管道上表计渗油处理。

调相机主厂房 4.5m 层 2 号调相机区域：①2 号调相机主机及附属设备例行检修、预防性试验；②2 号调相机主机动静部件间隙检查；③2 号调相机盘车例行检修；④2 号调相机高阻检漏仪例行检修；⑤2 号调相机微湿度差动检漏仪及其风机例行检修；⑥2 号调相机轴系振动与转速在线监测装置例行检修；⑦2 号调相机在线监测装置例行检修；⑧2 号调相机主机区域设备及场地清理；⑨2 号调相机非出线端挡风圈外侧冷风温度 2A 信号异常检查处理；⑩2 号调相机出线端顶轴油轴承进口压力表下方连接管处渗油处理；⑪2 号调相机定子下层线棒出水温度 21 信号异常检查处理；⑫2 号调相机出线端顶轴油轴瓦进油阀上方压力表渗油处理；⑬2 号调相机转速 1 信号跳变检查处理；⑭2 号调相机盘车齿轮及渗漏检查处理。

调相机主厂房 0m 层 1 号调相机区域：①1 号调相机碳粉收集装置检修；②1 号调相机集电环监测装置检修；③1 号调相机绝缘过热监测装置检修；④1 号调相机漏液检测装置检修；⑤1 号调相机碳粉收集装置集中控制箱 2 号净化信号异常检查处理。

调相机主厂房 0m 层 2 号调相机区域：①2 号调相机碳粉收集装置检修；②2 号调相机集电环监测装置检修；③2 号调相机绝缘过热监测装置检修；④2 号调相机漏液检测装置检修。

调相机工程师站：①1 号调相机在线监测信号检查；②2 号调相机在线监测信号检查。

（三）停电范围

直流 800kV 泰州换流站 1、2 号调相机停运。

（四）票种选择建议

变电站机械工作票。

（五）人员分工及安排

本次工作有 5 个作业地点，参与本次工作的共 11 人（含工作负责人），具体分工为：

张×（工作负责人）：负责工作的整体协调组织及作业现场安全监护。

王×、李×、赵×、孙×、李×田、张×刚（工作班成员）：负责在调相机主厂房 4.5m 层及 0m 层轮流开展 1、2 号调相机主机检修工作。

韦×康、李×双、周×星、王×强（工作班成员）：负责在调相机主厂房 4.5m 层及 0m 层、调相机工程师站轮流开展 1、2 号调相机主机在线监测系统的检修工作以及信号检查工作。

（六）场景接线图

无。

二、工作票样例

变电站机械工作票

作业风险等级： Ⅱ

单　位：××××电力技术有限公司　　　变电站：直流 800kV 泰州换流站

编　号：JX202409002

1. 工作负责人（监护人）张×　　　　　班　组：综合班组

2. 工作班人员（不包括工作负责人）

××××公司：王×、李×、赵×、孙×、李×田、张×刚，共 6 人。

××××公司：韦×康、李×双、周×星、王×强，共 4 人。

共 __10__ 人

3. 工作任务

直流 800kV 泰州换流站：调相机主厂房 4.5m 层 1 号调相机区域：1 号调相机主机、1 号调相机盘车、1 号机盘车控制台、1 号调相机盘车装置气泵、1 号调相机本体端子箱、1 号调相机高阻检漏仪 1、1 号调相机高阻检漏仪 2、1 号调相机微湿度差动检漏仪 1、1 号调相机微湿度差动检漏仪 2、1 号调相机微湿度差动检漏仪风机 1、1 号调相机微湿度差动检漏仪风机 2、1 号调相机出线端转速键相接线箱、1 号调相机出线端轴系振动接线

【票种选择】本次作业为换流站内调相机主机停电工作，使用变电站机械工作票。

1.【工作负责人（监护人）】
（1）填写工作负责人姓名。
（2）工作负责人应取得两种人准入资质，并由设备运行管理单位书面批准。
【班组】对于不属于同一班组的人员（含工作负责人）共同进行的工作，填写"综合班组"。

2.【工作班人员】
（1）人员取得准入资质，安排的人员应进行承载力分析，确保人数适当、充足。
（2）单、多班组工作，每个班组工作人员应填写全部工作人员姓名（不含工作负责人）。
（3）多班组共同工作，必须分行填写每个班组名称。
（4）"共×人"：填写实际工作人员人数（不含工作负责人）。
（5）如有特种作业应安排具备相应资质的特种作业人员。

3.【工作任务】同一工作地点的不同工作内容合并一行写；相同工作内容的不同工作地点合并一行写；其他情况，应分行写；工作内容应与工作地点对应；按照调度批准的停电申请内容填写，在同一区域内不同设备但工作内容相同的工作任务可以合并填写。在原工作票的停电及安全措施范围内增加工作任务时，应由工作负责人征得工作票签发人和工作许可人同意，并在工作票上备注栏内增填工作项目。陪停设备不需要在工作任务栏及安全措施栏中反映，可在"工作地点保留带电部分或注意事项"中予以明确。保护校验过程中需传动开关，但不进行直接触及开关设备的具体工作时，开关设备可以不列入工作任务栏内的工作地点。

箱、1 号调相机非出线端轴系振动接线箱、1 号调相机在线监测装置、1 号调相机隔音罩内风机及照明控制柜；调相机主厂房 4.5m 层 2 号调相机区域：2 号调相机主机、2 号调相机盘车、2 号机盘车控制台、2 号调相机盘车装置气泵、2 号调相机本体端子箱、2 号调相机高阻检漏仪 1、2 号调相机高阻检漏仪 2、2 号调相机微湿度差动检漏仪 1、2 号调相机微湿度差动检漏仪 2、2 号调相机微湿度差动检漏仪风机 1、2 号调相机微湿度差动检漏仪风机 2、2 号调相机出线端转速键相接线箱、2 号调相机出线端轴系振动接线箱、2 号调相机非出线端轴系振动接线箱、2 号调相机在线监测装置、2 号调相机隔音罩内风机及照明控制柜；调相机主厂房 0m 层 1 号调相机区域：1 号机碳粉收集装置、1 号机碳粉收集装置集中控制箱、1 号机集电环监测装置中央控制柜、1 号调相机绝缘过热监测装置、1 号机漏液检测装置、1 号机漏液检测装置接线盒；调相机主厂房 0m 层 2 号调相机区域：2 号机碳粉收集装置、2 号机碳粉收集装置集中控制箱、2 号机集电环监测装置中央控制柜、2 号调相机绝缘过热监测装置、2 号机漏液检测装置、2 号机漏液检测装置接线盒；调相机工程师站：SCADA1、SCADA2、SCADA5、SCADA7、SCADA8。

工作地点及设备双重名称	工作内容
调相机主厂房 4.5m 层 1 号调相机区域：1 号调相机主机、1 号调相机盘车、1 号机盘车控制台、1 号调相机盘车装置气泵、1 号调相机本体端子箱、1 号调相机高阻检漏仪 1、1 号调相机高阻检漏仪 2、1 号调相机微湿度差动检漏仪 1、1 号调相机微湿度差动检漏仪 2、1 号调相机微湿度差动检漏仪风机 1、1 号调相机微湿度差动检漏仪风机 2、1 号调相机出线端转速键相接线箱、1 号调相机出线端轴系振动接线箱、1 号调相机非出线端轴系振动接线箱、1 号调相机在线监测装置、1 号调相机隔音罩内风机及照明控制柜	1）1 号调相机主机及附属设备例行检修、预防性试验； 2）1 号调相机主机动静部件间隙检查； 3）1 号调相机盘车例行检修； 4）1 号调相机高阻检漏仪例行检修； 5）1 号调相机微湿度差动检漏仪及其风机例行检修； 6）1 号调相机轴系振动与转速在线监测装置例行检修； 7）1 号调相机在线监测装置例行检修； 8）1 号调相机主机区域设备及场地清理； 9）1 号调相机非出线端顶轴油进油口压力表渗油处理； 10）1 号调相机出线端轴承润滑油进油管道上表计渗油处理
调相机主厂房 4.5m 层 2 号调相机区域：2 号调相机主机、2 号调相机盘车、2 号机盘车控制台、2 号调相机盘车装置气泵、2 号调相机本体端子箱、2 号调相机高阻检漏仪 1、2 号调相机高阻检漏仪 2、2 号调相机微湿度差动检漏仪 1、2 号调相机微湿度差动检漏仪 2、2	1）2 号调相机主机及附属设备例行检修、预防性试验； 2）2 号调相机主机动静部件间隙检查； 3）2 号调相机盘车例行检修； 4）2 号调相机高阻检漏仪例行检修； 5）2 号调相机微湿度差动检漏仪及其风机例行检修；

续表

工作地点及设备双重名称	工作内容
号调相机微湿度差动检漏仪风机 1、2 号调相机微湿度差动检漏仪风机 2、2 号调相机出线端转速键相接线箱、2 号调相机出线端轴系振动接线箱、2 号调相机非出线端轴系振动接线箱、2 号调相机在线监测装置、2 号调相机隔音罩内风机及照明控制柜	6）2 号调相机轴系振动与转速在线监测装置例行检修； 7）2 号调相机在线监测装置例行检修； 8）2 号调相机主机区域设备及场地清理； 9）2 号机非出线端挡风圈外侧冷风温度 2A 信号异常检查处理； 10）2 号机出线端顶轴油轴承进口压力表下方连接管处渗油处理； 11）2 号机定子下层线棒出水温度 21 信号异常检查处理； 12）2 号机出线端顶轴油轴瓦进油阀上方压力表渗油处理； 13）2 号调相机转速 1 信号跳变检查处理； 14）2 号调相机盘车齿轮及渗漏检查处理
调相机主厂房 0m 层 1 号调相机区域：1 号机碳粉收集装置、1 号机碳粉收集装置集中控制箱、1 号机集电环监测装置中央控制柜、1 号调相机绝缘过热监测装置、1 号机漏液检测装置、1 号机漏液检测装置接线盒	1）1 号调相机碳粉收集装置检修； 2）1 号调相机集电环监测装置检修； 3）1 号调相机绝缘过热监测装置检修； 4）1 号调相机漏液检测装置检修； 5）1 号调相机碳粉收集装置集中控制箱 2 号净化信号异常检查处理
调相机主厂房 0m 层 2 号调相机区域：2 号机碳粉收集装置、2 号机碳粉收集装置集中控制箱、2 号机集电环监测装置中央控制柜、2 号调相机绝缘过热监测装置、2 号机漏液检测装置、2 号机漏液检测装置接线盒	1）2 号调相机碳粉收集装置检修； 2）2 号调相机集电环监测装置检修； 3）2 号调相机绝缘过热监测装置检修； 4）2 号调相机漏液检测装置检修
调相机工程师站：SCADA1、SCADA2、SCADA5、SCADA7、SCADA8	1）1 号调相机在线监测信号检查； 2）2 号调相机在线监测信号检查

4. 计划工作时间

自 2024 年 01 月 31 日 08 时 00 分至 2024 年 02 月 04 日 18 时 00 分。

5. 安全措施（必要时可附页绘图说明，红色表示有电）

5.1	检修工作要求工作许可人执行的安全措施	已执行*
1）	应拉开 5101、5102、D151、D152、D131、D132 开关	√
2）	应拉开 51011、2111、2101、51021、2211、2102 闸刀	√
3）	应拉开 211、221、212、222 开关	√
4）	应拉开 1 号调相机 M101 灭磁开关、QDK 直流切换开关	√

4.【计划工作时间】填写计划检修起始时间和结束时间，该时间应在调度批准的检修时间段内。

5.【安全措施】运维人员完成工作票所列的安全措施，并经现场核实后，在相应的已执行栏内手工打"√"。填写内容应按类别分行填写，若出现跨行填写的，仅在末行的"已执行"栏打"√"即可。
【5.1 检修工作要求工作许可人执行的安全措施】
（1）应拉开的开关。
（2）应拉开的闸刀。
（3）应拉至试验位置的开关手车。工作票中填写将手车拉至试验位置，现场手车如要拉至检修位置，由检修人员在实际工作中执行。
（4）应分开的开关操作电源、储能电源，所有拉开的开关对应的操作电源、储能电源均应分开。开关的操作电源在直流馈电屏或开关保护屏内断开均可。
（5）应分开的闸刀控制电源、电机电源。所有拉开的闸刀如有对应的控制电源、电机电源均应分

5.1	检修工作要求工作许可人执行的安全措施	已执行*
5)	应拉开 2 号调相机 M102 灭磁开关、QDK 灭磁开关	√
6)	应拉开 1 号调相机励磁系统室启动电源柜内备用励磁电源开关	√
7)	应拉开 2 号机启动励磁连接柜（交流）内备用励磁电源开关	√
8)	应将 221、222 开关摇至试验位置	√
9)	应将 D151、D152、D131、D132 开关手车摇至试验位置	√
10)	应将 1 号调相机励磁系统室启动电源柜内备用励磁电源开关拉至试验位置	√
11)	应将 2 号机启动励磁连接柜（交流）内备用励磁电源开关拉至试验位置	√
12)	应将 1 号调相机出线压变 1、2、3 拉至试验位置	√
13)	应将 2 号调相机出线压变 1、2、3 拉至试验位置	√
14)	应将 1 号调相机出线避雷器、2 号调相机出线避雷器拉至试验位置	√
15)	应分开 5101、5102 开关操作电源、储能电源空气开关	√
16)	应分开 51011、51021 闸刀控制电源、电机电源空气开关	√
17)	应分开 D151、D152、D131、D132 开关操作电源、储能电源空气开关	√
18)	应分开 211、212 开关操作及电机电源空气开关	√
19)	应分开 221、222 开关操作电源、储能电源空气开关	√
20)	应分开 2111、2211 闸刀操作及电机电源空气开关	√
21)	应分开 510117、510127、510217、510227 接地闸刀控制电源、电机电源空气开关	√
22)	应分开 1 号调相机出线电压互感器 1、2、3 二次空气开关	√
23)	应分开 2 号调相机出线电压互感器 1、2、3 二次空气开关	√
24)	应退出 5101、5102 开关三相不一致压板	√
25)	应退出 5101、5102 开关保护失灵启动、跳闸出口压板	√
26)	应分开 1 号升压变压器、2 号升压变压器冷却器电源空气开关	√
27)	应将 5101、5102、D151、D152、D131、D132、221、222 开关远方/就地转换开关由"远方"位置切至"就地"位置	√
28)	应合上 510117、510127、510217、510227 接地闸刀	√
29)	应合上 D1317、D1327、D1517 接地闸刀	√
30)	应在 2 号 SFC 隔离变压器高压侧与 D152 开关之间靠近 2 号 SFC 隔离变压器高压侧装设一组 10kV（ ）号接地线	√

开。已分开控制电源、电机电源的闸刀遥控回路已断开，可不必再填写将闸刀远方/就地切换开关由"远方"位置切至"就地"位置（若工作票签发人认为有必要也可填写）。此处拉开的电机电源、操作电源空气开关不需要具体到设备机构箱、空气开关双重名称及空气开关名称；只需要写"拉开××开关/刀闸电机电源、操作电源空气开关"。

（6）将拉开的开关远方/就地切换开关由"远方"位置切至"就地"位置，或应退出××开关遥控出口压板。

（7）应分开与停电设备有关的电压互感器、变压器各侧回路。

（8）涉及在有联跳运行开关回路或失灵启动回路的设备上进行二次工作，需要执行退出联跳运行开关出口压板或失灵启动压板的安全措施，此项安全措施可以不列入【5.安全措施】"应拉断路器（开关）、隔离开关（刀闸）"栏内。

（9）接地闸刀应填写双重名称即名称、编号。

（10）带地刀的闸刀检修时，采用合接地刀闸和装设临时接地线措施均予以认可，若采用合接地刀闸方式接地，在检修刀闸拉开接地刀闸前应当先挂设临时接地线。

续表

5.1	检修工作要求工作许可人执行的安全措施	已执行*
31）	应在 1 号 SFC 2111 闸刀与 1 号调相机 20kV 母线之间装设一组（ 20kV–1 ）号接地线	√
32）	应在 2 号 SFC 2211 闸刀与 2 号调相机 20kV 母线之间装设一组（ 20kV–2）号接地线	√
33）	应在 1 号调相机励磁变压器低压侧与 M101 灭磁开关之间靠近 1 号调相机励磁变压器低压侧装设一组（10kV–1）号接地线	√
34）	应在 2 号调相机励磁变压器低压侧与 M102 灭磁开关之间靠近 2 号调相机励磁变压器低压侧装设一组（10kV–2）号接地线	√

5.2	应设遮栏及设置标示牌	已执行	
1）	应在 5101、5102 开关操作把手上分别悬挂"禁止合闸，有人工作"标示牌	√	
2）	应在 51011、51021 闸刀操作把手上分别悬挂"禁止合闸，有人工作"标示牌，并将机构箱上锁	√	
3）	应在 211、221、212、222 开关操作把手上悬挂"禁止合闸，有人工作"标示牌	√	
4）	应在"1 号调相机励磁系统室启动电源柜内备用励磁电源"开关操作把手上悬挂"禁止合闸，有人工作"标示牌	√	
5）	应在"2 号机启动励磁连接柜（交流）内备用励磁电源"开关操作把手上悬挂"禁止合闸，有人工作"标示牌	√	
6）	应在 D151、D152、D131、D132 开关操作把手上悬挂"禁止合闸，有人工作"标示牌	√	
7）	应在 51011、51021 闸刀控制电源、电机电源空气开关上分别悬挂"禁止合闸，有人工作"标示牌	√	
8）	应在 1 号调相机出线电压互感器 1、2、3 二次空气开关上悬挂"禁止合闸，有人工作"标示牌	√	
9）	应在 2 号调相机出线电压互感器 1、2、3 二次空气开关上悬挂"禁止合闸，有人工作"标示牌	√	
10）	应在 1 号升压变压器、2 号升压变压器冷却器电源空气开关上悬挂"禁止合闸，有人工作"标示牌	√	
11）	应在工作地点装设围栏，在围栏上朝内悬挂"止步，高压危险"标示牌，并在围栏入口处挂"在此工作""从此进出"标示牌，在工作人员上下的构架、爬梯上设置"从此上下"标示牌	√	
12）	应在工作地点设置"在此工作"标示牌	√	

5.3	检修工作要求检修人员自行执行的安全措施（由工作负责人填写）	已执行	已恢复
1）	应分开 1 号机润滑油交流控制柜 A 主电源断路器 1QM0，并悬挂"禁止合闸，有人工作！"标示牌	√	√

【5.2 应设遮栏及设置标示牌】

（1）已拉开的开关、闸刀、开关手车如无工作，应在对应位置悬挂"禁止合闸，有人工作"标示牌。已断开的电压互感器、站用变压器、接地变压器二次侧回路应在对应位置悬挂"禁止合闸，有人工作"标示牌。如工作票只包含站内设备工作，可不设置"禁止合闸，线路有人工作"标示牌。第3项"工作任务"栏内涉及有工作内容的开关、闸刀因工作需要试分合设备，不需要悬挂"禁止合闸，有人工作"标示牌。所有已拉开的开关操作电源及储能电源、已拉开的闸刀控制电源、电机电源处可以不填写悬挂"禁止合闸，有人工作"标示牌。（此处应设遮栏、应挂标识牌及防止二次回路误碰措施不需要具体到空气开关双重名称及空气开关名称；只需要写应在××开关/刀闸电机电源、操作电源空气开关上悬挂"禁止合闸，有人工作"标示牌。）

（2）所有开关柜检修工作均应在相邻运行开关柜、现场设置的围栏上设置"止步，高压危险"标示牌。

（3）在工作人员上下铁架或梯子上，应悬挂"从此上下"标示牌。

（4）应悬挂"在此工作"标示牌的位置为第 3 项"工作任务"栏内填写的设备处，部分高处设备、柜内设备现场无法挂牌，许可人可将"在此工作"标示牌设置在对应设备支柱、柜外、间隔门外等位置，现场需向工作负责人交代清楚。

（5）由外包单位负责持票的工作，如属于根据公司规定需要设置 1.7m 固定式围栏的情况，工作票上应设置的"临时围栏"写明为"1.7m 硬围栏"。

【5.3 检修工作要求检修人员自行执行的安全措施（由工作负责人填写）】

（1）已拉开的开关、闸刀、开关手车如无工作，应在对应位置悬挂"禁止合闸，有人工作"标示牌。已断开的电压互感器、站用变压器、接地变压器二次侧回路应在对应位置悬挂"禁止合闸，有人工作"标示牌。如工作票只包含站内设备工

	续表	
5.3　检修工作要求检修人员自行执行的安全措施（由工作负责人填写）	已执行	已恢复
2）	应分开 1 号机润滑油交流控制柜 B 主电源断路器 2QM0，并悬挂"禁止合闸，有人工作！"标示牌	√	√
3）	应分开 1 号机润滑油直流油泵控制柜主电源断路器 3QF0，并悬挂"禁止合闸，有人工作！"标示牌	√	√
4）	应分开 1 号机顶轴油直流油泵控制柜主电源断路器 4QF0，并悬挂"禁止合闸，有人工作！"标示牌	√	√
5）	应分开 1 号调相机 1 号定转子冷却水泵就地控制柜转子水泵 A 电源断路器 Q11、定子水泵 A 电源断路器 Q12，并悬挂"禁止合闸，有人工作！"标示牌	√	√
6）	应分开 1 号调相机 2 号定转子冷却水泵就地控制柜转子水泵 B 电源断路器 Q21、定子水泵 B 电源断路器 Q22，并悬挂"禁止合闸，有人工作！"标示牌	√	√
7）	应分开 2 号机润滑油系统交流控制柜 A 主电源断路器 1QM0，并悬挂"禁止合闸，有人工作！"标示牌	√	√
8）	应分开 2 号机润滑油系统交流控制柜 B 主电源断路器 2QM0，并悬挂"禁止合闸，有人工作！"标示牌	√	√
9）	应分开 2 号机润滑油直流油泵控制柜主电源断路器 3QF0，并悬挂"禁止合闸，有人工作！"标示牌	√	√
10）	应分开 2 号机顶轴油直流油泵控制柜主电源断路器 4QF0，并悬挂"禁止合闸，有人工作！"标示牌	√	√
11）	应分开 2 号调相机 1 号定转子冷却水泵就地控制柜转子水泵 A 电源断路器 Q11、定子水泵 A 电源断路器 Q12，并悬挂"禁止合闸，有人工作！"标示牌	√	√
12）	应分开 2 号调相机 2 号定转子冷却水泵就地控制柜转子水泵 B 电源断路器 Q21、定子水泵 B 电源断路器 Q22，并悬挂"禁止合闸，有人工作！"标示牌	√	√
13）	应关闭 1 号润滑油装置蓄能器组进出油口截止阀，并悬挂"禁止操作，有人工作！"标示牌	√	√
14）	应关闭 2 号润滑油装置蓄能器组进出油口截止阀，并悬挂"禁止操作，有人工作！"标示牌	√	√
15）	应分开调相机外冷系统 01 号电控柜循环水泵 A 电源断路器 1QF6、循环水泵 A 旁路电源断路器 1QF7，并悬挂"禁止合闸，有人工作！"标示牌	√	√
16）	应分开调相机外冷系统 02 号电控柜循环水泵 B 电源断路器 2QF6、循环水泵 B 旁路电源断路器 2QF7，并悬挂"禁止合闸，有人工作！"标示牌	√	√
17）	应分开调相机外冷系统 03 号电控柜循环水泵 C 电源断路器 3QF6、循环水泵 C 旁路电源断路器 3QF7，并悬挂"禁止合闸，有人工作！"标示牌	√	√

作，可不设置"禁止合闸，线路有人工作"标示牌。第3项"工作任务"栏内涉及有工作内容的开关、闸刀因工作需要试分合设备，不需要悬挂"禁止合闸，有人工作"标示牌。所有已拉开的开关操作电源及储能电源、已拉开的闸刀控制电源、电机电源处可以不填写悬挂"禁止合闸，有人工作"标示牌。（此处应设遮栏、应挂标示牌及防止二次回路误碰措施不需要具体到空气开关双重名称及空气开关名称；只需要写应在××开关/刀闸电机电源、操作电源空气开关上悬挂"禁止合闸，有人工作"标示牌。）

（2）所有开关柜检修工作均应在相邻运行开关柜、现场设置的围栏上设置"止步，高压危险"标示牌。

（3）在工作人员上下铁架或梯子上，应悬挂"从此上下"标示牌。

（4）应悬挂"在此工作"标示牌的位置为第 3 项"工作任务"栏内填写的设备处，部分高处设备、柜内设备现场无法挂牌，许可人可将"在此工作"标示牌设置在对应设备支柱、柜外、间隔门外等位置，现场向工作负责人交代清楚。

（5）包括了调相机检修工作时根据工作需要由检修人员自行执行的安全措施内容，一般包括辅机系统的油、水、空气管道相关阀门、电源空气开关等。

（6）工作结束需恢复自行执行的安措时，检修人员应逐条检查恢复，并在工作票已恢复栏目打勾确认。

续表

5.3　检修工作要求检修人员自行执行的安全措施（由工作负责人填写）		已执行	已恢复
18）	应分开1号调相机电动盘车装置控制台上QF总电源空气开关，并悬挂"禁止合闸，有人工作！"标示牌	√	√
19）	应分开2号调相机电动盘车装置控制台上QF总电源空气开关，并悬挂"禁止合闸，有人工作！"标示牌	√	√

5.4　工作地点及注意事项（由工作签发人填写）	5.5　补充工作地点安全措施（由工作许可人填写）
【相邻带电设备】工作现场加强安全监护，防止人员误入带电间隔。 【高处作业】高处作业人员应正确使用安全带，作业人员在转移作业位置时不准失去安全保护，严禁低挂高用；高空作业时工器具及物品采取防跌落措施，所用的工器具、材料应放在工具袋内或用绳索绑牢，上下传递物品使用传递绳，严禁上下抛掷。 【搬运工具】搬动梯子等长物应两人放倒搬运，在梯子上工作时，梯子应有人扶持和监护。 【特种设备】使用调相机主厂房内行车作业时应设专人监护、专人指挥，在起吊过程中，严禁人员在吊物下方通过、逗留。特种设备作业人员作业时应严格执行操作规程及安全规章制度。链条葫芦使用前应检查吊钩、链条、闭锁装置是否良好。 【临时电源】现场临时检修电源箱应每日进行检查，外壳可靠接地，做到"一机一闸一保护"。 【高压试验】作业前检查工器具和试验仪器应合格、外壳可靠接地；试验工作时，在试验工作区域四周设置围栏，在遮栏上朝外悬挂"止步，高压危险"标示牌，试验期间试验人员应站在绝缘垫上，试验前需大声呼唱，试验不得少于两人，进行加压试验前应有人监护并进行呼唱，试验结束后应对被试设备进行充分放电。 【火灾风险】检修区域内严禁烟火，油迹应及时清理，并在作业区域配置相应数量的合格灭火器。 【低压触电】端子箱、接线箱清扫过程中应加强监护，防止低压触电，防止交直流短路接地；设备清扫人员应注意清扫方式，防止碰伤设备。 【机械伤害】严禁碰触转动部件，如需手动盘车，应确认盘车装置电源在断开位置，悬挂"禁止合闸，有人工作！"标示牌，并确认转子大轴无其他工作。 【规范着装】检修人员应正确佩戴安全帽，遵守站内安全规定，不得违章作业。 【文明施工】每日工作结束应收拾现场，	无

【5.4　工作地点及注意事项（由工作票签发人填写）】

【相邻带电设备】填写与检修设备距离相邻近的带电部位或相邻第一个带电设备情况，以及保护工作地点相邻的其他保护（装置）运行情况，相关设备要明确名称编号，位置要准确。

【安全距离】工作地点包含一次设备区域时，需填写：与带电部位保持足够的安全距离：××kV 大于×m。

【特种设备】有吊车、斗臂车等大型车辆参与现场工作时，需填写：工作中使用吊车、斗臂车等大型车辆时，应与带电部位保持足够的安全距离：××kV 大于×m。由外包单位负责的工作还需增加：安排运检单位专人在场全过程旁站。

【高处作业】有高处作业时，需填写：高处作业正确使用安全工器具。

【陪停设备】如有陪停设备应当予以明确。

【手车检修】开关柜手车拉至检修位置，检修人员应当在开关静触头隔离挡板处装设"止步，高压危险"标示牌。

其余安全注意事项，各单位可依据工作内容予以补充完善。

【火灾风险】如涉及油系统检修，应明确火灾风险内容。

【高压试验】调相机本体开展高压试验的，应明确高压试验安全注意事项。

【机械伤害】如检修工作涉及盘动转子，应明确机械伤害相关内容。

【有限空间作业】如检修工作涉及部分机型的风冷室检修及机座内检修，应明确有限空间作业相关内容。

【5.5　补充工作地点保留带电部分和安全措施（由工作许可人填写）】根据现场的实际情况，工作许可人对工作地点保留的带电部分予以补充，不得照抄工作票签发人填写内容，应注明所采取的安全措施或提醒检修人员必须注意的事项。若没有则填"无"，不得空白。

【工作票签发人签名和签发日期】

(1) 工作票签发人确认工作票中1～5项无误后，在签名栏内签名，并在时间栏内填写签发时间。

(2) 若工作票不需会签，工作票签发人签后直接发送给工作负责人，由工作负责人确认后提交运维人员；若需会签，则提交给工作票会签人，会签结束后返回给工作负责人，再由工作负责人确认后提交运维人员。

续表

5.4　工作地点及注意事项（由工作签发人填写）	5.5　补充工作地点安全措施（由工作许可人填写）
确保现场无漂浮物，做到"工完、料尽、场地清"。 【拆接回路接线】检修过程中拆接回路线应用绝缘带包扎并有书面记录，工作完成应正确恢复，严禁未经批准改动回路接线。 【临时电源使用】临时电源使用应经运维人员许可，填写临时电源使用申请单，遵守临时电源相关使用规定。 【交叉作业】存在交叉作业情况时应提前沟通，确认工作范围，作业过程中由专人监护	无

工作票签发人签名：<u>周×</u>　　签发时间：<u>2024</u> 年 <u>01</u> 月 <u>28</u> 日 <u>09</u> 时 <u>00</u> 分

工作票会签人签名：<u>吴×</u>　　会签时间：<u>2024</u> 年 <u>01</u> 月 <u>28</u> 日 <u>10</u> 时 <u>00</u> 分

6. 收到工作票时间：<u>2024</u> 年 <u>01</u> 月 <u>28</u> 日 <u>15</u> 时 <u>00</u> 分

运行值班人员签名：<u>李×</u>　　工作负责人签名：<u>张×</u>

6.【收到工作票时间】 机械工作票签发和收到时间应为工作前一天（紧急抢修、消缺除外）。

运维人员收到工作票后，对工作票审核无误后，填写收票时间并签名。

7. 确认本工作票 1～6 项

工作负责人签名：<u>张×</u>　　工作许可人签名：<u>刘×</u>

许可开始工作时间：<u>2024</u> 年 <u>01</u> 月 <u>31</u> 日 <u>14</u> 时 <u>58</u> 分

7.【工作许可】 许可开始工作时间不得提前于计划工作开始时间。

8. 现场交底，工作班成员确认工作负责人布置的工作任务、人员分工、安全措施和注意事项并签名

<u>王×、李×、赵×、孙×、李×田、张×刚、韦×康、李×双、周×星、王×强</u>

8.【交底签名】 所有工作班成员在明确了工作负责人、专责监护人交代的工作任务、人员分工、安全措施和注意事项后，在工作负责人所持工作票上签名，不得代签。

9.【工作负责人变动情况】 经工作票签发人同意，在工作票上填写离去和变更的工作负责人姓名及变动时间，同时通知全体作业人员及工作许可人；如工作票签发人无法当面办理，应通过电话通知工作许可人，由工作许可人和原工作负责人在各自所持工作票上填写工作负责人变更情况，并代工作票签发人签名。

工作负责人的变动必须是在该工作票许可之后，如在工作票许可之前需变更工作负责人，则应由工作票签发人重新签发工作票。

9. 工作负责人变动情况

原工作负责人_____离去，变更_____为工作负责人。

工作票签发人：_____　　签发时间：_____年___月___日___时___分

10.【工作人员变动情况】 工作人员变动后，工作负责人应及时在所持工作票上写明变动人员姓名、变动日期、时间，并签名。人员变动情况填写格式：××××年××月××日××时××分，××、××加入（离去）。

班组人员每次发生变动，工作负责人要在工作票上即时注明变动情况并签名，不得最后一并签名。

10. 工作人员变动情况（变动人员姓名，变动日期及时间）

_____

11. 工作票延期

有效期延长到＿＿＿年＿＿月＿＿日＿＿时＿＿分。

工作负责人签名：＿＿＿＿＿　　签名时间：＿＿＿＿年＿＿月＿＿日＿＿时＿＿分

工作许可人签名：＿＿＿＿＿　　签名时间：＿＿＿＿年＿＿月＿＿日＿＿时＿＿分

12. 每日开工和收工时间（使用一天的工作票不必填写）

收工时间				工作负责人	工作许可人	开工时间				工作许可人	工作负责人
月	日	时	分			月	日	时	分		
01	31	17	30	张×	黄×	02	01	09	26	黄×	张×
02	01	14	53	张×	黄×	02	02	09	20	黄×	张×
02	02	15	40	张×	谈×	02	03	09	38	谈×	张×
02	03	14	48	张×	谈×	02	04	09	50	谈×	张×

13. 工作票终结

全部工作于 2024 年 02 月 04 日 14 时 00 分结束，设备及安全措施已恢复至开工前状态，工作人员已全部撤离，材料工具已清理完毕，工作已终结。

工作负责人签名：张×　　工作许可人签名：刘×

【已执行】

14. 备注

（1）指定专责监护人＿＿＿＿＿负责监护＿＿＿＿＿＿＿＿＿＿＿＿＿＿

＿＿＿＿＿＿＿＿＿＿＿＿＿＿＿＿＿＿＿＿＿（地点及具体工作。）

（2）其他事项：

＿＿＿＿＿＿＿＿＿＿＿＿＿＿＿＿＿＿＿＿＿＿

合　格	
审核人	王二

11.【工作票延期】工作需延期，应在工作计划结束时间前由工作负责人向工作许可人提出申请，办理延期手续。对于需经调度许可的工作，工作许可人还应得到调度许可后，方可与工作负责人办理工作票延期手续。工作票只能延期一次。

12.【每日开工和收工时间（使用一天的工作票不必填写）】有人值班变电站，每日收工后，应将工作票交回工作许可人，办理工作间断手续，并分别在双方所持工作票的相应栏内填写工作间断时间、姓名。次日复工时，工作负责人应与工作许可人履行复工许可手续并录音，分别在双方工作票相应栏内填写开工时间、姓名，方可取回工作票。

13.【工作票终结】

（1）工作结束后，工作负责人应会同工作许可人进行验收，验收时任何一方都不得变动安全措施，验收合格后做好有关记录和移交相关报告、资料、图纸等。双方确认后签名并填写上时间。

（2）工作终结时间不应超出计划工作时间或经批准的延期时间。

（3）待工作票上安全措施均已拆除，汇报调度后，工作许可人方可进行"工作票终结"手续，并在所持工作票"工作票终结"栏工作许可人签名时间的右侧空白处盖红色"已执行"专用章。

14.【备注】

指定专责监护人

（1）指定专责监护人，应填写被监护人姓名、工作地点及工作内容。

（2）有大型车辆或特种设备参与现场工作时，应指定专责监护人。

（3）一张工作票上的工作涉及两个及以上开关柜（含前后隔仓）时，开关柜前、后隔仓均必须设一名专责监护人。

（4）若一张工作票上涉及两个及以上作业现场，工作负责人无法同时全过程监护检修工作，则需要在各个作业现场设置一名专责监护人，或者各作业现场轮流开展工作，以确保每一个作业现场开工时均在监护人的监护下进行工作。如：开关柜前后仓均有工作，监护人无法同时监护到前后仓的工作，此时需在开关柜前、后隔仓均设置一名监护人，或者前后仓工作不同时进行，待监护人监护前仓工作结束后，再进行后仓工作（同一时间工作负责人只可作为其中一个作业现场的监护人）。

其他事项

（1）有行车、吊车等参与现场工作时，应明确指挥人员。

（2）未拉开地刀、接地线应当注明原因，可不写明具体拆除时间。

（3）带地刀的闸刀检修时，采用合接地刀闸和装设临时接地线措施均予以认可，若采用合接地刀闸方式接地，在检修刀闸拉开接地刀闸前应当先挂设临时接地线。临时接地线借用装拆记录可填写在备注栏或使用专门的记录表。

15.【检查与评价】

各班组每月应对已终结的工作票进行综合评议。经评议票面正确，评议人在工作票"16.备注（2）其他事项"横线右下方顶格加盖红色"合格"评议章并签名；评议为错票，在工作票"16.备注（2）其他事项"横线右下方顶格加盖红色"不合格"评议章并签名。

6.7　换流站调相机油水系统停电检修

一、作业场景情况

（一）工作场景

换流站调相机油水系统停电检修。

（二）工作任务

直流 800kV 泰州换流站。

1. 调相机主厂房 0m 层

（1）1 号调相机内冷水系统：① 1 号调相机内冷水系统设备例行检修、试验；② 1 号调相机内冷水系统设备及动力电缆绝缘检查；③ 1 号调相机内冷水水品质检测；④ 1 号调相机内冷水系统密封性检查；⑤ 1 号调相机内冷水系统表计对比核查、拆装校验；⑥ 1 号调相机内冷水系统流量开关及变送器专项检查；⑦ 1 号调相机内冷水系统设备清扫；⑧ 1 号调相机内冷水系统调试；⑨ 1 号调相机内冷水系统区域场地清扫；⑩ 1 号调相机定子水泵 B 机封渗水处理；⑪ 1 号调相机转子水处理装置故障处理；⑫ 1 号调相机定子冷却水电导率表计就地温度显示异常处理。

（2）1 号调相机润滑油系统：① 1 号调相机润滑油系统设备例行检修、试验；② 1 号调相机润滑油箱例行检修、试验；③ 1 号调相机润滑油系统设备及动力电缆绝缘检查；④ 1 号调相机润滑油系统联锁试验；⑤ 1 号调相机润滑油油品质检测；⑥ 1 号调相机油系统密封性检查；⑦ 1 号调相机油系统表计对比核查、拆装校验；⑧ 1 号调相机润滑油系统流量开关及变送器专项检查；⑨ 1 号调相机润滑油流量测试；⑩ 1 号调相机油净化装置例行检修、试验；⑪ 1 号调相机润滑油系统设备清扫；⑫ 1 号调相机润滑油系统调试；⑬ 1 号调相机润滑油系统区域场地清扫；⑭ 1 号调相机润滑油净化装置进油管通向装置罐体的管道螺栓处渗油处理；⑮ 1 号调相机双筒过滤器 A 接头多处螺栓渗漏油处理；⑯ 1 号调相机润滑油冷却器 B 油管道连接处渗油处理；⑰ 1 号调相机润滑油系统过滤器 B 压差开关下部法兰轻微渗油处理。

（3）贮油箱：① 调相机贮油箱设备例行检修、试验；② 调相机贮油箱设备及动力电缆绝缘检查；③ 调相机贮油箱密封性检查；④ 调相机贮油箱表计对比检查；⑤ 调相机贮油箱设备清扫。

（4）2 号调相机内冷水系统：① 2 号调相机内冷水系统设备例行检修、试验；② 2 号调相机内冷水系统设备及动力电缆绝缘检查；③ 2 号调相机内冷水水品质检测；④ 2 号调相机内冷水系统密封性检查；⑤ 2 号调相机内冷水系统表计对比核查、拆装校验；⑥ 2 号调相机内冷水系统流量开关及变送器专项检查；⑦ 2 号调相机内冷水系统设备清扫；⑧ 2 号调相机内冷水系统调试；⑨ 2 号调相机内冷水系统区域场地清扫。

（5）2 号调相机润滑油系统：① 2 号调相机润滑油系统设备例行检修、试验；② 2 号调相机润滑油箱例行检修、试验；③ 2 号调相机润滑油系统设备及动力电缆绝缘检查；④ 2 号调相机润滑油系统联锁试验；⑤ 2 号调相机润滑油油品质检测；⑥ 2 号调相机油系统密封性检查；⑦ 2 号调相机油系统表计对比核查、拆装校验；⑧ 2 号调相机润滑油系统流量开关及变送器专项检查；⑨ 2 号调相机润滑油流量测试；⑩ 2 号调相机油净化装置例行检修、试验；⑪ 2 号调相机润滑油系统设备清扫；⑫ 2 号调相机润滑油系统调试；⑬ 2 号调相机润滑油系统区域场地清扫；⑭ 2 号调相机直流顶轴油泵出口压力开关取样阀 2 轻微渗油处理；⑮ 2 号调相机交流润滑油泵 A 出口压力开关取样阀轻微渗油处理；⑯ 2 号调相机出线端顶轴油轴承进口压力表下方连接管处渗油处理；⑰ 2 号调相机润滑油净化装置入口压力变送器取样阀前连接处轻微渗油处理；⑱2 号调相机润滑油系统过滤器 B 压差开关下部法兰轻微渗油处理；⑲2 号调相机润滑油系统排油烟机与冷却器连接处法兰轻微渗油处理；⑳2 号调相机双筒过滤器 A 与 2 号调相机双筒过滤器 B 之间渗漏油处理。

（6）1 号调相机外冷水系统：①1 号调相机外冷水电动滤水器例行检修、试验；②1 号调相机电动滤水器旁通电动阀反馈跳变处理；③1 号调相机空气冷却器 A 回水电动调节阀反馈跳变处理；④1 号调相机空气冷却器 B 回水电动调节阀 B 反馈跳变处理；⑤1 号调相机空气冷却器 A 出水电动阀 B 打开状态指示灯异常处理；⑥1 号调相机电动滤水器内部滤网改造。

（7）2 号调相机外冷水系统：①2 号调相机外冷水电动滤水器例行检修、试验；②2 号调相机空气冷却器 A 进水电动阀 B 显示器白屏处理；③2 号调相机电动滤水器内部滤网改造。

2. 除盐水厂房

除盐水系统：①除盐水系统例行检修、试验；②除盐水系统泵类设备例行维修；③除盐水系统脱盐设备例行维修；④除盐水系统化学分析仪表及其他热工仪表对比核查、拆装校验；⑤除盐水系统设备清扫；⑥除盐水系统调试；⑦除盐水系统超滤装置改造。

3. 循环水泵房

外冷水系统：①外冷水系统设备例行检修、试验；②外冷水加药系统设备例行检修、试验；③循环水泵房设备清扫；④外冷水系统调试。

4. 循环水泵房配电室

外冷系统 01 号电控柜、外冷系统 02 号电控柜、外冷系统 03 号电控柜：①外冷水系统屏柜例行检修、试验；②设备清扫。

5. 调相机机械通风冷却塔区域

通风冷却塔风机、通风冷却塔、缓冲水池：①缓冲水池清理，缓冲水池洁净度检查；②通风冷却塔风机扇叶检查；③通风冷却塔喷嘴检查；④通风冷却塔填料检查；⑤通风冷却塔风机检查；⑥循环水泵进口滤网清理；⑦冷却塔内分配管内异物清除；⑧冷却塔流道清理；⑨机械通风冷却塔除锈；⑩通风冷却塔钢材取样检查。

6. 调相机户外区域

补水阀门井、循环水排污门阀门井、循环水回水阀门井：①循环水排污门阀门井例行检修、试验；②循环水排污门故障处理；③循环水排污门阀门井改造；④补水阀门井例行检修、试验；⑤循环水回水电导率电极流通池加装。

7. 调相机工业水池区域

工业水池、工业水泵：①工业水泵检查；②工业水池清理。

8. 调相机工程师站

SCADA1、SCADA2、SCADA5、SCADA7、SCADA8：①1 号调相机内冷水系统信号检查，系统调试；②2 号调相机内冷水系统信号检查，系统调试；③1 号调相机润滑油系统信号检查，系统调试；④2 号调相机润滑油系统信号检查，系统调试；⑤调相机外冷水系统信号检查，系统调试。

（三）停电范围

直流 800kV 泰州换流站 1、2 号调相机停运。

（四）票种选择建议

变电站机械工作票。

（五）人员分工及安排

本次工作有 14 个作业地点。参与本次工作的共 32 人（含工作负责人），具体分工为：

沈×（工作负责人）：负责工作的整体协调组织及作业现场安全监护。

冯×生、张×飞、靳×勇、刘×举（工作班成员）：辅助本组负责人加强作业现场安全管理，冯×生为外冷水系统检修工作专责监护人、张×飞为内冷水系统检修工作专责监护人、靳×勇为除盐水系统检修工作专责监护人、刘×举为润滑油系统检修工作专责监护人。

刘×斌、易×龙、李×保、康×生、刘×、张×卫、赵×涛、雷×平、刘×涛、高×、王×文、王×体、陈×社、赵×备、刘×、孙×军、赵×锋、廖×、史×、赵×军、康×鹏、刘×伟、朱×利、车×杰、周×燕、虎×俭、焦×正、潘×洋（工作班成员）：负责开展调相机润滑油系统、内冷水系统、外冷水系统、除盐水系统的检修工作。

（六）场景接线图

无。

二、工作票样例

| 【票种选择】本次作业为换流站内机械设备上的停电检修工作，使用变电站机械工作票。 |

变电站机械工作票

作业风险等级： II

单　　位：××××电力技术有限公司　　变电站：直流 800kV 泰州换流站

编　　号：JX202408001

1. 工作负责人（监护人）沈×　　　　班　　组：综合班组

1.【工作负责人（监护人）】
（1）填写工作负责人姓名。
（2）工作负责人应取得两种人准入资质，并由设备运行管理单位书面批准。
【班组】对于不属于同一班组的人员（含工作负责人）共同进行的工作，填写"综合班组"。

2. 工作班人员（不包括工作负责人）

　××××公司：冯×生、靳×勇、张×飞、刘×举，共 4 人。

　××××公司：刘×斌、易×龙、李×保、康×生、刘×、张×卫、赵×涛、雷×平、刘×涛、高×、王×文、王×体、陈×社、赵×备、刘×、孙×军、赵×锋、廖×、史×、赵×军、康×鹏、刘×伟、朱×利、车×杰、周×燕、虎×俭、焦×正、潘×洋，共 28 人。

共 **32** 人

2.【工作班人员】
（1）人员应取得准入资质，安排的人员应进行承载力分析，确保人数适当、充足。
（2）单、多班组工作，每个班组工作人员应填写全部工作人员姓名（不含工作负责人）。
（3）多班组共同工作，必须分行填写每个班组名称。
（4）"共×人"：填写实际工作人员人数（不含工作负责人）。
（5）如有特种作业应安排具备相应资质的特种作业人员。

3. 工作任务

　直流 800kV 泰州换流站：调相机主厂房 0m 层：1 号调相机内冷水系统；调相机主厂房 0m 层：1 号调相机润滑油系统；调相机主厂房 0m 层：贮油箱；调相机主厂房 0m 层：2 号调相机内冷水系统；调相机主厂房 0m 层：

3.【工作任务】工作的变配电站名称及设备双重名称栏中的工作地点内容，可描述为：××设备区域、××保护小室等进行简述。同一工作地点的不同工作内容合并一行写；相同工作内容的不同工作地点合并一行写；其他情况，应分行写；工作内容应与工作地点对应；按照调度批准的停电申请内容填写，在同一区域内不同设备但工作内容相同的工作任务可以合并填写。在原工作票的停电及安全措施范围内增加工作任务时，应由工作负责人征得工作票签发人和工作许可人同

2 号调相机润滑油系统；调相机主厂房 0m 层：1 号调相机外冷水系统；调相机主厂房 0m 层：2 号调相机外冷水系统；除盐水厂房：除盐水系统；循环水泵房：外冷水系统；循环水泵房配电室：外冷系统 01 号电控柜、外冷系统 02 号电控柜、外冷系统 03 号电控柜；调相机机械通风冷却塔区域：通风冷却塔风机、通风冷却塔、缓冲水池；调相机户外区域：补水阀门井、循环水排污门阀门井、循环水回水阀门井；调相机工业水池区域：工业水池、工业水泵；调相机工程师站：SCADA1、SCADA2、SCADA5、SCADA7、SCADA8。

工作地点及设备双重名称	工作内容
调相机主厂房 0m 层：1 号调相机内冷水系统	1）1 号调相机内冷水系统设备例行检修、试验； 2）1 号调相机内冷水系统设备及动力电缆绝缘检查； 3）1 号调相机内冷水水品质检测； 4）1 号调相机内冷水系统密封性检查； 5）1 号调相机内冷水系统表计对比核查、拆装校验； 6）1 号调相机内冷水系统流量开关及变送器专项检查； 7）1 号调相机内冷水系统设备清扫； 8）1 号调相机内冷水系统调试； 9）1 号调相机内冷水系统区域场地清扫； 10）1 号调相机定子水泵 B 机封渗水处理； 11）1 号调相机转子水处理装置故障处理； 12）1 号调相机定子冷却水电导率表计就地温度显示异常处理
调相机主厂房 0m 层：1 号调相机润滑油系统	1）1 号调相机润滑油系统设备例行检修、试验； 2）1 号调相机润滑油箱例行检修、试验； 3）1 号调相机润滑油系统设备及动力电缆绝缘检查； 4）1 号调相机润滑油系统联锁试验； 5）1 号调相机润滑油油品质检测； 6）1 号调相机油系统密封性检查； 7）1 号调相机油系统表计对比核查、拆装校验； 8）1 号调相机润滑油系统流量开关及变送器专项检查； 9）1 号调相机润滑油流量测试； 10）1 号调相机油净化装置例行检修、试验； 11）1 号调相机润滑油系统设备清扫； 12）1 号调相机润滑油系统调试； 13）1 号调相机润滑油系统区域场地清扫； 14）1 号调相机润滑油净化装置进油管通向装置罐体的管道螺栓处渗油处理； 15）1 号调相机双筒过滤器 A 接头多处螺栓渗漏油处理； 16）1 号调相机润滑油冷却器 B 油管道连接处渗油处理； 17）1 号调相机润滑油系统过滤器 B 压差开关下部法兰轻微渗油处理

意，并在工作票上备注栏内增填工作项目。陪停设备不需要在工作任务栏及安全措施栏中反映，可在"工作地点保留带电部分或注意事项"中予以明确。保护校验过程中需传动开关，但不进行直接触及开关设备的具体工作时，开关设备可以不列入工作任务栏内的工作地点。

续表

工作地点及设备双重名称	工作内容
调相机主厂房 0m 层：贮油箱	1）调相机贮油箱设备例行检修、试验； 2）调相机贮油箱设备及动力电缆绝缘检查； 3）调相机贮油箱密封性检查； 4）调相机贮油箱表计对比检查； 5）调相机贮油箱设备清扫
调相机主厂房 0m 层：2 号调相机内冷水系统	1）2 号调相机内冷水系统设备例行检修、试验； 2）2 号调相机内冷水系统设备及动力电缆绝缘检查； 3）2 号调相机内冷水水品质检测； 4）2 号调相机内冷水系统密封性检查； 5）2 号调相机内冷水系统表计对比核查、拆装校验； 6）2 号调相机内冷水系统流量开关及变送器专项检查； 7）2 号调相机内冷水系统设备清扫； 8）2 号调相机内冷水系统调试； 9）2 号调相机内冷水系统区域场地清扫
调相机主厂房 0m 层：2 号调相机润滑油系统	1）2 号调相机润滑油系统设备例行检修、试验； 2）2 号调相机润滑油箱例行检修、试验； 3）2 号调相机润滑油系统设备及动力电缆绝缘检查； 4）2 号调相机润滑油系统联锁试验； 5）2 号调相机润滑油油品质检测； 6）2 号调相机油系统密封性检查； 7）2 号调相机油系统表计对比核查、拆装校验； 8）2 号调相机润滑油系统流量开关及变送器专项检查； 9）2 号调相机润滑油流量测试； 10）2 号调相机油净化装置例行检修、试验； 11）2 号调相机润滑油系统设备清扫； 12）2 号调相机润滑油系统调试； 13）2 号调相机润滑油系统区域场地清扫； 14）2 号调相机直流顶轴油泵出口压力开关取样阀 2 轻微渗油处理； 15）2 号调相机交流润滑油泵 A 出口压力开关取样阀轻微渗油处理； 16）2 号调相机出线端顶轴油轴承进口压力表下方连接管处渗油处理； 17）2 号调相机润滑油净化装置入口压力变送器取样阀前连接处轻微渗油处理； 18）2 号调相机润滑油系统过滤器 B 压差开关下部法兰轻微渗油处理； 19）2 号调相机润滑油系统排油烟机与冷却器连接处法兰轻微渗油处理； 20）2 号调相机双筒过滤器 A 与 2 号调相机双筒过滤器 B 之间渗漏油处理
调相机主厂房 0m 层：1 号调相机外冷水系统	1）1 号调相机外冷水电动滤水器例行检修、试验； 2）1 号调相机电动滤水器旁通电动阀反馈跳变处理； 3）1 号调相机空气冷却器 A 回水电动调节阀反馈跳变处理； 4）1 号调相机空气冷却器 B 回水电动调节阀 B 反馈跳变处理；

续表

工作地点及设备双重名称	工作内容
	5）1号调相机空气冷却器A出水电动阀B打开状态指示灯异常处理； 6）1号调相机电动滤水器内部滤网改造
调相机主厂房 0m层：2号调相机外冷水系统	1）2号调相机外冷水电动滤水器例行检修、试验； 2）2号调相机空气冷却器A进水电动阀B显示器白屏处理； 3）2号调相机电动滤水器内部滤网改造
除盐水厂房：除盐水系统	1）除盐水系统例行检修、试验； 2）除盐水系统泵类设备例行维修； 3）除盐水系统脱盐设备例行维修； 4）除盐水系统化学分析仪表及其他热工仪表对比核查、拆装校验； 5）除盐水系统设备清扫； 6）除盐水系统调试； 7）除盐水系统超滤装置改造
循环水泵房：外冷水系统	1）外冷水系统设备例行检修、试验； 2）外冷水加药系统设备例行检修、试验； 3）循环水泵房设备清扫； 4）外冷水系统调试
循环水泵房配电室：外冷系统 01 号电控柜、外冷系统 02 号电控柜、外冷系统 03 号电控柜	1）外冷水系统屏柜例行检修、试验； 2）设备清扫
调相机机械通风冷却塔区域：通风冷却塔风机、通风冷却塔、缓冲水池	1）缓冲水池清理，缓冲水池洁净度检查； 2）通风冷却塔风机扇叶检查； 3）通风冷却塔喷嘴检查； 4）通风冷却塔填料检查； 5）通风冷却塔风机检查； 6）循环水泵进口滤网清理； 7）冷却塔内分配管内异物清除； 8）冷却塔流道清理； 9）机械通风冷却塔除锈； 10）通风冷却塔钢材取样检查
调相机户外区域：补水阀门井、循环水排污门阀门井、循环水回水阀门井	1）循环水排污门阀门井例行检修、试验； 2）循环水排污门故障处理； 3）循环水排污门阀门井改造； 4）补水阀门井例行检修、试验； 5）循环水回水电导率电极流通池加装
调相机工业水池区域：工业水池、工业水泵	1）工业水泵检查； 2）工业水池清理

续表

续表

工作地点及设备双重名称	工作内容
调相机工程师站：SCADA1、SCADA2、SCADA5、SCADA7、SCADA8	1）1号调相机内冷水系统信号检查，系统调试； 2）2号调相机内冷水系统信号检查，系统调试； 3）1号调相机润滑油系统信号检查，系统调试； 4）2号调相机润滑油系统信号检查，系统调试； 5）调相机外冷水系统信号检查，系统调试

4. 计划工作时间

自 2024 年 01 月 31 日 08 时 00 分至 2024 年 02 月 04 日 18 时 00 分。

5. 安全措施（必要时可附页绘图说明）：

5.1　检修工作要求工作许可人执行的安全措施	已执行（√）
1）应拉开 5101、5102、D151、D152、D131、D132 开关	√
2）应拉开 51011、2111、2101、51021、2211、2102 闸刀	√
3）应拉开 211、221、212、222 开关	√
4）应拉开 1 号调相机 M101 灭磁开关、QDK 直流切换开关	√
5）应拉开 2 号调相机 M102 灭磁开关、QDK 灭磁开关	√
6）应拉开 "1 号调相机励磁系统室启动电源柜内备用励磁电源" 开关	√
7）应拉开 "2 号机启动励磁连接柜（交流）内备用励磁电源" 开关	√
8）应将 221、222 开关摇至试验位置	√
9）应将 D151、D152、D131、D132 开关手车摇至试验位置	√
10）应将 "1 号调相机励磁系统室启动电源柜内备用励磁电源" 开关拉至试验位置	√
11）应将 "2 号机启动励磁连接柜（交流）内备用励磁电源" 开关拉至试验位置	√
12）应将 1 号调相机出线电压互感器 1、2、3 拉至试验位置	√
13）应将 2 号调相机出线电压互感器 1、2、3 拉至试验位置	√
14）应将 1 号调相机出线避雷器、2 号调相机出线避雷器拉至试验位置	√
15）应分开 5101、5102 开关操作电源、储能电源空气开关	√
16）应分开 51011、51021 闸刀控制电源、电机电源空气开关	√
17）应分开 D151、D152、D131、D132 开关操作电源、储能电源空气开关	√

4.【计划工作时间】 填写计划检修起始时间和结束时间，该时间应在调度批准的检修时间段内。

5.【安全措施】 运维人员完成工作票所列的安全措施，并经现场核实后，在相应的已执行栏内手工打 "√"。填写内容应按类别分行填写，若出现跨行填写的，仅在末行的 "已执行" 栏打 "√" 即可。

【5.1 检修工作要求工作许可人执行的安全措施】

（1）应拉开的开关。

（2）应拉开的闸刀。

（3）应拉至试验位置的开关手车。工作票中填写将手车拉至试验位置，现场手车如要拉至检修位置，由检修人员在实际工作中执行。

（4）应分开的开关操作电源、储能电源，所有拉开的开关对应的操作电源、储能电源均应分开。开关的操作电源在直流馈电屏或开关保护屏内断开均可。

（5）应分开的闸刀控制电源、电机电源。所有拉开的闸刀如有对应的控制电源、电机电源均应分开。已分开控制电源、电机电源的闸刀遥控回路已断开，可不必再填写将闸刀远方/就地切换开关由 "远方" 位置切至 "就地" 位置。（若工作票签发人认为有必要也可填写）。此处拉开的电机电源、操作电源空气开关不需要具体到设备机构箱、空气开关双重名称及空气开关名称；只需要写 "拉开××开关/刀闸电机电源、操作电源空气开关"。

（6）应将拉开的开关远方/就地切换开关由 "远方" 位置切至 "就地" 位置，或应退出××开关遥控出口压板。

（7）应分开与停电设备有关的电压互感器、变压器各侧回路。

（8）涉及在有联跳运行开关回路或失灵启动回路的设备上进行二次工作，需要执行退出联跳运行开关出口压板或失灵启动压板的安全措施，此项安全措施可以不列入【5. 安全措施】 "应拉断路器（开关）、隔离开关（刀闸）" 栏内。

（9）接地闸刀应填写双重名称即名称、编号。

（10）带地刀的闸刀检修时，采用合接地刀闸和装设临时接地线措施均予以认可，若采用合接地刀闸方式接地，在检修刀闸拉开接地刀闸前应当先挂设临时接地线。

续表

5.1 检修工作要求工作许可人执行的安全措施	已执行（√）
18）应分开 211、212 开关操作及电机电源空气开关	√
19）应分开 221、222 开关操作电源、储能电源空气开关	√
20）应分开 2111、2211 闸刀操作及电机电源空气开关	√
21）应分开 510117、510127、510217、510227 接地闸刀控制电源、电机电源空气开关	√
22）应分开 1 号调相机出线电压互感器 1、2、3 二次空气开关	√
23）应分开 2 号调相机出线电压互感器 1、2、3 二次空气开关	√
24）应退出 5101、5102 开关三相不一致压板	√
25）应退出 5101、5102 开关保护失灵启动、跳闸出口压板	√
26）应分开 1 号升压变压器、2 号升压变压器冷却器电源空气开关	√
27）应将 5101、5102、D151、D152、D131、D132、221、222 开关远方/就地转换开关由"远方"位置切至"就地"位置	√
28）应合上 510117、510127、510217、510227 接地闸刀	√
29）应合上 D1317、D1327、D1517 接地闸刀	√
30）应在 2 号 SFC 隔离变压器高压侧与 D152 开关之间靠近 2 号 SFC 隔离变压器高压侧装设一组（10kV-1）号接地线	√
31）应在 1 号 SFC 2111 闸刀与 1 号调相机 20kV 母线之间装设一组（20kV-1）号接地线	√
32）应在 2 号 SFC 2211 闸刀与 2 号调相机 20kV 母线之间装设一组（20kV-2）号接地线	√
33）应在 1 号调相机励磁变压器低压侧与 M101 灭磁开关之间靠近 1 号调相机励磁变压器低压侧装设一组（10kV-2）号接地线	√
34）应在 2 号调相机励磁变压器低压侧与 M102 灭磁开关之间靠近 2 号调相机励磁变压器低压侧装设一组（10kV-3）号接地线	√
5.2 应设遮栏及设置标示牌	已执行（√）
1）应在 5101、5102 开关操作把手上分别悬挂"禁止合闸，有人工作"标示牌	√
2）应在 51011、51021 闸刀操作把手上分别悬挂"禁止合闸，有人工作"标示牌，并将机构箱上锁	√
3）应在 211、221、212、222 开关操作把手上悬挂"禁止合闸，有人工作"标示牌	√
4）应在"1 号调相机励磁系统室启动电源柜内备用励磁电源"开关操作把手上悬挂"禁止合闸，有人工作"标示牌	√
5）应在"2 号机启动励磁连接柜（交流）内备用励磁电源"开关操作把手上悬挂"禁止合闸，有人工作"标示牌	√

【5.2 应设遮栏及设置标示牌】

（1）已拉开的开关、闸刀、开关手车如无工作，应在对应位置悬挂"禁止合闸，有人工作"标示牌。已断开的电压互感器、站用变压器、接地变压器二次侧回路应在对应位置悬挂"禁止合闸，有人工作"标示牌。如工作票只包含站内设备工作，可不设置"禁止合闸，线路有人工作"标示牌。第 3 项"工作任务"栏内涉及有工作内容的开关、闸刀因工作需要试分合设备，不需要悬挂"禁止合闸，有人工作"标示牌。所有已拉开的开关操作电源及储能电源、已拉开的闸刀控制电源、电机电源处可以不填写悬挂"禁止合闸，有人工作"标示牌。（此处应设遮栏、应挂标示牌及防止二次回路误碰措施不需要具体到空气开关双重名称及空气开关名称；只需要写应在××开关/刀闸电机电源、操作电源空气开关上悬挂"禁止合闸，有人工作"标示牌。）

（2）所有开关柜检修工作均应在相邻运行空气开关柜、现场设置的围栏上设置"止步，高压危险"标示牌。

	续表
5.2 应设遮栏及设置标示牌	已执行（✓）
6）应在 D151、D152、D131、D132 开关操作把手上悬挂"禁止合闸，有人工作"标示牌	✓
7）应在 51011、51021 闸刀控制电源、电机电源空气开关上分别悬挂"禁止合闸，有人工作"标示牌	✓
8）应在 1 号调相机出线电压互感器 1、2、3 二次空气开关上悬挂"禁止合闸，有人工作"标示牌	✓
9）应在 2 号调相机出线电压互感器 1、2、3 二次空气开关上悬挂"禁止合闸，有人工作"标示牌	✓
10）应在 1 号升压变压器、2 号升压变压器冷却器电源空气开关上悬挂"禁止合闸，有人工作"标示牌	✓
11）应在工作地点设置"在此工作"标示牌，并在工作地点四周装设围栏，在围栏上悬挂"止步，高压危险"标示牌，标示牌应朝向工作地点，并在围栏入口处设置"在此工作""从此进出"标示牌，在工作人员上下的构架、爬梯上设置"从此上下"标示牌	✓
12）应在循环水泵房配电室：外冷系统 01 号电控柜、外冷系统 02 号电控柜、外冷系统 03 号电控柜前后放置"在此工作"标示牌，在循环水泵房配电室：外冷系统 01 号电控柜、外冷系统 02 号电控柜、外冷系统 03 号电控柜相邻的非检修屏柜前后悬挂红布幔	✓

5.3 检修工作要求检修人员自行执行的安全措施（由工作负责人填写）	已执行（✓）	已恢复（✓）
1）应分开 1 号机润滑油交流控制柜 A 主电源断路器 1QM0，并悬挂"禁止合闸，有人工作！"标示牌	✓	✓
2）应分开 1 号机润滑油交流控制柜 B 主电源断路器 2QM0，并悬挂"禁止合闸，有人工作！"标示牌	✓	✓
3）应分开 1 号机润滑油直流油泵控制柜主电源断路器 3QF0，并悬挂"禁止合闸，有人工作！"标示牌	✓	✓
4）应分开 1 号机顶轴油直流油泵控制柜主电源断路器 4QF0，并悬挂"禁止合闸，有人工作！"标示牌	✓	✓
5）应分开 1 号调相机 1 号定转子冷却水泵就地控制柜转子水泵 A 电源断路器 Q11、定子水泵 A 电源断路器 Q12，并悬挂"禁止合闸，有人工作！"标示牌	✓	✓
6）应分开 1 号调相机 2 号定转子冷却水泵就地控制柜转子水泵 B 电源断路器 Q21、定子水泵 B 电源断路器 Q22，并悬挂"禁止合闸，有人工作！"标示牌	✓	✓
7）应分开 2 号机润滑油系统交流控制柜 A 主电源断路器 1QM0，并悬挂"禁止合闸，有人工作！"标示牌	✓	✓
8）应分开 2 号机润滑油系统交流控制柜 B 主电源断路器 2QM0，并悬挂"禁止合闸，有人工作！"标示牌	✓	✓
9）应分开 2 号机润滑油直流油泵控制柜主电源断路器 3QF0，并悬挂"禁止合闸，有人工作！"标示牌	✓	✓
10）应分开 2 号机顶轴油直流油泵控制柜主电源断路器	✓	✓

（3）在工作人员上下铁架或梯子上，应悬挂"从此上下"标示牌。

（4）应悬挂"在此工作"标示牌的位置为第 3 项"工作任务"栏内填写的设备处，部分高处设备、柜内设备现场无法挂牌，许可人可将"在此工作"标示牌设置在对应设备支柱、柜外、间隔门外等位置，现场需向工作负责人交代清楚。

（5）由外包单位负责持票的工作，如属于根据公司规定需要设置 1.7m 固定式围栏的情况，工作票上应设置的"临时围栏"写明为"1.7m 硬围栏"。

【5.3 检修工作要求检修人员自行执行的安全措施（由工作负责人填写）】

（1）已拉开的开关、闸刀、开关手车如无工作，应在对应位置悬挂"禁止合闸，有人工作"标示牌。已断开的电压互感器、站用变压器、接地变压器二次侧回路应在对应位置悬挂"禁止合闸，有人工作"标示牌。如工作票只包含站内设备工作，可不设置"禁止合闸，线路有人工作"标示牌。第 3 项"工作任务"栏内涉及有工作内容的开关、闸刀因工作需要试分合设备，不需要悬挂"禁止合闸，有人工作"标示牌。所有已拉开的开关操作电源及储能电源、已拉开的闸刀控制电源、电机电源处可以不填写悬挂"禁止合闸，有人工作"标示牌。（此处应设遮栏、应挂标示牌及防止二次回路误碰措施不需要具体到空气开关双重名称及空气开关名称；只需要写应在××开关/刀闸电机电源、操作电源空气开关上悬挂"禁止合闸，有人工作"标示牌。）

（2）所有开关柜检修工作均应在相邻运行开关柜、现场设置的围栏上设置"止步，高压危险"标示牌。

（3）在工作人员上下铁架或梯子上，应悬挂"从此上下"标示牌。

（4）应悬挂"在此工作"标示牌的位置为第 3 项"工作任务"栏内填写的设备处，部分高处设备、柜内设备现场无法挂牌，许可人可将"在此工作"标示牌设置在对应设备支柱、柜外、间隔门外等位置，现场需向工作负责人交代清楚。

（5）包括了调相机检修工作时根据工作需要由检修人员自行执行的安全措施内容，一般包括辅机系统的油、水、空气管道相关阀门、电源空气开关等。

（6）工作结束需恢复自行执行的安措时，检修人员应逐条检查恢复，并在工作票已恢复栏目打勾确认。

续表

5.3　检修工作要求检修人员自行执行的安全措施（由工作负责人填写）	已执行（√）	已恢复（√）
4QF0，并悬挂"禁止合闸，有人工作！"标示牌		
11）应分开 2 号调相机 1 号定转子冷却水泵就地控制柜转子水泵 A 电源断路器 Q11、定子水泵 A 电源断路器 Q12，并悬挂"禁止合闸，有人工作！"标示牌	√	√
12）应分开 2 号调相机 2 号定转子冷却水泵就地控制柜转子水泵 B 电源断路器 Q21、定子水泵 B 电源断路器 Q22，并悬挂"禁止合闸，有人工作！"标示牌	√	√
13）应关闭 1 号润滑油装置蓄能器组进出油口截止阀，并悬挂"禁止操作，有人工作！"标示牌	√	√
14）应关闭 2 号润滑油装置蓄能器组进出油口截止阀，并悬挂"禁止操作，有人工作！"标示牌	√	√
15）应分开外冷系统 01 号电控柜循环水泵 A 电源断路器 1QF6、循环水泵 A 旁路电源断路器 1QF7，并悬挂"禁止合闸，有人工作！"标示牌	√	√
16）应分开外冷系统 02 号电控柜循环水泵 B 电源断路器 2QF6、循环水泵 B 旁路电源断路器 2QF7，并悬挂"禁止合闸，有人工作！"标示牌	√	√
17）应分开外冷系统 03 号电控柜循环水泵 C 电源断路器 3QF6、循环水泵 C 旁路电源断路器 3QF7，并悬挂"禁止合闸，有人工作！"标示牌	√	√
18）应分开除盐水系统泵 01 号电控柜电源断路器 CB00A，并悬挂"禁止合闸，有人工作！"标示牌	√	√
19）应分开除盐水系统泵 02 号电控柜电源断路器 CB00B，并悬挂"禁止合闸，有人工作！"标示牌	√	√

5.4　工作地点及注意事项（由工作签发人填写）	5.5　补充工作地点安全措施（由工作许可人填写）
1）工作现场加强安全监护，防止人员误入带电间隔。 2）高处作业人员应正确使用安全带，作业人员在转移作业位置时不准失去安全保护，严禁低挂高用；高空作业时工器具及物品采取防跌落措施，所用的工器具、材料应放在工具袋内或用绳索绑牢，上下传递物品使用传递绳，严禁上下抛掷。 3）搬动梯子等长物应两人放倒搬运，在梯子上工作时，梯子应有人扶持和监护。 4）500kV 泰龙 5K24 线、泰九 5K23 线、泰凤 5K21 线、州凤 5K22 线、泰草 5K26 线带电，工作人员不得触碰带电设备，与带电设备保持足	无

【5.4　工作地点及注意事项（由工作签发人填写）】
【相邻带电设备】填写与检修设备距离邻近的带电部位或相邻第一个带电设备情况，以及保护工作地点相邻的其他保护（装置）运行情况，相关设备要明确名称编号，位置要准确。
【安全距离】工作地点包含一次设备区域时，需填写：与带电部位保持足够的安全距离：××kV 大于×m。
【特种设备】有吊车、斗臂车等大型车辆参与现场工作时，需填写：工作中使用吊车、斗臂车等大型车辆时，应与带电部位保持足够的安全距离：××kV 大于×m。由外包单位负责的工作还需增加：安排运检单位专人在场全过程旁站。
【高处作业】有高处作业时，需填写：高处作业正确使用安全工器具。
【陪停设备】如有陪停设备应当予以明确。
【手车检修】开关柜手车拉至检修位置，检修人员应当在开关静触头隔离挡板处装设"止步，高压危险"标示牌。
其余安全注意事项，各单位可依据工作内容予以补充完善。

续表

5.4　工作地点及注意事项 （由工作签发人填写）	5.5　补充工作地点安全措施 （由工作许可人填写）
够的安全距痛，500kV 大于 5m。 　5）现场临时检修电源箱应每日进行检查，外壳可靠接地，做到"一机一闸一保护"。 　6）作业前检查工器具和试验仪器应合格、外壳可靠接地。 　7）现场如需动火作业应使用动火工作票，在施工区域配置相应数量的合格灭火器。 　8）有限空间作业必须做到"先通风、再检测、后作业"，检测不合格严禁作业；有限空间作业现场的氧气含量应在 19.5%～23.5%，检测气体的时间应在作业人员进入有限空间作业前 30min 内进行，作业中断超过 30min，应当重新通风、检测合格后并做好记录方可进入。 　9）现场滤油机应可靠接地，并在施工区域配置相应数量的合格灭火器。 　10）端子箱及操作箱清扫过程中应加强监护，防止低压触电，防止交直流短路接地。 　11）检修人员应正确佩戴安全帽，遵守站内安全规定，不得违章作业。 　12）每日工作结束应收拾现场，确保现场无漂浮物，做到"工完、料尽、场地清"。进入工作现场正确佩戴合格的劳动防护用品。 　13）进行酸碱相关作业前，确认作业区域的喷淋装置完好，可以投用，操作人员必须使用防护用品。 　14）存在交叉作业情况时应提前沟通，确认工作范围，作业过程中由专人监护	无

工作票签发人签名：<u>周×</u>　　签发时间：<u>2024</u> 年 <u>01</u> 月 <u>28</u> 日 <u>09</u> 时 <u>00</u> 分

工作票会签人签名：<u>吴×</u>　　会签时间：<u>2024</u> 年 <u>01</u> 月 <u>28</u> 日 <u>10</u> 时 <u>00</u> 分

6. 收到工作票时间：<u>2024</u> 年 <u>01</u> 月 <u>28</u> 日 <u>15</u> 时 <u>00</u> 分

运行值班人员签名：<u>李×</u>　　工作负责人签名：<u>沈×</u>

7. 确认本工作票 1～6 项

工作负责人签名：<u>沈×</u>　　工作许可人签名：<u>刘×</u>

许可开始工作时间：<u>2024</u> 年 <u>01</u> 月 <u>31</u> 日 <u>14</u> 时 <u>58</u> 分

【火灾风险】如涉及油系统检修，应明确火灾风险内容。

【高压试验】调相机本体开展高压试验的，应明确高压试验安全注意事项。

【机械伤害】如检修工作涉及盘动转子，应明确机械伤害相关内容。

【有限空间作业】如检修工作涉及部分机型的风冷室检修及机座内检修，应明确有限空间作业相关内容。

【5.5 补充工作地点安全措施（由工作许可人填写）】根据现场的实际情况，工作许可人对工作地点保留的带电部分予以补充，不得照抄工作票签发人填写内容，应注明所采取的安全措施或提醒检修人员必须注意的事项。若没有则填"无"，不得空白。

【工作票签发人签名和签发日期】
（1）工作票签发人确认工作票中 1～5 项无误后，在签名栏内签名，并在时间栏内填写签发时间。
（2）若工作票不需会签，工作票签发人签后直接发送给工作负责人，由工作负责人确认后提交运维人员；若需会签，则提交给工作票会签人，会签结束后返回给工作负责人，再由工作负责人确认后提交运维人员。

6.【收到工作票时间】机械工作票签发和收到时间应为工作前一天（紧急抢修、消缺除外）。
运维人员收到工作票后，对工作票审核无误后，填写收票时间并签名。

7.【工作许可】许可开始工作时间不得提前于计划工作开始时间。

8. 现场交底，工作班成员确认工作负责人布置的工作任务、人员分工、安全措施和注意事项并签名

冯×生、靳×勇、张×飞、刘×举、刘×斌、易×龙、李×保、康×生、刘×、张×卫、赵×涛、雷×平、刘×涛、高×、王×文、王×体、陈×社、赵×备、刘×、孙×军、赵×锋、廖×、史×、赵×军、康×鹏、刘×伟、朱×利、车×杰、周×燕、虎×俭、焦×正、潘×洋

9. 工作负责人变动情况

原工作负责人＿＿＿＿＿＿＿＿离去，变更＿＿＿＿＿＿＿＿为工作负责人。

工作票签发人：＿＿＿＿＿　签发时间：＿＿＿＿年＿＿月＿＿日＿＿时＿＿分

10. 工作人员变动情况（变动人员姓名，变动日期及时间）

＿＿＿＿＿＿＿＿＿＿＿＿＿＿＿＿＿＿＿＿＿＿＿＿＿＿＿＿＿＿＿＿＿

11. 工作票延期

有效期延长到＿＿＿＿年＿＿月＿＿日＿＿时＿＿分。

工作负责人签名：＿＿＿＿＿　签名时间：＿＿＿＿年＿＿月＿＿日＿＿时＿＿分

工作许可人签名：＿＿＿＿＿　签名时间：＿＿＿＿年＿＿月＿＿日＿＿时＿＿分

12. 每日开工和收工时间（使用一天的工作票不必填写）

收工时间				工作负责人	工作许可人	开工时间				工作许可人	工作负责人
月	日	时	分			月	日	时	分		
01	31	17	30	沈×	黄×	02	01	09	26	黄×	沈×
02	01	14	53	沈×	黄×	02	02	09	20	黄×	沈×
02	02	15	40	沈×	谈×	02	03	09	38	谈×	沈×
02	03	14	48	沈×	谈×	02	04	09	50	谈×	沈×

13. 工作终结

全部工作于 <u>2024</u> 年 <u>02</u> 月 <u>04</u> 日 <u>14</u> 时 <u>00</u> 分结束，设备及安全措施已恢复至开工前状态，工作人员已全部撤离，材料工具已清理完毕，工作已终结。

工作负责人签名：沈× 工作许可人签名：刘× **已执行**

14. 备注

（1）指定专责监护人_____负责监护_____

_____

（2）其他事项：

_____

合 格

审核人	王二

要在各个作业现场设置一名专责监护人，或者各作业现场轮流开展工作，以确保每一个作业现场开工时均在监护人的监护下进行工作。如：开关柜前后仓均有工作，监护人无法同时监护到前后仓的工作，此时需在开关柜前、后隔仓均设置一名监护人，或者前后仓工作不同时进行，待监护人监护前仓工作结束后，再进行后仓工作（同一时间工作负责人只可作为其中一个作业现场的监护人）。

其他事项

（1）有吊车参与现场工作时，应明确指挥人员。

（2）未拉开地刀、接地线应当注明原因，可不写明具体拆除时间。

（3）带地刀的闸刀检修时，采用合接地刀闸和装设临时接地线措施均予以认可，若采用合接地刀闸方式接地，在检修刀闸拉开接地刀闸前应当先挂设临时接地线。临时接地线借用装拆记录可填写在备注栏或使用专门的记录表。

15.【检查与评价】

各班组每月应对已终结的工作票进行综合评议。经评议票面正确，评议人在工作票"16.备注（2）其他事项"横线右下方顶格加盖红色"合格"评议章并签名；评议为错票，在工作票"16.备注（2）其他事项"横线右下方顶格加盖红色"不合格"评议章并签名。

6.8 换流站调相机保护、DCS、直流及 UPS 系统停电检修

一、作业场景情况

（一）工作场景

换流站调相机保护、DCS、直流及 UPS 系统停电检修。

（二）工作任务

直流 800kV 泰州换流站。

1 号调相机控制保护室：① 1 号调相机调变组保护及自动装置屏例行检修、试验；② 1 号调相机 DCS 屏例行检修、试验；③ 1 号调相机 5101 开关保护例行检修、试验；④ 保护屏柜跳闸出口相关回路绝缘检查、接线紧固；⑤ 1 号调相机二次通流通压试验；⑥ 1 号调相机电气整组传动试验；⑦ 1 号调相机热工跳机主保护联锁试验；⑧ 1 号调相机控制保护室设备清扫；⑨ 1 号调变组保护及自动化装置系统调试；⑩ 1 号调变组保护 A 屏失磁保护 II 段升级。

2 号调相机控制保护室：① 2 号调相机调变组保护及自动装置屏例行检修、试验；② 2 号调相机 DCS 屏例行检修、试验；③ 2 号调相机 5102 开关保护例行检修、试验；④ 保护屏柜跳闸出口相关回路绝缘检查、接线紧固；⑤ 2 号调相机二次通流通压试验；⑥ 2 号调相机电气整组传动试验；⑦ 2 号调相机热工跳机主保护联锁试验；⑧ 2 号调相机控制保护室设备清扫；⑨ 2 号调变组保护及自动化装置系统调试；⑩ 2 号调变组保护 A 屏失磁保护 II 段升级。

调相机主厂房 4.5m 层 1 号调相机区域：1 号调相机二次通流通压试验。

调相机主厂房 4.5m 层 2 号调相机区域：2 号调相机二次通流通压试验。

循环水泵房控制室：① 公用系统 DCS 屏例行检修、试验；② 循环水泵房控制室设备清扫；③ 公用 DCS 系统调试。

调相机直流及 UPS 配电室：① 直流屏例行检修、试验；② UPS 系统例行检修、试验；③ 调相机直流及 UPS 配电室设备清扫。

调相机蓄电池室：① 蓄电池组例行检修、试验；② 蓄电池组充放电试验；③ 调相机蓄电池室设备清扫。

调相机工程师站：① 1 号调相机信号检查；② 1 号调相机热工逻辑检查；③ 2 号调相机信号检查；④ 2 号调相机热工逻辑检查；⑤ 工程师站设备清扫；⑥ 1 号调相机 DCS 系统部分告警等级设置不合理处理；⑦ 1 号调相机定子本体段铁心齿部温度 1 异常处理；⑧ 1 号调相机励磁后台"可控硅整流装置 A、B、C 相半波消失"信号处理；⑨ 外冷水工业水泵出口母管压力低报警逻辑修改、调相机升压变压器高压侧无功功率及有功功率方向定义逻辑修改、机械通风冷却塔风机润滑油油位逻辑修改、热工保护逻辑修改。

（三）停电范围

直流 800kV 泰州换流站 1、2 号调相机停运。

（四）票种选择建议

变电站第一种工作票。

（五）人员分工及安排

本次工作有 8 个作业地点。参与本次工作的共 6 人（含工作负责人），具体分工为：

蒋×迪（工作负责人）：负责工作的整体协调组织及作业现场安全监护。

张×银、孔×卫（工作班成员）：负责在 1、2 号调相机控制保护室、循环水泵房控制室、调相机工程师站轮流开展 1、2 号调相机保护系统、DCS 系统检修工作。

王×、焦×正、潘×洋（工作班成员）：负责在调相机主厂房 4.5m 层、调相机蓄电池室、调相机直流及 UPS 配电室轮流开展 1、2 号调相机直流及 UPS 系统的检修工作、通流通压试验工作。

（六）场景接线图

无。

二、工作票样例

变电站第一种工作票

作业风险等级： Ⅱ

单　　位：××××电力技术有限公司　　变电站：<u>直流 800kV 泰州换流站</u>

编　　号：<u>Ⅰ 202409001</u>

1. 工作负责人（监护人）<u>蒋×迪</u>　　班　组：<u>综合班组</u>

2. 工作班人员（不包括工作负责人）

<u>××××公司：张×银、孔×卫，共 2 人。</u>

<u>××××公司：王×、焦×正、潘×洋，共 3 人。</u>

共 <u>5</u> 人

【票种选择】本次作业为换流站内保护、DCS、直流及 UPS 系统停电检修工作，使用变电站第一种工作票。

1.【工作负责人（监护人）】
（1）填写工作负责人姓名。
（2）工作负责人应取得两种人准入资质，并由设备运行管理单位书面批准。
【班组】对于不属于同一班组的人员（含工作负责人）共同进行的工作，填写"综合班组"。
2.【工作班人员】
（1）人员应取得准入资质，安排的人员应进行承载力分析，确保人数适当、充足。
（2）单、多班组工作，每个班组工作人员应填写全部工作人员姓名（不含工作负责人）。
（3）多班组共同工作，必须分行填写每个班组名称。

3. 工作的变、配电站名称及设备双重名称

直流 800kV 泰州换流站：1 号调相机控制保护室：1 号调变组保护 A 屏、1 号调变组保护 B 屏、1 号调变组保护 C1 屏、1 号调变组保护 C2 屏、1 号调变组保护 C3 屏、1 号调相机同期屏、1 号调相机故障录波器屏、调相机关口表屏、调相机 DCS 公用 01 号屏、调相机 DCS 公用 02 号屏、调相机 DCS 公用 03 号屏、1 号调相机 TS I 屏、调相机状态监测屏、1 号调相机热工保护转换屏、1 号 SFC 隔离变压器保护屏、1 号调相机 5101 开关保护屏、试验电源屏 1、1 号调相机 DCS 热控 01 号屏、1 号调相机 DCS 热控 02 号屏、1 号调相机 DCS 热控 03 号屏、1 号调相机 DCS 热控 04 号屏、1 号调相机 DCS 电气 01 号屏、1 号调相机 DCS 电气 02 号屏、1 号调相机 DCS 网络屏、1 号调相机 DCS 电源屏、1 号调相机热控电源屏、紧急停机系统屏；调相机主厂房 4.5m 层 1 号调相机区域：1 号调相机出口电压互感器端子箱、1 号调相机出口电流互感器端子箱；2 号调相机控制保护室：2 号调变组保护 A 屏、2 号调变组保护 B 屏、2 号调变组保护 C1 屏、2 号调变组保护 C2 屏、2 号调变组保护 C3 屏、2 号调相机同期屏、2 号调相机故障录波器屏、2 号调相机 TS I 屏、调相机 AVC 子站下位机屏、2 号调相机热工保护转换屏、调相机对时扩展屏、2 号 SFC 隔离变压器保护屏、2 号调相机 5102 开关保护屏、试验电源屏 2、2 号调相机 DCS 热控 01 号屏、2 号调相机 DCS 热控 02 号屏、2 号调相机 DCS 热控 03 号屏、2 号调相机 DCS 热控 04 号屏、2 号调相机 DCS 电气 01 号屏、2 号调相机 DCS 电气 02 号屏、2 号调相机 DCS 网络屏、2 号调相机 DCS 电源屏、2 号调相机热控电源屏；调相机主厂房 4.5m 层 2 号调相机区域：2 号调相机出口电压互感器端子箱、2 号调相机出口电流互感器端子箱；调相机工程师站：工程师站；调相机直流及 UPS 配电室：调相机事故照明切换屏、调相机 220V I 段直流馈线屏 1、调相机 220V I 段直流馈线屏 2、调相机 220V I 段直流充电屏、调相机 220V 直流联络屏、调相机 220V 备用直流充电屏、调相机 220V II 段直流充电屏、调相机 220V II 段直流馈线屏 1、调相机 220V II 段直流馈线屏 2、调相机 1 号 UPS 主机屏、调相机 1 号 UPS 旁路屏、调相机 1 号 UPS 馈线屏、调相机 2 号 UPS 主机屏、调相机 2 号 UPS 旁路屏、调相机 2 号 UPS 馈线屏；调相机蓄电池室：第一大组蓄电池 A、第一大组蓄电池 B、第二大组蓄电池 A、第二大组蓄电池 B；循环水泵房控制室：外冷水系统 DCS 热控 01 号远程柜、外冷水系统 DCS 热

（4）"共×人"：填写实际工作人员人数（不含工作负责人）。

（5）如有特种作业应安排具备相应资质的特种作业人员。

3.【工作的变、配电站名称及设备双重名称】 设备双重名称与第 4 项"工作任务"栏内一致。工作的变配电站名称及设备双重名称栏中的工作地点内容，可描述为：××设备区域、××保护小室等进行简述。

控 02 号远程柜、除盐水系统 DCS 热控 01 号远程柜、除盐水系统 DCS 热

控 02 号远程柜。

4. 工作任务

4.【工作任务】同一工作地点的不同工作内容合并一行写；相同工作内容的不同工作地点合并一行写；其他情况，应分行写；工作内容应与工作地点对应；按照调度批准的停电申请内容填写，在同一区域内不同设备但工作内容相同的工作任务可以合并填写。在原工作票的停电及安全措施范围内增加工作任务时，应由工作负责人征得工作票签发人和工作许可人同意，并在工作票上备注栏内增填工作项目。陪停设备不需要在工作任务栏及安全措施栏中反映，可在"工作地点保留带电部分或注意事项"中予以明确。保护校验过程中需传动开关，但不进行直接触及开关设备的具体工作时，开关设备可以不列入工作任务栏内的工作地点。

工作地点及设备双重名称	工作内容
1 号调相机控制保护室：1 号调变组保护 A 屏、1 号调变组保护 B 屏、1 号调变组保护 C1 屏、1 号调变组保护 C2 屏、1 号调变组保护 C3 屏、1 号调相机同期屏、1 号调相机故障录波器屏、调相机关口表屏、调相机 DCS 公用 01 号屏、调相机 DCS 公用 02 号屏、调相机 DCS 公用 03 号屏、1 号调相机 TS I 屏、调相机状态监测屏、1 号调相机热工保护转换屏、1 号 SFC 隔离变压器保护屏、1 号调相机 5101 开关保护屏、试验电源屏 1、1 号调相机 DCS 热控 01 号屏、1 号调相机 DCS 热控 02 号屏、1 号调相机 DCS 热控 03 号屏、1 号调相机 DCS 热控 04 号屏、1 号调相机 DCS 电气 01 号屏、1 号调相机 DCS 电气 02 号屏、1 号调相机 DCS 网络屏、1 号调相机 DCS 电源屏、1 号调相机热控电源屏、紧急停机系统屏	1）1 号调相机调变组保护及自动装置屏例行检修、试验； 2）1 号调相机 DCS 屏例行检修、试验； 3）1 号调相机 5101 开关保护例行检修、试验； 4）保护屏柜跳闸出口相关回路绝缘检查、接线紧固； 5）1 号调相机二次通流通压试验； 6）1 号调相机电气整组传动试验； 7）1 号调相机热工跳机主保护联锁试验； 8）1 号调相机控制保护室设备清扫； 9）1 号调变组保护及自动化装置系统调试； 10）1 号调变组保护 A 屏失磁保护 II 段升级
2 号调相机控制保护室：2 号调变组保护 A 屏、2 号调变组保护 B 屏、2 号调变组保护 C1 屏、2 号调变组保护 C2 屏、2 号调变组保护 C3 屏、2 号调相机同期屏、2 号调相机故障录波器屏、2 号调相机 TS I 屏、调相机 AVC 子站下位机屏、2 号调相机热工保护转换屏、调相机对时扩展屏、2 号 SFC 隔离变压器保护屏、2 号调相机 5102 开关保护屏、试验电源屏 2、2 号调相机 DCS 热控 01 号屏、2 号调相机 DCS 热控 02 号屏、2 号调相机 DCS 热控 03 号屏、2 号调相机 DCS 热控 04 号屏、2 号调相机 DCS 电气 01 号屏、2 号调相机 DCS 电气 02 号屏、2 号调相机 DCS 网络屏、2 号调相机 DCS 电源屏、2 号调相机热控电源屏	1）2 号调相机调变组保护及自动装置屏例行检修、试验； 2）2 号调相机 DCS 屏例行检修、试验； 3）2 号调相机 5102 开关保护例行检修、试验； 4）保护屏柜跳闸出口相关回路绝缘检查、接线紧固； 5）2 号调相机二次通流通压试验； 6）2 号调相机电气整组传动试验； 7）2 号调相机热工跳机主保护联锁试验； 8）2 号调相机控制保护室设备清扫； 9）2 号调变组保护及自动化装置系统调试； 10）2 号调变组保护 A 屏失磁保护 II 段升级
循环水泵房控制室：外冷水系统 DCS 热控 01 号远程柜、外冷水系统 DCS 热控 02 号远程柜、除盐水系统 DCS 热控 01 号远程柜、除盐水系统 DCS 热控 02 号远程柜	1）公用系统 DCS 屏例行检修、试验； 2）循环水泵房控制室设备清扫； 3）公用 DCS 系统调试
调相机主厂房 4.5m 层 1 号调相机区域：1 号调相机出口电压互感器端子箱、1 号调相机出口电流互感器端子箱	1 号调相机二次通流通压试验

续表

工作地点及设备双重名称	工作内容
调相机主厂房 4.5m 层 2 号调相机区域：2 号调相机出口电压互感器端子箱、2 号调相机出口电流互感器端子箱	2 号调相机二次通流通压试验
调相机直流及 UPS 配电室：调相机事故照明切换屏、调相机 220V Ⅰ段直流馈线屏 1、调相机 220V Ⅰ段直流馈线屏 2、调相机 220V Ⅰ段直流充电屏、调相机 220V 直流联络屏、调相机 220V 备用直流充电屏、调相机 220V Ⅱ段直流充电屏、调相机 220V Ⅱ段直流馈线屏 1、调相机 220V Ⅱ段直流馈线屏 2、调相机 1 号 UPS 主机屏、调相机 1 号 UPS 旁路屏、调相机 1 号 UPS 馈线屏、调相机 2 号 UPS 主机屏、调相机 2 号 UPS 旁路屏、调相机 2 号 UPS 馈线屏	1）直流屏例行检修、试验； 2）UPS 系统例行检修、试验； 3）调相机直流及 UPS 配电室设备清扫
调相机蓄电池室：第一大组蓄电池 A、第一大组蓄电池 B、第二大组蓄电池 A、第二大组蓄电池 B	1）蓄电池组例行检修、试验； 2）蓄电池组充放电试验； 3）调相机蓄电池室设备清扫
调相机工程师站：工程师站	1）1 号调相机信号检查； 2）1 号调相机热工逻辑检查； 3）2 号调相机信号检查； 4）2 号调相机热工逻辑检查； 5）工程师站设备清扫； 6）1 号调相机 DCS 系统部分告警等级设置不合理处理； 7）1 号调相机定子本体段铁心齿部温度 1 异常处理； 8）1 号调相机励磁后台"可控硅整流装置 A、B、C 相半波消失"信号处理； 9）外冷水工业水泵出口母管压力低报警逻辑修改、调相机升压变压器高压侧无功功率及有功功率方向定义逻辑修改、机械通风冷却塔风机润滑油油位逻辑修改、热工保护逻辑修改

5. 计划工作时间

自 <u>2024</u> 年 <u>01</u> 月 <u>31</u> 日 <u>08</u> 时 <u>00</u> 分至 <u>2024</u> 年 <u>02</u> 月 <u>04</u> 日 <u>18</u> 时 <u>00</u> 分。

6. 安全措施（必要时可附页绘图说明，红色表示有电）

应拉断路器（开关）、隔离开关（闸刀）	已执行*
应拉开 5101、5102、D151、D152、D131、D132 开关	√
应拉开 51011、2111、2101、51021、2211、2102 闸刀	√
应拉开 211、221、212、222 开关	√

5.【计划工作时间】填写计划检修起始时间和结束时间，该时间应在调度批准的检修时间段内。

6.【安全措施】运维人员完成工作票所列的安全措施，并经现场核实后，在相应的已执行栏内手工打"√"。填写内容应按类别分行填写，若出现跨行填写的，仅在末行的"已执行"栏打"√"即可。
【应拉断路器（开关）、隔离开关（刀闸）】
（1）应拉开的开关。
（2）应拉开的闸刀。
（3）应拉至试验位置的开关手车。工作票中填写将手车拉至试验位置，现场手车如要拉至检修位置，由检修人员在实际工作中执行。
（4）应分开的开关操作电源、储能电源，所有拉开的开关对应的操作电源、储能电源均应分开。

续表

应拉断路器（开关）、隔离开关（闸刀）	已执行*
应分开 1 号调相机 5101 开关汇控箱内 5101 开关电机电源空气开关	√
应分开 1 号调相机 5101 开关汇控箱内 51011 闸刀控制电源、电机电源空气开关	√
应分开 1 号调相机 5101 开关保护屏上 5101 开关操作电源空气开关	√
应分开 2 号调相机 5102 开关汇控箱内 5102 开关电机电源空气开关	√
应分开 2 号调相机 5102 开关汇控箱内 51021 闸刀控制电源、电机电源空气开关	√
应分开 2 号调相机 5102 开关保护屏上 5102 开关操作电源空气开关	√
应分开 510117、510127、510217、510227 接地闸刀控制电源、电机电源空气开关	√
应分开 1 号 SFC 2111 闸刀、2 号 SFC 2211 闸刀操作电源空气开关	√
应分开 211、212 开关操作电源空气开关	√
应分开 221、222 开关控制电源、储能电源空气开关	√
应分开 D151、D152、D131、D132 开关操作电源、储能电源空气开关	√
应拉开 1 号调相机灭磁开关柜内 M101 灭磁开关	√
应拉开 1 号调相机直流切换柜内 QDK 直流切换开关	√
应拉开 2 号调相机主励磁灭磁开关柜内 M102 灭磁开关	√
应拉开 2 号调相机启动励磁灭磁开关柜内 QDK 灭磁开关	√
应拉开调相机站用电 13 号馈线柜 13 抽屉"1 号调相机励磁系统室启动电源柜内备用励磁电源"开关	√
应拉开调相机站用电 14 号馈线柜 13 抽屉"2 号机启动励磁连接柜（交流）内备用励磁电源"开关	√
应将调相机站用电 13 号馈线柜 13 抽屉"1 号调相机励磁系统室启动电源柜内备用励磁电源"开关拉至试验位置	√
应将调相机站用电 14 号馈线柜 13 抽屉"2 号机启动励磁连接柜（交流）内备用励磁电源"拉至试验位置	√
应将 221、222 开关拉至试验位置	√
应将 D151、D152、D131、D132 开关手车拉至试验位置	√
应将 1 号调相机出线电压互感器 1 拉至试验位置	√
应将 1 号调相机出线电压互感器 2 拉至试验位置	√
应将 1 号调相机出线电压互感器 3 拉至试验位置	√
应将 1 号调相机出线避雷器拉至试验位置	√
应将 2 号调相机出线电压互感器 1 拉至试验位置	√
应将 2 号调相机出线电压互感器 2 拉至试验位置	√

开关的操作电源在直流馈电屏或开关保护屏内断开即可。

（5）应分开的闸刀控制电源、电机电源。所有拉开的闸刀如有对应的控制电源、电机电源均应分开。已分开控制电源、电机电源的闸刀遥控回路已断开，可不必再填写将闸刀远方/就地切换开关由"远方"位置切至"就地"位置。（若工作票签发人认为有必要也可填写）。此处拉开的电机电源、操作电源空气开关不需要具体到设备机构箱、空气开关双重名称及空气开关名称；只需要写"拉开××开关/刀闸电机电源、操作电源空气开关"。

（6）应将拉开的开关远方/就地切换开关由"远方"位置切至"就地"位置，或应退出××开关遥控出口压板。

（7）应分开与停电设备有关的电压互感器、变压器各侧回路。

（8）涉及在有联跳运行开关回路或失灵启动回路的设备上进行二次工作，需要执行退出联跳运行开关出口压板或失灵启动压板的安全措施，此项安全措施可以不列入【6.安全措施】"应拉断路器（开关）、隔离开关（刀闸）"栏内。

续表

应拉断路器（开关）、隔离开关（闸刀）	已执行*
应将 2 号调相机出线电压互感器 3 拉至试验位置	√
应将 2 号调相机出线避雷器拉至试验位置	√
应分开 1 号调相机出线电压互感器 1、2、3 二次空气开关	√
应分开 2 号调相机出线电压互感器 1、2、3 二次空气开关	√
应退出 5101 开关汇控箱内 5101 开关三相不一致压板	√
应退出 5102 开关汇控箱内 5102 开关三相不一致压板	√
应装接地线、应合接地闸刀（注明确实地点、名称及接地线编号*）	**已执行**
应合上 510117、510127、510217、510227 接地闸刀	√
应合上 D1317、D1327、D1517 接地闸刀	√
应在 2 号 SFC 隔离变高压侧装设 10kV 接地线一组（10kV-1 号）	√
应在 1 号 SFC 2111 闸刀与 1 号调相机 20kV 母线之间装设 20kV 接地线一组（20kV-1 号）	√
应在 2 号 SFC 2211 闸刀与 2 号调相机 20kV 母线之间装设 20kV 接地线一组（20kV-2 号）	√
应在 1 号调相机励磁变压器低压侧装设 10kV 接地线一组（10kV-2 号）	√
应在 2 号调相机励磁变压器低压侧装设 10kV 接地线一组（10kV-3 号）	√
应设遮栏、应挂标示牌及防止二次回路误碰等措施	**已执行**
应在 1 号调相机 5101 开关汇控箱内 5101 开关和 51011 闸刀操作把手上分别悬挂"禁止合闸，有人工作"标示牌	√
应在 1 号调相机 5101 开关汇控箱内 5101 开关电机电源空气开关，51011 闸刀，510117、510127 接地闸刀控制电源，电机电源空气开关上分别悬挂"禁止合闸，有人工作"标示牌	√
应在 1 号调相机 5101 开关保护屏上 5101 开关操作电源空气开关上悬挂"禁止合闸，有人工作"标示牌	√
应在 2 号调相机 5102 开关汇控箱内 5102 开关和 51021 闸刀操作把手上分别悬挂"禁止合闸，有人工作"标示牌	√
应在 2 号调相机 5102 开关汇控箱内 5102 开关电机电源空气开关，51021 闸刀，510217、510227 接地闸刀控制电源，电机电源空气开关上分别悬挂"禁止合闸，有人工作"标示牌	√
应在 2 号调相机 5102 开关保护屏上 5102 开关操作电源空气开关上悬挂"禁止合闸，有人工作"标示牌	√
应在 1 号 SFC 2111 闸刀和 2 号 SFC 2211 闸刀操作把手上悬挂"禁止合闸，有人工作"标示牌	√
应在 1 号 SFC 2111 闸刀和 2 号 SFC 2211 闸刀操作电源空气开关上悬挂"禁止合闸，有人工作"标示牌	√
应在 211、221、212、222 开关操作把手上悬挂"禁止合闸，有人工作"标示牌	√

【应装接地线、应合接地闸刀（注明确实地点、名称及接地线编号×）】
（1）接地闸刀应填写双重名称即名称、编号。
（2）带地刀的闸刀检修时，采用合接地刀闸和装设临时接地线措施均予以认可，若采用合接地刀闸方式接地，在检修刀闸拉开接地刀闸前应当先挂设临时接地线。

【应设遮栏、应挂标示牌及防止二次回路误碰等措施】
（1）已拉开的开关、闸刀、开关手车如无工作，应在对应位置悬挂"禁止合闸，有人工作"标示牌。已断开的电压互感器、站用变压器、接地变压器二次侧回路应在对应位置悬挂"禁止合闸，有人工作"标示牌。如工作票只包含站内设备工作，可不设置"禁止合闸，线路有人工作"标示牌。第 4 项"工作任务"栏内涉及有工作内容的开关、闸刀因工作需试分合设备，不需要悬挂"禁止合闸，有人工作"标示牌。所有已拉开的开关操作电源及储能电源、已拉开的闸刀控制电源、电机电源处可以不填写悬挂"禁止合闸，有人工作"标示牌。（此处应设遮栏、应挂标示牌及防止二次回路误碰措施不需要具体到空气开关双重名称及空气开关名称；只需要写应在××开关/刀闸电机电源、操作电源空气开关上悬挂"禁止合闸，有人工作"标示牌。）
（2）所有开关柜检修工作均应在相邻运行开关柜、现场设置的围栏上设置"止步，高压危险"标示牌。
（3）在工作人员上下铁架或梯子上，应悬挂"从此上下"标示牌。
（4）应悬挂"在此工作"标示牌的位置为第 4 项"工作任务"栏内填写的设备处，部分高处设备、柜内设备现场无法挂牌，许可人可将"在此工作"标示牌设置在对应设备支柱、柜外、间隔门外等位置，现场需向工作负责人交代清楚。
（5）由外包单位负责持票的工作，如属于根据公司规定需要设置 1.7m 固定式围栏的情况，工作票上应设置的"临时围栏"写明为"1.7m 硬围栏"。

续表

应设遮栏、应挂标示牌及防止二次回路误碰等措施	已执行
应在 211、212 开关操作电源空气开关上悬挂"禁止合闸，有人工作"标示牌	√
应在 221、222 开关控制电源、储能电源空气开关上悬挂"禁止合闸，有人工作"标示牌	√
应在 1 号调相机出线电压互感器 1、2、3 二次空气开关上悬挂"禁止合闸，有人工作"标示牌	√
应在 2 号调相机出线电压互感器 1、2、3 二次空气开关上悬挂"禁止合闸，有人工作"标示牌	√
应在调相机站用电 13 号馈线柜 13 抽屉"1 号调相机励磁系统室启动电源柜内备用励磁电源"开关操作把手上悬挂"禁止合闸，有人工作"标示牌	√
应在调相机站用电 14 号馈线柜 13 抽屉"2 号机启动励磁连接柜（交流）内备用励磁电源"开关操作把手上悬挂"禁止合闸，有人工作"标示牌	√
应在 D151、D152、D131、D132 开关操作把手上悬挂"禁止合闸，有人工作"标示牌	√
应在 D151、D152、D131、D132 开关操作电源、储能电源空气开关上悬挂"禁止合闸，有人工作"标示牌	√
应在工作地点装设围栏，在围栏上悬挂"止步，高压危险"标示牌，标示牌应朝向工作地点，并在围栏入口处挂"在此工作""从此进出"标示牌，在工作人员上下的构架、爬梯上设置"从此上下"标示牌	√
应在工作屏柜前后放置"在此工作"标示牌，并在相邻运行屏柜前后用红布幔遮盖	√

工作地点及注意事项 （由工作签发人填写）	补充工作地点安全措施 （由工作许可人填写）
【相邻带电设备】工作现场加强安全监护，防止人员误入带电间隔； 【安全距离】与带电部位保持足够的安全距离：10kV 及以下大于 0.7m，有安全遮栏大于 0.35m； 【高处作业】高处作业人员应正确使用安全带，作业人员在转移作业位置时不准失去安全保护，严禁低挂高用；高空作业时工器具及物品采取防跌落措施，所用的工器具、材料应放在工具袋内或用绳索绑牢，上下传递物品使用传递绳，严禁上下抛掷； 【搬运工具】搬动梯子等长物应两人放倒搬运，在梯子上工作时，梯子应有人扶持和监护； 【回路短接或断开】工作中严禁发生直流接地或短路，交流接地或短路、工作中做好防止电压互感器二次回路开路、电流互感器二次回路短路的措施；	无

【工作地点及注意事项（由工作票签发人填写）】
【相邻带电设备】填写与检修设备距离邻近的带电部位或相邻第一个带电设备情况，以及保护工作地点相邻的其他保护（装置）运行情况，相关设备要明确名称编号，位置要准确。
【安全距离】工作地点包含一次设备区域时，需填写：与带电部位保持足够的安全距离：××kV 大于×m。
【高处作业】有高处作业时，需填写：高处作业正确使用安全工器具。
【有限空间作业】如检修工作涉及电缆改沟内检修，应明确有限空间作业相关内容。
其余安全注意事项，各单位可依据工作内容予以补充完善。
【补充工作地点保留带电部分和安全措施（由工作许可人填写）】根据现场的实际情况，工作许可人对工作地点保留的带电部分予以补充，不得照抄工作票签发人填写内容，应注明所采取的安全措施或提醒检修人员必须注意的事项。若没有则填"无"，不得空白。
【工作票签发人签名和签发日期】
（1）工作票签发人确认工作票中 1~6 项无误后，在签名栏内签名，并在时间栏内填写签发时间。
（2）若工作票不需会签，工作票签发人签发后直接发送给工作负责人，由工作负责人确认后提交运维人员；若需会签，则提交给工作票会签人，

续表

工作地点及注意事项 （由工作签发人填写）	补充工作地点安全措施 （由工作许可人填写）
【临时电源】现场临时检修电源箱应每日进行检查，外壳可靠接地，做到"一机一闸一保护"； 【低压触电】端子箱、接线箱清扫过程中应加强监护，防止低压触电，防止交直流短路接地；设备清扫人员应注意清扫方式，防止碰伤设备； 【规范着装】检修人员应正确佩戴安全帽，遵守站内安全规定，不得违章作业； 【文明施工】每日工作结束后应收拾现场，确保现场无漂浮物，做到"工完、料尽、场地清"； 【拆接回路接线】检修过程中拆接回路线应用绝缘带包扎并有书面记录，工作完成应正确恢复，严禁未经批准改动回路接线； 【临时电源使用】临时电源使用应经运维人员许可，填写临时电源使用申请单，遵守临时电源相关使用规定； 【交叉作业】存在交叉作业情况时应提前沟通，确认工作范围，作业过程中由专人监护	无

会签结束后返回给工作负责人，再由工作负责人确认后提交运维人员。

工作票签发人签名： 周× 　　**签发时间：** 2024 年 01 月 28 日 09 时 00 分

工作票会签人签名： 吴× 　　**会签时间：** 2024 年 01 月 28 日 10 时 00 分

7. 收到工作票时间： 2024 年 01 月 28 日 15 时 00 分

运行值班人员签名： 李× 　　　**工作负责人签名：** 蒋×迪

7.【收到工作票时间】第一种工作票签发和收到时间应为工作前一天（紧急抢修、消缺除外）。运维人员收到工作票后，对工作票审核无误后，填写收票时间并签名。

8. 确认本工作票 1～6 项

工作负责人签名： 蒋×迪 　　　**工作许可人签名：** 刘×

许可开始工作时间： 2024 年 01 月 31 日 14 时 58 分

8.【工作许可】许可开始工作时间不得提前于计划工作开始时间。

9. 现场交底，工作班成员确认工作负责人布置的工作任务、人员分工、安全措施和注意事项并签名

张×银、孔×卫、王×、焦×正、潘×洋

9.【交底签名】所有工作班成员在明确了工作负责人、专责监护人交代的工作任务、人员分工、安全措施和注意事项后，在工作负责人所持工作票上签名，不得代签。

10. 工作负责人变动情况

原工作负责人_____离去，变更_____为工作负责人。

10.【工作负责人变动情况】经工作票签发人同意，在工作票上填写离去和变更的工作负责人姓名及变动时间，同时通知全体作业人员及工作许可人；如工作票签发人无法当面办理，应通过电话通知工作许可人，由工作许可人和原工作负责

工作票签发人：_____ 签发时间：____年__月__日__时__分

11. 工作人员变动情况（变动人员姓名，变动日期及时间）

_____

12. 工作票延期

有效期延长到____年__月__日__时__分。

工作负责人签名：_____ 签名时间：____年__月__日__时__分

工作许可人签名：_____ 签名时间：____年__月__日__时__分

13. 每日开工和收工时间（使用一天的工作票不必填写）

收工时间				工作负责人	工作许可人	开工时间				工作许可人	工作负责人
月	日	时	分			月	日	时	分		
01	31	17	30	蒋×迪	黄×	02	01	09	26	黄×	蒋×迪
02	01	14	53	蒋×迪	黄×	02	02	09	20	黄×	蒋×迪
02	02	15	40	蒋×迪	谈×	02	03	09	38	谈×	蒋×迪
02	03	14	48	蒋×迪	谈×	02	04	09	50	谈×	蒋×迪

14. 工作终结

全部工作于 <u>2024</u> 年 <u>02</u> 月 <u>04</u> 日 <u>14</u> 时 <u>00</u> 分结束，设备及安全措施已恢复至开工前状态，工作人员已全部撤离，材料工具已清理完毕，工作已终结。

工作负责人签名：<u>蒋×迪</u> 工作许可人签名：<u>刘×</u> 〔已执行〕

15. 工作票终结

临时遮栏、标示牌已拆除，常用遮栏已恢复。

已拆除的接地线编号___共___组；

已拉开接地刀闸（小车）编号___共___组（台）。

未拆除的接地线编号___共___组；

未拉开接地刀闸（小车）编号___共___组（台）。

已汇报调度值班员。

人在各自所持工作票上填写工作负责人变更情况，并代工作票签发人签名。

工作负责人的变动必须是在该工作票许可之后，如在工作票许可之前需变更工作负责人，则应由工作票签发人重新签发工作票。

11.【工作人员变动情况】工作人员变动后，工作负责人应及时在所持工作票上写明变动人员姓名、变动日期、时间，并签名。人员变动情况填写格式：××××年××月××日××时××分，××、××加入（离去）。

班组人员每次发生变动，工作负责人要在工作票上即时注明变动情况并签名，不得最后一并签名。

12.【工作票延期】工作需延期，应在工作计划结束时间前由工作负责人向工作许可人提出申请，办理延期手续。对于需经调度许可的工作，工作许可人还应得到调度许可后，方可与工作负责人办理工作票延期手续。工作票只能延期一次。

13.【每日开工和收工时间（使用一天的工作票不必填写）】有人值班变电站，每日收工后，应将工作票交回工作许可人，办理工作间断手续，并分别在双方所持工作票的相应栏内填写工作间断时间、姓名。次日复工时，工作负责人应与工作许可人履行复工许可手续并录音，分别在双方工作票相应栏内填写开工时间、姓名，方可取回工作票。

14.【工作终结】
（1）工作结束后，工作负责人应会同工作许可人进行验收，验收时任何一方都不得变动安全措施，验收合格后做好有关记录和移交相关报告、资料、图纸等。双方确认后签名并填上时间。
（2）工作终结时间不应超出计划工作时间或经批准的延期时间。
（3）工作终结后，工作许可人应在工作负责人所持工作票的"工作终结"栏中工作许可人签名右侧空白处加盖红色"已执行"专用章。

15.【工作票终结】
（1）待工作终结后，工作许可人方可执行拆除临时遮栏、标示牌，恢复常设遮栏的工作。
（2）工作许可人应在所持的工作票上逐项手工填写：已拆除接地线、已拉开接地闸刀、未拆除接地线、未拉开接地闸刀的编号及数量。若相关项不涉及接地线或接地闸刀，应在接地线（接地闸刀）编号栏填"无"，在数量栏填"0"组（副），不得空白。
（3）若因工作需要未拆除接地线（未拉开接地刀闸），则应在工作票备注栏注明，方可办理工作票终结手续。具体填写要求详见备注栏填写部分。
（4）待工作票上安全措施均已拆除，汇报调度后，工作许可人方可进行"工作票终结"手续，并在所持工作票"工作票终结"栏工作许可人签名时间的右侧空白处盖红色"已执行"专用章。

工作许可人签名：_____　签名时间：____年___月___日___时___分

16. 备注

（1）指定专责监护人_____负责监护_____

_____（地点及具体工作。）

（2）其他事项：

_____

16.【备注】
指定专责监护人
（1）指定专责监护人，应填写被监护人姓名、工作地点及工作内容。
（2）若一张工作票上涉及两个及以上作业现场，工作负责人无法同时全过程监护检修工作，则需要在各个作业现场设置一名专责监护人，或者各作业现场轮流开展工作，以确保每一个作业现场开工时均在监护人的监护下进行工作。如：保护柜前后仓均有工作，监护人无法同时监护到前后仓的工作，此时需在保护柜前、后隔仓均设置一名监护人，或者前后仓工作不同时进行，待监护人监护前仓工作结束后，再进行后仓工作（同一时间工作负责人只可作为其中一个作业现场的监护人）。
其他事项
（1）未拉开地刀、接地线应当注明原因，可不写明具体拆除时间。
（2）带地刀的闸刀检修时，采用合接地刀闸和装设临时接地线措施均予以认可，若采用合接地刀闸方式接地，在检修刀闸拉开接地刀闸前应当先挂设临时接地线。临时接地线借用装拆记录可填写在备注栏或使用专门的记录表。
17.【检查与评价】
各班组每月应对已终结的工作票进行综合评议。经评议票面正确，评议人在工作票"16.备注（2）其他事项"横线右下方顶格加盖红色"合格"评议章并签名；评议为错票，在工作票"16.备注（2）其他事项"横线右下方顶格加盖红色"不合格"评议章并签名。

6.9　换流站调相机励磁、SFC、封母停电检修

一、作业场景情况

（一）工作场景

换流站调相机励磁、SFC、封母停电检修。

（二）工作任务

直流 800kV 泰州换流站。

调相机主厂房 4.5m 层 1、2 号调相机封闭母线设备区域：1、2 号调相机 20kV 封闭母线例行检修、试验及消缺；1、2 号调相机封闭母线干燥装置例行检修、试验；1、2 号调相机出线端和非出线端 CT 例行检修、试验；1、2 号调相机 20kV 封闭母线及干燥装置设备清扫；1、2 号调相机 20kV 封闭母线系统调试；1、2 号调相机出线避雷器、出线电压互感器例行检修、试验；1、2 号调相机出线电压互感器、电流互感器端子箱二次回路端子复紧；1、2 号调相机二次通流通压试验；1、2 号调相机出线电压互感器、避雷器及端子箱设备清扫；1、2 号调相机中性点接地柜设备例行检修、试验；1、2 号调相机中性点接地柜设备清扫；1、2 号调相机中性点接地柜系统调试；1、2 号励磁变压器例行检修、试验；1、2 号励磁变压器设备清扫；1、2 号励磁变压器系统调试。

调相机主厂房 4.5m 层 1、2 号调相机励磁系统室：1、2 号调相机励磁系统设备例行检修、试验；1、2 号调相机励磁系统控制、保护功能检查；1、2 号调相机励磁系统风机电源切换试验；1、2 号调相机励磁系统设备清扫；1、2 号调相机励磁系统调试。

调相机主厂房 4.5m 层 1、2 号 SFC 设备区域：1、2 号 SFC 系统设备例行检修、试验；1、2 号 SFC 系统控制、保护功能检查；1、2 号 SFC 隔离变压器例行检修、试验；1、2 号 SFC 隔离变压器进线开关柜例行检修、试验；1、2 号 SFC 系统设备区域设备清扫；1、2 号 SFC 系统调试。

（三）停电范围

直流 800kV 泰州换流站 1、2 号调相机停运。

（四）票种选择建议

变电站第一种工作票。

（五）人员分工及安排

本次工作有 6 个作业地点。参与本次工作的共 11 人（含工作负责人），具体分工为：

徐×梅（工作负责人）：负责工作的整体协调组织及作业现场安全监护。

王×、李×、赵×、孙×、李×田、张×刚（工作班成员）：负责在调相机主厂房 4.5m 层，调相机工程师站轮流开展 1、2 号励磁及 1、2 号封母检修工作。

韦×康、李×双、周×星、王×强（工作班成员）：负责在调相机主厂房调相机主厂房 4.5m 层，调相机工程师站轮流开展 1、2 号调相机 SFC 检修工作。

（六）场景接线图

无。

二、工作票样例

<table>
<tr><td colspan="2" style="text-align:center">

变电站第一种工作票

</td></tr>
<tr><td colspan="2" style="text-align:right">作业风险等级：　Ⅱ</td></tr>
<tr><td>单　位：××××电力技术有限公司</td><td>变电站：直流 800kV 泰州换流站</td></tr>
<tr><td colspan="2">编　号：Ⅰ202409002</td></tr>
<tr><td>**1. 工作负责人（监护人）** 徐×梅</td><td>**班组：** 综合班组</td></tr>
<tr><td colspan="2">

2. 工作班人员（不包括工作负责人）

××××公司：王×、李×、赵×、孙×、李×田、张×刚，共 6 人。

××××公司：韦×康、李×双、周×星、王×强，共 4 人。

共　10　人

</td></tr>
<tr><td colspan="2">

3. 工作的变、配电站名称及设备双重名称

直流 800kV 泰州换流站：1 号升压变压器设备区：1 号升压变压器；2 号升压变压器设备区：2 号升压变压器；1 号调相机励磁系统室：1 号调相机整流柜 1、1 号调相机整流柜 2、1 号调相机整流柜 3、1 号调相机励磁调节器柜、1 号调相机交流进线柜、1 号调相机启动电源柜、1 号调相机启动励

</td></tr>
</table>

【票种选择】本次作业为换流站内调相机励磁、SFC、封母停电工作，使用变电站第一种工作票。

1.【工作负责人（监护人）】

（1）填写工作负责人姓名。

（2）工作负责人应取得两种人准入资质，并由设备运行管理单位书面批准。

【班组】 对于不属于同一班组的人员（含工作负责人）共同进行的工作，填写"综合班组"。

2.【工作班人员】

（1）人员应取得准入资质，安排的人员应进行承载力分析，确保人数适当、充足。

（2）单、多班组工作，每个班组工作人员应填写全部工作人员姓名（不含工作负责人）。

（3）多班组共同工作，必须分行填写每个班组名称。

（4）"共×人"：填写实际工作人员人数（不含工作负责人）。

（5）如有特种作业应安排具备相应资质的特种作业人员。

3.【工作的变、配电站名称及设备双重名称】 设备双重名称与第 4 项"工作任务"栏内一致。工作的变配电站名称及设备双重名称栏中的工作地点内容，可描述为：××设备区域、××保护小室等进行简述。

磁柜 1、1 号调相机启动励磁柜 2、1 号调相机直流切换柜、1 号调相机灭磁开关柜、1 号调相机灭磁电阻柜；调相机主厂房 4.5m 层 1 号调相机区域：1 号调相机 20kV 封闭母线、1 号调相机空气循环干燥装置、1 号 SFC 2111 隔离闸刀柜、1 号调相机出线电压互感器避雷器柜 1、1 号调相机出线电压互感器避雷器柜 2、1 号调相机出线电压互感器避雷器柜 3、1 号调相机出口电压互感器端子箱、1 号调相机出口电流互感器端子箱、1 号调相机中性点接地柜；调相机主厂房 4.5m 层 1 号调相机励磁变压器区域：1 号励磁变压器；2 号调相机励磁系统室：2 号调相机 AVR 控制柜、2 号调相机主励磁灭磁开关柜、2 号调相机连接柜（直流）、2 号调相机整流柜 1、2 号调相机整流柜 2、2 号调相机整流柜 3、2 号调相机连接柜（交流）、2 号调相机启动励磁灭磁开关柜、2 号调相机启动励磁整流控制柜 1、2 号调相机启动励磁整流控制柜 2、2 号调相机启动励磁连接柜（交流）；调相机主厂房 4.5m 层 2 号调相机区域：2 号调相机 20kV 封闭母线、2 号调相机空气循环干燥装置、2 号 SFC 2211 隔离闸刀柜、2 号调相机出线电压互感器避雷器柜 1、2 号调相机出线电压互感器避雷器柜 2、2 号调相机出线电压互感器避雷器柜 3、2 号调相机出口电压互感器端子箱、2 号调相机出口电流互感器端子箱、2 号调相机中性点接地柜；调相机主厂房 4.5m 层 2 号调相机励磁变压器区域：2 号励磁变压器；调相机主厂房 4.5m 层 1 号 SFC 区域：1 号 SFC 控制柜，1 号 SFC 至 1 号机 211 切换开关柜，1 号 SFC 至 2 号机 212 切换开关柜，1 号 SFC 机桥柜，1 号 SFC 网桥柜 1，1 号 SFC 网桥柜 2，1 号 SFC 平波电抗器柜、1 号 SFC 隔离变压器、1 号 SFC 隔离变压器 D151 进线开关柜；调相机主厂房 4.5m 层 2 号 SFC 区域：2 号 SFC 控制柜，2 号 SFC 至 1 号机 221 切换开关柜，2 号 SFC 至 2 号机 222 切换开关柜，2 号 SFC 机桥柜，2 号 SFC 网桥柜 1，2 号 SFC 网桥柜 2，2 号 SFC 电抗器柜、2 号 SFC 隔离变压器、2 号 SFC 隔离变压器 D152 进线开关柜；调相机工程师站：工程师站。

4. 工作任务

工作地点及设备双重名称	工作内容
1 号升压变压器设备区：1 号升压变压器	1 号升压变压器低压侧与 1 号调相机 20kV 封闭母线软连接断复引及测试

4.【工作任务】同一工作地点的不同工作内容合并一行写；相同工作内容的不同工作地点合并一行写；其他情况，应分行写；工作内容应与工作地点对应；按照调度批准的停电申请内容填写，在同一区域内不同设备但工作内容相同的工作任务可以合并填写。在原工作票的停电及安全措施范围内增加工作任务时，应由工作负责人征得工作票签发人和工作许可人同意，并在工作票上备注栏内增填工作项目。陪停设备不需要在工作任务栏及安全措施栏中反映，可在"工作地点保留带电部分或注意事项"中予以明确。保护校验过

程中需传动开关，但不进行直接触及开关设备的具体工作时，开关设备可以不列入工作任务栏内的工作地点。

续表

工作地点及设备双重名称	工作内容
2 号升压变压器设备区：2 号升压变压器	2 号升压变压器低压侧与 2 号调相机 20kV 封闭母线软连接断复引及测试
1 号调相机励磁系统室：1 号调相机整流柜 1、1 号调相机整流柜 2、1 号调相机整流柜 3、1 号调相机励磁调节器柜、1 号调相机交流进线柜、1 号调相机启动电源柜、1 号调相机启动励磁柜 1、1 号调相机启动励磁柜 2、1 号调相机直流切换柜、1 号调相机灭磁开关柜、1 号调相机灭磁电阻柜	1）1 号调相机励磁系统设备例行检修、试验； 2）1 号调相机励磁系统控制、保护功能检查； 3）1 号调相机励磁系统风机电源切换试验； 4）1 号调相机励磁系统设备清扫； 5）1 号调相机励磁系统调试
调相机主厂房 4.5m 层 1 号调相机区域：1 号调相机 20kV 封闭母线、1 号调相机空气循环干燥装置、1 号 SFC 2111 隔离闸刀柜	1）1 号调相机 20kV 封闭母线例行检修、试验； 2）1 号调相机封闭母线干燥装置例行检修、试验； 3）1 号调相机出线端和非出线端 CT 例行检修、试验； 4）1 号 SFC 2111 隔离闸刀柜例行检修、试验； 5）1 号调相机 20kV 封闭母线及干燥装置设备清扫； 6）1 号调相机 20kV 封闭母线系统调试
调相机主厂房 4.5m 层 1 号调相机区域：1 号调相机出线电压互感器避雷器柜 1、1 号调相机出线电压互感器避雷器柜 2、1 号调相机出线电压互感器避雷器柜 3、1 号调相机出口电压互感器端子箱、1 号调相机出口电流互感器端子箱	1）1 号调相机出线避雷器例行检修、试验； 2）1 号调相机出线电压互感器例行检修、试验； 3）1 号调相机出线电压互感器、电流互感器端子箱二次回路端子复紧； 4）1 号调相机二次通流通压试验； 5）1 号调相机出线电压互感器、避雷器及端子箱设备清扫
调相机主厂房 4.5m 层 1 号调相机励磁变压器区域：1 号调相机中性点接地柜	1）1 号调相机中性点接地柜设备例行检修、试验； 2）1 号调相机中性点接地柜设备清扫； 3）1 号调相机中性点接地柜系统调试
调相机主厂房 4.5m 层 1 号调相机励磁变压器区域：1 号励磁变压器	1）1 号励磁变压器例行检修、试验； 2）1 号励磁变压器高压侧与封闭母线软连接拆复引； 3）1 号励磁变压器设备清扫； 4）1 号励磁变压器系统调试
2 号调相机励磁系统室：2 号调相机 AVR 控制柜、2 号调相机主励磁灭磁开关柜、2 号调相机连接柜（直流）、2 号调	1）2 号调相机励磁系统设备例行检修、试验； 2）2 号调相机励磁系统控制、保

工作地点及设备双重名称	工作内容
相机整流柜1、2号调相机整流柜2、2号调相机整流柜3、2号调相机连接柜（交流）、2号调相机启动励磁灭磁开关柜、2号调相机启动励磁整流控制柜1、2号调相机启动励磁整流控制柜2、2号调相机启动励磁连接柜（交流）	护功能检查； 3）2号调相机励磁系统风机电源切换试验； 4）2号调相机励磁系统设备清扫； 5）2号调相机励磁系统调试
调相机主厂房4.5m层2号调相机区域：2号调相机20kV封闭母线、2号调相机空气循环干燥装置、2号SFC 2211隔离闸刀柜	1）2号调相机20kV封闭母线例行检修、试验； 2）2号调相机封闭母线干燥装置例行检修、试验； 3）2号调相机出线端和非出线端CT例行检修、电气试验； 4）2号SFC 2211隔离闸刀柜例行检修、试验； 5）2号调相机20kV封闭母线及干燥装置设备清扫； 6）2号调相机20kV封闭母线系统调试； 7）2号调相机升压变压器低压侧封母温度异常处理； 8）2号SFC 2211闸刀就地远方状态不一致处理
调相机主厂房4.5m层2号调相机区域：2号调相机出线电压互感器避雷器柜1、2号调相机出线电压互感器避雷器柜2、2号调相机出线电压互感器避雷器柜3、2号调相机出口电压互感器端子箱、2号调相机出口电流互感器端子箱	1）2号调相机出线避雷器例行检修、试验； 2）2号调相机出线电压互感器例行检修、试验； 3）2号调相机出线电压互感器、电流互感器端子箱二次回路端子复紧； 4）2号调相机二次通流通压试验； 5）2号调相机出线电压互感器、避雷器及端子箱设备清扫
调相机主厂房4.5m层2号调相机区域：2号调相机中性点接地柜	1）2号调相机中性点接地柜设备例行检修、试验； 2）2号调相机中性点接地柜设备清扫； 3）2号调相机中性点接地柜系统调试
调相机主厂房4.5m层2号调相机区域：2号励磁变压器	1）2号励磁变压器例行检修、试验； 2）2号励磁变压器高压侧与封闭母线软连接拆复引； 3）2号励磁变压器设备清扫； 4）2号励磁变压器系统调试
调相机主厂房4.5m层1号SFC区域：1号SFC控制柜、1号SFC至1号机211切换开关柜、1号SFC至2号机212切换开关柜、1号SFC机桥柜、1号SFC网桥柜1、1号SFC网桥柜2、1号SFC平波电抗器柜、1号SFC隔离变压器、1号	1）1号SFC系统设备例行检修、试验； 2）1号SFC系统控制、保护功能检查； 3）1号SFC隔离变压器例行检修、试验；

续表

工作地点及设备双重名称	工作内容
SFC 隔离变压器 D151 进线开关柜	4）1 号 SFC 隔离变压器 D151 进线开关柜例行检修、试验； 5）1 号 SFC 系统设备区域设备清扫； 6）1 号 SFC 系统调试
调相机主厂房 4.5m 层 2 号 SFC 区域：2 号 SFC 控制柜、2 号 SFC 至 1 号机 221 切换开关柜、2 号 SFC 至 2 号机 222 切换开关柜、2 号 SFC 机桥柜、2 号 SFC 网桥柜 1、2 号 SFC 网桥柜 2、2 号 SFC 电抗器柜、2 号 SFC 隔离变压器、2 号 SFC 隔离变压器 D152 进线开关柜	1）2 号 SFC 系统设备例行检修、试验； 2）2 号 SFC 系统控制、保护功能检查； 3）2 号 SFC 隔离变压器例行检修、试验； 4）2 号 SFC 隔离变压器 D152 进线开关柜例行检修、试验； 5）2 号 SFC 系统设备区域设备清扫； 6）2 号 SFC 系统调试
调相机工程师站：工程师站	1）励磁系统信号检查； 2）SFC 系统信号检查； 3）封闭母线及附属设备信号检查

5. 计划工作时间

自 2024 年 01 月 31 日 08 时 00 分至 2024 年 02 月 04 日 18 时 00 分。

6. 安全措施（必要时可附页绘图说明，红色表示有电）

应拉断路器（开关）、隔离开关（闸刀）	已执行*
应拉开 5101、5102、D151、D152、D131、D132 开关	√
应拉开 51011、2111、2101、51021、2211、2102 闸刀	√
应拉开 211、221、212、222 开关	√
应拉开 1 号调相机 M101 灭磁开关、QDK 直流切换开关	√
应拉开 2 号调相机 M102 灭磁开关、QDK 灭磁开关	√
应拉开"1 号调相机励磁系统室启动电源柜内备用励磁电源"开关	√
应拉开"2 号机启动励磁连接柜（交流）内备用励磁电源"开关	√
应将 221、222 开关摇至试验位置	√
应将 D151、D152、D131、D132 开关手车摇至试验位置	√
应将"1 号调相机励磁系统室启动电源柜内备用励磁电源"开关拉至试验位置	√

5.【计划工作时间】填写计划检修起始时间和结束时间，该时间应在调度批准的检修时间段内。

6.【安全措施】运维人员完成工作票所列的安全措施，并经现场核实后，在相应的已执行栏内手工打"√"。填写内容应按类别分行填写，若出现跨行填写的，仅在末行的"已执行"栏打"√"即可。
【应拉断路器（开关）、隔离开关（闸刀）】
（1）应拉开的开关。
（2）应拉开的闸刀。
（3）应拉至试验位置的开关手车。工作票中填写将手车拉至试验位置，现场手车如要拉至检修位置，由检修人员在实际工作中执行。
（4）应分开的开关操作电源、储能电源，所有拉开的开关对应的操作电源、储能电源均应分开。开关的操作电源在直流馈电屏或开关保护屏内断开均可。
（5）应分开的闸刀控制电源、电机电源。所有拉开的闸刀如有对应的控制电源、电机电源均应分开。已分开控制电源、电机电源的闸刀遥控回路已断开，可不必再填写将闸刀远方/就地切换开关由"远方"位置切至"就地"位置。（若工作票签发人认为有必要也可填写）。此处拉开的电机电源、操作电源空气开关不需要具体到设备机构箱、空气开关双重名称及空气开关名称；只需要写"拉开××开关/刀闸电机电源、操作电源空气开关"。
（6）应将拉开的开关远方/就地切换开关由"远方"位置切至"就地"位置，或应退出××开关遥控出口压板。
（7）应分开与停电设备有关的电压互感器、变压器各侧回路。
（8）涉及在有联跳运行开关回路或失灵启动回路的设备上进行二次工作，需要执行退出联跳运行

续表	
应拉断路器（开关）、隔离开关（闸刀）	已执行*
应将"2 号机启动励磁连接柜（交流）内备用励磁电源"开关拉至试验位置	√
应将 1 号调相机出线电压互感器 1、2、3 拉至试验位置	√
应将 2 号调相机出线电压互感器 1、2、3 拉至试验位置	√
应将 1 号调相机出线避雷器、2 号调相机出线避雷器拉至试验位置	√
应分开 5101、5102 开关操作电源、储能电源空气开关	√
应分开 51011、51021 闸刀控制电源、电机电源空气开关	√
应分开 D151、D152、D131、D132 开关操作电源、储能电源空气开关	√
应分开 211、212 开关操作及电机电源空气开关	√
应分开 221、222 开关操作电源、储能电源空气开关	√
应分开 2111、2211 闸刀操作及电机电源空气开关	√
应分开 510117、510127、510217、510227 接地闸刀控制电源、电机电源空气开关	√
应分开 1 号调相机出线电压互感器 1、2、3 二次空气开关	√
应分开 2 号调相机出线电压互感器 1、2、3 二次空气开关	√
应退出 5101、5102 开关三相不一致压板	√
应分开 1 号升压变压器、2 号升压变压器冷却器电源空气开关	√
应将 5101、5102、D151、D152、D131、D132、221、222 开关远方/就地转换开关由"远方"位置切至"就地"位置	√
应装接地线、应合接地闸刀（注明确实地点、名称及接地线编号*）	已执行
应合上 510117、510127、510217、510227 接地闸刀	√
应合上 D1317、D1327、D1517 接地闸刀	√
在 2 号 SFC 隔离变压器高压侧与 D152 开关之间靠近 2 号 SFC 隔离变压器高压侧装设一组（10kV-1）号接地线	√
应在 1 号 SFC 2111 闸刀与 1 号调相机 20kV 母线之间装设一组（20kV-1）号接地线	√
应在 2 号 SFC 2211 闸刀与 2 号调相机 20kV 母线之间装设一组（20kV-2）号接地线	√
应在 1 号调相机励磁变压器低压侧与 M101 灭磁开关之间靠近 1 号调相机励磁变压器低压侧装设一组（10kV-2）号接地线	√
应在 2 号调相机励磁变压器低压侧与 M102 灭磁开关之间靠近 2 号调相机励磁变压器低压侧装设一组（10kV-3）号接地线	√
应设遮栏、应挂标示牌及防止二次回路误碰等措施	已执行
应在 5101、5102 开关操作把手上分别悬挂"禁止合闸，有人工作"标示牌	√

开关出口压板或失灵启动压板的安全措施，此项安全措施可以不列入【6.安全措施】"应拉断路器（开关）、隔离开关（刀闸）"栏内。

【应装接地线、应合接地闸刀（注明确实地点、名称及接地线编号×）】
（1）接地闸刀应填写双重名称即名称、编号。
（2）带刀闸的闸刀检修时，采用合接地刀闸和装设临时接地线措施均予以认可，若采用合接地刀闸方式接地，在检修刀闸拉开接地刀闸前应当先挂设临时接地线。

【应设遮栏、应挂标示牌及防止二次回路误碰等措施】
（1）已拉开的开关、闸刀、开关手车如无工作，应在对应位置悬挂"禁止合闸，有人工作"标示牌。已断开的电压互感器、站用变压器、接地变

续表

应设遮栏、应挂标示牌及防止二次回路误碰等措施	已执行
应在 51011、51021 闸刀操作把手上分别悬挂"禁止合闸，有人工作"标示牌，并将机构箱上锁	√
应在 211、221、212、222 开关操作把手上悬挂"禁止合闸，有人工作"标示牌	√
应在"1 号调相机励磁系统室启动电源柜内备用励磁电源"开关操作把手上悬挂"禁止合闸，有人工作"标示牌	√
应在"2 号机启动励磁连接柜（交流）内备用励磁电源"开关操作把手上悬挂"禁止合闸，有人工作"标示牌	√
应在 D151、D152、D131、D132 开关操作把手上悬挂"禁止合闸，有人工作"标示牌	√
应在 51011、51021 闸刀控制电源、电机电源空气开关上分别悬挂"禁止合闸，有人工作"标示牌	√
应在 1 号调相机出线电压互感器 1、2、3 二次空气开关上悬挂"禁止合闸，有人工作"标示牌	√
应在 2 号调相机出线电压互感器 1、2、3 二次空气开关上悬挂"禁止合闸，有人工作"标示牌	√
应在 1 号升压变压器、2 号升压变压器冷却器电源空气开关上悬挂"禁止合闸，有人工作"标示牌	√
应在工作地点装设围栏，在围栏上悬挂"止步，高压危险"标示牌，标示牌应朝向工作地点，并在围栏入口处挂"在此工作""从此进出"标示牌，在工作人员上下的构架、爬梯上设置"从此上下"标示牌	√
应在 1 号调相机励磁系统室：1 号调相机整流柜 1、1 号调相机整流柜 2、1 号调相机整流柜 3、1 号调相机励磁调节器柜、1 号调相机交流进线柜、1 号调相机启动电源柜、1 号调相机启动励磁 1、1 号调相机启动励磁 2、1 号调相机直流切换柜、1 号调相机灭磁开关柜、1 号调相机灭磁电阻柜、2 号调相机励磁系统室：2 号调相机 AVR 控制柜、2 号调相机主励磁灭磁开关柜、2 号调相机连接柜（直流）、2 号调相机整流柜 1、2 号调相机整流柜 2、2 号调相机整流柜 3、2 号调相机连接柜（交流）、2 号调相机启动励磁灭磁开关柜、2 号调相机启动励磁整流控制柜、2 号调相机启动励磁整流控制柜 2、2 号调相机启动励磁连接柜（交流）、调相机主厂房 4.5m 层 1 号 SFC 区域：1 号 SFC 控制柜、1 号 SFC 至 1 号机 211 切换开关柜、1 号 SFC 至 2 号机 212 切换开关柜、1 号 SFC 机桥柜、1 号 SFC 网桥柜 1、1 号 SFC 网桥柜 2、1 号 SFC 平波电抗器柜、1 号 SFC 隔离变压器、1 号 SFC 隔离变压器 D151 进线开关柜、调相机主厂房 4.5m 层 2 号 SFC 区域：2 号 SFC 控制柜、2 号 SFC 至 1 号机 221 切换开关柜、2 号 SFC 至 2 号机 222 切换开关柜、2 号 SFC 机桥柜、2 号 SFC 网桥柜 1、2 号 SFC 网桥柜 2、2 号 SFC 电抗器柜、2 号 SFC 隔离变压器、2 号 SFC 隔离变压器 D152 进线开关柜前后放置"在此工作"标示牌	√

工作地点及注意事项 （由工作签发人填写）	补充工作地点安全措施 （由工作许可人填写）
【高处作业】高处作业人员应正确使用安全带，作业人员在转移作业位置时不准失去安全保护，严禁低挂高用；高空作业时工器具及物	无

压器二次侧回路应在对应位置悬挂"禁止合闸，有人工作"标示牌。如工作票只包含站内设备工作，可不设置"禁止合闸，线路有人工作"标示牌。第 4 项"工作任务"栏内涉及有工作内容的开关、闸刀因工作需要试分合设备，不需要悬挂"禁止合闸，有人工作"标示牌。所有已拉开的开关操作电源及储能电源、已拉开的闸刀控制电源、电机电源处可以不填写悬挂"禁止合闸，有人工作"标示牌。（此处应设遮栏、应挂标示牌及防止二次回路误碰措施不需要具体到空气开关双重名称及空气开关名称；只需要写应在××开关/闸刀电机电源、操作电源空气开关上悬挂"禁止合闸，有人工作"标示牌。）

（2）所有开关柜检修工作均应在相邻运行开关柜、现场设置的围栏上设置"止步，高压危险"标示牌。

（3）在工作人员上下铁架或梯子上，应悬挂"从此上下"标示牌。

（4）应悬挂"在此工作"标示牌的位置为第 4 项"工作任务"栏内填写的设备处，部分高处设备、柜内设备现场无法挂牌，许可人可将"在此工作"标示牌设置在对应设备支柱、柜外、间隔门外等位置，现场需向工作负责人交代清楚。

（5）由外包单位负责持票的工作，如属于根据公司规定需要设置 1.7m 固定式围栏的情况，工作票上应设置的"临时围栏"写明为"1.7m 硬围栏"

【工作地点及注意事项（由工作票签发人填写）】

【相邻带电设备】填写与检修设备距离邻近的带电部位或相邻第一个带电设备情况，以及保护工作地点相邻的其他保护（装置）运行情况，相关设备要明确名称编号，位置要准确。

【安全距离】工作地点包含一次设备区域时，需填写：与带电部位保持足够的安全距离：××kV 大于×m。

续表

工作地点及注意事项 （由工作签发人填写）	补充工作地点安全措施 （由工作许可人填写）
品采取防跌落措施，所用的工器具、材料应放在工具袋内或用绳索绑牢，上下传递物品使用传递绳，严禁上下抛掷； 　【相邻带电设备】工作现场加强安全监护，防止人员误入带电间隔； 　【安全距离】与带电部位保持足够的安全距离：500kV 大于 5m，20kV 大于 1m，10kV 大于 0.7m； 　【开关检修】工作前先释放开关储能防止机械伤害； 　【搬运工具】搬动梯子等长物应两人放倒搬运，在梯子上工作时，梯子应有人扶持和监护； 　【临时电源】现场临时检修电源箱应每日进行检查，外壳可靠接地，做到"一机一闸一保护"； 　【高压试验】作业前检查工器具和试验仪器应合格、外壳可靠接地；试验工作时，在试验工作区域四周设置围栏，在遮栏上朝外悬挂"止步，高压危险"标示牌，试验期间试验人员应站在绝缘垫上，试验前需大声呼唱，试验不得少于两人，进行加压试验前应有人监护并进行呼唱，试验结束后应对被试设备进行充分放电； 　【低压触电】端子箱、接线箱清扫过程中应加强监护，防止低压触电，防止交直流短路接地；设备清扫人员应注意清扫方式，防止碰伤设备； 　【规范着装】检修人员应正确佩戴安全帽，遵守站内安全规定，不得违章作业； 　【文明施工】每日工作结束后应收拾现场，确保现场无漂浮物，做到"工完、料尽、场地清"； 　【拆接回路接线】检修过程中拆接回路线应用绝缘带包扎并有书面记录，工作完成应正确恢复，严禁未经批准改动回路接线； 　【临时电源使用】临时电源使用应经运维人员许可，填写临时电源使用申请单，遵守临时电源相关使用规定； 　【交叉作业】存在交叉作业情况时应提前沟通，确认工作范围，作业过程中由专人监护	无

工作票签发人签名：周×　　签发时间：2024 年 01 月 28 日 09 时 00 分

工作票会签人签名：吴×　　会签时间：2024 年 01 月 28 日 10 时 00 分

7. 收到工作票时间：2024 年 01 月 28 日 15 时 00 分

运行值班人员签名：李×　　工作负责人签名：徐×梅

【特种设备】有吊车、斗臂车等大型车辆参与现场工作时，需填写：工作中使用吊车、斗臂车等大型车辆时，应与带电部位保持足够的安全距离：××kV 大于×m。由外包单位负责的工作还需增加：安排运检单位专人在场全过程旁站。

【高处作业】有高处作业时，需填写：高处作业正确使用安全工器具。

【陪停设备】如有陪停设备应当予以明确。

【手车检修】开关柜手车拉至检修位置，检修人员应当在开关静触头隔离挡板处装设"止步，高压危险"标示牌。

【高压试验】调相机封母开展高压试验的，应明确高压试验安全注意事项。

其余安全注意事项，各单位可依据工作内容予以补充完善。

【补充工作地点安全措施（由工作许可人填写）】根据现场的实际情况，工作许可人对工作地点保留的带电部分予以补充，不得照抄工作票签发人填写内容，应注明所采取的安全措施或提醒检修人员必须注意的事项。若没有则填"无"，不得空白。

【工作票签发人签名和签发日期】

（1）工作票签发人确认工作票中 1~6 项无误后，在签名栏内签名，并在时间栏内填写签发时间。

（2）若工作票不需会签，工作票签发人签发后直接发送给工作负责人，由工作负责人确认后提交运维人员；若需会签，则提交给工作票会签人，会签结束后返回给工作负责人，再由工作负责人确认后提交运维人员。

7. 【收到工作票时间】第一种工作票签发和收到时间应为工作前一天（紧急抢修、消缺除外）。运维人员收到工作票后，对工作票审核无误后，填写收票时间并签名。

8. 确认本工作票 1～6 项

工作负责人签名：<u>徐×梅</u>　　工作许可人签名：<u>刘×</u>

许可开始工作时间：<u>2024</u> 年 <u>01</u> 月 <u>31</u> 日 <u>14</u> 时 <u>58</u> 分

8.【工作许可】许可开始工作时间不得提前于计划工作开始时间。

9. 现场交底，工作班成员确认工作负责人布置的工作任务、人员分工、安全措施和注意事项并签名

<u>王×、李×、赵×、孙×、李×田、张×刚、韦×康、李×双、周×星、王×强</u>

9.【交底签名】所有工作班成员在明确了工作负责人、专责监护人交代的工作任务、人员分工、安全措施和注意事项后，在工作负责人所持工作票上签名，不得代签。

10. 工作负责人变动情况

　　原工作负责人_____离去，变更_____为工作负责人。

工作票签发人：_____　　签发时间：____年__月__日__时__分

10.【工作负责人变动情况】经工作票签发人同意，在工作票上填写离去和变更的工作负责人姓名及变动时间，同时通知全体作业人员及工作许可人；如工作票签发人无法当面办理，应通过电话通知工作许可人，由工作许可人和原工作负责人在各自所持工作票上填写工作负责人变更情况，并代工作票签发人签名。

工作负责人的变动必须是在该工作票许可之后，如在工作票许可之前需变更工作负责人，则应由工作票签发人重新签发工作票。

11. 工作人员变动情况（变动人员姓名，变动日期及时间）

_____

11.【工作人员变动情况】工作人员变动后，工作负责人应及时在所持工作票上写明变动人员姓名、变动日期、时间，并签名。人员变动情况填写格式：××××年××月××日××时××分，××、××加入（离去）。

班组人员每次发生变动，工作负责人要在工作票上即时注明变动情况并签名，不得最后一并签名。

12. 工作票延期

　　有效期延长到____年__月__日__时__分。

工作负责人签名：_____　　签名时间：____年__月__日__时__分

工作许可人签名：_____　　签名时间：____年__月__日__时__分

12.【工作票延期】工作需延期，应在工作计划结束时间前由工作负责人向工作许可人提出申请，办理延期手续。对于需经调度许可的工作，工作许可人还应得到调度许可后，方可与工作负责人办理工作票延期手续。工作票只能延期一次。

13.【每日开工和收工时间（使用一天的工作票不必填写）】有人值班变电站，每日收工后，应将工作票交回工作许可人，办理工作间断手续，并分别在双方所持工作票的相应栏内填写工作间断时间、姓名。次日复工时，工作负责人应与工作许可人履行复工许可手续并录音，分别在双方工作票相应栏内填写开工时间、姓名，方可取回工作票。

13. 每日开工和收工时间（使用一天的工作票不必填写）

收工时间				工作负责人	工作许可人	开工时间				工作许可人	工作负责人
月	日	时	分			月	日	时	分		
01	31	17	30	徐×梅	黄×	02	01	09	26	黄×	徐×梅
02	01	14	53	徐×梅	黄×	02	02	09	20	黄×	徐×梅
02	02	15	40	徐×梅	谈×	02	03	09	38	谈×	徐×梅
02	03	14	48	徐×梅	谈×	02	04	09	50	谈×	徐×梅

14.【工作终结】
（1）工作结束后，工作负责人应会同工作许可人进行验收，验收时任何一方都不得变动安全措施和移交相关报告、资料、图纸等。双方确认后签名并填上时间。
（2）工作终结时间不应超出计划工作时间或经批准的延期时间。
（3）工作终结后，工作许可人应在工作负责人所持工作票的"工作终结"栏中工作许可人签名右侧空白处加盖红色"已执行"专用章。

15.【工作票终结】
（1）待工作终结后，工作许可人方可执行拆除临时遮栏、标示牌，恢复常设遮栏的工作。
（2）工作许可人应在所持的工作票上逐项手工填写：已拆除接地线、已拉开接地闸刀、未拆除接地线、未拉开接地闸刀的编号及数量。若相关项不涉及接地线或接地闸刀，应在接地线（接地闸刀）编号栏填"无"，在数量栏填"0"组（副），不得空白。
（3）若因工作需要未拆除接地线（未拉开接地闸刀），则应在工作票备注栏注明，方可办理工作票终结手续。具体填写要求详见备注栏填写部分。

14. 工作终结

　　全部工作于 <u>2024</u> 年 <u>02</u> 月 <u>04</u> 日 <u>14</u> 时 <u>00</u> 分结束，设备及安全措施已恢

复至开工前状态，工作人员已全部撤离，材料工具已清理完毕，工作已终结。

工作负责人签名： 徐×梅　　　**工作许可人签名：** 刘×

已执行

15. 工作票终结

临时遮栏、标示牌已拆除，常用遮栏已恢复。

已拆除的接地线编号___共___组；

已拉开接地刀闸（小车）编号___共___组（台）。

未拆除的接地线编号___共___组；

未拉开接地刀闸（小车）编号___共___组（台）。

已汇报调度值班员。

工作许可人签名：_____　　　**签名时间：**____年__月__日__时__分

16. 备注

（1）指定专责监护人_____负责监护_____

_____（地点及具体工作。）

（2）其他事项：

_____

合　格	
审核人	王二

（4）待工作票上安全措施均已拆除，汇报调度后，工作许可人方可进行"工作票终结"手续，并在所持工作票"工作票终结"栏工作许可人签名时间的右侧空白处盖红色"已执行"专用章。

16.【备注】

指定专责监护人

（1）指定专责监护人，应填写被监护人姓名、工作地点及工作内容。

（2）有大型车辆或特种设备参与现场工作时，应指定专责监护人。

（3）一张工作票上的工作涉及两个及以上开关柜（含前后隔仓）时，开关柜前、后隔仓均必须设一名专责监护人。

（4）若一张工作票上涉及两个及以上作业现场，工作负责人无法同时全过程监护检修工作，则需要在各个作业现场设置一名专责监护人，或者各作业现场轮流开展工作，以确保每一个作业现场开工时均在监护人的监护下进行工作。如：开关柜前后仓均有工作，监护人无法同时监护到前后仓的工作，此时需在开关柜前、后隔仓均设置一名监护人，或者前后仓工作不同时进行，待监护人监护前仓工作结束后，再进行后仓工作（同一时间工作负责人只可作为其中一个作业现场的监护人）。

其他事项

（1）有行车、吊车等参与现场工作时，应明确指挥人员。

（2）未拉开地刀、接地线应当注明原因，可不写明具体拆除时间。

（3）带地刀的闸刀检修时，采用合接地刀闸和装设临时接地线措施均予以认可，若采用合接地刀闸方式接地，在检修刀闸拉开接地刀闸前应当先挂设临时接地线。临时接地线借用装拆记录可填写在备注栏或使用专门的记录表。

17.【检查与评价】

各班组每月应对已终结的工作票进行综合评议。经评议票面正确，评议人在工作票"16.备注（2）其他事项"横线右下方顶格加盖红色"合格"评议章并签名；评议为错票，在工作票"16.备注（2）其他事项"横线右下方顶格加盖红色"不合格"评议章并签名。